零基础一本通

（Python版）

洪锦魁◎著

清华大学出版社
北京

内 容 简 介

本书使用 Python 指导读者从零开始学习算法：由基础数据结构开始，逐步解说信息安全算法，最后也讲解了人工智能入门领域的 KNN 和 K-means 算法。全书包含约 120 个程序实例，使用约 600 张完整图例，深入讲解了 7 种数据结构和数十种算法，此外也针对国内外著名公司招聘程序员的算法考题做了讲解。

本书实用性强、案例丰富，适合有一定 Python 基础的读者使用，也可作为大中专院校及培训机构的参考教材。

图书在版编目（CIP）数据

算法零基础一本通：Python 版 / 洪锦魁著 . —北京：清华大学出版社，2020.8
ISBN 978-7-302-56051-7

Ⅰ . ①算… Ⅱ . ①洪… Ⅲ . ①软件工具－程序设计 Ⅳ . ① TP311.561

中国版本图书馆 CIP 数据核字 (2020) 第 126979 号

责任编辑： 杜 杨
封面设计： 杨玉兰
责任校对： 胡伟民
责任印制： 丛怀宇

出版发行： 清华大学出版社
网 址： http://www.tup.com.cn，http://www.wqbook.com
地 址： 北京清华大学学研大厦 A 座 **邮 编：** 100084
社 总 机： 010-62770175 **邮 购：** 010-83470235
投稿与读者服务： 010-62776969，c-service@tup.tsinghua.edu.cn
质 量 反 馈： 010-62772015，zhiliang@tup.tsinghua.edu.cn
印 装 者： 北京博海升彩色印刷有限公司
经 销： 全国新华书店
开 本： 170mm×240mm **印 张：** 21.5 **字 数：** 595 千字
版 次： 2020 年 9 月第 1 版 **印 次：** 2020 年 9 月第 1 次印刷
定 价： 99.00 元

产品编号：088932-01

前　　言

这是一本使用 Python 从零开始指导读者的算法入门书籍，由基础数据结构与算法开始，逐步解说信息安全算法，最后也讲解了人工智能入门领域的 KNN 和 K-means 算法。本书的特色是理论与实践同步解说，使用完整的数据结构图例搭配 Python 程序进行解说，可以让读者轻松掌握相关知识。

全书内容包含约 120 个程序实例，使用约 600 张完整图例，深入讲解了 7 种数据结构和数十种算法，此外也针对国内外著名公司招聘程序员的算法考题做了讲解。本书包含下列主要内容：

- 时间复杂度；
- 空间复杂度；
- 7 大数据结构完整图解与程序实例；
- 使用二叉树和堆栈图解递归中序、前序和后序打印；
- 7 大排序法完整图解与程序实例；
- 二分搜寻与遍历；
- 递归与回溯算法；
- 八皇后；
- 河内塔；
- 分形与 VLSI 设计应用；
- 图形理论；
- 深度 / 广度优先搜寻；
- Bellman-Ford 算法；
- Dijkstra's 算法；
- 贪婪算法；
- 动态规划算法；
- 信息安全算法；
- 摩斯与凯撒密码；
- 密钥系统观念，同时解说设计密钥方法及目前市面上成熟的密钥；
- 讯息鉴别码 (message authentication code)；
- 数字签名 (digital signature)；
- 数字证书 (digital certificate)；
- 基础机器学习 KNN 算法，读者不用担心，笔者将抛弃数学公式，用很平实的语句叙述并搭配程序实例，让读者彻底了解此算法；
- 在机器学习的无监督学习中，K-means 算法常被用来做特征学习，笔者也将抛弃数学公式，用很平实的语句叙述并搭配程序实例，让读者彻底了解此算法；

- ❑ 职场面试常见的算法考题。

一本书最重要的是系统地传播知识，读者可以基于系统的架构，快速学会想要的知识。

笔者写过不少计算机领域的著作，本书沿袭了笔者著作的特色，程序实例丰富，本书案例代码与习题答案可扫描封底二维码获取。相信读者通过学习本书内容，必定可以在最短时间内学会使用 Python 精通算法应用。本书编写过程虽力求完美，但疏漏难免，希望读者不吝指正。

洪锦魁

目 录

第 16 章 动态规划算法

第 17 章 数据加密到信息安全算法

第 18 章 人工智能破冰之旅：KNN 和 K-means 算法

第 19 章 常见职场面试算法

第 1 章

算法基本概念

1-1　计算机的算法

1-2　不好的算法与好的算法

1-3　程序执行的时间测量方法：时间复杂度

1-4　内存的使用：空间复杂度

1-5　数据结构

1-6　习题

我们常常会使用一些流程概念来处理日常生活中的一些事件，例如，碰到客厅的灯泡不亮，我们可能使用下列方法应对此事件。

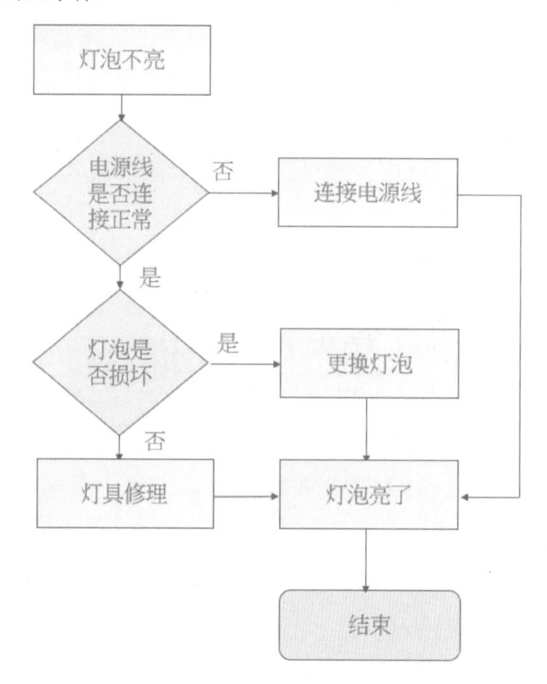

其实我们可以称上述是生活中的算法 (algorithm)，从上述流程可以看到有明确的输入，此输入是灯泡不亮；也有明确的输出，输出是灯泡亮了。同时每个步骤很明确，步骤是有限、有效的，是可以执行以及获得结果的。我们可以将上述生活中的算法概念应用在计算机程序设计中。

本书重点是讲解算法，基本上不对 Python 语法做介绍，所以读者需要具备 Python 知识才适合阅读本书。如果读者没有 Python 知识，建议可以先阅读笔者所著的《Python 王者归来》或《Python 数据科学零基础一本通》，相信可以学到完整的 Python 知识。

1-1 计算机的算法

在科技时代，我们常使用计算机解决某些问题。为了让计算机可以了解人类的思维，我们将解决问题的方法用特定方式告诉计算机，这个特定方式就是计算机可以理解的程序语言。计算机会依据程序语言的指令，一步一步完成工作。

当使用程序语言解决工作上的问题时，我们需要知道应该使用什么方法，可以更快速、有效地完成工作。

例如，有一系列数字，我们想要找到特定数字，是否有更好的方法？

假设我们要找的数字是 3，如果我们从左到右找寻，需要找寻 5 次；如果我们从中间找寻，只要 1 次就可以找到。其实找寻的方法，就是算法。

例如，有一系列数字，我们想将这一系列数字从小到大排序。

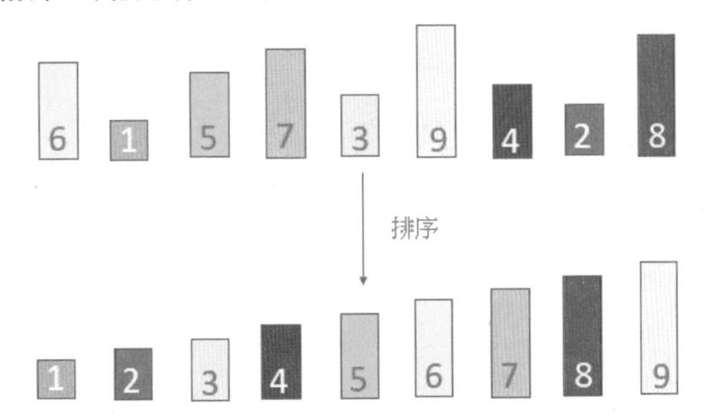

为了完成上述从小到大将数字排列，也有许多方法，这些方法也可以称为算法。

目前世界公认的第一个算法是欧几里得算法，出现在欧几里得 (Euclid，公元前 325—前 265 年) 所著的《几何原本》(古希腊语：Στοιχεῖα，*Stoicheia*)，这是一本数学著作，也是现代数学的基础。著作共有 13 卷，在第 8 卷中就有讨论欧几里得算法，这个算法又称辗转相除法。欧几里得是古希腊数学家，又被称为几何学之父。

现代美国有一位非常著名的计算机科学家唐纳德・欧文・克努特 (Donald Ervin Knuth，1931—)，他是美国斯坦福大学荣誉教授退休，1972 年图灵奖 (Turing Award) 得主，在他所著的《计算机程序设计的艺术》(*The Art of Computer Programming*) 中，对算法 (algorithm) 做了特征归纳：

（1）输入：一个算法必须有 0 个或更多的输入。

（2）有限性：一个算法的步骤必须是有限的。

（3）明确性：算法描述必须是明确的。

（4）有效性：算法的可行性可以获得正确的执行结果。

（5）输出：输出就是计算结果，一个算法必须要有 1 个或更多的输出。

注　唐纳德的著作 *The Art of Computer Programming* 曾被《科学美国人》(*Scientific American*) 杂志评估为与爱因斯坦的《相对论》并论的 20 世纪最重要的 12 本物理科学专论之一。

所以我们也可以将算法过程与结果归纳做下列的定义：

输入 + 算法 = 输出

1-2 不好的算法与好的算法

1-2-1 不好的算法

一个好的算法能在一秒内就得到答案，相同的问题用了一个不好的算法，可能计算机执行了上千亿年也得不到答案。

假设一个数列有 2 个数，分别是 1 和 2，这个数列的排序方式有下列 2 种。

1 2　　或　　2 1

假设一个数列有 3 个数，分别是 1、2 和 3，这个数列的排序方式有下列 6 种。

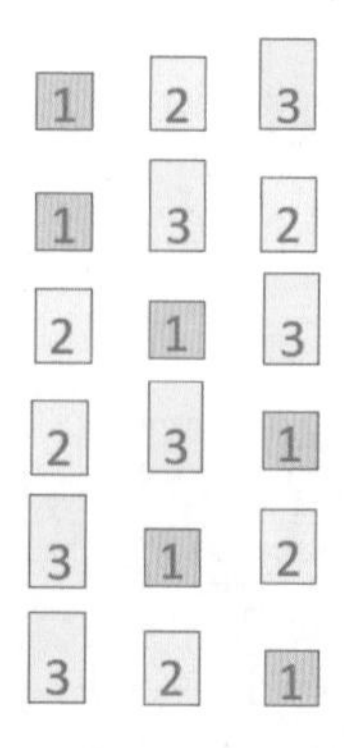

上述可以列出所有排列的可能方法称枚举方法 (Enumeration method)，特色是如果有 n 个数，就会有 n! 种组合方式，如下所示。

```
2! = 2 * 1 = 2
3! = 3 * 2 * 1 =6
```

上述 n! 又称阶乘数，阶乘数概念是由法国数学家克里斯蒂安・克兰普 (Christian Kramp，1760—1826) 所发表，他虽学医但是却同时对数学感兴趣，发表了许多数学文章。

程序实例 ch1_1.py：输入 n，程序可以列出它的阶乘结果，这个程序相当于列出数列内含 n 个数的组合方式有多少种。

```
1  # ch1_1.py
2  def factorial(n):
3      """ 计算n的阶乘, n 必须是正整数 """
4      if n == 1:
5          return 1
6      else:
7          return (n * factorial(n-1))
8
9  N = eval(input("请输入阶乘数 : "))
10 print(N, " 的阶乘结果是 = ", factorial(N))
```

执行结果

```
==================== RESTART: D:\Algorithm\ch1\ch1_1.py ====================
请输入阶乘数 : 3
3  的阶乘结果是 =  6
```

注　在程序语言内部是使用栈 (stack) 处理递归式的调用，本书在 1-4-2 节与 5-5 节会一步一步拆解此程序有关栈内存的变化。

假设有一个数列内含 30 个数，则组合种数如下：

```
======================= RESTART: D:\Algorithm\ch1\ch1_1.py =======================
请输入阶乘数 : 30
30  的阶乘结果是 =  265252859812191058636308480000000
```

假设一个数列有 30 个数，分别是 1 ～ 30，我们要将数列从小到大排列成 1， 2， …， 30。假设所使用的方法是枚举方法，对所有的排列一个一个处理，如果不是从小排到大，则使用下一个数列，直到找到从小排到大的数列。由阶乘得到的排列组合方式的种数，就是将数列数据从小排到大，最差状况需要核对的次数。

注　枚举方法的特色是一定可以找到答案。

程序实例 ch1_2.py：延续前面概念，假设超级计算机每秒可以处理 10 兆个数列，运气最差的话，请计算需要多少年可以得到从小排到大的数列。

```
1  # ch1_2.py
2  def factorial(n):
3      """ 计算n的阶乘, n 必须是正整数 """
4      if n == 1:
5          return 1
6      else:
7          return (n * factorial(n-1))
8
9  N = eval(input("请输入数列的数据个数 : "))
10 times = 10000000000000               # 计算机每秒可处理数列数目
11 day_secs = 60 * 60 * 24              # 一天秒数
12 year_secs = 365 * day_secs           # 一年秒数
13 combinations = factorial(N)          # 组合方式
14 years = combinations / (times * year_secs)
15 print("数据个数 %d, 数列组合数 = %d " % (N, combinations))
16 print("需要 %d 年才可以获得结果" % years)
```

执行结果

```
======================= RESTART: D:\Algorithm\ch1\ch1_2.py =======================
请输入数列的数据个数 : 30
数据个数 30, 数列组合数 = 265252859812191058636308480000000
需要 841111300774 年才可以获得结果
```

从上述执行结果可知，仅仅对含 30 个数的数列排序需要 8411 亿年才可以得到结果，读者可能觉得不可思议，笔者也觉得不可思议。一个程序，从宇宙诞生运行至今仍无法获得解答。

1. 宇宙诞生

2. 银河系诞生，距宇宙诞生约 7 亿年

图片由智利伯瑞纳天文台拍摄，取材自下列网址

https：//zh.wikipedia.org/zhtw/%E9%93%B6%E6%B2%B3%E7%B3%BB#/media/File：Milky_Way_Arch.jpg

3. 地球诞生，距宇宙诞生约 90 亿年

4. 现代，距宇宙诞生约 137 亿年

Python 有一个 itertools 模块，此模块内有 permutations( ) 方法，这个方法可以枚举列出元素所有可能的位置组合。

程序实例 ch1_3.py：列出列表元素 1、2、3 所有可能的组合。

```
1  # ch1_3.py
2  import itertools
3
4  x = ['1', '2', '3']
5  perm = itertools.permutations(x)
6  for i in perm:
7      print(i)
```

执行结果

```
===================== RESTART: D:/Algorithm/ch1/ch1_3.py =====================
('1', '2', '3')
('1', '3', '2')
('2', '1', '3')
('2', '3', '1')
('3', '1', '2')
('3', '2', '1')
```

1-2-2　好的算法

相同问题如果使用好的算法，可能不用 1 秒就可以得到答案。下列是笔者使用选择排序法处理相同问题所需的时间。

第 1 循环是从 n 个数中找出最小值，放到新的数列内，此时需要确认 n 个数字。第 2 循环是从 n-1 个数中找出最小值，然后放到新的数列内，此时需要确认 n-1 个数字。第 3 循环是从 n-2 个数中找出最小值，然后放到新的数列内，此时需确认 n-2 个数字。最后执行 n 循环就可以产生新的从小排到大的数列。整个循环过程的数学概念表示如下：

$$n + (n-1) + (n-2) + \cdots + 2 + 1$$

上述计算了所需确认的数字个数，也可以用下列方法表示：

$$\frac{n(n+1)}{2} = n + (n-1) + (n-2) + \ldots + 2 + 1$$

从上述公式也可以得到下列结果：

$$n^2 \geqslant \frac{n(n+1)}{2}$$

假设这个数列有 30 个数，相当于 n 等于 30，可以得到 n^2 等于 900，前一小节我们假设超级计算机每秒可以处理 10 兆 (10^{13}) 个数列，故采用这种算法所需时间如下：

$$900 / 10^{13}$$

结果远远低于 1 秒。所以在设计与使用算法时，好的算法和不好的算法有着天壤之别。

1-3 程序执行的时间测量方法：时间复杂度

1-3-1 基本概念

现在程序语言的功能很强，我们可以使用程序语言的时间函数记录一个程序执行所需的时间，这种方法最大的缺点是程序执行的时间会随着计算机的不同有所差异，所以绝对时间概念一般不被计算机科学家采用。

程序运行时间的测量方法是采用步骤数表示程序的运行时间，基本测量单位是 1 个步骤，由步骤数测量程序执行所需时间，我们又将此步骤数称时间复杂度。

❑ 时间测量场景 1

假设骑自行车每 2 分钟可以骑 1 千米，请问骑 10 千米的路需要多少时间？

答案是 2 * 10，相当于需要 20 分钟。

假设想骑 n 千米，就需要 2n 分钟。

在时间测量方法中，我们可以使用 T( ) 函数表达所需时间，骑 n 千米所需时间可以用下列数学公式表达：

$$T(n) = 2n$$

❑ 时间测量场景 2

假设有 16 千米的路段，骑自行车每 3 分钟可以骑剩下路程的一半，请问骑剩 1 千米需要多少时间？

第 1 个 3 分钟可以骑 8 千米，第 2 个 3 分钟可以骑 4 千米，第 3 个 3 分钟可以骑 2 千米，第 4 个 3 分钟可以骑 1 千米，可以用对数 log 表达这个解答。

$$3 * \log_2 16$$

下面笔者将 log 的底数 2 省略，所以表达式是 3 * log16，此外，可以像一般数学公式一样省略乘法 * 符号，即简化为 3log16，结果是 12 分钟。

假设距离 n 千米，则骑剩 1 千米需要 3log n 分钟，可以用下列数学公式表达：

$$T(n) = 3\log n$$

使用 Python 可以用 import math 方式导入模块 math，计算 log 的值，语法如下：

```
math.log(x[, base])            # base 预设是 e
```

参数 base 预设是 e(约 2.718281828459)，对于其他底数，则须在第 2 个参数指出底数，所以对于底数是 2，公式如下：

```
math.log(x, 2)
```

实例 1：计算 3*log16 的结果。

```
>>> import math
>>> x = 3 * math.log(16, 2)
>>> x
12.0
```

另外，math 模块也可以使用 log2( ) 方法处理底数为 2 的对数、使用 log10( ) 方法处理底数为 10 的对数。

实例 2：重复实例 1，计算 3*log16 的结果。

```
>>> import math
>>> x = 3 * math.log2(16)
>>> x
12.0
```

- 时间测量场景 3

假设骑自行车第 1 千米需要 1 分钟，第 2 千米需要 2 分钟，第 3 千米需要 3 分钟，相当于每一千米所需时间比前 1 千米多 1 分钟，请问骑 10 千米需要多少时间？

上述答案是 1+2+ … + 10，可以得到 55，所以需要 55 分钟。

如果距离是 n 千米，则所需时间计算方式如下：

$$1 + 2 + \cdots + (n-1) + n$$

其实这也是 1-2-2 节选择排序方法所述的数学公式，我们也可以用下列数学公式表达：

$$T(n) = 0.5n^2 + 0.5n$$

- 时间测量场景 4

假设骑自行车每 2 分钟可以骑 1 千米，喝一杯饮料需要 2 分钟，请问喝一杯饮料需要多少时间？

此问题与骑自行车无关，答案是 2 分钟。

假设要骑的距离是 10 千米，喝一杯饮料需要多少时间？

此问题依旧与骑自行车无关，答案是 2 分钟，所以可以用下列数学公式表达所需时间，这是一个常数的结果：

$$T(n) = 2$$

1-3-2　时间测量复杂度

在计算机科学领域，实际上是将程序执行的时间测量简化为一个数量级数，简化的结果也称时间复杂度，此时间复杂度使用 O(f(n)) 表示，一般将 O 念作 Big O，也称 Big O 表示法。

简化的原则如下：

- 时间复杂度简化原则 1

如果时间复杂度是常数，用 1 表示，则 1-3-1 节的时间测量场景 4 的 T（n）=2 可以用下列方式表达：

$$T(n) = O(1)$$

- 时间复杂度简化原则 2

省略系数，所以 1-3-1 节的时间测量场景 1 的 T(n) = 2n 可以用下列概念方式表达：

$$T(n) = O(n)$$

1-3-1 节的时间测量场景 2 的 T(n) = 3log n 可以用下列方式表达：

T(n) = O(log n)

❑ 时间复杂度简化原则 3

保留最高阶项目，同时也省略系数，所以 1-3-1 节的时间测量场景 3 的 $T(n) = 0.5n^2 + 0.5n$ 可以先省略低阶 0.5n，再省略最高阶系数 0.5，结果如下：

$T(n) = O(n^2)$

当 n 值够大时，在上述执行的时间复杂度结果，我们必须知道相对时间关系如下：

$O(1) < O(\log n) < O(n) < O(n^2)$

由于 $O(n^2)$ 的时间效率相较前 3 个差很多，所以下列实例笔者先用程序做说明。

程序实例 ch1_4.py：用程序绘制 O(1)、O(log n)、O(n) 的图形，对比当 n 从 1 变到 10 时，所需要的程序运行时间关系图。

```
1  # ch1_4.py
2  import matplotlib.pyplot as plt
3  import numpy as np
4
5  xpt = np.linspace(1, 10, 10)                 # 建立含10个元素的数组
6  ypt1 = xpt / xpt                             # 时间复杂度是 O(1)
7  ypt2 = np.log2(xpt)                          # 时间复杂度是 O(logn)
8  ypt3 = xpt                                   # 时间复杂度是 O(n)
9  plt.plot(xpt, ypt1, '-o', label="O(1)")
10 plt.plot(xpt, ypt2, '-o', label="O(logn)")
11 plt.plot(xpt, ypt3, '-o', label="O(n)")
12 plt.legend(loc="best")                       # 建立图例
13 plt.show()
```

执行结果

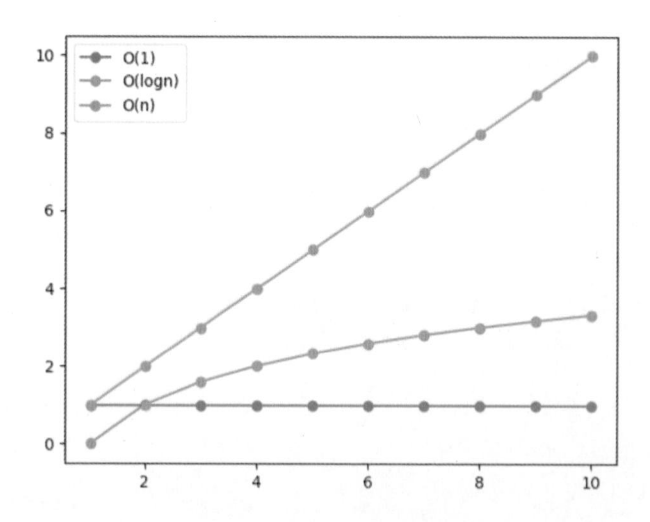

注　numpy 模块在使用底数为 2 的对数 log 时，与 math 一样使用 log2( ) 方法，可以参考上述第 7 行。

其实在程序时间测量中，另一个常会遇见的时间复杂度是 O(nlog n)，这个时间复杂度与先前的时间复杂度关系如下：

$$O(1) < O(\log n) < O(n) < O(n\log n) < O(n^2)$$

至于 ch1_2.py 使用枚举法列出所有排列组合，再找出从小到大的排列方式的时间复杂度是 O(n!)，则整个时间复杂度关系如下：

$$O(1) < O(\log n) < O(n) < O(n\log n) < O(n^2) < O(n!)$$

程序实例 ch1_5.py：用程序绘制 O(1)、O(log n)、O(n)、O(nlog n)、$O(n^2)$ 的图形，可以对比当 n 从 1 变到 10 时，所需要的程序运行时间关系图。

```
1  # ch1_5.py
2  import matplotlib.pyplot as plt
3  import numpy as np
4
5  xpt = np.linspace(1, 10, 10)              # 建立含10个元素的数组
6  ypt1 = xpt / xpt                          # 时间复杂度是 O(1)
7  ypt2 = np.log2(xpt)                       # 时间复杂度是 O(logn)
8  ypt3 = xpt                                # 时间复杂度是 O(n)
9  ypt4 = xpt * np.log2(xpt)                 # 时间复杂度是 O(nlogn)
10 ypt5 = xpt * xpt                          # 时间复杂度是 O(n*n)
11 plt.plot(xpt, ypt1, '-o', label="O(1)")
12 plt.plot(xpt, ypt2, '-o', label="O(logn)")
13 plt.plot(xpt, ypt3, '-o', label="O(n)")
14 plt.plot(xpt, ypt4, '-o', label="O(nlogn)")
15 plt.plot(xpt, ypt5, '-o', label="O(n*n)")
16 plt.legend(loc="best")                    # 建立图例
17 plt.show()
```

执行结果

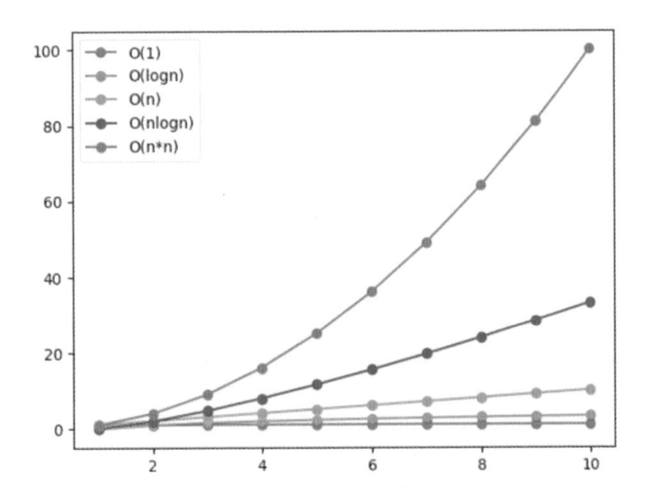

注 其实我们也可以将执行算法时间复杂度所耗损的时间称时间成本。下表是当 n 是 2、8、16 时，假设设备每秒可以操作 100 次步骤，各种算法所需的时间。

n 值	O(1)	O(log n)	O(n)	O(nlog n)	$O(n^2)$	O(n!)
2	0.01 秒	0.01 秒	0.02 秒	0.02 秒	0.04 秒	0.02 秒
8	0.01 秒	0.03 秒	0.08 秒	0.24 秒	0.64 秒	403.2 秒
16	0.01 秒	0.04 秒	0.16 秒	0.64 秒	2.56 秒	约 6634 年

1-4 内存的使用：空间复杂度

1-4-1 基本概念

程序算法在执行时会需要如下两种空间：

（1）程序输入 / 输出所需空间。

（2）程序执行过程中暂时存储中间数据所需的空间。

程序输入与输出的空间是必需的，所以可以不用计算，所谓的空间复杂度 (Space Complexity) 是指执行算法暂时存储中间数据所需的空间，这里所谓的空间是指内存空间，也可以称空间成本。

例如，程序执行时，有时需要一些额外的内存暂时存储中间数据，以便可以方便未来程序代码的执行，存储中间数据所需的内存空间多少，就是所谓的空间复杂度。

假设有一个数列，内含一系列数字，此系列数字有一个是重复出现，我们要找出那个重复出现的数字，如下所示：

1	3	4	5	2	3

如果我们采用重复遍历方法，这个方法的演算步骤如下：

（1）如果这是第一个数字，不用比较，跳至下一个数字。

（2）取下一个数字，将此数字和前面的数字比较，检查是否有重复，如果有重复，则找到重复数字，程序结束。如果没有重复，则跳至下一个数字。

（3）重复步骤（2）。

整个执行过程如下：

过程 1：

取第一个数字 1，不用比较。

1	3	4	5	2	3

过程 2：

取下一个数字 3，将 3 和前面的 1 做比较，没有重复。

过程 3：

取下一个数字 4，将 4 和前面的 1、3 做比较，没有重复。

过程 4：

取下一个数字 5，将 5 和前面的 1、3、4 做比较，没有重复。

过程 5：

取下一个数字 2，将 2 和前面的 1、3、4、5 做比较，没有重复。

过程 6：

取下一个数字 3，将 3 和前面的 1、3、4、5、2 做比较，发现重复。

上述过程虽可以得到解答，但是这个程序的时间复杂度是 $O(n^2)$。为了提高效率，我们可以使用额外的内存存储中间数据，这个额外内存就是空间复杂度。

我们来看相同的数据，假设在遍历每个数据时，就将此数据放在一个字典形式的哈希表 (Hash Table)，笔者将在第 8 章说明表的建立方式，如下所示：

Key	Value
1	1
3	1
4	1
5	1
2	1

上述的字典哈希表左边字段 Key 是键值，右边字段 Value 是该键值出现的次数，每次遍历一个数值时，先检查该值在字典是否出现，如果没有就将此数值依哈希表规则放入字典内。如果遍历到最后一个数值是 3，可以发现该值出现过，这时就获得我们所要的解答了。

1 3 4 5 2 3

Key	Value
1	1
3	2
4	1
5	1
2	1

上述时间复杂度则是 $O(n)$，效率大大提高了，而使用额外暂时存储的字典哈希表空间是 n，相当于空间复杂度：

$$S(n) = O(f(n))$$

有的人也将空间复杂度的 f( ) 省略表示为：

$$S(n) = O(n)$$

而原先使用重复遍历找寻重复数字的空间复杂度是 $O(1)$，但是时间复杂度则是 $O(n^2)$，其实在两者取舍时，时间复杂度是优先于空间复杂度，因为算法的时间成本更重要，相当于用内存空间去换取时间。

1-4-2 常见的空间复杂度计算

❑ 空间复杂度场景 1

使用 Python 语言，可以使用下列语法将 x、y 两个数字对调。

```
>>> x,y = 1,2
>>> x,y = y,x
>>> x
2
>>> y
1
>>>
```

在内存内部，实际上是使用下列方式执行数值对调。

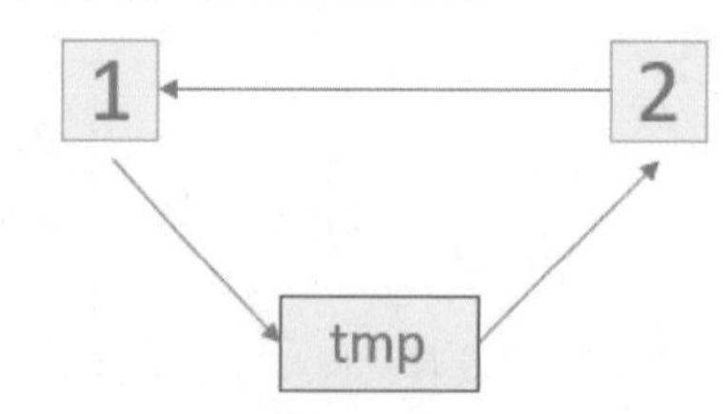

这个算法使用一个 tmp 内存空间，整个空间复杂度是 $O(1)$，我们也可以将此空间复杂度称为常数空间。

❑ 空间复杂度场景 2

暂时存储中间数据所需的空间与数据规模 n 呈线性正相关。例如，前一小节我们使用字典哈希表找寻重复的数据，此字典哈希表所使用的内存空间与原先数据是呈线性正相关的，这时的空间复杂度是 O(n)，我们也可以将此空间复杂度称为线性空间。

❑ 空间复杂度场景 3

如果一个输入数据是 n，算法存储中间数据所需的空间是 n*n，这时空间复杂度是 $O(n^2)$，我们也可以将此空间复杂度称为二维空间。

❑ 空间复杂度场景 4

程序实例 ch1_1.py：笔者在计算阶乘问题时介绍了递归式调用 (recursive call)，在该程序中虽然没有很明显地说明内存存储了中间数据，不过实际上是有使用内存的，笔者将对其进行详细解说，下列是递归式调用的过程。

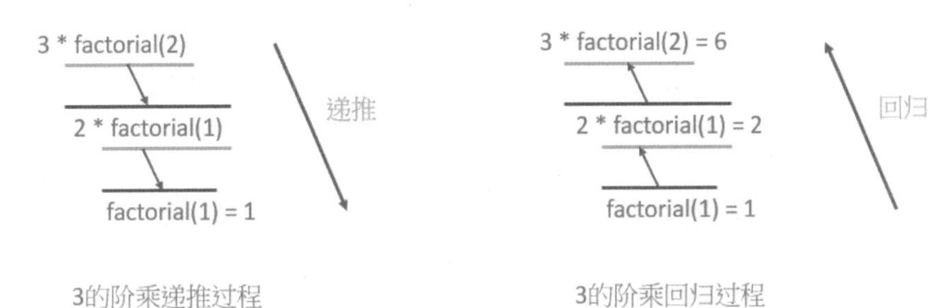

3的阶乘递推过程　　3的阶乘回归过程

在编译程序中是使用栈 (stack) 处理上述递归式调用，这是一种后进先出 (last in first out) 的数据结构，笔者将在第 5 章说明栈的建立方式，下列是编译程序实际使用栈的情形。

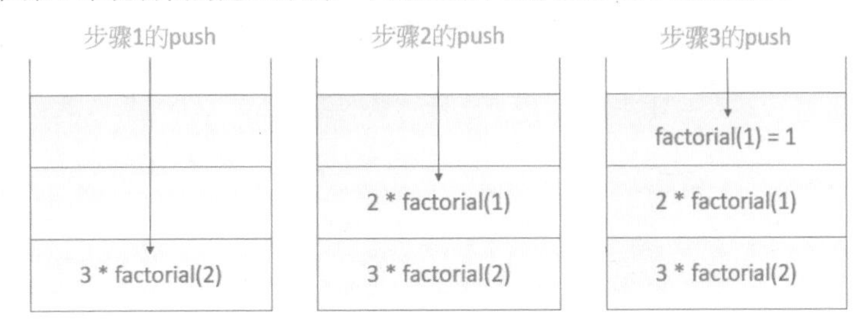

数据放入栈称推入 (push)。上述计算 3 的阶乘时，编译程序其实就是将数据从栈中取出，此动作的术语称取出 (pop)，整个概念如下：

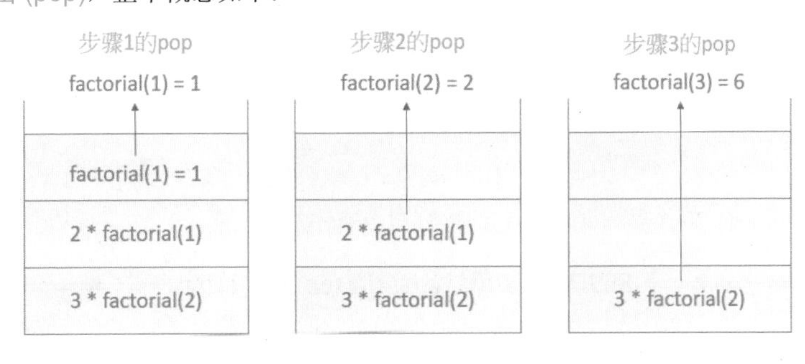

从上述执行结果可以看到，栈所需的内存空间和递归式的深度有关，如果递归式调用深度是 n，则空间复杂度就是 O(n)。

1-5 数据结构

所谓的数据结构是指数据在内存中的摆放位置，不同的摆放位置将直接影响未来我们存取数据的时间或是排序数据所需的时间。下列是数组 (array) 与链表 (linked list) 的内存图形。

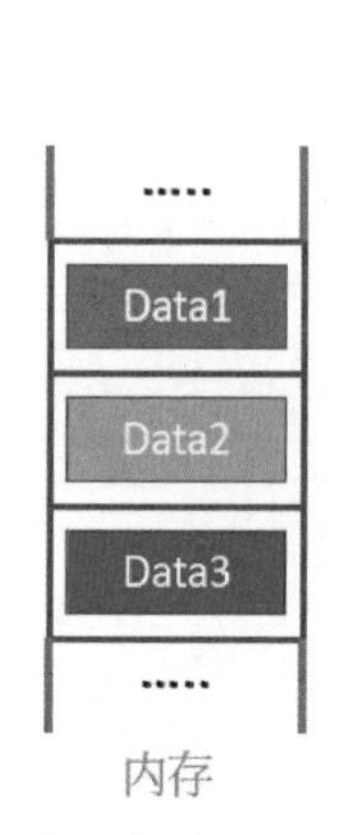

数组，数据在内存顺序排列

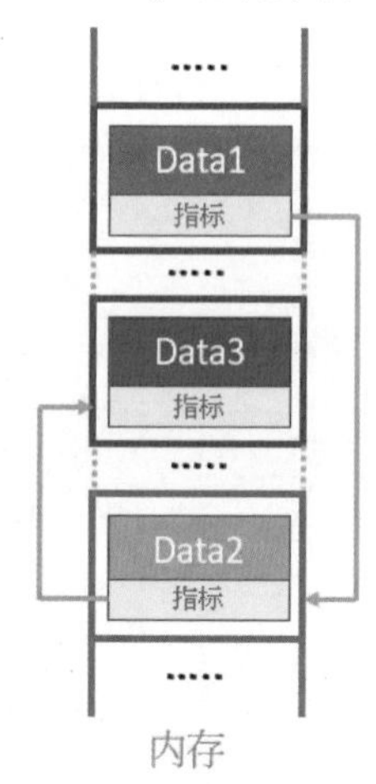

链表，数据分散在内存各处

常见的基本数据结构有下列几项，分别位于本书各章：

第 2 章：数组。

第 3 章：链表。

第 4 章：队列。

第 5 章：栈。

第 6 章：二叉树。

第 7 章：堆积树。

第 8 章：哈希表。

由于没有一个数据结构适合所有数据形态，所以本节在介绍上述数据结构时，会解说相关的算法。

1-6 习题

1. 假设一个数列中有 20 个数，请计算它的排列组合有多少种。

```
==================== RESTART: D:\Algorithm\ex\ex1_1.py ====================
排列组合有 2432902008176640000种
```

2. 扩充上一个程序，假设产生一个排列组合需要 0.0000000001 秒，请问产生所有排列组合需要多少时间？

```
==================== RESTART: D:\Algorithm\ex\ex1_2.py ====================
排列组合需要 243290200 秒
```

3. 请参考 ch1_3.py，列出列表元素 a、b、c、d、e、f 的组合方式。

```
==================== RESTART: D:\Algorithm\ex\ex1_3.py ====================
('a', 'b', 'c', 'd', 'e', 'f')
('a', 'b', 'c', 'd', 'f', 'e')
('a', 'b', 'c', 'e', 'd', 'f')
('a', 'b', 'c', 'e', 'f', 'd')
('a', 'b', 'c', 'f', 'd', 'e')
('a', 'b', 'c', 'f', 'e', 'd')
                              ..........................
('f', 'e', 'd', 'b', 'a', 'c')
('f', 'e', 'd', 'b', 'c', 'a')
('f', 'e', 'd', 'c', 'a', 'b')
('f', 'e', 'd', 'c', 'b', 'a')
总共有 720 种组合方式
```

4. 有一位业务员想要拜访北京、天津、上海、广州、武汉的客户，请问有几种拜访顺序，同时列出所有拜访顺序。

```
==================== RESTART: D:\Algorithm\ex\ex1_4.py ====================
('北京', '天津', '上海', '广州', '武汉')
('北京', '天津', '上海', '武汉', '广州')
('北京', '天津', '广州', '上海', '武汉')
('北京', '天津', '广州', '武汉', '上海')
                              ..........................
('武汉', '广州', '天津', '北京', '上海')
('武汉', '广州', '天津', '上海', '北京')
('武汉', '广州', '上海', '北京', '天津')
('武汉', '广州', '上海', '天津', '北京')
总共有 120 种拜访顺序
```

第 2 章

数组

2-1 基本概念

计算机内存其实是一个连续的存储空间，如果有 1 个元素 5，内存的内容如下方左图所示，如果有 3 个元素 5、3、9，则内存的内容如下方右图所示。

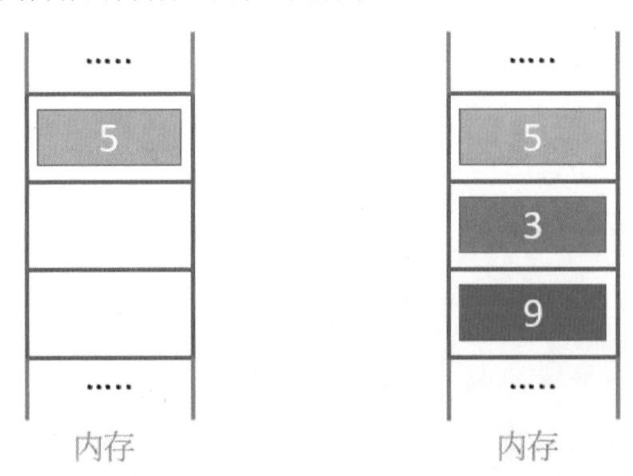

所谓的数组 (array) 就是指数据是放在连续的内存空间，如同上方右图所示，在数组中我们可以将数组数据称为元素。

2-2 使用索引存取数组内容

由于数组数据是在连续空间，存取是用索引方式存取，通常又将第 1 个数据称索引 0 位置，第 2 个数据称索引 1 位置，其他数据则依此类推，如下图所示。

内存

在上述数组结构内，如果我们想要取得 9 的内容，可以不用从头开始找寻，直接使用索引 2 取得，此时语法是 x[2]，这个读取方式在计算机领域称作**随机存取** (random access)，非常适合多数据场景。

由于只要一个步骤就可以取得数组元素内容，所以**时间复杂度**是 O(1)。

2-3 新数据插入数组

数组结构虽然好用，但是如果要将新数据插入数组或是删除数组元素，则需要较多的时间，本节讲解如何将新数据插入数组。

2-3-1　假设当下有足够的连续内存空间

数组结构虽然好用，但是如果要将新数据插入数组则需要较多的时间，下列是假设有一个内存内含数组 x，此数组有 5、3、9，3 个数据。

内存

假设现在想要在索引 1 位置插入一个数据 2，数组处理步骤如下：

❑ 步骤 1

先确定数组有足够的空间容纳新元素。此时内存空间概念图如下：

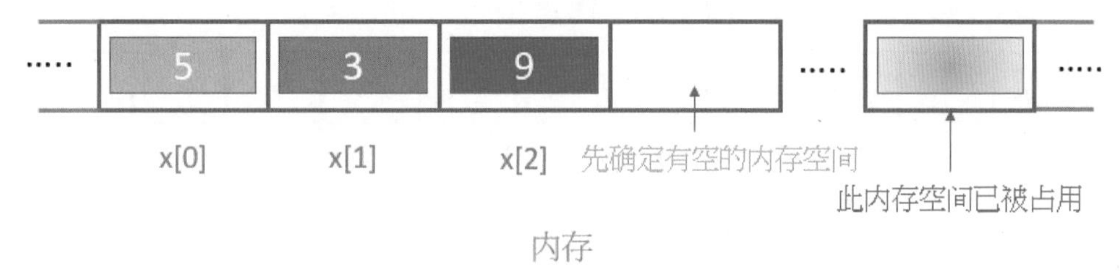

内存

❑ 步骤 2

由于新数据要放在 x[1] 索引位置，所以要先将原 x[1] 及以后的元素往后移动，下列是移动过程与结果。

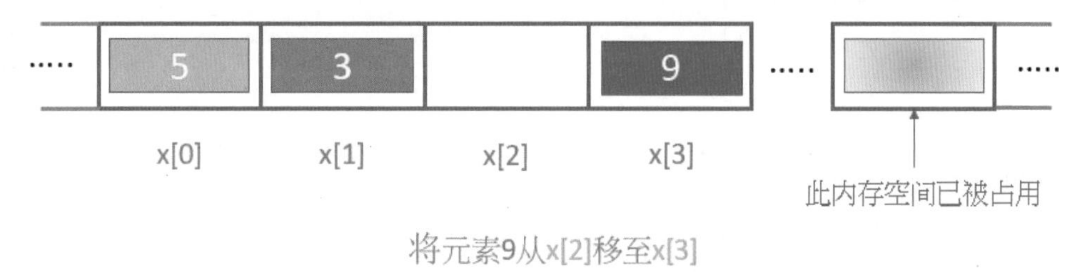

将元素9从x[2]移至x[3]

下列是另一个元素 3 的移动过程。

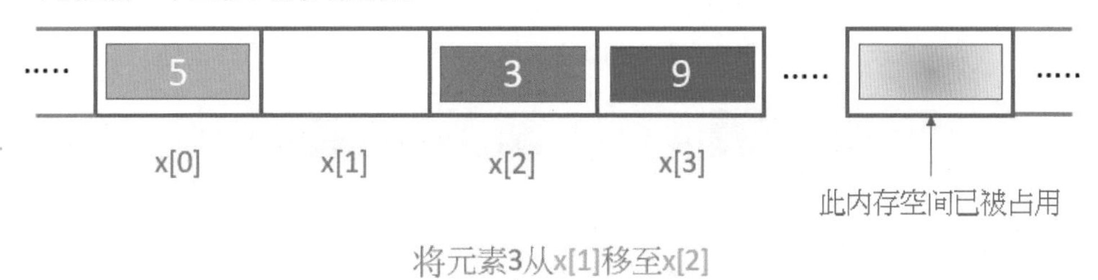

将元素3从x[1]移至x[2]

❑ 步骤 3

将数据 2 插入索引 1 位置。

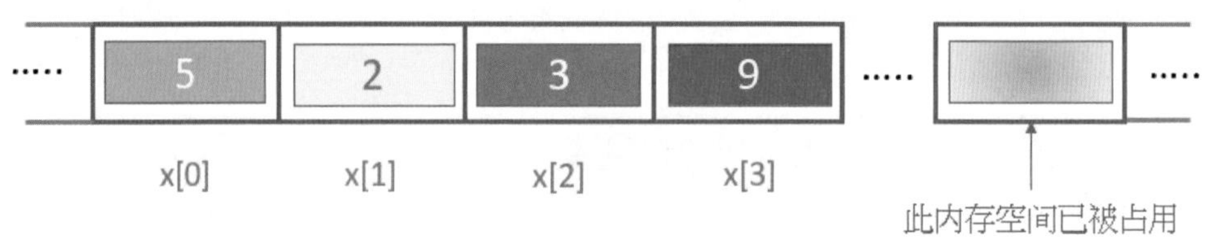

上述在插入数据时，可能要移动所有数组元素，所以时间复杂度是 O(n)。

2-3-2 假设当下没有足够的连续内存空间

读者可以想象，有几个朋友相邀去看电影，当坐下来后，有一位新朋友想插入一起坐下看电影，可是当下区间座位有限，这时只好在电影院寻找其他的座位。

假设有一个数组，此数组内含 3 个数据，此数组内存空间的位置如下：

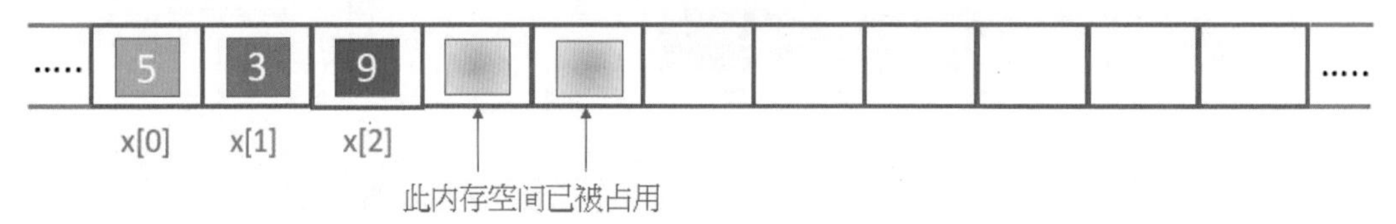

假设现在想要在索引 1 位置插入一个数据 2，但数组连续空间不足，这时需要向计算机要新的可以容纳数组的连续空间，然后将所有数组内容移至新的内存空间，下列是移动与插入结果。

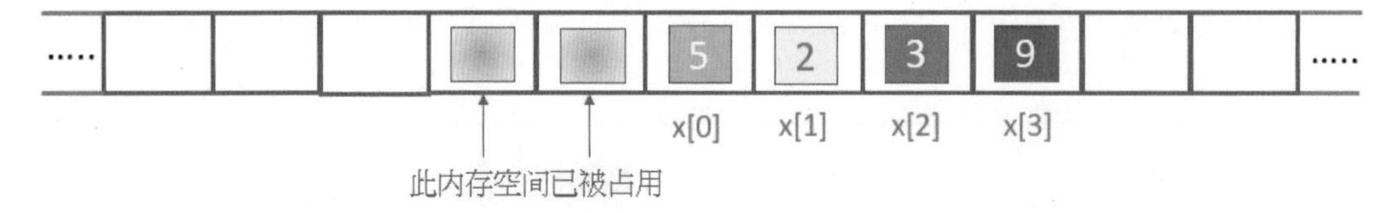

在没有足够内存空间时插入数据，可能要移动所有数组元素，所以时间复杂度是 O(n)。

2-4 删除数组元素

在删除某一数组元素时，需要将所删除元素后面的元素往前移动，移回空的内存空间，让数组保持在连续空间。假设有一个数组的内存空间如下所示：

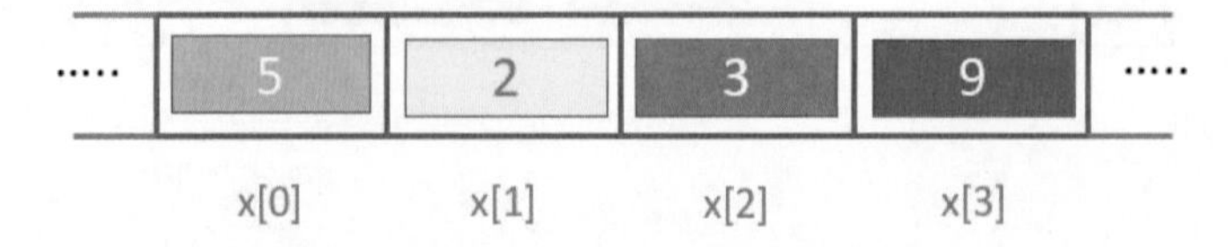

假设现在想要移除 x[1] 的元素 2，数组处理步骤如下：

❑ 步骤 1

删除 x[1] 的元素 2，此时内存内容如下所示：

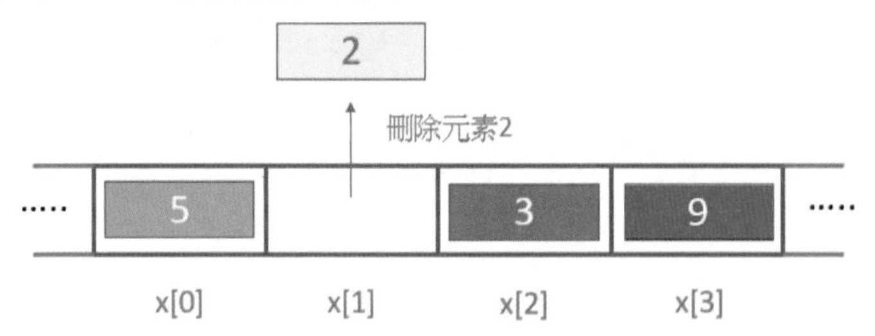

❑ 步骤 2

将所删除元素后面的元素往前移动，将原 x[2] 元素 3 移至前面 x[1] 索引位置。

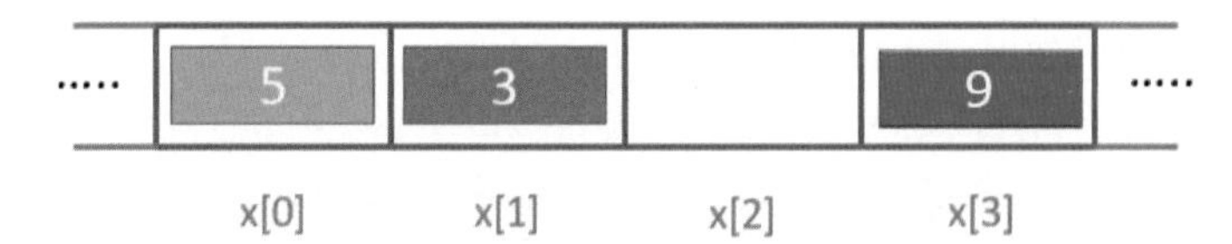

❑ 步骤 3

将原 x[3] 元素 9 移至前面 x[2] 索引位置。

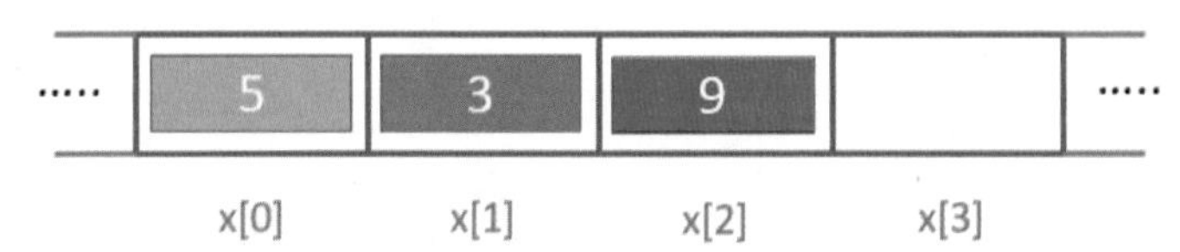

经过以上步骤就可以删除数组的某个元素，由于删除某个元素后，要将所有后面的元素往前移动，所以时间复杂度是 O(n)。

2-5 思考数组的优缺点

在 2-3-2 节，笔者说过当发生数组空间不足时，必须移动整个数组到新的内存空间，如果常常移动数组会造成程序的执行效率降低，为了避免这类情况发生，可以使用为数组多预留空间的方法。

例如，假设有 5 个数据，我们可以要求先预留 10 个数据的内存空间给此数组使用，这样就不会为了要插入新的数据，必须将数组数据移动。不过这时也会有下列缺点：

（1）如果未来数组扩充至超过 10 个数据时，此数组数据仍必须在内存内移动。

（2）如果未来程序没有使用到多余的内存空间，此内存空间就会被浪费，因为别的程序也无法使用。

所以虽然数组数据结构简单好用、容易理解、读取数组内容速度很快，所需时间是 O(1) 相当于是瞬间就可以找到数据，但是仍不是最好的方法。下列是数组结构相关的时间复杂度。

数组结构	读取	插入	删除	搜寻
时间复杂度	O(1)	O(n)	O(n)	O(log n)

至于常用的搜寻功能，如果我们不对数组做任何处理，所需的搜寻时间是 O(n)，但是如果先将数组执行排序，使用二分法做搜寻，所需的时间是 O(log n)，第 10 章笔者将会用程序说明。假设有一排序数组如下：

```
1, 2, …, 50, 51, …, 99
```

所谓的二分法是将欲搜寻的数字与中间 50 做比较，如果大于 50 就往右与 75 做比较，如果小于 50 就往左与 25 做比较，依此概念持续下去，可以很快找出所搜寻的数字。这时所需要的搜寻时间的时间复杂度是 O(log n)。

2-6 与数组有关的 Python 程序

前几节是数组的相关知识，对于想进一步学习信息科学的人很有帮助。其实 Python 语言对于常用的数组数据处理已经有内建的方法，如建立、插入、删除数据，本节将做说明。

在 Python 程序语言的数据结构中，列表 (list) 与我们所提的数组非常类似，不过列表结构允许数组元素含不同数据形态，所以在使用上更具弹性，不过也会造成执行速度较差以及需要较多的系统资源。如果数据量少，其实也可以将列表当作数组使用。

Python 内建有 array 模块，使用这个模块可以建立整数、浮点数的数组，在应用上可以用一个字符的 type code 指定数组的数据形态。

type code	数据形态	长度 (byte)	说明
‘b’	int	1	1 个 byte 有号整数
‘B’	int	1	1 个 byte 无号整数
‘h’	int	2	有号短整数 signed short
‘H’	int	2	无号短整数 unsigned short
‘i’	int	2	有号整数 signed int
‘I’	int	2	无号整数 unsigned int
‘l’	int	4	有号长整数 signed long
‘L’	int	4	无号长整数 unsigned long
‘q’	int	8	有号长长整数 signed long long
‘Q’	int	8	无号长长整数 unsigned long long
‘f’	float	4	浮点数 float
‘d’	double	8	浮点数 double

在使用 array 模块前，必须先导入此模块：

```
from array import *
```

2-6-1　建立数组

可以使用 array( ) 方法。

```
array(typecode[,  initializer])
```

typecode 是指所建立数组的数据形态，第 2 个参数是所建的数组内容。

程序实例 ch2_1.py：建立数组然后打印。

```
1  # ch2_1.py
2  from array import *
3  x = array('i', [5, 15, 25, 35, 45])
4  for data in x:
5      print(data)
```

执行结果

```
======================= RESTART: D:/Algorithm/ch2_1.py =======================
5
15
25
35
45
```

2-6-2　存取数组内容

我们可以直接使用索引值存取数组内容。

程序实例 ch2_2.py：建立数组然后存取数组内容。

```
1  # ch2_2.py
2  from array import *
3  x = array('i', [5, 15, 25, 35, 45])
4
5  print(x[0])
6  print(x[2])
7  print(x[4])
```

执行结果

```
===================== RESTART: D:/Algorithm/ch2/ch2_2.py =====================
5
25
45
```

2-6-3 将数据插入数组

可以使用 insert( ) 方法，将数据插入数组。

```
insert(i, x)
```

在索引 i 位置插入数据 x。

程序实例 ch2_3.py：先建立数组，然后在索引 2 位置插入 100。

```
1  # ch2_3.py
2  from array import *
3  x = array('i', [5, 15, 25, 35, 45])
4
5  x.insert(2, 100)
6  for data in x:
7      print(data)
```

执行结果

```
===================== RESTART: D:/Algorithm/ch2/ch2_3.py =====================
5
15
100
25
35
45
```

append( ) 则是可以将数据插入数组末端。

程序实例 ch2_4.py：先建立数组，然后在数组末端插入 100。

```
1  # ch2_4.py
2  from array import *
3  x = array('i', [5, 15, 25, 35, 45])
4
5  x.append(100)
6  for data in x:
7      print(data)
```

执行结果

```
===================== RESTART: D:/Algorithm/ch2/ch2_4.py =====================
5
15
25
35
45
100
```

2-6-4 删除数组元素

可以使用 remove(x) 方法删除数组中第一个出现的元素 x。

程序实例 ch2_5.py：先建立数组，然后删除数组元素 25。

```
1  # ch2_5.py
2  from array import *
3  x = array('i', [5, 15, 25, 35, 45])
4
5  x.remove(25)
6  for data in x:
7      print(data)
```

执行结果

```
==================== RESTART: D:/Algorithm/ch2/ch2_5.py ====================
5
15
35
45
```

pop(i) 可以回传和删除索引 i 的元素，若省略 i 相当于 i=-1，此时可以回传和删除最后一个元素。

程序实例 ch2_6.py：先建立数组，然后第 1 次使用 pop( )，第 2 次使用 pop(2)，回传和删除数组元素。

```
1  # ch2_6.py
2  from array import *
3  x = array('i', [5, 15, 25, 35, 45])
4  n = x.pop()
5  print('删除 ', n)
6  for data in x:
7      print(data)
8
9  n = x.pop(2)
10 print('删除 ', n)
11 for data in x:
12     print(data)
```

执行结果

```
==================== RESTART: D:\Algorithm\ch2\ch2_6.py ====================
删除  45
5
15
25
35
删除  25
5
15
35
```

2-6-5 搜寻数组元素

可以使用 index(x) 方法搜寻指定数组元素 x 的索引。

程序实例 ch2_7.py：先建立数组，然后找出数组元素 35 的索引值。

```
1  # ch2_7.py
2  from array import *
3  x = array('i', [5, 15, 25, 35, 45])
4  
5  i = x.index(35)
6  print(i)
```

执行结果

```
==================== RESTART: D:/Algorithm/ch2/ch2_7.py ====================
3
```

2-6-6 更新数组内容

这一节主要是更改数组某索引内容。

程序实例 ch2_8.py：更改索引 2 的内容为 100。

```
1  # ch2_8.py
2  from array import *
3  x = array('i', [5, 15, 25, 35, 45])
4  
5  x[2] = 100
6  for data in x:
7      print(data)
```

执行结果

```
==================== RESTART: D:/Algorithm/ch2/ch2_8.py ====================
5
15
100
35
45
```

2-6-7 Numpy

Python 是一个应用范围很广的程序语言，为了应对高速运算，在人工智能领域常用 Numpy 模块执行相关的数组 (array) 运算，有关这方面的应用读者可以参考笔者所著的《Python 数据科学零基础一本通》。

2-7 习题

1. 请为 1.0、2.0、5.0、6.5、7.0 建立数组。

```
===================== RESTART: D:/Algorithm/ex/ex2_1.py =====================
1.0
2.0
5.0
6.5
7.0
```

2. 请使用 1、11、22、33、44、55 建立一个数组，然后要求用户输入 0 ~ 5 间的索引数字，如果输入不在此范围则提示输入错误，然后删除此索引数字。

```
===================== RESTART: D:\Algorithm\ex\ex2_2.py =====================
数组内容如下:
1
11
22
33
44
55
请输入欲删除的索引 : 3
1
11
22
44
55
```

3. 请使用 1、11、22、33、44、55 建立一个数组，然后要求用户输入 0 ~ 5 间的索引数字和欲插入的数字，如果输入不在此范围则提示输入错误，然后插入此索引的数字。

```
===================== RESTART: D:\Algorithm\ex\ex2_3.py =====================
数组内容如下:
1
11
22
33
44
55
请输入欲插入的索引 : 1
请输入欲插入的数值 : 8
1
8
11
22
33
44
55
```

第 3 章

链表

链表 (linked list) 表面上看是一串的数据，但是列表内的数据可能是散布在内存的各个地方。更明确地说，链表与数组的最大不同是，数组数据元素是放在连续的内存空间，链表数据元素是散布在内存的各个地方。

3-1 链表数据形式与内存概念

在链表中每个节点元素有 2 个区块，一个区块是数据区，主要是存放数据，另一个区块是指标区，主要是指向下一个节点元素。下列链表内有 3 个节点元素，元素内容分别是 Grape、Mango、Apple。

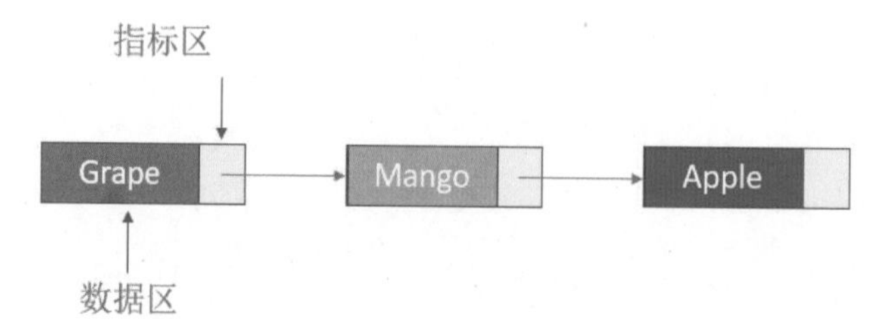

上述最后一个节点元素 (内容是 Apple) 的指标区没有指向任何位置，代表这是链表的最后一个节点。在链表中，因为节点元素不必放在连续内存空间，所以内存内实际的存储位置可能如下图所示：

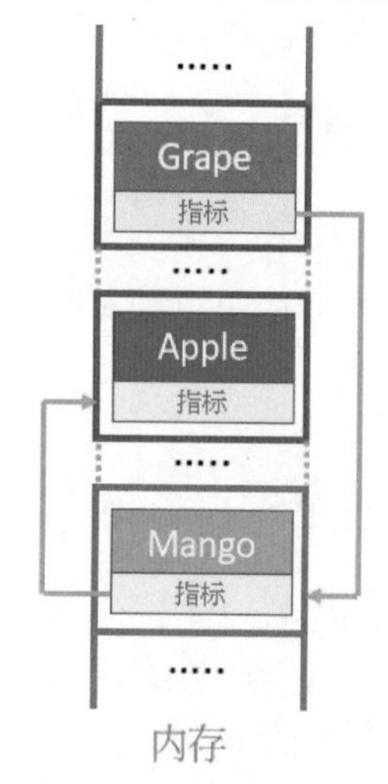

3-2 链表的数据读取

链表读取数据是使用顺序读取 (sequential access)，例如，要读取 Apple 数据，首先要从第一个节点 Grape 开始，然后经过 Mango 节点，最后连上 Apple 节点才可取得 Apple 数据。

由上图可以知道，要读取链表内容必须从头开始搜寻数据，所以整个执行的时间复杂度是 O(n)。

3-3 新数据插入链表

在链表中，如果要在任意位置新增节点元素，只要将前一个节点指标指向此新节点，然后将新节点指标指向下一个节点就可以了。例如，想要在链表内的 Mango 节点和 Apple 节点间增加 Orange，整个步骤如下：

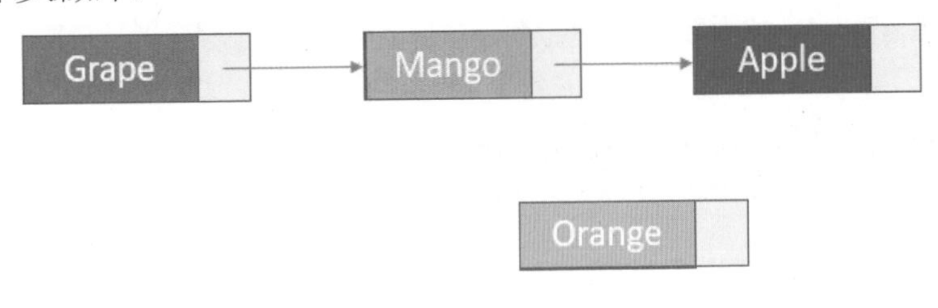

❑ 步骤 1

将 Mango 节点的指标指向 Orange 节点。

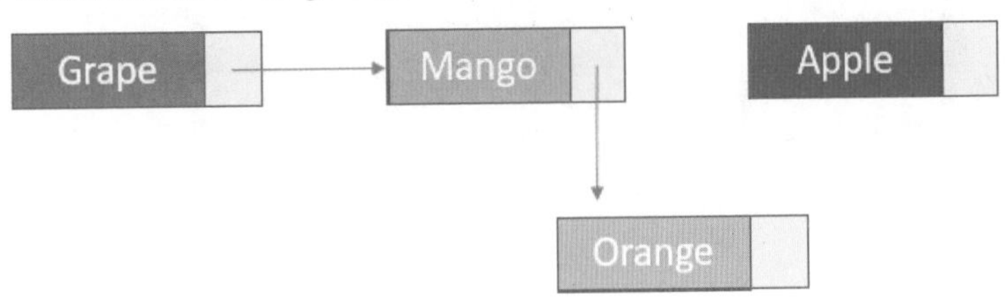

❑ 步骤 2

将 Orange 节点的指标指向 Apple 节点。

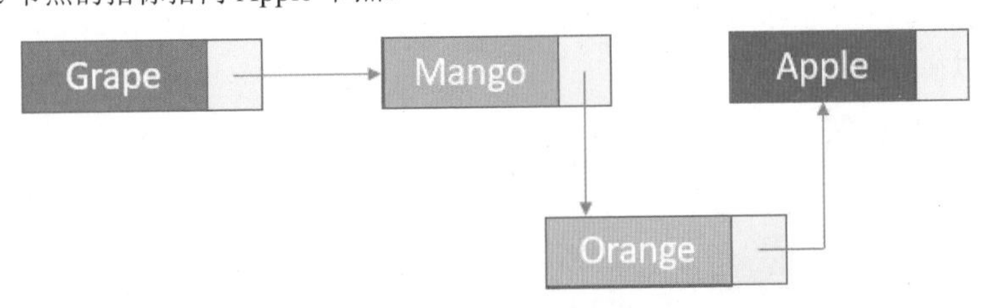

由于上述只更改两个指针就完成了数据插入，不需要遍历 n 个节点，所以运行时间复杂度是 O(1)。

3-4 删除链表的节点元素

链表中也可以删除某个节点元素，例如，想要删除 Mango 节点元素，只要将 Mango 前一个节点的指标从指向 Mango 改为指向 Mango 的下一个节点 Orange 即可。

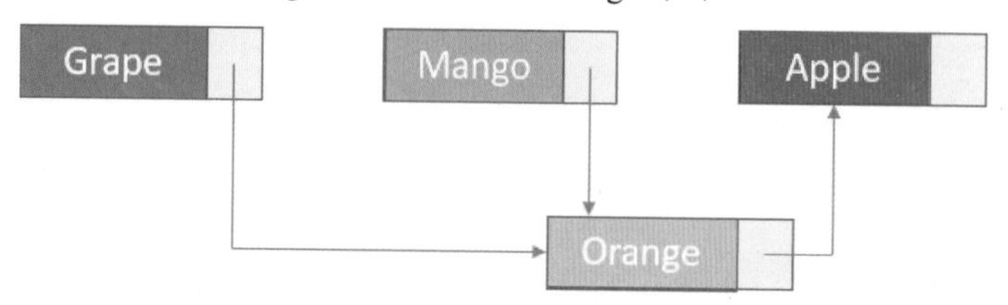

虽然 Mango 节点仍存在于内存中，但此链表已经无法到达 Mango 节点，所以这个节点就算是删除了。

由于不需要遍历 n 个节点就可以删除节点元素，所以运行时间复杂度是 O(1)。

3-5 循环链表 (circle linked list)

在链表中有头尾概念，要找寻一个节点必须从头到尾搜寻，如果将一个链表在设计时将末端节点的指标指向第一个节点，这样就成了循环链表，它的特色是未来不管目前指标是指向哪一个节点，皆可以搜寻整个列表。

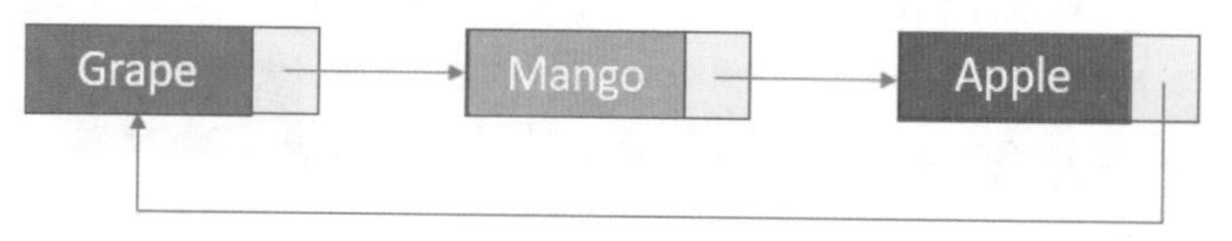

3-6 双向链表

截至目前为止，所有链表皆是单向搜寻，如果我们将每个节点多增加一个指标区，其中一个指标指向前面节点，另一个指标指向后面节点，这样就成了双向链表 (double linked list)，指标可以往前搜寻，也可以往后搜寻。

3-7 数组与链表基本操作的时间复杂度比较

下表是当数组与链表在相同操作环境下，执行读取、插入、删除时的运行时间复杂度比较。

时间复杂度	数组	链表
读取	O(1)	O(n)
插入	O(n)	O(1)
删除	O(n)	O(1)

由上述可知，2 个数据结构应用在不同的操作各有优缺点，未来所设计的程序应用何种算法存储数据，应由常用操作决定。

3-8 与链表有关的 Python 程序

这一节笔者将教导读者使用 Python 建立链表指标及遍历链表。

3-8-1 建立链表

想要建立链表，首先要建立此链表的节点，我们可以使用下列 Node 类别建立此节点。

```
class Node():
    ''' 节点 '''
    def __init__(self, data=None):
        self.data = data                # 数据
        self.next = None                # 指标
```

Node 类别有 2 个属性，其中 data 是存储节点数据，next 是存储指标，此指标未来可指向下一个节点，在尚未设定前我们可以使用 None。

程序实例 ch3_1.py：建立一个含 3 个节点的链表，然后打印此链表。

```
 1  # ch3_1.py
 2  class Node():
 3      ''' 节点 '''
 4      def __init__(self, data=None):
 5          self.data = data                # 数据
 6          self.next = None                # 指标
 7
 8  n1 = Node(5)                            # 节点 1
 9  n2 = Node(15)                           # 节点 2
10  n3 = Node(25)                           # 节点 3
11  n1.next = n2                            # 节点 1 指向节点 2
12  n2.next = n3                            # 节点 2 指向节点 3
13  ptr = n1                                # 建立指标节点
14  while ptr:
15      print(ptr.data)                     # 打印节点
16      ptr = ptr.next                      # 移动指标到下一个节点
```

执行结果

```
===================== RESTART: D:/Algorithm/ch3/ch3_1.py =====================
5
15
25
```

上述执行第 8 ～ 10 行后，可以在内存内建立下列 3 个节点。

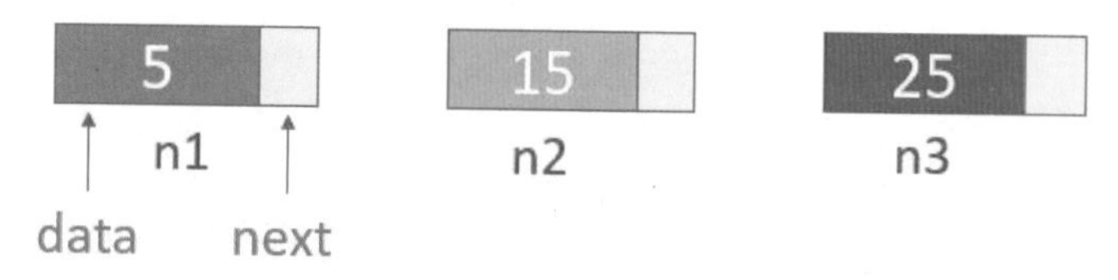

执行第 11 行后链表节点内容如下：

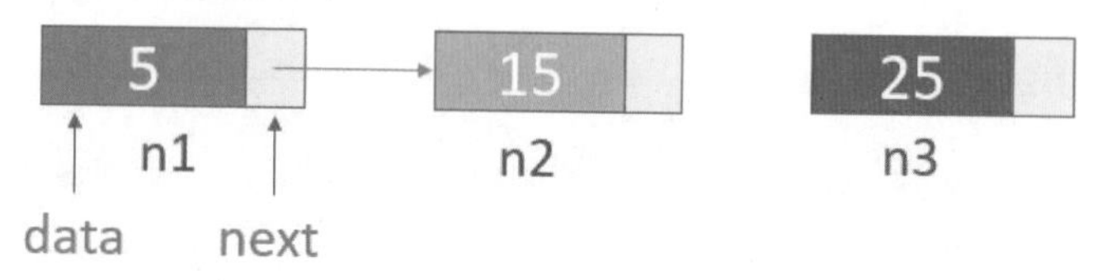

执行第 12 行后链表节点内容如下：

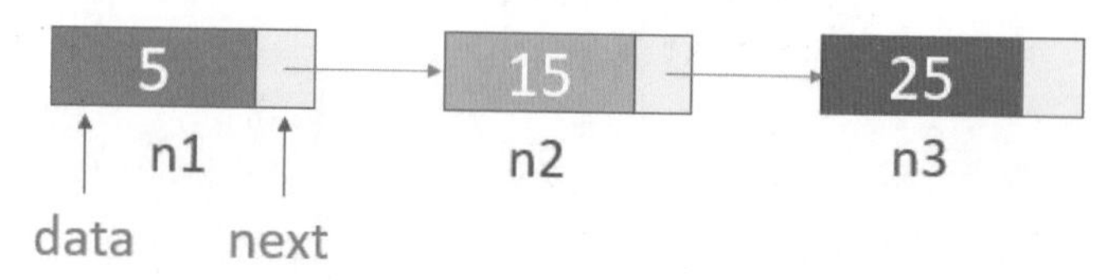

执行第 13 行后会多一个指标 ptr：

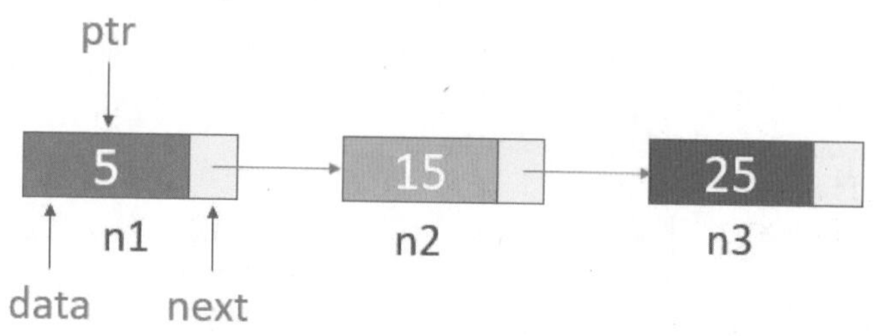

第 14 ～ 16 行可以打印此链表，得到 5、15、25。

3-8-2 建立链表类别和遍历此链表

其实前一节笔者已经用实例讲解了建立链表的方式，也说明了遍历链表，这一节主要讲解建立一个链表 Linked_list 类别，在这个类别内我们使用 __init__( ) 设计链表的第一个节点，同时使用 print_list( ) 打印链表。

程序实例 ch3_2.py：以建立 Linked_list 类别方式重新设计 ch3_1.py。

```
1  # ch3_2.py
2  class Node():
3      ''' 节点 '''
4      def __init__(self, data=None):
5          self.data = data                # 数据
6          self.next = None                # 指标
7
8  class Linked_list():
9      ''' 链表 '''
10     def __init__(self):
11         self.head = None                # 链表第 1 个节点
12
13     def print_list(self):
14         ''' 打印链表 '''
15         ptr = self.head                 # 指标指向链表第 1 个节点
16         while ptr:
17             print(ptr.data)             # 打印节点
18             ptr = ptr.next              # 移动指标到下一个节点
19
20 link = Linked_list()
21 link.head = Node(5)
22 n2 = Node(15)                           # 节点 2
23 n3 = Node(25)                           # 节点 3
24 link.head.next = n2                     # 节点 1 指向节点 2
25 n2.next = n3                            # 节点 2 指向节点 3
26 link.print_list()                       # 打印链表 link
```

执行结果 与 ch3_1.py 相同。

3-8-3　在链表第一个节点前插入一个新的节点

在链表的应用中，常常需要插入新的节点数据，这一节重点是将新节点插入链表的第一个节点之前，也就是插在链表开头的位置。

程序实例 ch3_3.py：扩充 ch3_2.py，新建数据是 100 的节点，同时将 100 插入链表开头的位置。

```
1  # ch3_3.py
2  class Node():
3      ''' 节点 '''
4      def __init__(self, data=None):
5          self.data = data                # 数据
6          self.next = None                # 指标
7
8  class Linked_list():
9      ''' 链表 '''
10     def __init__(self):
11         self.head = None                # 链表第 1 个节点
12
```

```
13      def print_list(self):
14          ''' 打印链表 '''
15          ptr = self.head                 # 指标指向链表第 1 个节点
16          while ptr:
17              print(ptr.data)             # 打印节点
18              ptr = ptr.next              # 移动指标到下一个节点
19
20      def begining(self, newdata):
21          ''' 在第 1 个节点前插入新节点 '''
22          new_node = Node(newdata)        # 建立新节点
23          new_node.next = self.head       # 新节点指标指向旧的第1个节点
24          self.head = new_node            # 更新链表的第一个节点
25
26  link = Linked_list()
27  link.head = Node(5)
28  n2 = Node(15)                           # 节点 2
29  n3 = Node(25)                           # 节点 3
30  link.head.next = n2                     # 节点 1 指向节点 2
31  n2.next = n3                            # 节点 2 指向节点 3
32  link.print_list()                       # 打印链表 link
33  print("新的链表")
34  link.begining(100)                      # 在第 1 个节点前插入新的节点
35  link.print_list()                       # 打印新的链表 link
```

执行结果

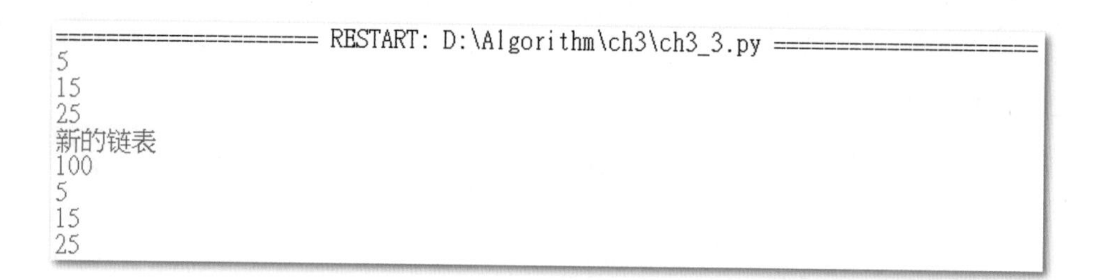

```
==================== RESTART: D:\Algorithm\ch3\ch3_3.py =====================
5
15
25
新的链表
100
5
15
25
```

上述程序第 34 行是调用 begining( ) 方法，同时传递新节点值 100，当执行第 22 行后，链表节点内容如下：

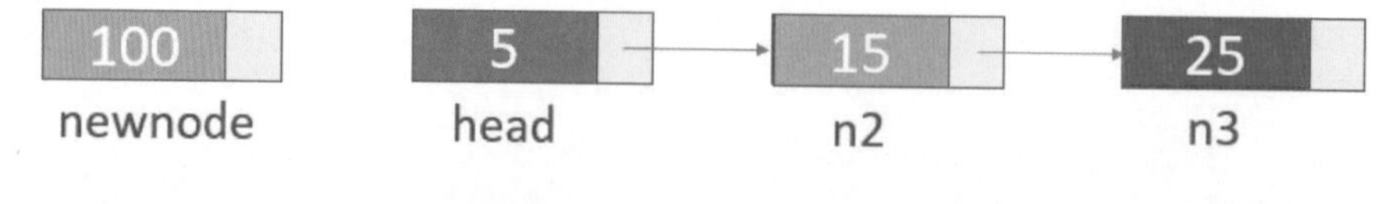

当执行第 23 行后，链表节点内容如下：

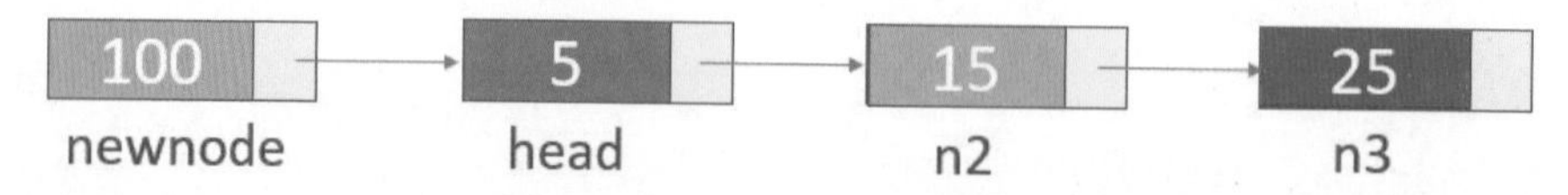

当执行第 24 行后，链表节点内容如下：

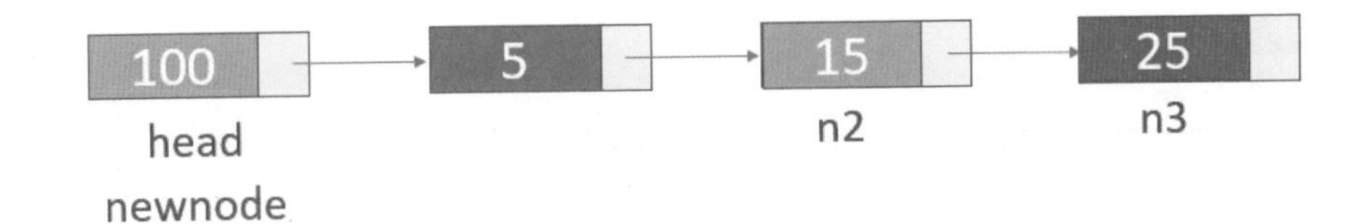

3-8-4　在链表末端插入新的节点

程序实例 ch3_4.py：在链表的末端插入新的节点。

```
1  # ch3_4.py
2  class Node():
3      ''' 节点 '''
4      def __init__(self, data=None):
5          self.data = data                # 数据
6          self.next = None                # 指标
7
8  class Linked_list():
9      ''' 链表 '''
10     def __init__(self):
11         self.head = None                # 链表第 1 个节点
12
13     def print_list(self):
14         ''' 打印链表 '''
15         ptr = self.head                 # 指标指向链表第 1 个节点
16         while ptr:
17             print(ptr.data)             # 打印节点
18             ptr = ptr.next              # 移动指标到下一个节点
19
20     def ending(self, newdata):
21         ''' 在链表末端插入新节点 '''
22         new_node = Node(newdata)        # 建立新节点
23         if self.head == None:           # 如果是True, 表示链表是空的
24             self.head = new_node        # 所以head就可以直接指向此新节点
25             return
26         last_ptr = self.head            # 设定最后指标是链表头部
27         while last_ptr.next:            # 移动指标直到最后
28             last_ptr = last_ptr.next
29         last_ptr.next = new_node        # 将最后一个节点的指标指向新节点
30
31 link = Linked_list()
32 link.head = Node(5)
33 n2 = Node(15)                           # 节点 2
34 n3 = Node(25)                           # 节点 3
35 link.head.next = n2                     # 节点 1 指向节点 2
36 n2.next = n3                            # 节点 2 指向节点 3
37 link.print_list()                       # 打印链表 link
38 print("新的链表")
39 link.ending(100)                        # 在链表末端插入新的节点
40 link.print_list()                       # 打印新的链表 link
```

执行结果

```
==================== RESTART: D:\Algorithm\ch3\ch3_4.py ====================
5
15
25
新的链表
5
15
25
100
```

对于在链表末端插入节点，程序在第 20 ～ 29 行使用了 ending( ) 方法，当执行第 26 行后，链表节点内容如下：

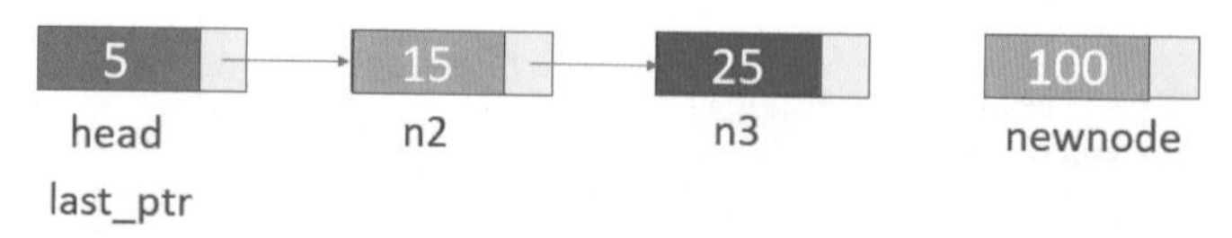

当执行第 27 ～ 28 行后，链表节点内容如下：

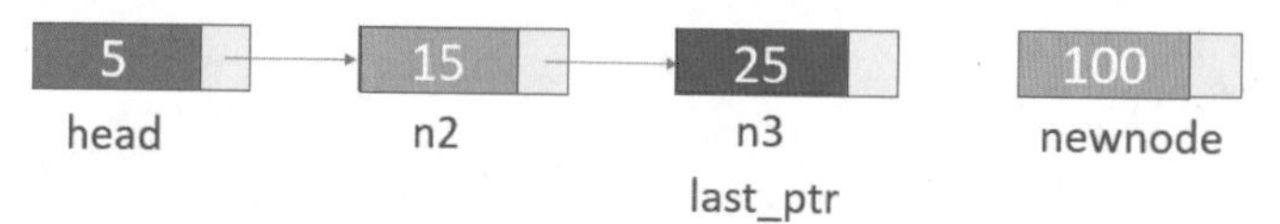

当执行第 29 行后，链表节点内容如下：

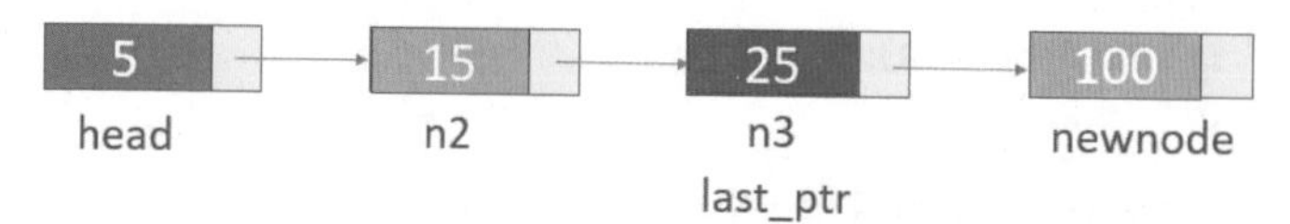

3-8-5 在链表中间插入新的节点

程序实例 ch3_5.py：在链表 n2 节点的后面插入新的节点。

```
1  # ch3_5.py
2  class Node():
3      ''' 节点 '''
4      def __init__(self, data=None):
5          self.data = data                # 数据
6          self.next = None                # 指标
7
8  class Linked_list():
9      ''' 链表 '''
10     def __init__(self):
11         self.head = None                # 链表第 1 个节点
12
13     def print_list(self):
14         ''' 打印链表 '''
15         ptr = self.head                 # 指标指向链表第 1 个节点
16         while ptr:
```

```
17              print(ptr.data)          # 打印节点
18              ptr = ptr.next           # 移动指标到下一个节点
19
20      def between(self, pre_node, newdata):
21          ''' 在链表两个节点间插入新节点 '''
22          if pre_node == None:
23              print("缺插入节点的前一个节点")
24              return
25          # 建立和插入新节点
26          new_node = Node(newdata)     # 建立新节点
27          new_node.next = pre_node.next # 新建节点指向前一节点的下一节点
28          pre_node.next = new_node     # 前一节点指向新建节点
29
30  link = Linked_list()
31  link.head = Node(5)
32  n2 = Node(15)                        # 节点 2
33  n3 = Node(25)                        # 节点 3
34  link.head.next = n2                  # 节点 1 指向节点 2
35  n2.next = n3                         # 节点 2 指向节点 3
36  link.print_list()                    # 打印链表 link
37  print("新的链表")
38  link.between(n2, 100)                # 在链表n2插入新的节点
39  link.print_list()                    # 打印新的链表 link
```

执行结果

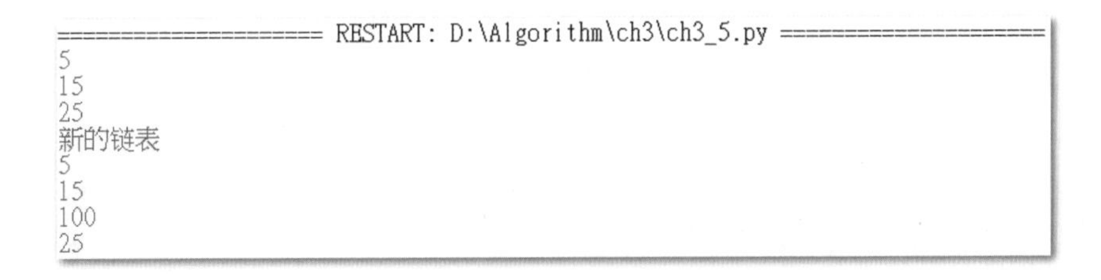

```
===================== RESTART: D:\Algorithm\ch3\ch3_5.py =====================
5
15
25
新的链表
5
15
100
25
```

对于在链表中间插入节点，程序在第 20 ～ 28 行使用了 between( ) 方法，调用这个方法需要使用 2 个参数，第 1 个参数 pre_node 是指出要将新数据插入哪一个节点，第 2 个参数是新节点的值，当执行第 26 行后，链表节点内容如下：

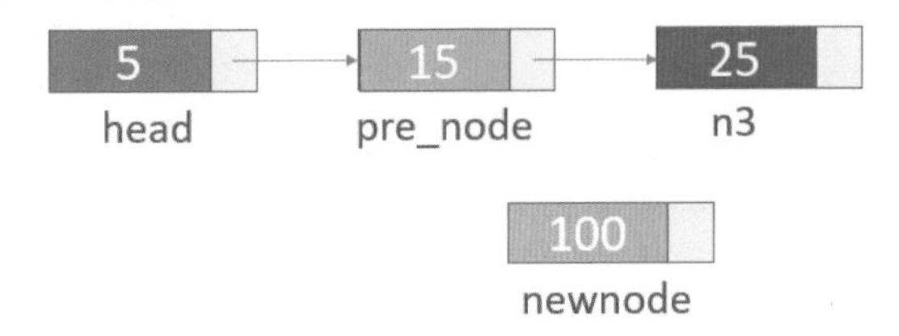

当执行第 27 行后，链表节点内容如下：

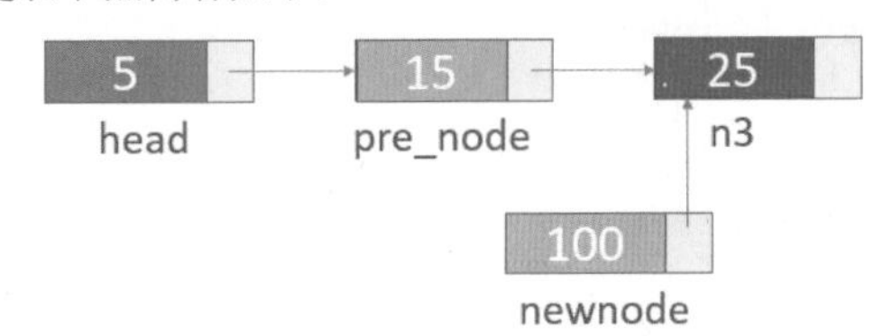

当执行第 28 行后，链表节点内容如下：

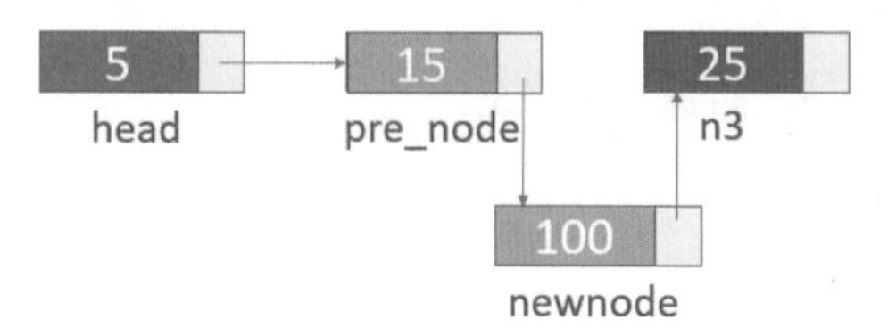

3-8-6 在链表中删除指定内容的节点

程序实例 ch3_6.py：在链表中删除指定的节点前，先建立链表，此链表含有 5、15、25 这 3 个节点，然后删除 15 这个节点。

```
 1  # ch3_6.py
 2  class Node():
 3      ''' 节点 '''
 4      def __init__(self, data=None):
 5          self.data = data              # 数据
 6          self.next = None              # 指标
 7
 8  class Linked_list():
 9      ''' 链表 '''
10      def __init__(self):
11          self.head = None              # 链表第 1 个节点
12
13      def print_list(self):
14          ''' 打印链表 '''
15          ptr = self.head               # 指标指向链表第 1 个节点
16          while ptr:
17              print(ptr.data)           # 打印节点
18              ptr = ptr.next            # 移动指标到下一个节点
19
20      def ending(self, newdata):
21          ''' 在链表末端插入新节点 '''
22          new_node = Node(newdata)      # 建立新节点
23          if self.head == None:         # 如果是True, 表示链表是空的
24              self.head = new_node      # 所以head就可以直接指向此新节点
25              return
26          last_ptr = self.head          # 设定最后指标是链表头部
27          while last_ptr.next:          # 移动指标直到最后
28              last_ptr = last_ptr.next
29          last_ptr.next = new_node      # 将最后一个节点的指标指向新节点
30
31      def rm_node(self, rmkey):
32          ''' 删除值是rmkey的节点 '''
33          ptr = self.head               # 暂时指标
34          if ptr:
35              if ptr.data == rmkey:
36                  self.head = ptr.next  # 将第1个指标指向下一个节点
37                  return
38          while ptr:
39              if ptr.data == rmkey:
40                  break
```

```
41                prev = ptr              # 设定前一节点指标
42                ptr = ptr.next          # 移动指标
43            if ptr == None:             # 如果ptr已经是末端
44                return                  # 找不到所以返回
45            prev.next = ptr.next        # 找到了所以将前一节点指向下一个节点
46
47    link = Linked_list()
48    link.ending(5)
49    link.ending(15)
50    link.ending(25)
51    link.print_list()                   # 打印链表 link
52    print("新的链表")
53    link.rm_node(15)                    # 删除值是15的节点
54    link.print_list()                   # 打印新的链表 link
```

执行结果

```
==================== RESTART: D:\Algorithm\ch3\ch3_6.py ====================
5
15
25
新的链表
5
25
```

上述程序第 33 行是建立暂时指标 ptr，指向链表的第一个节点，第 41 ～ 42 行是建立暂时指标的前一个指标 prev，未来找到删除节点时 (ptr 所指的节点)，prev.next 指向 ptr.next，这样就算是删除暂时指标 ptr 所指的节点了，可以参考第 45 行。第 43 ～ 44 行主要是用在找不到指定节点时，可以直接返回。

3-8-7　建立循环链表

如果想要建立循环链表，只要将链表末端节点指向第 1 个节点即可。

程序实例 ch3_7.py：建立循环链表，此列表有 3 个节点，打印 6 次。

```
1    # ch3_7.py
2    class Node():
3        ''' 节点 '''
4        def __init__(self, data=None):
5            self.data = data                # 数据
6            self.next = None                # 指标
7
8    n1 = Node(5)                            # 节点 1
9    n2 = Node(15)                           # 节点 2
10   n3 = Node(25)                           # 节点 3
11   n1.next = n2                            # 节点 1 指向节点 2
12   n2.next = n3                            # 节点 2 指向节点 3
13   n3.next = n1                            # 末端节点指向起始节点
14   ptr = n1                                # 建立指标节点
15   counter = 1
16   while counter <= 6:
17       print(ptr.data)                     # 打印节点
18       ptr = ptr.next                      # 移动指标到下一个节点
19       counter += 1
```

执行结果

```
==================== RESTART: D:/Algorithm/ch3/ch3_7.py ====================
5
15
25
5
15
25
```

上述执行第 12 行后链表节点如下所示：

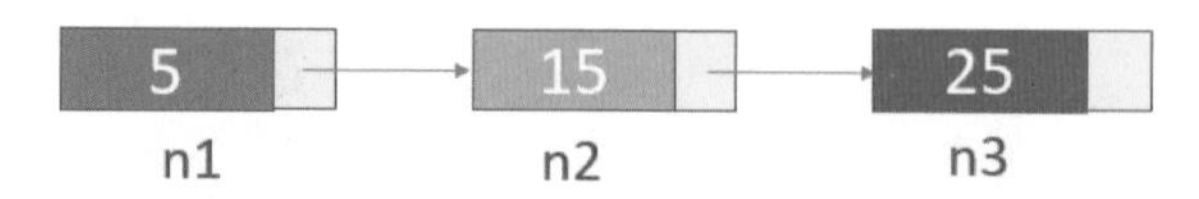

上述执行第 13 行后链表节点如下所示：

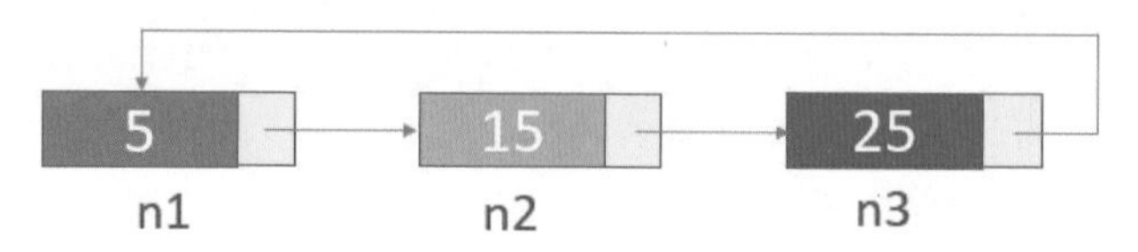

这样就完成了循环链表。

3-8-8 双向链表

如果要建立双向链表，每个节点必须有向前指标和向后指标，可以使用下列方式定义此节点。

```
class Node():
    ''' 节点 '''
    def __init__(self, data=None):
        self.data = data                # 数据
        self.next = None                # 向后指标
        self.previous = None            # 向前指标
```

程序实例 ch3_8.py：建立双向链表，在建立节点过程中，每次均从头部打印一次双向链表，最后从尾部打印一次双向链表。

```
1  # ch3_8.py
2  class Node():
3      ''' 节点 '''
4      def __init__(self, data=None):
5          self.data = data                # 数据
6          self.next = None                # 向后指标
7          self.previous = None            # 向前指标
8
9  class Double_linked_list():
10     ''' 链表 '''
11     def __init__(self):
12         self.head = None                # 链表头部的节点
13         self.tail = None                # 链表尾部的节点
```

```
14
15      def add_double_list(self, new_node):
16          ''' 将节点加入双向链表 '''
17          if isinstance(new_node, Node):       # 先确定这item是节点
18              if self.head == None:            # 处理双向链表是空的
19                  self.head = new_node         # 头是new_node
20                  new_node.previous = None     # 指向前方
21                  new_node.next = None         # 指向后方
22                  self.tail = new_node         # 尾节点也是new_node
23              else:                            # 处理双向链表不是空的
24                  self.tail.next = new_node    # 尾节点指标指向new_node
25                  new_node.previous = self.tail   # 新节点前方指标指向前
26                  self.tail = new_node         # 新节点成为尾部节点
27          return
28
29      def print_list_from_head(self):
30          ''' 从头部打印链表 '''
31          ptr = self.head                  # 指标指向链表第 1 个节点
32          while ptr:
33              print(ptr.data)              # 打印节点
34              ptr = ptr.next               # 移动指标到下一个节点
35
36      def print_list_from_tail(self):
37          ''' 从尾部打印链表 '''
38          ptr = self.tail                  # 指标指向链表尾部节点
39          while ptr:
40              print(ptr.data)              # 打印节点
41              ptr = ptr.previous           # 移动指标到前一个节点
42
43  double_link = Double_linked_list()
44  n1 = Node(5)                             # 节点 1
45  n2 = Node(15)                            # 节点 2
46  n3 = Node(25)                            # 节点 3
47
48  for n in [n1, n2, n3]:
49      double_link.add_double_list(n)
50      print("从头部打印双向链表")
51      double_link.print_list_from_head()  # 从头部打印双向链表
52
53  print("从尾部打印双向链表")
54  double_link.print_list_from_tail()  # 从尾部打印双向链表
```

执行结果

```
==================== RESTART: D:\Algorithm\ch3\ch3_8.py ====================
从头部打印双向链表
5
从头部打印双向链表
5
15
从头部打印双向链表
5
15
25
从尾部打印双向链表
25
15
5
```

这个程序第 15 ～ 27 行使用了 add_double_list( ) 方法，将每个节点加入链表，第 17 行主要是确定所增加的数据是双向链表的节点，再执行 18 ～ 26 行。其中 19 ～ 22 行是增加第一个节点，当执行完第 19 行，链表节点内容如下：

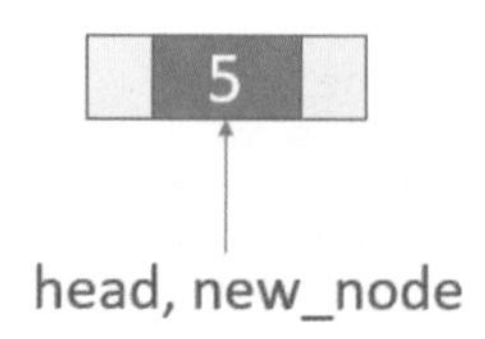

当执行完第 20 行，链表节点内容如下：

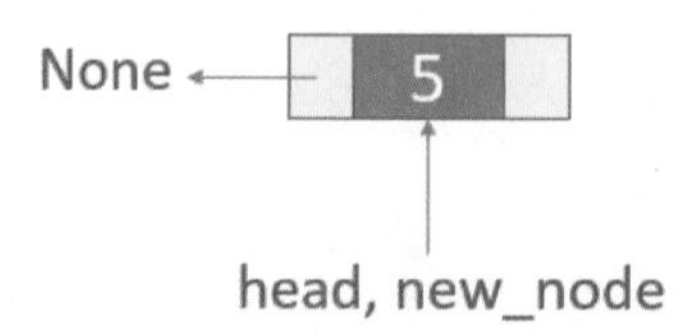

当执行完第 21 行，链表节点内容如下：

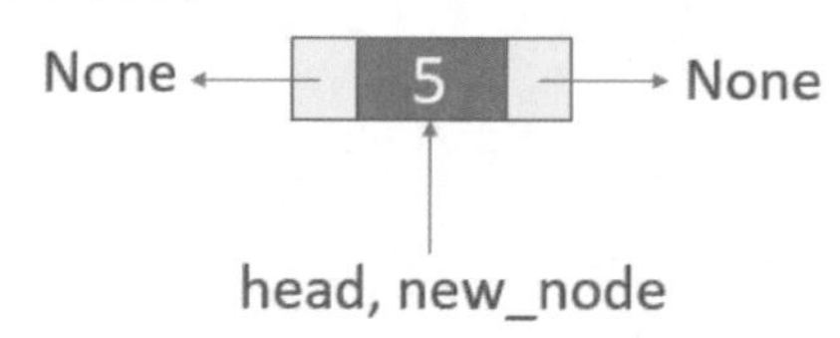

当执行完第 22 行，链表节点内容如下：

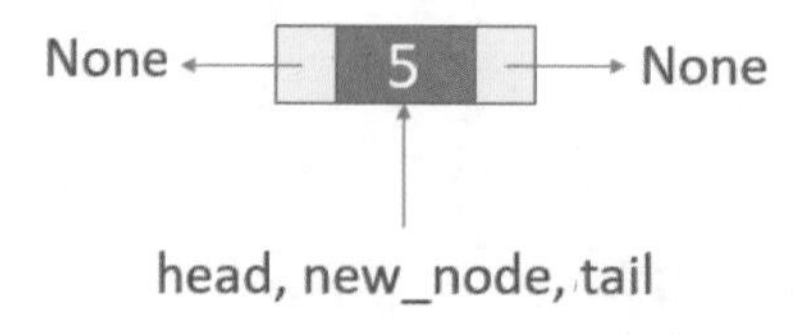

上述就是建立双向链表的第一个节点过程。程序第 24 ～ 26 行是建立双向链表第 2 个 (含) 以后的节点过程，当执行完第 24 行，链表节点内容如下：

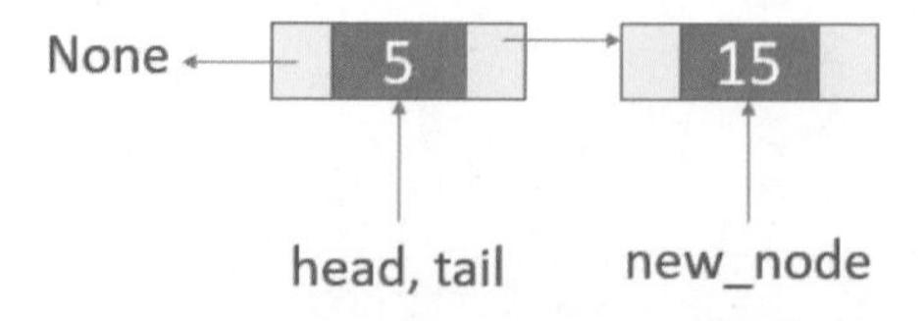

当执行完第 25 行，链表节点内容如下：

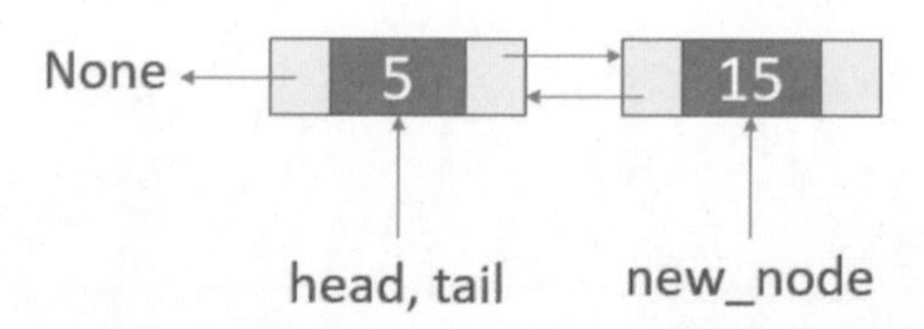

当执行完第 26 行，链表节点内容如下：

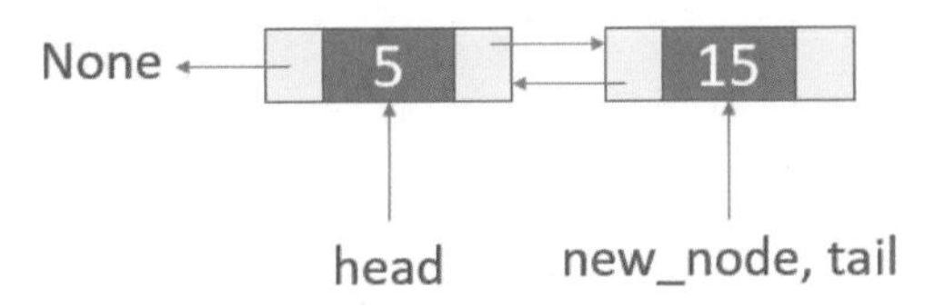

程序第 29 ～ 34 行的 print_list_from_head( ) 是从双向链表前端打印到末端，程序第 36 ～ 41 行的 print_list_from_tail( ) 是从双向链表末端打印到前端。

3-9 习题

1. 请修改 ch3_2.py，在 Linked_list 类别内增加 length( ) 方法，计算链表的长度（也可想成节点数量）。

```
===================== RESTART: D:\Algorithm\ex\ex3_1.py =====================
链表长度是 :  3
```

2. 请建立链表，列表节点有 3 个，内容分别是 5、15、5，同时设计一个搜寻方法，然后用参数 5、15、20 测试此搜寻方法，此程序会列出 5、15、20 在链表内各出现几次。

```
===================== RESTART: D:\Algorithm\ex\ex3_2.py =====================
所建的链表
5
15
5
分别列出数值5, 15, 20的出现次数
5  出现 2 次
15 出现 1 次
20 出现 0 次
```

3. 为星期的英文缩写建立双向链表，然后分别从头打印和从尾打印。

```
===================== RESTART: D:\Algorithm\ex\ex3_3.py =====================
从头部打印双向链表
Sun
Mon
Tue
Web
Thu
Fri
Sat
从尾部打印双向链表
Sat
Fri
Thu
Web
Tue
Mon
Sun
```

第 4 章

队列

队列（queue）也是一个线性的数据结构，特色是从一端插入数据（插入数据至队列的动作称 enqueue），从队列另一端读取（或称取出）数据（读取队列数据称 dequeue），数据读取后就将数据从队列中移除。由于每一个数据皆从一端进入队列，从另一端离开队列，整个过程有先进先出 (first in first out) 的特征。

队列执行过程读者可以这样想象：当进入麦当劳点餐时，柜台端接受不同客户点餐，先点的餐会先被处理，供客户享用，同时已供应的餐就会从点餐流程中移除。

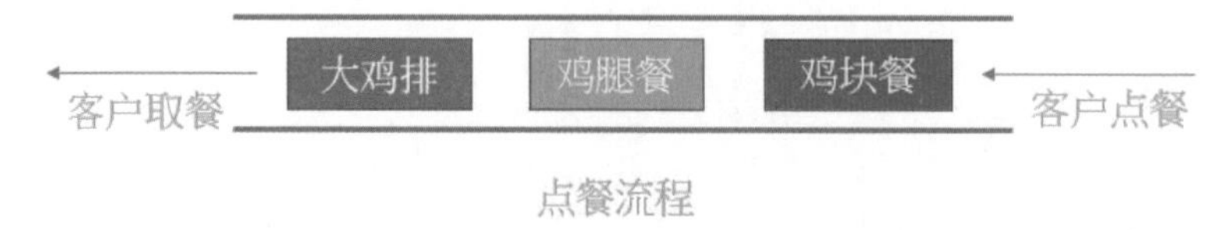

4-1 数据插入 enqueue

假设我们依序要插入 Grape、Mango、Apple 这 3 个数据，整个步骤说明如下：

❑ 步骤 1：

将 Grape 插入队列。

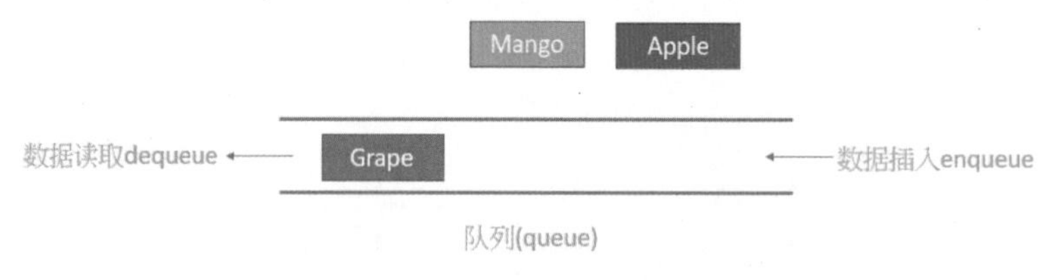

❑ 步骤 2：

将 Mango 插入队列。

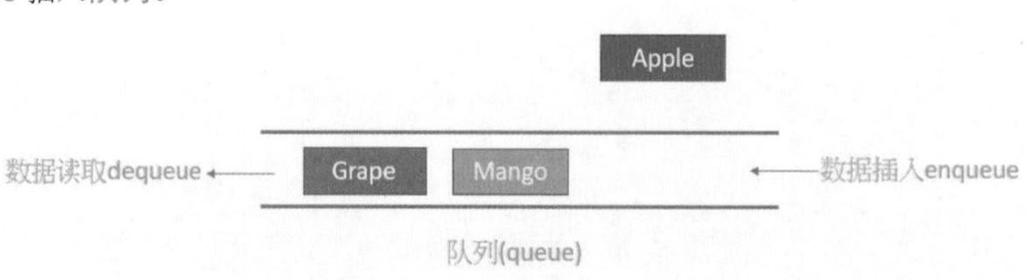

❑ 步骤 3：

将 Apple 插入队列。

4-2 数据读取 dequeue

在队列读取数据后，会将此数据从队列中移除，我们也可以称此为取出数据，下列是依序读取队列数据的步骤说明：

❑ 步骤 1：

读取队列，可以得到 Grape，同时 Grape 从队列中被移除。

❑ 步骤 2：

读取队列，可以得到 Mango，同时 Mango 从队列中被移除。

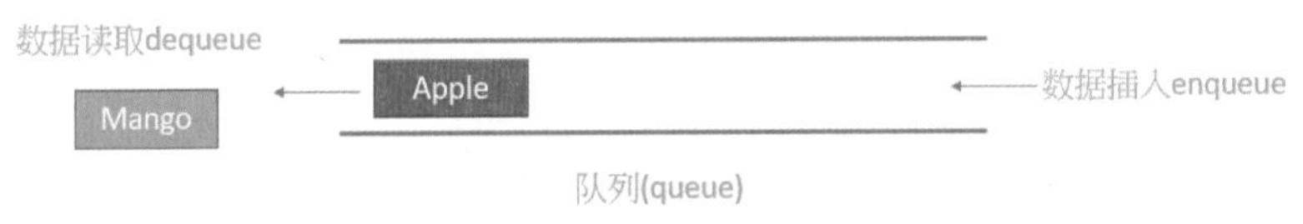

❑ 步骤 3：

读取队列，可以得到 Apple，同时 Apple 从队列中被移除。

这种数据结构的特色是必须读取先进入的数据，无法读取中间数据。

4-3 使用列表模仿队列的操作

我们可以使用列表模仿此队列的操作。假设这个队列是从头部插入数据，可以使用 Python 内建方法 insert(0，data) 插入数据，达到 enqueue 的效果。当从头部插入数据时，就必须从尾部读取数据，可以使用 pop( ) 方法。

注 insert(0，data) 的第 1 个参数是插入值的索引位置，第 2 个参数是所插入的值。

程序实例 ch4_1.py：为队列建立 3 个数据，然后列出队列的长度。

```
1  # ch4_1.py
2  class Queue():
3      ''' Queue队列 '''
4      def __init__(self):
5          self.queue = []               # 使用列表模拟
6
7      def enqueue(self, data):
8          ''' data插入队列 '''
9          self.queue.insert(0, data)
10
11     def size(self):
12         ''' 回传队列长度 '''
13         return len(self.queue)
14
15 q = Queue()
16 q.enqueue('Grape')
17 q.enqueue('Mango')
18 q.enqueue('Apple')
19 print('队列长度是 : ', q.size())
```

执行结果

```
==================== RESTART: D:\Algorithm\ch4\ch4_1.py ====================
队列长度是 :  3
```

上述第 13 行的 len( ) 方法可以回传列表的数据个数。

程序实例 ch4_2.py：扩充 ch4_1.py，读取 4 次队列并观察执行结果。

```
1  # ch4_2.py
2  class Queue():
3      ''' Queue队列 '''
4      def __init__(self):
5          self.queue = []               # 使用列表模拟
6
7      def enqueue(self, data):
8          ''' data插入队列 '''
9          self.queue.insert(0, data)
10
11     def dequeue(self):
12         ''' 读取队列 '''
13         if len(self.queue):
14             return self.queue.pop()
15         return "队列是空的"
16
17
18 q = Queue()
19 q.enqueue('Grape')
20 q.enqueue('Mango')
21 q.enqueue('Apple')
22 print("读取队列 : ", q.dequeue())
23 print("读取队列 : ", q.dequeue())
24 print("读取队列 : ", q.dequeue())
25 print("读取队列 : ", q.dequeue())
```

执行结果

```
===================== RESTART: D:\Algorithm\ch4\ch4_2.py =====================
读取队列 :  Grape
读取队列 :  Mango
读取队列 :  Apple
读取队列 :  队列是空的
```

4-4 与队列有关的 Python 模块

Python 内建有 queue 模块，在这个模块内可以使用 Queue( ) 建立对象，然后可以使用下列方法执行 queue 的操作。

put(data)：将数据 data 插入队列，相当于 enqueue 的操作。

get( )：读取队列数据，相当于 dequeue 的操作。

empty( )：队列是否为空，如果是，回传 True，否则回传 False。

程序实例 ch4_3.py：建立与打印队列。

```
1  # ch4_3.py
2  from queue import Queue
3
4  q = Queue()
5  for i in range(3):
6      q.put(i)
7
8  while not q.empty():
9      print(q.get())
```

执行结果

```
===================== RESTART: D:/Algorithm/ch4/ch4_3.py =====================
0
1
2
```

下列是上述过程的说明图。

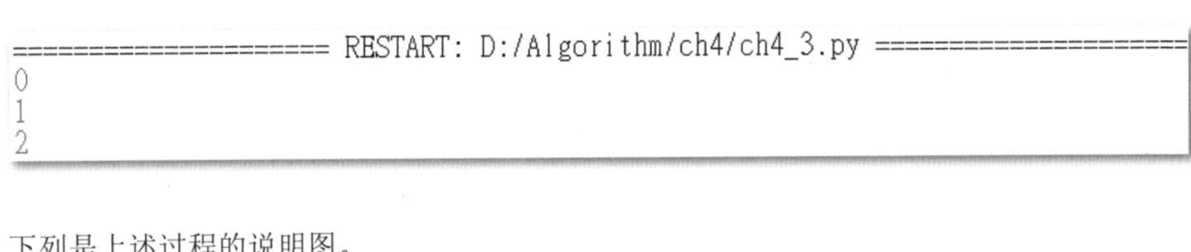

4-5 习题

1. 重新设计 ch4_1.py，在插入数据至队列时，同时输出“成功插入 xx 至队列”。

```
===================== RESTART: D:\Algorithm\ex\ex4_1.py =====================
成功插入 Grape 至队列
成功插入 Mango 至队列
成功插入 Apple 至队列
队列长度是 :  3
```

2. 请使用 4-4 节所介绍的 queue 模块，分别将汉堡、薯条、可乐输入队列，然后输出汉堡、薯条、可乐。

```
===================== RESTART: D:\Algorithm\ex\ex4_2.py =====================
成功插入 汉堡 至队列
成功插入 薯条 至队列
成功插入 可乐 至队列
队列输出
汉堡
薯条
可乐
```

第 5 章

栈

栈 (stack) 也是一个线性的数据结构，特色是由下往上堆放数据，如下所示：

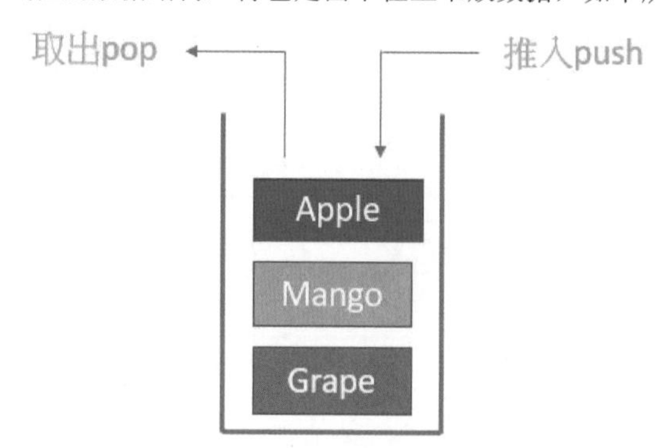

将数据插入栈的动作称推入 (push)，动作是由下往上堆放。将数据从栈中读取的动作称取出 (pop)，动作是由上往下读取，数据经读取后同时从栈中移除。由于每一个数据皆从同一端进入与离开栈，整个过程有先进后出 (first in last out) 的特征。

每一个程序语言的递归式调用 (recursive call)，其设计原理就是栈，未来笔者还会做更多的解析。

5-1 数据推入 push

假设我们依序要推入 Grape、Mango、Apple，整个步骤说明如下：

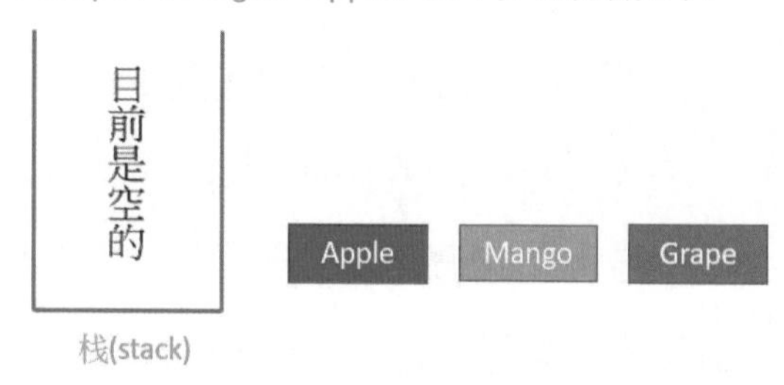

❑ 步骤 1：

将 Grape 推入栈。

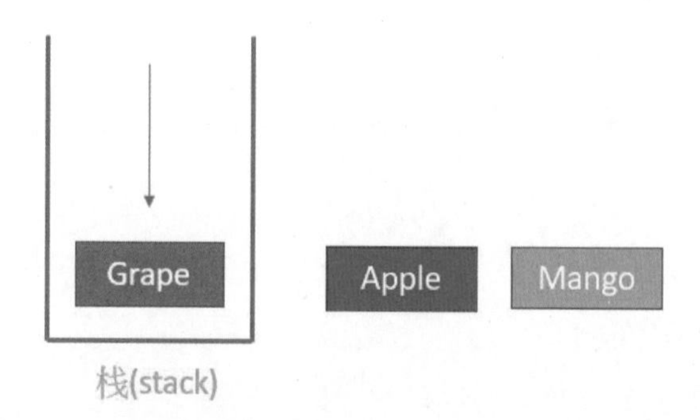

- 步骤 2：

  将 Mango 推入栈。

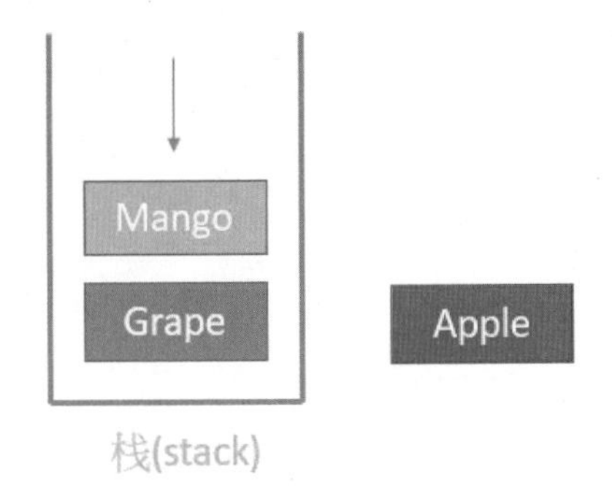

- 步骤 3：

  将 Apple 推入栈。

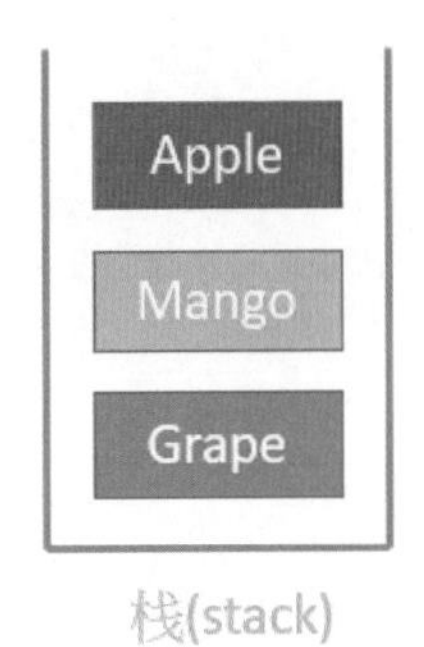

5-2 数据取出 pop

读取数据后将此数据从栈中移除，我们也可以称此过程为读取数据，下列是依序读取栈内数据的步骤说明：

- 步骤 1：

  取出数据，可以得到 Apple，同时 Apple 从栈中被移除。

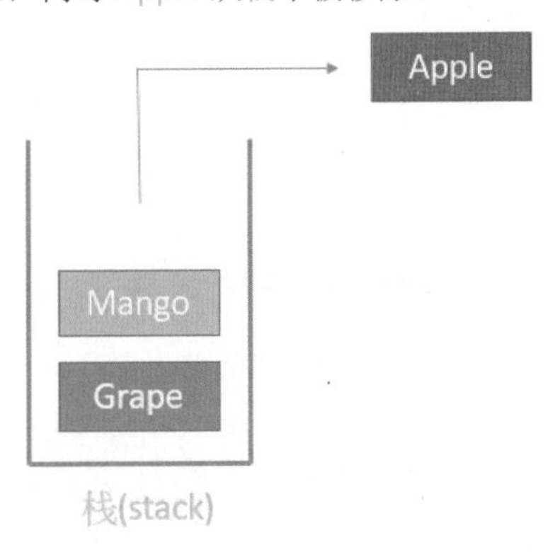

❑ 步骤 2：

取出数据，可以得到 Mango，同时 Mango 从栈中被移除。

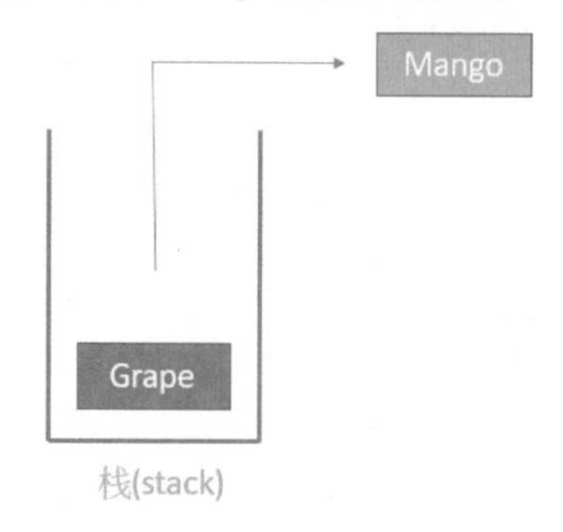

❑ 步骤 3：

取出数据，可以得到 Grape，同时 Grape 从栈中被移除。

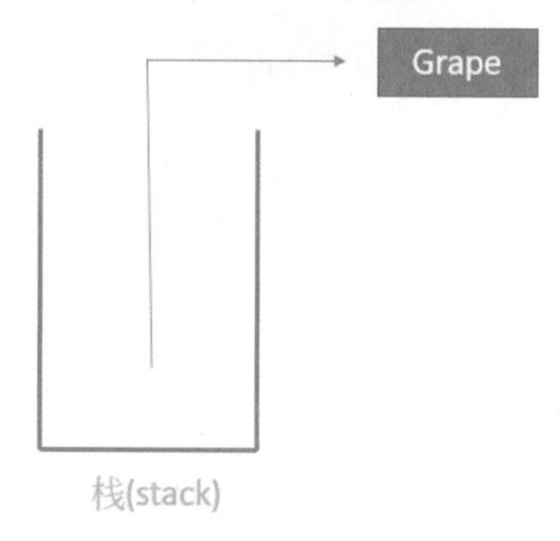

这种数据结构的特点是必须先读取最后进入的数据，无法读取中间数据，未来我们还会用实例讲解这类数据结构的应用。

5-3 Python 中栈的应用

Python 的列表 (list) 结构可以让我们很方便地实现前两节的栈操作，在这一节笔者将讲解使用 Python 内建列表直接模拟栈操作，以及使用列表功能重新诠释栈操作，同时我们也可以增加一些功能操作，下列将一一讲解。

5-3-1 使用列表 (list) 模拟栈操作

在 Python 程序语言中关于列表 (list) 有两个很重要的内建方法：

append( )：在列表末端加入数据，读者可以想成是栈的 push 方法。

pop( )：读取列表末端的数据同时删除该数据，读者可以想成是栈的 pop 方法。

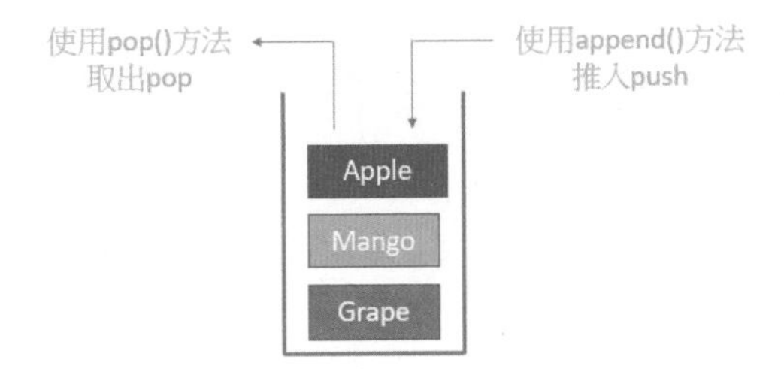

程序实例 ch5_1.py：使用 Python 的 append( ) 模拟栈的 push，使用 Python 的 pop( ) 模拟栈的 pop。

```
1  # ch5_1.py
2  fruits = []
3  fruits.append('Grape')
4  fruits.append('Mango')
5  fruits.append('Apple')
6  print('打印 fruits = ', fruits)
7  print('pop操作 : ', fruits.pop())
8  print('pop操作 : ', fruits.pop())
9  print('pop操作 : ', fruits.pop())
```

执行结果

```
===================== RESTART: D:\Algorithm\ch5\ch5_1.py =====================
打印 fruits =  ['Grape', 'Mango', 'Apple']
pop操作 :  Apple
pop操作 :  Mango
pop操作 :  Grape
```

5-3-2　自行建立 stack 类别执行相关操作

程序实例 ch5_2.py：将 Grape、Mango、Apple 分别推入栈，然后输出有多少种水果在栈内。

```
1   # ch5_2.py
2   class Stack():
3       def __init__(self):
4           self.my_stack = []
5   
6       def my_push(self, data):
7           self.my_stack.append(data)
8   
9       def my_pop(self):
10          return self.my_stack.pop()
11  
12      def size(self):
13          return len(self.my_stack)
14  
15  stack = Stack()
16  fruits = ['Grape', 'Mango', 'Apple']
17  for fruit in fruits:
18      stack.my_push(fruit)
19      print('将 %s 水果推入栈' % fruit)
20  
21  print('栈有 %d 种水果' % stack.size())
```

执行结果

```
==================== RESTART: D:\Algorithm\ch5\ch5_2.py ====================
 将Grape 水果推入栈
 将Mango 水果推入栈
 将Apple 水果推入栈
栈有 3 种水果
```

程序实例 ch5_3.py：扩充设计 ch5_2.py，将数据推入栈输出数量后，再将数据取出。在这个程序设计中，为了确认所有数据是否都已经取出，可以在 Stack 类别内增加 isEmpty( ) 方法。

```
1  # ch5_3.py
2  class Stack():
3      def __init__(self):
4          self.my_stack = []
5
6      def my_push(self, data):
7          self.my_stack.append(data)
8
9      def my_pop(self):
10         return self.my_stack.pop()
11
12     def size(self):
13         return len(self.my_stack)
14
15     def isEmpty(self):
16         return self.my_stack == []
17
18 stack = Stack()
19 fruits = ['Grape', 'Mango', 'Apple']
20 for fruit in fruits:
21     stack.my_push(fruit)
22     print('将 %s 水果推入栈' % fruit)
23
24 print('栈有 %d 种水果' % stack.size())
25 while not stack.isEmpty():
26     print(stack.my_pop())
```

执行结果

```
==================== RESTART: D:\Algorithm\ch5\ch5_3.py ====================
 将Grape 水果推入栈
 将Mango 水果推入栈
 将Apple 水果推入栈
栈有 3 种水果
Apple
Mango
Grape
```

5-4 函数调用与栈运作

计算机语言在执行函数调用时，内部其实是使用栈在运作，下列将以实例做说明。

程序实例 ch5_4.py：由函数调用了解程序语言的运作。

```
1  # ch5_4.py
2  def bye():
3      print("下回见!")
4  
5  def system(name):
6      print("%s 欢迎进入校友会系统" % name)
7  
8  def welcome(name):
9      print("%s 欢迎进入明志科技大学系统" % name)
10     system(name)
11     print("使用明志科技大学系统很棒")
12     bye()
13 
14 welcome("洪锦魁")
```

执行结果

```
==================== RESTART: D:\Algorithm\ch5\ch5_4.py ====================
洪锦魁 欢迎进入明志科技大学系统
洪锦魁 欢迎进入校友会系统
使用明志科技大学系统很棒
下回见!
```

上述是一个简单的调用函数程序，接下来我们看这个程序如何应用栈运作。程序第 14 行调用 welcome( ) 时，计算机内部会以栈方式配置一个内存空间。

当有函数调用时，计算机会将调用的函数名称与所有相关的变量存储在内存内，然后进入 welcome( ) 函数。当执行第 9 行时会输出“洪锦魁 欢迎进入明志科技大学系统”。当执行第 10 行时调用 system( )，计算机内部会以栈方式配置一个内存空间，同时堆放在前一次调用的 welcome( ) 内存上方。

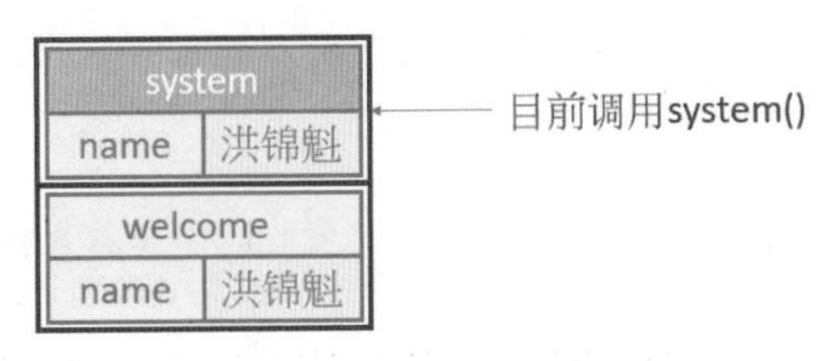

程序接着执行第 6 行，输出“洪锦魁 欢迎进入校友会系统”，然后 system( ) 函数执行结束，此时程序返回 welcome( ) 函数，同时将上方的内存移除，回到 welcome( ) 函数。

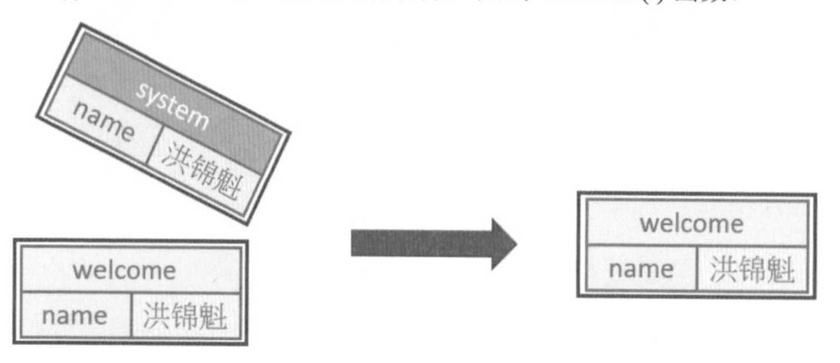

上图有一个很重要的概念是，welcome( ) 函数执行一半时，工作先暂停但是内存数据仍然保留，先去执行另一个函数 system( )。当 system( ) 工作结束时，可以回到 welcome( ) 函数先前暂停的位置继续往下执行。接着执行第 11 行输出“使用明志科技大学系统很棒”。然后执行第 12 行调用 bye( ) 函数，这个调用没有传递变量，栈内存如下所示：

系统会将 bye( ) 函数新增在栈上方，然后执行第 3 行输出“下回见！”，接着 bye( ) 函数执行结束。此时程序返回 welcome( ) 函数，同时将上方的内存移除，回到 welcome( ) 函数。

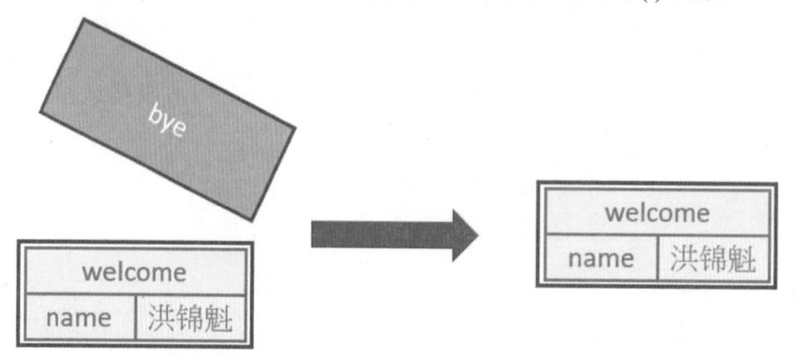

从调用 bye( ) 到返回 welcome( ) 函数后，由于 welcome( ) 函数也执行结束，所以整个程序就算执行结束了。

5-5 递归调用与栈运作

本书程序 ch1_1.py 使用递归调用计算阶乘，笔者输入阶乘数 n=3，然后程序第 10 行调用 factorial(n) 函数，此时栈内存内容如下：

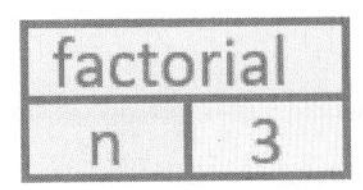

接着进入 factorial(3) 函数，此时程序代码与栈内存内容如下：

第1次调用 n = 3	factorial(3)	factorial n 3
	第4行 If n == 1	factorial n 3
	第6行 else	factorial n 3
这是递归调用	第7行 return (n*factorial(n-1))	factorial n 2 factorial n 3

下列是第 2 次调用 factorial(2) 函数，此时程序代码与栈内存内容如下：

第2次调用 n = 2	第4行 If n == 1	factorial n 2 factorial n 3
	第6行 else	factorial n 2 factorial n 3
这是递归调用	第7行 return (n*factorial(n-1))	factorial n 1 factorial n 2 factorial n 3

下列是第 3 次调用 factorial(1) 函数，此时程序代码与栈内存内容如下：

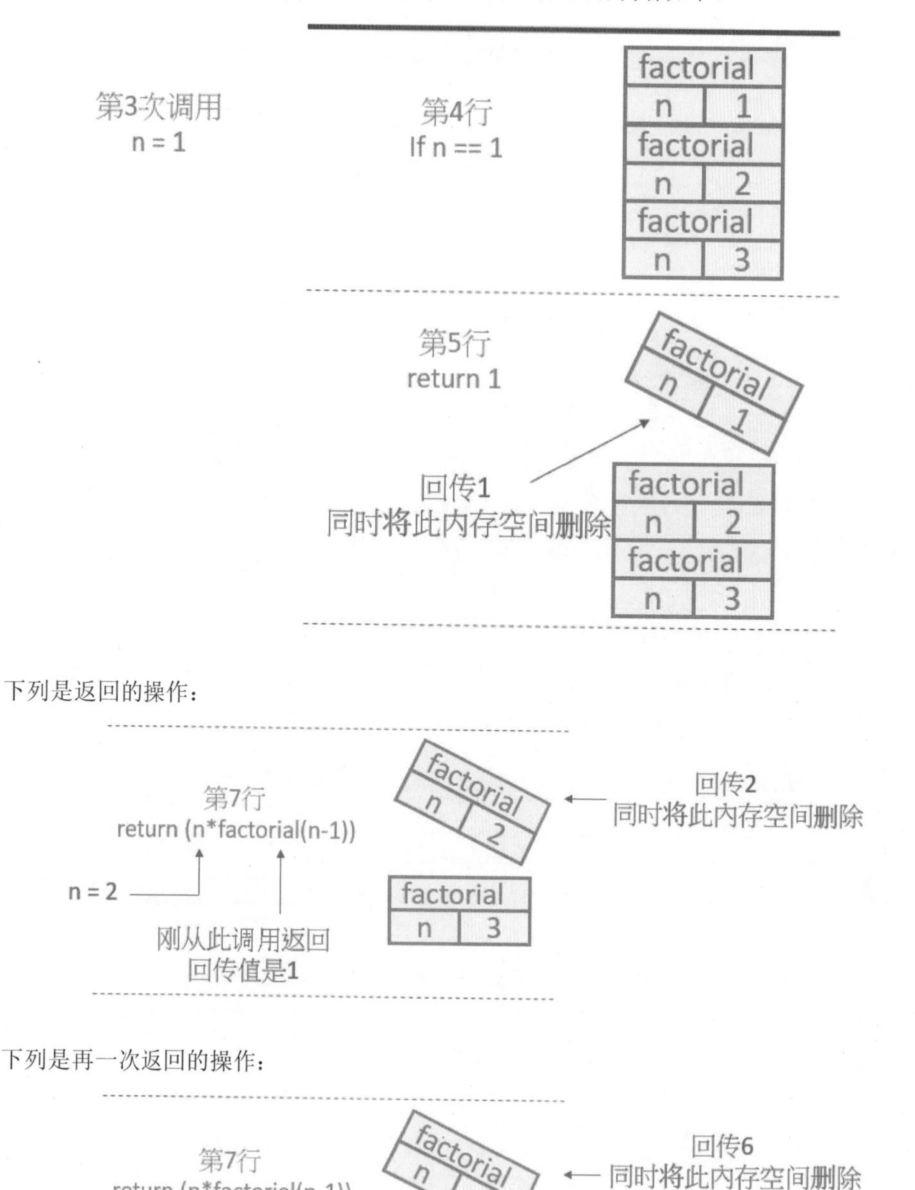

所以程序实例 ch1_1.py 可以得到 6 的结果。在算法中有关递归调用与栈的应用仍有许多，本书未来还会有实例说明。

程序实例 ch5_5.py：这是 ch1_1.py 的改良，主要是在 factorial( ) 函数内增加注释，读者可以从此函数看到递归调用的计算过程。

```
1  # ch5_5.py
2  def factorial(n):
3      global fact
4      """ 计算n的阶乘, n 必须是正整数 """
5      if n == 1:
6          print("factorial(%d)调用前 %d! = %d" % (n, n, fact))
7          print("到达递归条件终止 n = 1")
8          fact = 1
9          print("factorial(%d)返回后 %d! = %d" % (n, n, fact))
10         return fact
11     else:
12         print("factorial(%d)调用前 %d! = %d" % (n, n, fact))
13         fact = n * factorial(n-1)
14         print("factorial(%d)返回后 %d! = %d" % (n, n, fact))
15         return fact
16
17 fact = 0
18 N = eval(input("请输入阶乘数 : "))
19 print(N, " 的阶乘结果是 = ", factorial(N))
```

执行结果

```
===================== RESTART: D:\Algorithm\ch5\ch5_5.py =====================
请输入阶乘数 : 9
factorial(9)调用前 9! = 0
factorial(8)调用前 8! = 0
factorial(7)调用前 7! = 0
factorial(6)调用前 6! = 0
factorial(5)调用前 5! = 0
factorial(4)调用前 4! = 0
factorial(3)调用前 3! = 0
factorial(2)调用前 2! = 0
factorial(1)调用前 1! = 0
到达递归条件终止 n = 1
factorial(1)返回后 1! = 1
factorial(2)返回后 2! = 2
factorial(3)返回后 3! = 6
factorial(4)返回后 4! = 24
factorial(5)返回后 5! = 120
factorial(6)返回后 6! = 720
factorial(7)返回后 7! = 5040
factorial(8)返回后 8! = 40320
factorial(9)返回后 9! = 362880
9  的阶乘结果是 =  362880
```

5-6 习题

1. 请为程序实例 ch5_3.py 的 Stack 类别设计方法 get( )，这个方法可以传回栈顶端的值，同时数据不删除，请执行 3 次，然后再参考 ch5_3.py 将栈的数据取出。

```
===================== RESTART: D:\Algorithm\ex\ex5_1.py =====================
 将Grape 水果推入栈
 将Mango 水果推入栈
 将Apple 水果推入栈
栈有 3 种水果
取出 Apple 水果, 同时不删除
取出 Apple 水果, 同时不删除
取出 Apple 水果, 同时不删除
Apple
Mango
Grape
```

2. 请为程序实例 ch5_3.py 的 Stack 类别设计方法 cls( )，这个方法可以删除所有栈数据。请在将数据推入栈后，先列出栈中数据的数量，然后调用 cls( ) 方法，最后保持原先第 25 ～ 26 行打印栈的设计，程序末端增加打印“程序结束”，这时可以看到打印栈时没有数据显示。

```
===================== RESTART: D:\Algorithm\ex\ex5_2.py =====================
 将Grape 水果推入栈
 将Mango 水果推入栈
 将Apple 水果推入栈
栈有 3 种水果
程序结束
```

第 6 章

二叉树

二叉树 (binary tree) 是一种树状的数据结构，每个节点可以存储 3 个数据，分别是数据本身 (data)、左边指标 (left)、右边指标 (right)，如下所示：

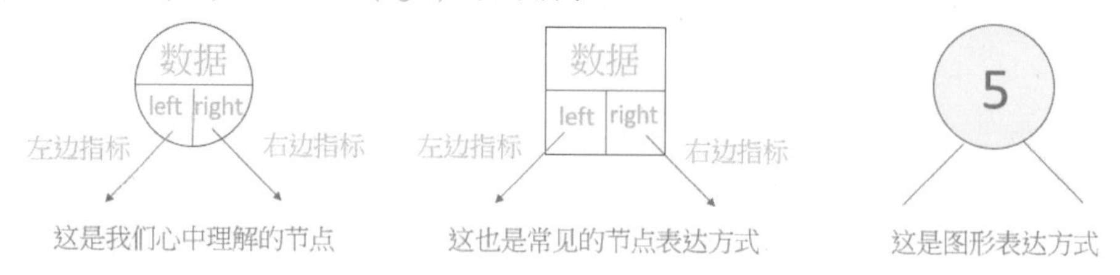

在二叉树结构中，最上方的节点称根节点 (root node)，每个节点最多可以有 2 个子节点，这 2 个子节点就是用左边指标和右边指标做连结。也可以只有一个子节点或是没有子节点，如果一个节点没有子节点，这个节点称叶节点 (leaves node)。下列是二叉树的实例图形。

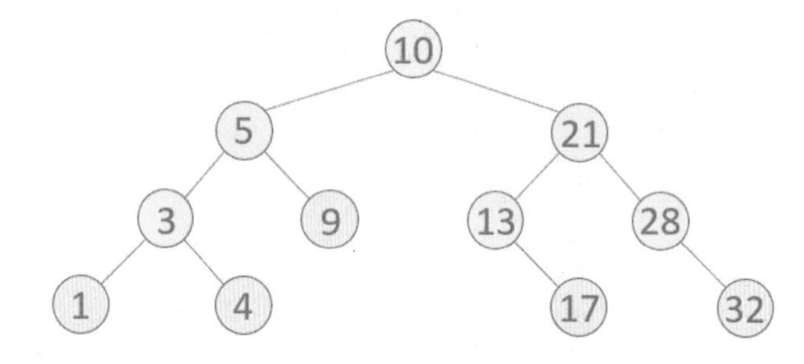

所谓的子节点是指由某一个节点衍生的节点，以上图为例，节点 5 和节点 21 是节点 10 的子节点。其中节点 5 和节点 21 皆是从节点 10 衍生而来，彼此称兄弟节点。由于节点 10 衍生了节点 5 和节点 21，节点 10 是节点 5 和节点 21 的父节点。

对上图而言，数据 10 的节点称根节点，数据 1、4、9、17、32 的节点由于没有子节点，故这些节点称叶节点。

6-1 建立二叉树

建立二叉树的规则如下：

（1）第一个数据是根节点 (root node)。

（2）如果新数据比目前节点数据大，将此新数据送到右边子节点，如果右边没有子节点，则以此数据内容建立子节点。如果新数据比目前节点数据小，将此新数据送到左边子节点，如果左边没有子节点，则以此数据建立子节点。

（3）重复步骤 2。

有一系列数据分别是 10、21、5、9、13、28，假设我们要为这些数据建立二叉树，步骤如下：

❑ 步骤 1：

将 10 插入二叉树，由于是第一个数据，这是根节点，所建的二叉树如下：

10

❑ 步骤 2：

将 21 插入二叉树，由于这个值比根节点 10 大，所以将此数据送往右边，由于右边没有子节点，所以使用此值做子节点，所建的二叉树如下：

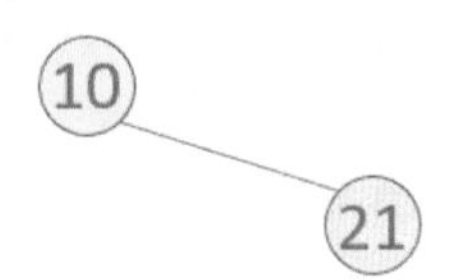

❑ 步骤 3：

将 5 插入二叉树，由于这个值比根节点 10 小，所以将此数据送往左边，由于左边没有子节点，所以使用此值做子节点，所建的二叉树如下：

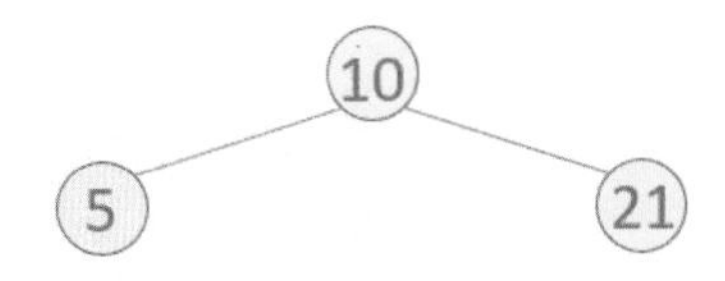

❑ 步骤 4：

将 9 插入二叉树，所建的二叉树如下：

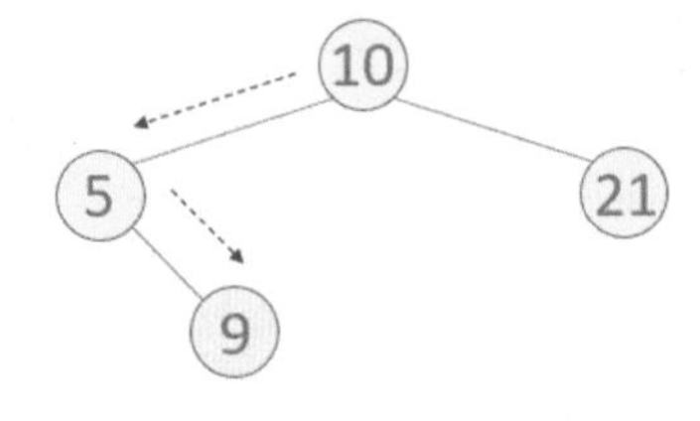

❑ 步骤 5：

将 13 插入二叉树，所建的二叉树如下：

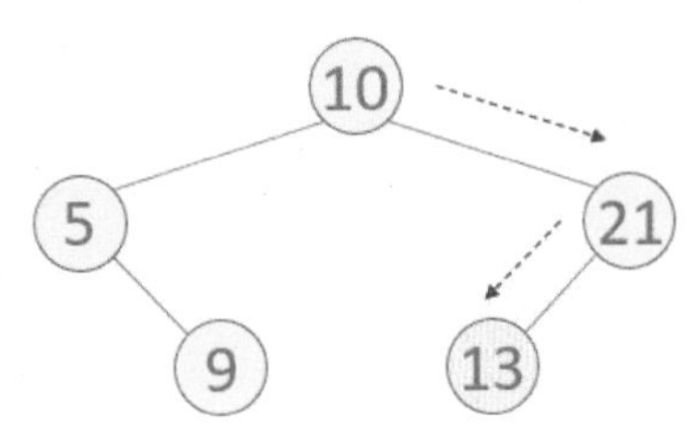

❑ 步骤 6：

将 28 插入二叉树，所建的二叉树如下：

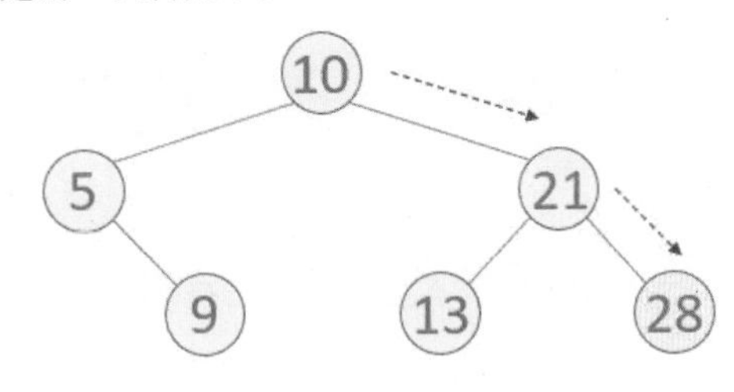

6-2 删除二叉树的节点

在删除二叉树的节点时，会碰上 3 种状况，笔者将分别说明。

❑ 所删除的节点是叶节点

假设有一个二叉树如下，要删除数据是 17 的节点：

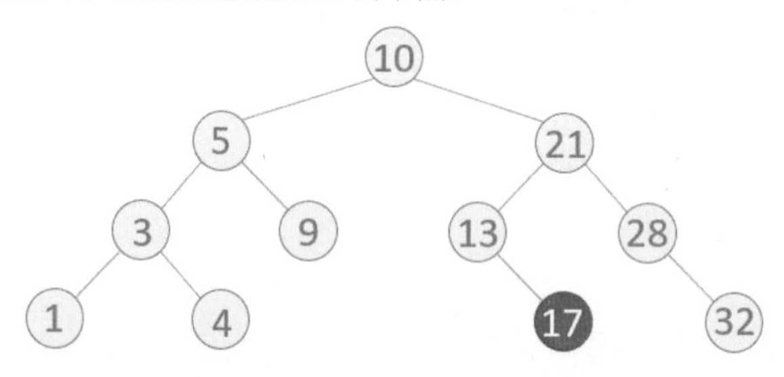

当这个节点底下没有子节点，可以直接删除，下列是执行结果。

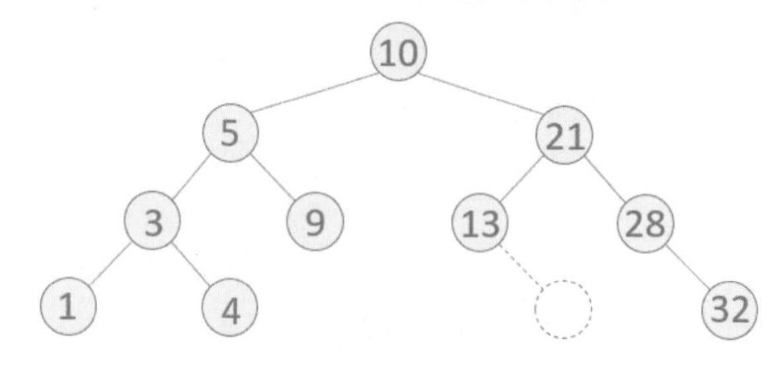

❑ 所删除的节点有一个子节点

假设有一个二叉树如下，要删除数据是 13 的节点：

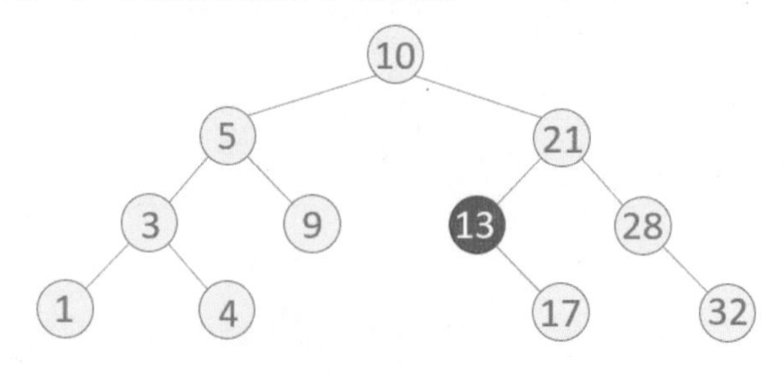

当这个节点底下有一个子节点，可以先直接删除这个节点 13，下列是执行结果。

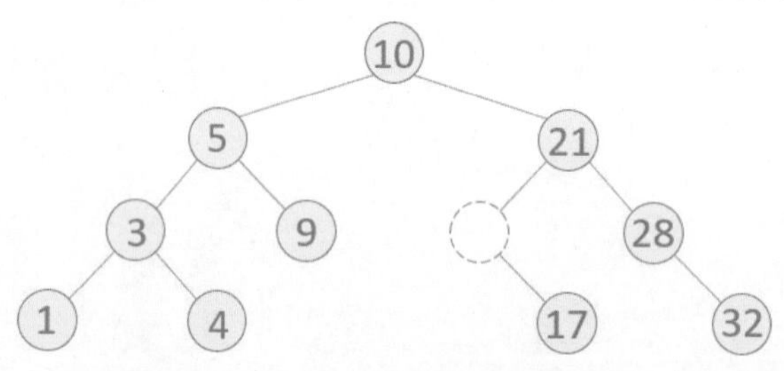

下一步是将其唯一的子节点 17 移至被删除的节点位置即可。

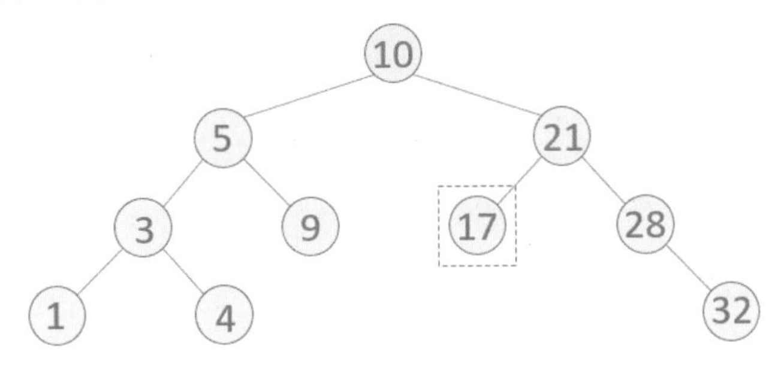

□ 所删除的节点有 2 个子节点

假设有一个二叉树如下，要删除数据是 5 的节点：

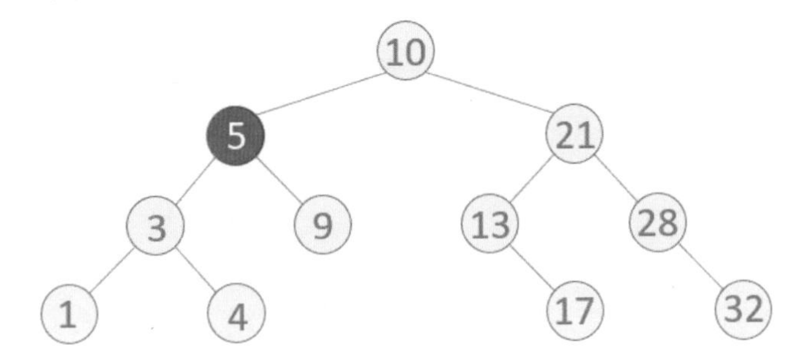

当这个节点底下有 2 个子节点，可以先直接删除这个节点 5，下列是执行结果。

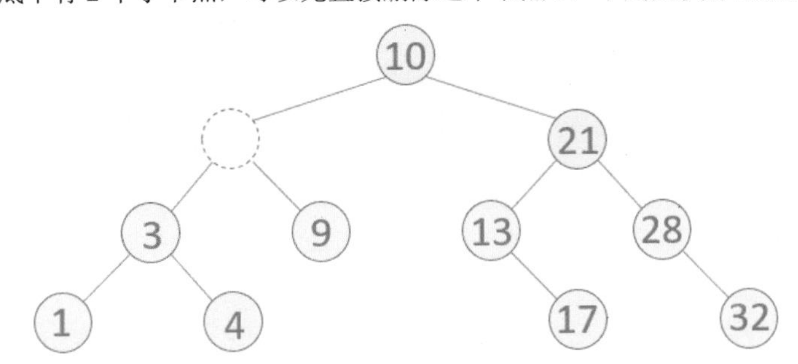

接着有 2 种解法：

□ 方法 1：从左边树状结构中找出最大节点

在此节点左边的树状结构中找寻最大的节点，此例是节点 4。

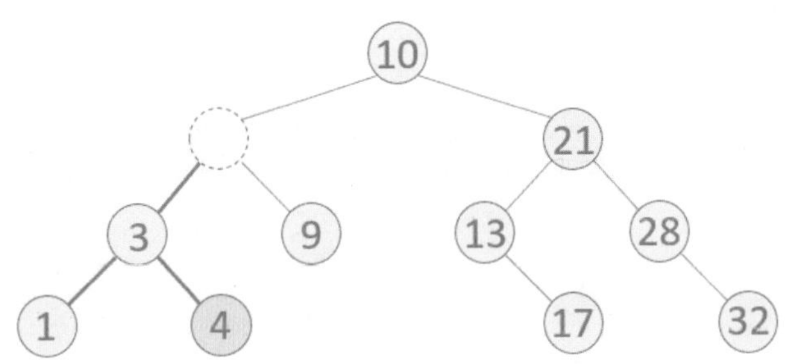

最后将此节点 4 移至原先被删除节点 5 的位置即可。

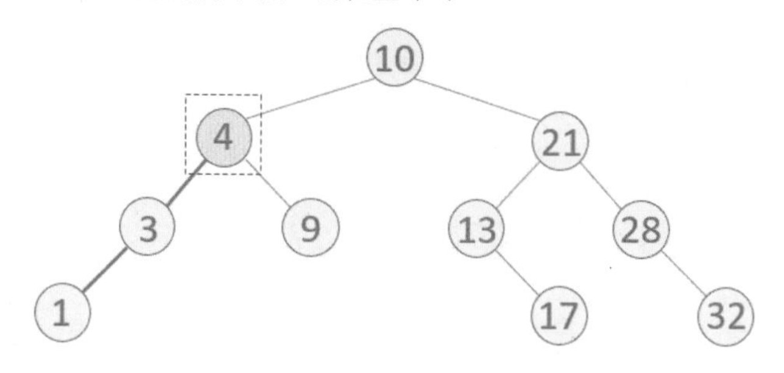

如果被移动的节点也有子节点，则需重复执行找寻此节点左边的树状结构中最大的节点，将最大的节点移至原先移动的节点位置。

- 方法 2：从右边树状结构中找出最小节点

在此节点右边的树状结构中找寻最小的节点，此例是节点 9。

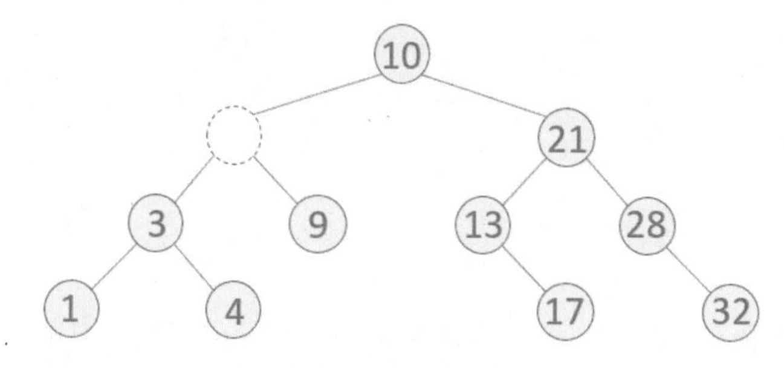

最后将此节点 9 移至原先被删除节点 5 的位置即可。

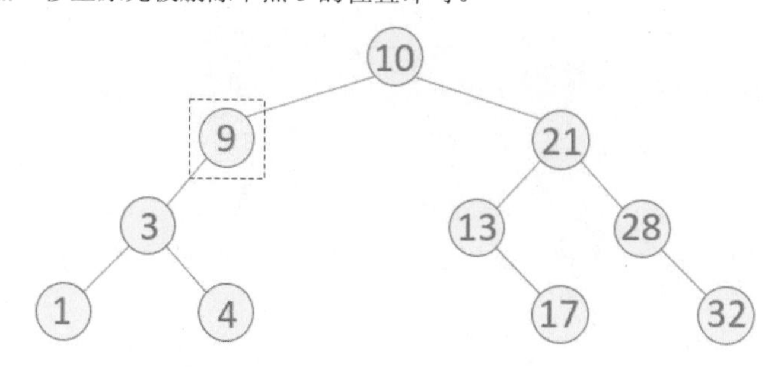

6-3 搜寻二叉树的数据

搜寻二叉树与将数据插入二叉树步骤类似，将搜寻的数据与二叉树节点的数据做比较，如果搜寻的数据较大，则往右边子节点去搜寻，否则往左边的子节点搜寻，直到找到此数据。如果往右边或往左边都没有这样的子节点，表示此搜寻数据不存在于二叉树中。

假设有一个二叉树如下，要搜寻数据是 13 的节点：

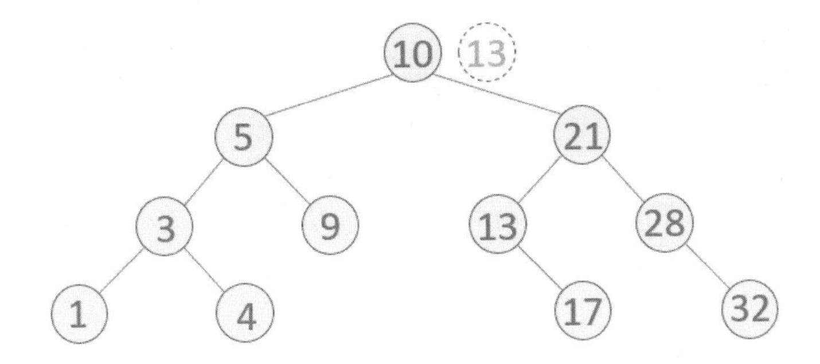

将 13 与根节点 10 做比较，由于 13 大于 10，所以往右边移动。

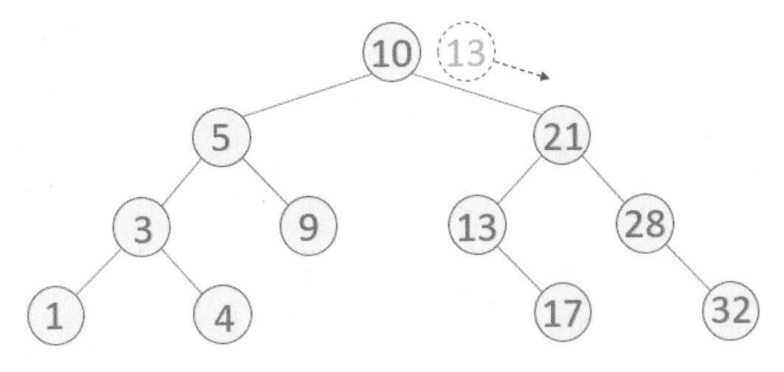

将 13 与节点 21 做比较，由于 13 小于 21，所以往左边移动。

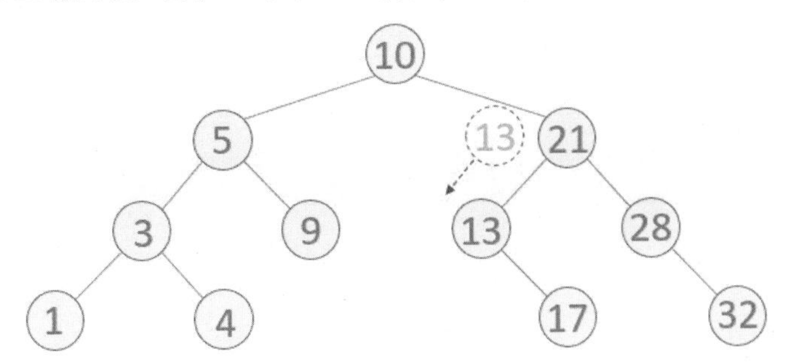

最后找到 13 了。

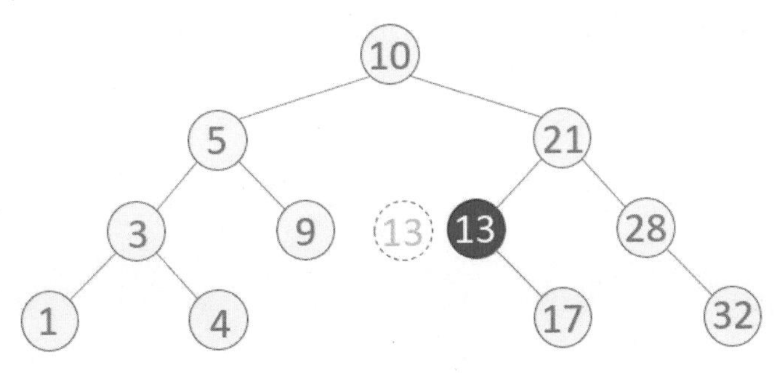

6-4 更进一步认识二叉树

❑ 二叉树的深度 (depth)

我们用层次来定义二叉树的深度，根节点称第 1 层，依此类推。

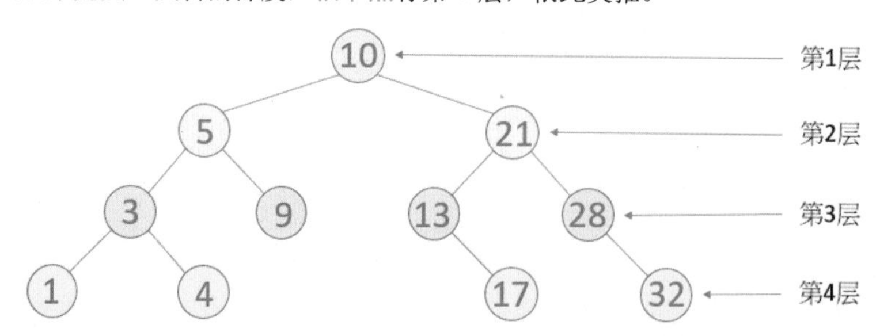

在二叉树中第 i 层最多有 2^{i-1} 个节点，例如，第 2 层最多有 $2^{2-1}=2$ 个节点，第 3 层最多有 $2^{3-1}=4$ 个节点，其他可以依此类推。

❑ 满二叉树 (full binary tree)

满二叉树是指除了叶节点 (leaves node) 没有子节点外，其他每个节点均有 2 个子节点，下列是实例。

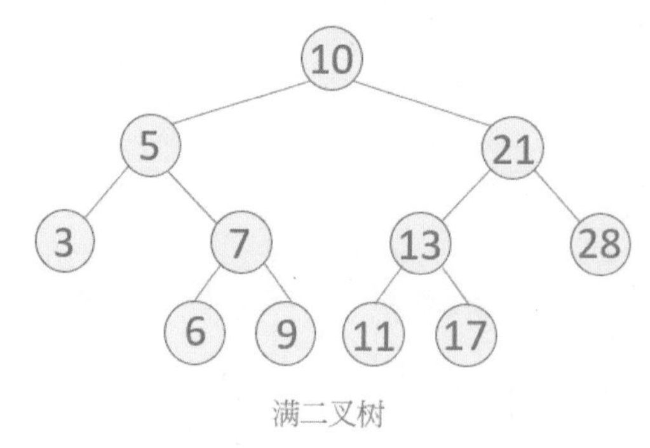

满二叉树

❑ 完全二叉树 (complete binary tree)

完全二叉树是指除了最深层的节点以外其他节点均是满的，同时最深层的最右节点的左边是满的。如下图所示，最深层最右节点 4 的左边是满的。

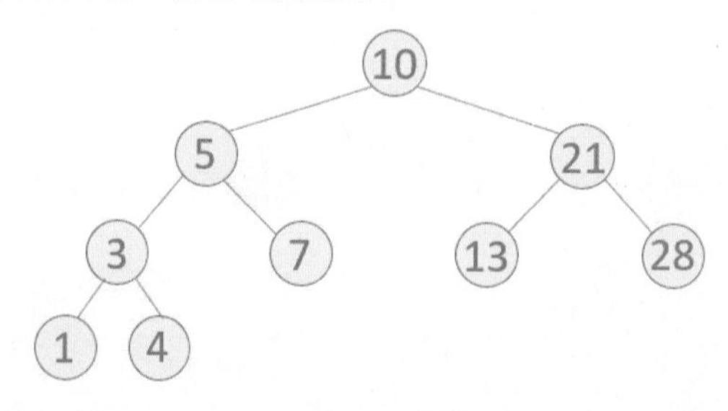

完全二叉树

- 平衡二叉树 (balanced binary tree)

平衡二叉树是指每个节点的 2 个子节点深度差异不超过 1。

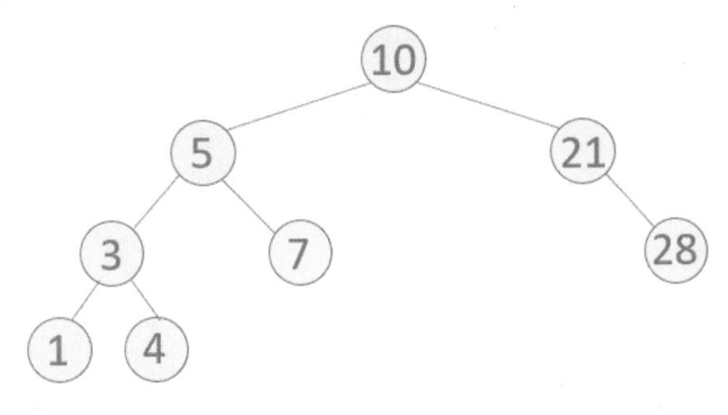

平衡二叉树

- 完美二叉树 (perfect binary tree)

完美二叉树是指除了最深层的节点外，每一层的子节点均是满的。其实所有完美二叉树皆是完全二叉树。

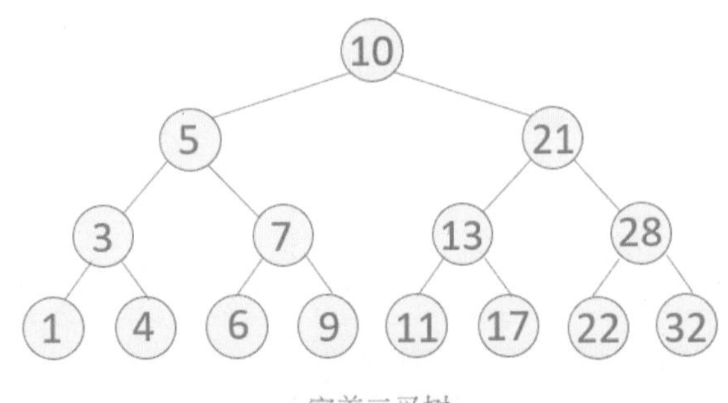

完美二叉树

假设某完美二叉树深度是 k，它的节点数量是 2^k-1。也可以说一棵深度为 k 的二叉树最多的节点数量是 2^k-1，也可以说 n 个节点的完美二叉树最多可以有 $\log_2 n + 1$ 层，在此可以将此 log 的底数 2 省略，简化为 logn + 1 层。

有 8 和 16 个节点的二叉树的深度层次计算如下：

```
log8 + 1 = 4                  #  n = 8 个节点
log16 + 1 = 5                 #  n = 16 个节点
```

所以在搜寻 n 个节点的完美二叉树时，搜寻的时间复杂度是 O(logn)。

6-5 内存存储二叉树的方法

在计算机内存中可以用数组存储二叉树，其方法如下：

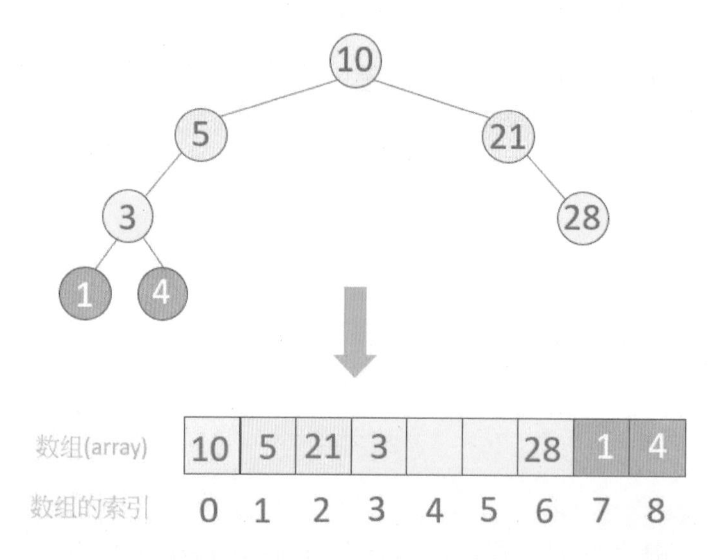

当使用数组存储二叉树时，会从第一层根节点开始，依据从上到下、同一层次从左到右的方式存储节点内容，碰上节点是空缺则保留空间。例如，上述节点 5 的右子节点是空的，故保留索引 4 的空间。节点 21 的左子节点是空的，故保留索引 5 的空间。这种设计的最大优点是，可以很方便地定位出每一个节点在数组的位置。

假设一个节点的索引是 index，可以用下列方式计算此节点的左子节点索引和右子节点索引。

```
左子节点索引 = 2 * index + 1
右子节点索引 = 2 * index + 2
```

实例 1：计算节点 3(索引也是 3) 的左子节点索引。

```
左子节点索引 = 2 * 3 + 1 = 7
```

实例 2：计算节点 3(索引也是 3) 的右子节点索引。

```
右子节点索引 = 2 * 3 + 2 = 8
```

此外，一个左子节点的索引是 index，则它的父节点索引是：

```
父节点索引 = (index - 1) / 2
```

实例 3：计算节点 1(索引是 7) 的父节点索引。

```
父节点索引 = (7 - 1) / 2 = 3
```

这种使用数组存储二叉树的数据结构对于完全二叉树而言很合适，特别是下一章介绍的堆积树就是使用数组方式存储数据。可是如果碰上稀疏二叉树 (缺许多节点的二叉树)，使用数组存储会浪费许多空间。

为数列 10、8、12、6、2、1 建立二叉树，建立结果如下。

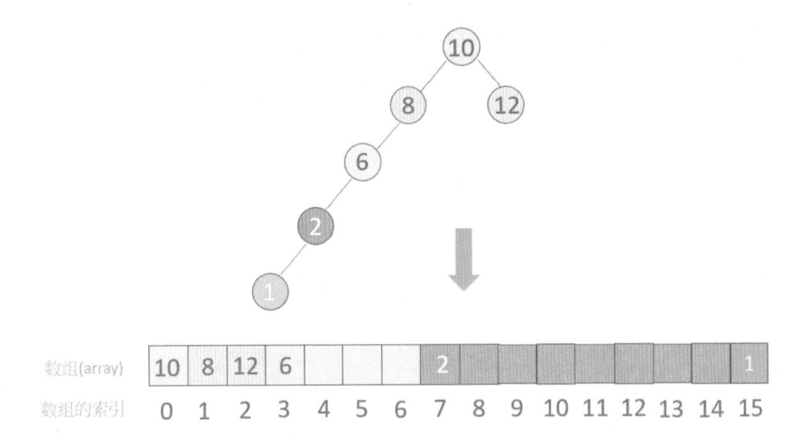

上述数组内没有数值的单元格就是浪费的空间，下一章将介绍另一种数据结构二元堆积树 (Heap tree)，可以避开上述问题。

6-6 Python 中二叉树的运用

建立二叉树一般可以分为使用数组建立二叉树或是使用链表建立二叉树，本节将分别说明。同时本节也会说明遍历二叉树中的中序 (inorder)、前序 (preorder)、后序 (postorder)。

6-6-1 使用数组建立二叉树

6-5 节笔者介绍了使用数组建立二叉树，这一节笔者将以实际的 Python 程序实现此实例。笔者在第 2 章有讲解数组的使用，但是本节将使用 Python 内建的列表 (list) 模仿数组，讲解建立二叉树的方式。

程序实例 ch6_1.py：使用 Python 快速建立含 16 个元素的列表，同时将此列表内容设为 0，最后列出此列表的数据形态和内容。

```
1  # ch6_1.py
2  btree = [0] * 16
3  print(type(btree))
4  print(btree)
```

执行结果

```
==================== RESTART: D:/Algorithm/ch6/ch6_1.py ====================
<class 'list'>
[0, 0, 0, 0, 0, 0, 0, 0, 0, 0, 0, 0, 0, 0, 0, 0]
```

了解了上述程序实例后，接下来将进入本节的主题。

程序实例 ch6_2.py：使用 10、21、5、9、13、28 建立一个二叉树，这个程序执行出结果时，同时会列出此数组的索引值。

```
 1  # ch6_2.py
 2  def create_btree(tree, data):
 3      ''' 使用data建立二叉树 '''
 4      for i in range(len(data)):
 5          level = 0                            # 程序的第0层相当于实体的第1层
 6          if i == 0:                           # 第0索引数据放在第0层
 7              tree[level] == data[i]
 8          else:
 9  # 当while循环结束表示找到存放数据的节点(索引)位置
10              while tree[level]:               # 当数组不是0表示这是有数据可以比较
11                  if data[i] > tree[level]:    # 如果数据大于节点索引，往右找寻
12                      level = level * 2 + 2
13                  else:                        # 否则往左找寻
14                      level = level * 2 + 1
15          tree[level] = data[i]                # 找到数据应存放的节点索引
16  #       print(i, tree)                       # 取消此批注可以看到建立二叉树的过程
17
18  btree = [0] * 8                              # 二叉树数组
19  data = [10, 21, 5, 9, 13, 28]
20  create_btree(btree, data)
21  for i in range(len(btree)):
22      print("二叉树数组btree[%d] = %d" % (i, btree[i]))
```

执行结果

```
===================== RESTART: D:\Algorithm\ch6\ch6_2.py =====================
二叉树数组btree[0] = 10
二叉树数组btree[1] = 5
二叉树数组btree[2] = 21
二叉树数组btree[3] = 0
二叉树数组btree[4] = 9
二叉树数组btree[5] = 13
二叉树数组btree[6] = 28
二叉树数组btree[7] = 0
```

下图是此程序所建立的二叉树结果与数组的对照，读者需留意上述程序中的 level 是二叉树的层次，我们用 level 第 0 层代表实体的第 1 层。

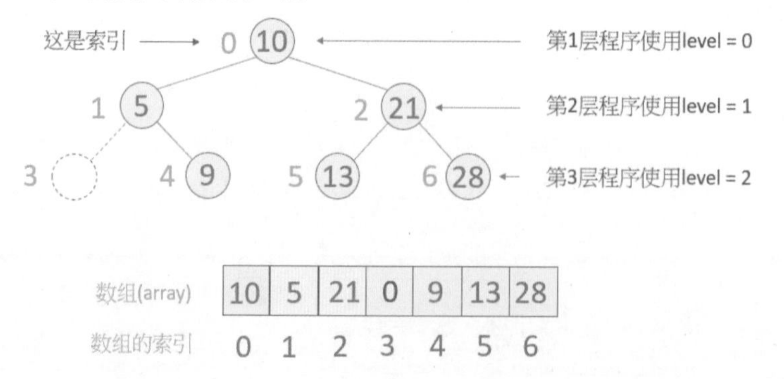

上述程序第 10 ～ 14 行的 while 循环，主要是找寻数字插入数组的索引位置，如果所找的数组位置内容是 0 ，相当于 tree[level] 是 False，此 while 循环会结束。程序第 15 行是将数字插入数组。程序第 16 行可以了解每个数字插入与数组变化的过程，读者可以自行取消批注观察此过程。

6-6-2　链表方式建立二叉树的根节点

所谓的链表方式就是使用动态的内存配置方法来建立二叉树，这时每个二叉树的节点结构概念如下：

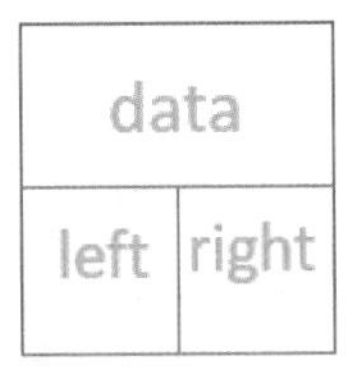

我们可以使用下列方式建立二叉树的节点。

```
class Node():
    def __init__(self, data):
        ''' 建立二叉树的节点 '''
        self.data = data
        self.left = None
        self.right = None
```

上述 data 字段存放的是节点的基本数据，left 和 right 则是节点的指标。

程序实例 ch6_3.py：建立二叉树的节点，由于只有一个节点所以这是根节点，然后打印此节点。

```
1  # ch6_3.py
2  class Node():
3      def __init__(self, data):
4          ''' 建立二叉树的节点 '''
5          self.data = data
6          self.left = None
7          self.right = None
8
9      def print_root(self):
10         print(self.data)
11
12 root = Node(20)
13 root.print_root()
```

执行结果

```
==================== RESTART: D:/Algorithm/ch6/ch6_3.py ====================
20
```

6-6-3 使用链表建立二叉树

使用链表建立二叉树，基本上可以采用非递归调用方式或是使用递归调用方式，其实使用递归调用方式所设计的程序可以更精简，同时也更容易了解，如果读者想成为程序设计高手更应该学会递归调用。

下列是使用递归调用方式建立二叉树的函数。

```
 9     def insert(self, data):
10         ''' 建立二叉树 '''
11         if self.data:                              # 如果根节点存在
12             if data < self.data:                   # 插入值小于目前节点值
13                 if self.left:
14                     self.left.insert(data)         # 递归调用往下一层
15                 else:
16                     self.left = Node(data)         # 建立新节点存放数据
17             else:                                  # 插入值大于目前节点值
18                 if self.right:
19                     self.right.insert(data)
20                 else:
21                     self.right = Node(data)
22         else:                                      # 如果根节点不存在
23             self.data = data                       # 建立根节点
```

上述函数的概念是如果根节点不存在，则执行第 23 行，将目前数据设为根节点数据。否则执行第 12 ～ 21 行，为所插入数据找寻位置，在二叉树中建立此数据的节点。如果小于目前节点数据则执行第 13 ～ 16 行，往左找寻。如果左边节点存在则执行第 14 行递归调用继续寻找，否则执行第 16 行建立新节点然后存储数据。

如果执行第 12 行时，目前数据大于节点数据则执行第 18 ～ 21 行，往右找寻，如果右边节点存在则执行第 19 行递归调用继续寻找，否则执行第 21 行建立新节点然后存储数据。

6-6-4 遍历二叉树使用中序 (inorder) 打印

假设有一棵二叉树如下：

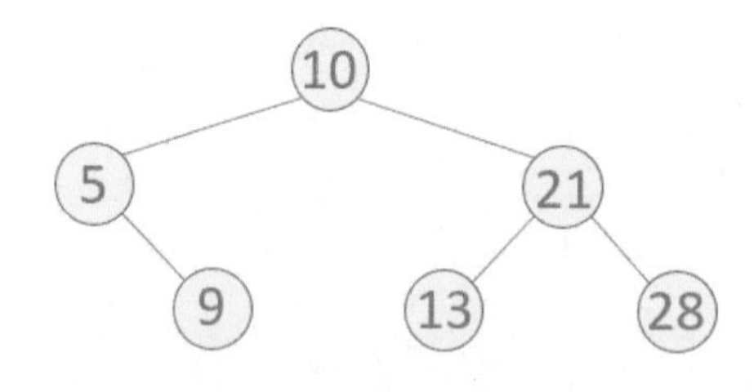

所谓中序打印是从左子树往下走，直到无法前进就处理此节点，接着处理此节点的父节点，然后往右子树走，如果右子树无法前进则回到上一层。整个遍历过程为左子树 (Left，缩写是 L)、根节点 (Root，缩写是 D)、右子树 (Right，缩写是 R)，简称 LDR。

用这个概念遍历上述二叉树可以得到下列结果：

```
5、9、10、13、21、28
```

上述中序打印相当于可以得到由小到大的排序结果，设计中序打印的递归函数步骤如下：

（1）如果左子树节点存在，则递归调用 self.left.inorder( )，往左子树走。

（2）处理此节点 (会执行此行，是因为左子树已经不存在)。

（3）如果右子树节点存在，则递归调用 self.right.inorder( )，往右子树走。

程序实例 ch6_4.py：使用 10、21、5、9、13、28 建立一个二叉树，然后使用中序方式打印。

```
1  # ch6_4.py
2  class Node():
3      def __init__(self, data=None):
4          ''' 建立二叉树的节点 '''
5          self.data = data
6          self.left = None
7          self.right = None
8
9      def insert(self, data):
10         ''' 建立二叉树 '''
11         if self.data:                          # 如果根节点存在
12             if data < self.data:               # 插入值小于目前节点值
13                 if self.left:
14                     self.left.insert(data)     # 递归调用往下一层
15                 else:
16                     self.left = Node(data)     # 建立新节点存放数据
17             else:                              # 插入值大于目前节点值
18                 if self.right:
19                     self.right.insert(data)
20                 else:
21                     self.right = Node(data)
22         else:                                  # 如果根节点不存在
23             self.data = data                   # 建立根节点
24
25     def inorder(self):
26         ''' 中序打印 '''
27         if self.left:                          # 如果左子节点存在
28             self.left.inorder()                # 递归调用下一层
29         print(self.data)                       # 打印
30         if self.right:                         # 如果右子节点存在
31             self.right.inorder()               # 递归调用下一层
32
33 tree = Node()                                  # 建立二叉树对象
34 datas = [10, 21, 5, 9, 13, 28]                 # 建立二叉树数据
35 for d in datas:
36     tree.insert(d)                             # 分别插入数据
37 tree.inorder()                                 # 中序打印
```

执行结果

```
==================== RESTART: D:/Algorithm/ch6/ch6_4.py ====================
5
9
10
13
21
28
```

下列二叉树节点左边的数字是按中序打印出的节点值的顺序。

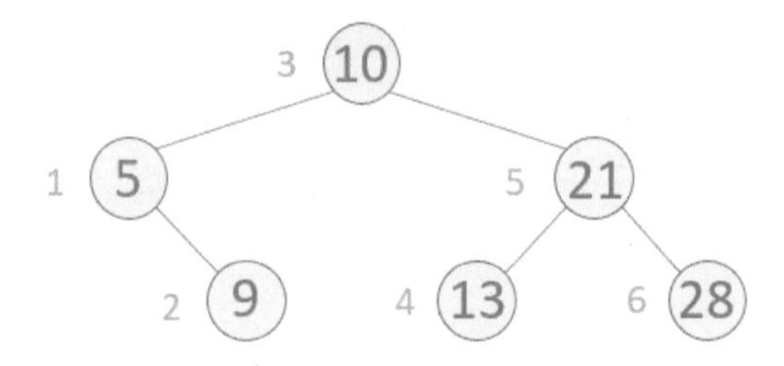

为了方便解说，笔者将节点改为英文字母，然后使用二叉树和堆栈分析第 25 ～ 31 行递归 inorder( ) 函数的遍历过程：

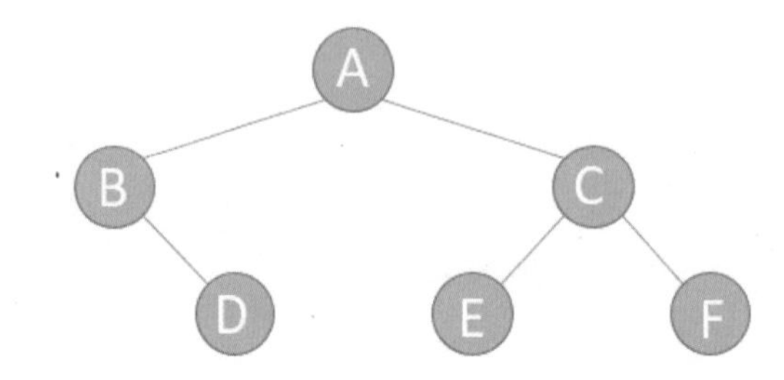

（1）由 A 进入 inorder( )。

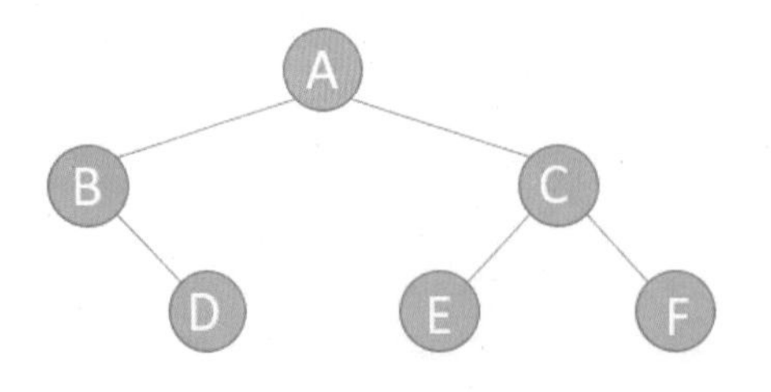

（2）因为 A 的左子树 B 存在，所以进入 B 的递归 inorder( )。

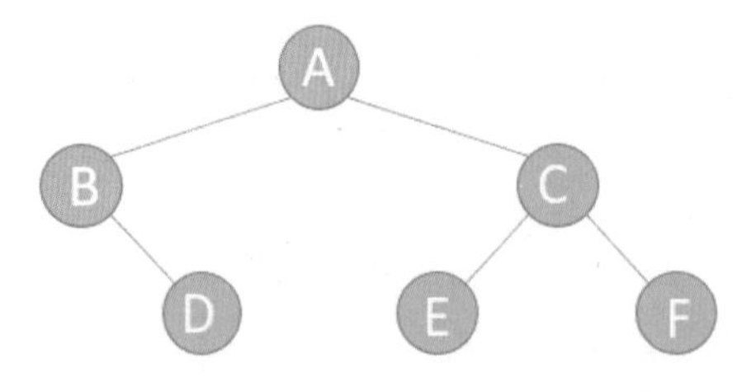

（3）B 没有左子树，所以 if B.left ... 执行结束，图形如下：

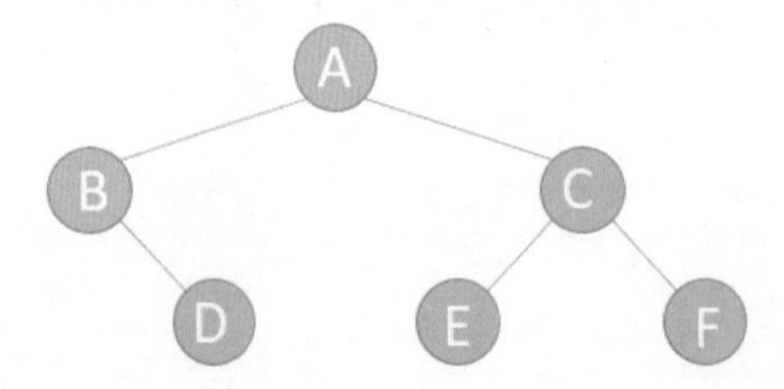

（4）执行 print B。

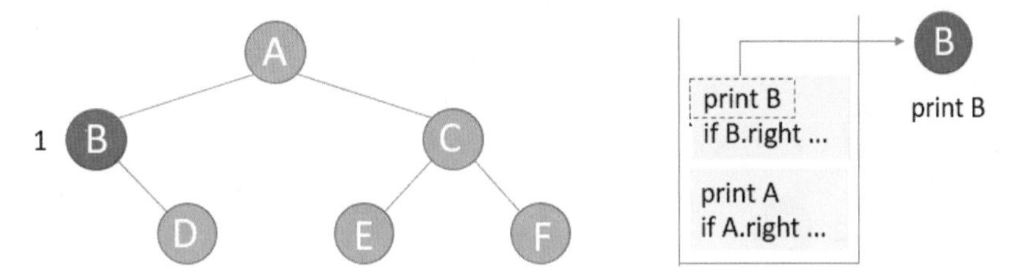

（5）因为 B 的右子树 D 存在，所以进入 D 的递归 inorder( )。

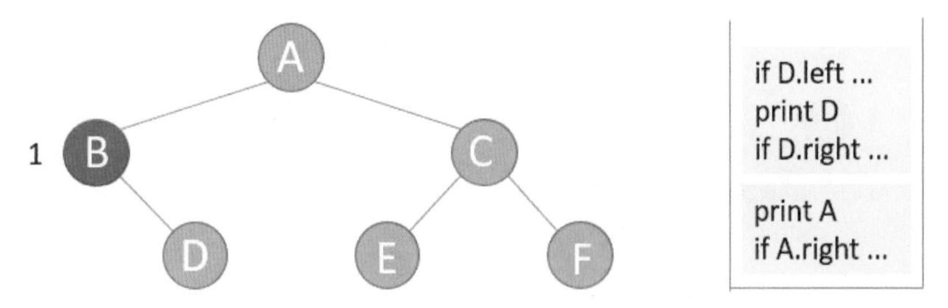

（6）由于 D 没有左子树，所以 if D.left … 执行结束，执行 print D。

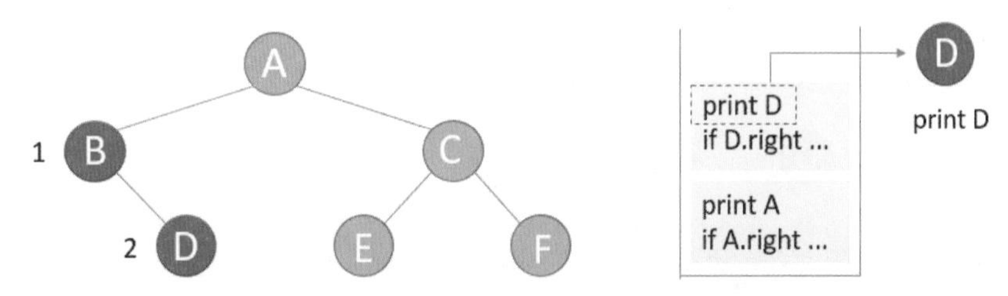

（7）D 没有右子树，所以 if D.right … 执行结束，接下来执行 print A。

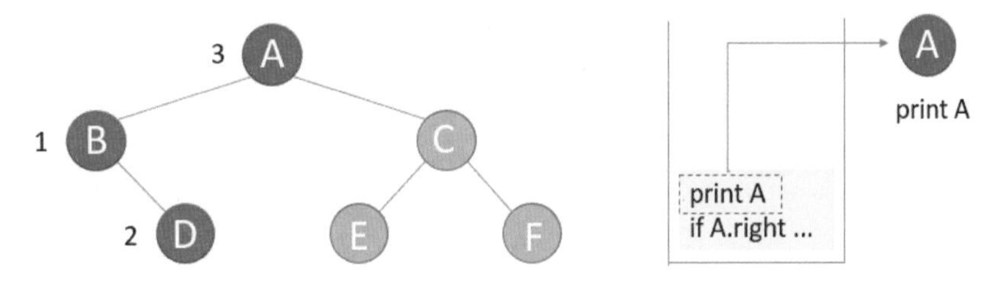

（8）因为 A 的右子树 C 存在，所以进入 C 的递归 inorder( )。

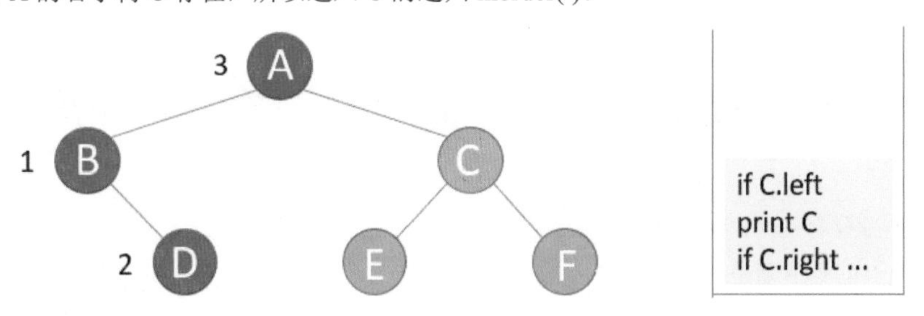

（9）因为 C 的左子树 E 存在，所以进入 E 的递归 inorder( )。

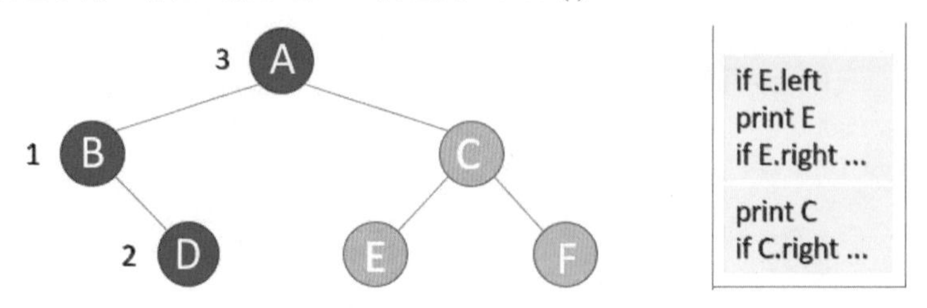

（10）由于 E 没有左子树，所以 if E.left … 执行结束，执行 print E。

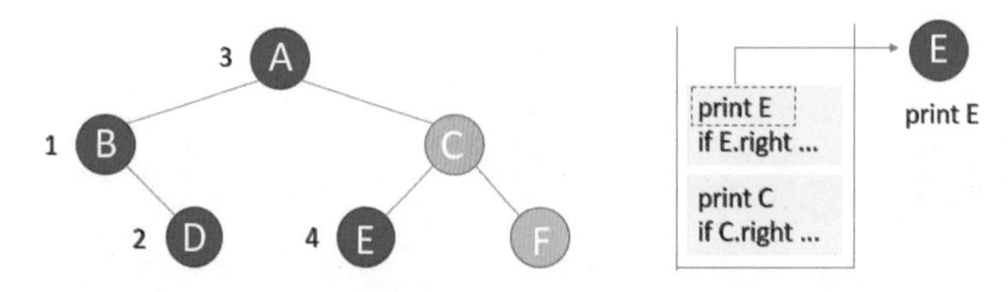

（11）E 没有右子树，所以 if E.right … 执行结束，接下来执行 print C。

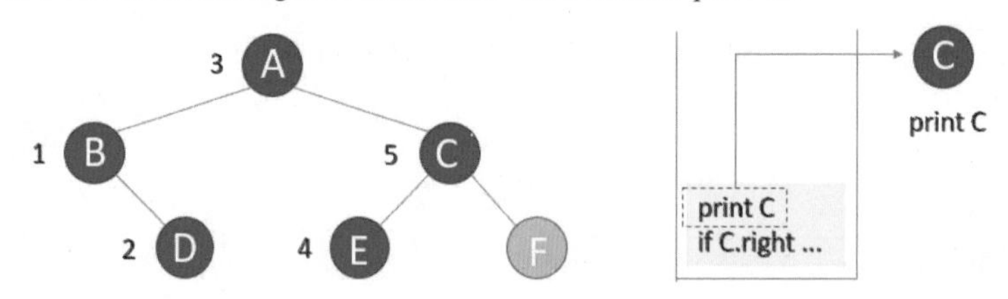

（12）因为 C 的右子树 F 存在，所以进入 F 的递归 inorder( )。

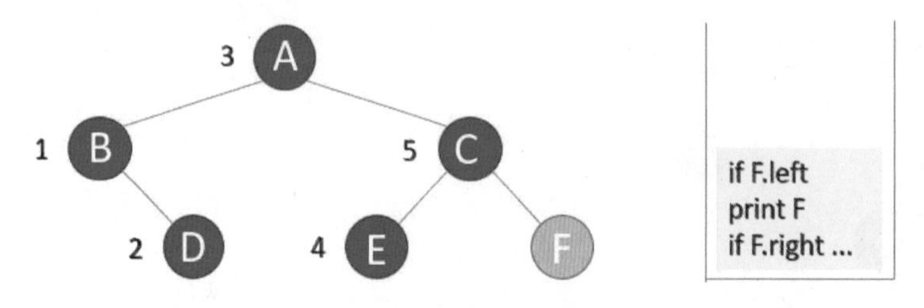

（13）由于 F 没有左子树，所以 if F.left … 执行结束，执行 print F。

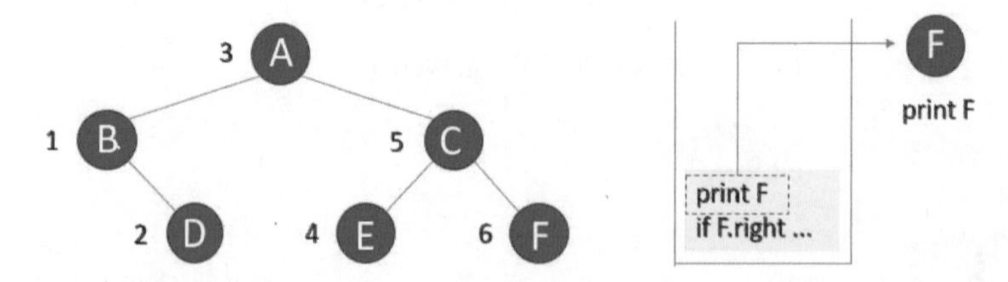

（14）由于 F 没有右子树，所以执行结束。

上述节点旁的数值则是打印的顺序。

6-6-5　遍历二叉树使用前序 (preorder) 打印

下列是与 6-6-4 节相同的二叉树结构：

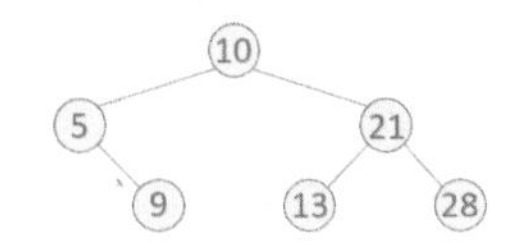

所谓前序打印是每当走访一个节点就处理此节点，遍历顺序是往左子树走，直到无法前进，接着往右走。整个遍历过程为根节点 (Root，缩写是 D)、左子树 (Left，缩写是 L)、右子树 (Right，缩写是 R)，简称 DLR。

用这个概念遍历上述二叉树可以得到下列结果：

10、5、9、21、13、28

依上述概念设计前序打印的递归函数步骤如下：

（1）处理此节点。

（2）如果左子树节点存在，则递归调用 self.left.preorder( )，往左子树走。

（3）如果右子树节点存在，则递归调用 self.right.preorder( )，往右子树走。

程序实例 ch6_5.py：使用 10、21、5、9、13、28 建立一个二叉树，然后使用前序方式打印。

```
1  # ch6_5.py
2  class Node():
3      def __init__(self, data=None):
4          ''' 建立二叉树的节点 '''
5          self.data = data
6          self.left = None
7          self.right = None
8
9      def insert(self, data):
10         ''' 建立二叉树 '''
11         if self.data:                          # 如果根节点存在
12             if data < self.data:               # 插入值小于目前节点值
13                 if self.left:
14                     self.left.insert(data)     # 递归调用往下一层
15                 else:
16                     self.left = Node(data)     # 建立新节点存放数据
17             else:                              # 插入值大于目前节点值
18                 if self.right:
19                     self.right.insert(data)
20                 else:
21                     self.right = Node(data)
22         else:                                  # 如果根节点不存在
23             self.data = data                   # 建立根节点
24
25     def preorder(self):
26         ''' 前序打印 '''
27         print(self.data)                       # 打印
28         if self.left:                          # 如果左子节点存在
29             self.left.preorder()               # 递归调用下一层
30         if self.right:                         # 如果右子节点存在
31             self.right.preorder()              # 递归调用下一层
32
33 tree = Node()                                  # 建立二叉树对象
34 datas = [10, 21, 5, 9, 13, 28]                 # 建立二叉树数据
35 for d in datas:
36     tree.insert(d)                             # 分别插入数据
37 tree.preorder()                                # 前序打印
```

执行结果

```
==================== RESTART: D:/Algorithm/ch6/ch6_5.py ====================
10
5
9
21
13
28
```

下列二叉树节点左边的数字是前序打印出的节点值的顺序。

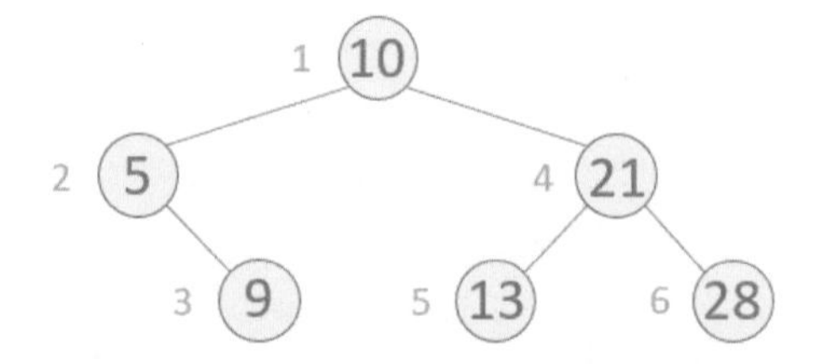

为了方便解说，笔者将节点改为英文字母，然后分析第 25 ～ 31 行递归 preorder( ) 函数的遍历过程：

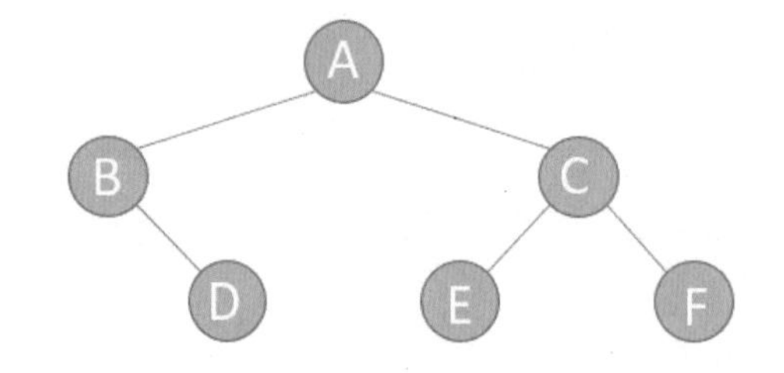

（1）由 A 进入 preorder( )。

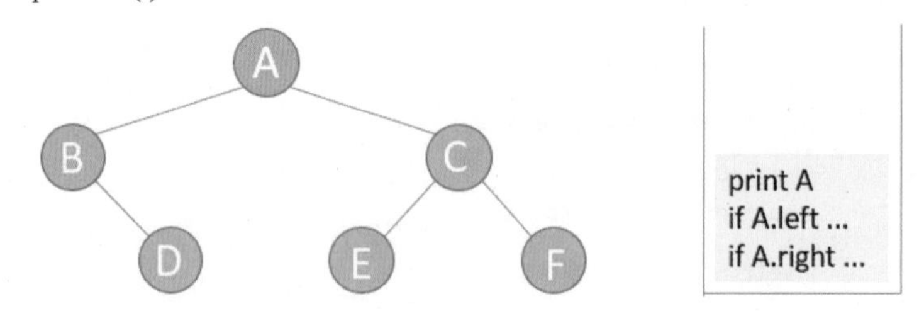

（2）执行 print A。

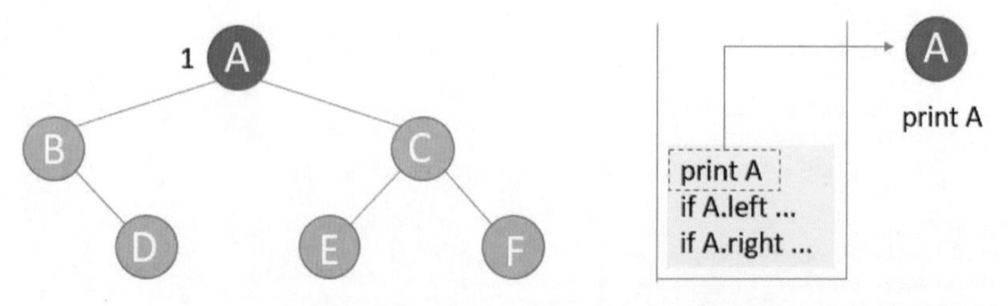

（3）因为 A 的左子树 B 存在，所以进入 B 的递归 preorder( )。

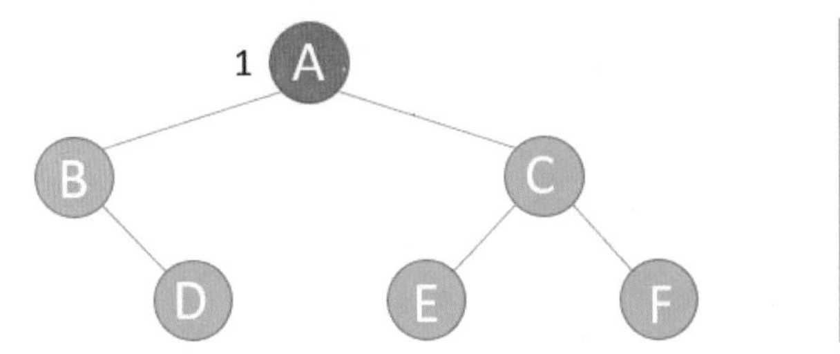

（4）执行 print B。

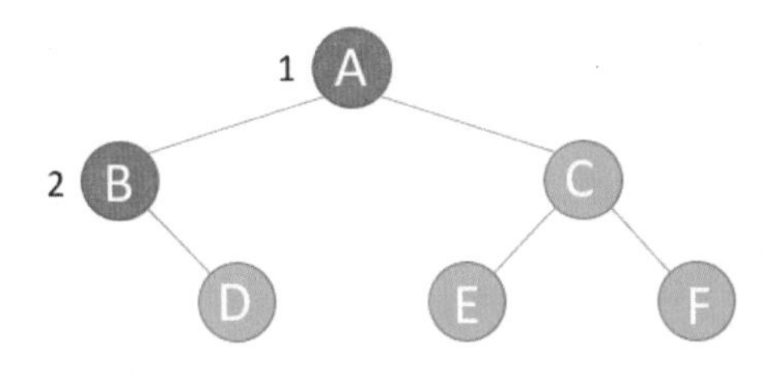

（5）由于 B 没有左子树，所以 if B.left … 执行结束。

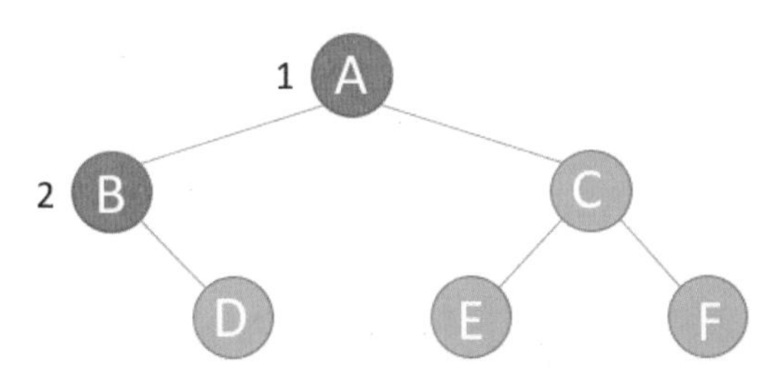

（6）因为 B 的右子树 D 存在，所以进入 D 的递归 preorder( )。

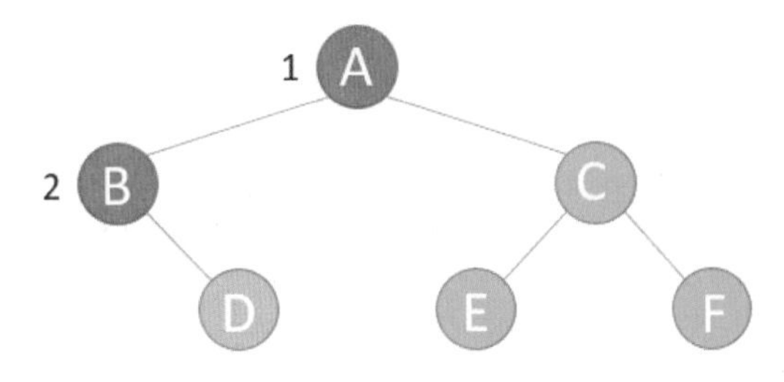

（7）执行 print D。

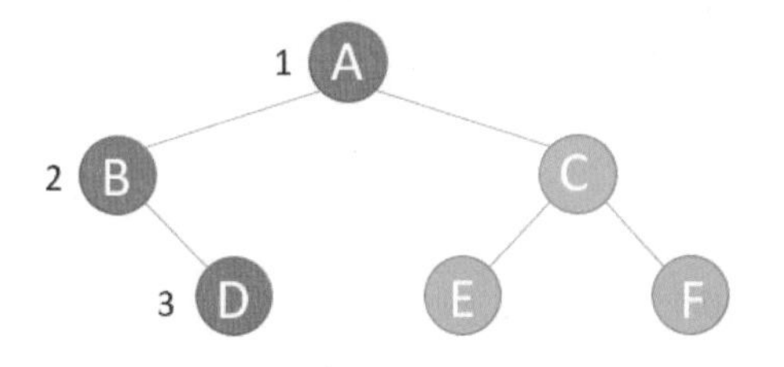

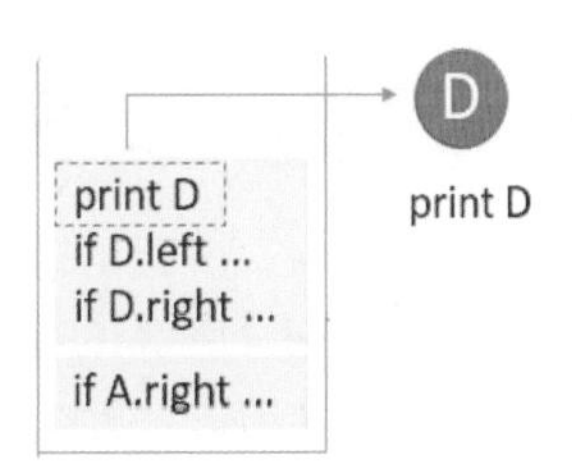

（8）由于 D 没有左子树，所以 if D.left … 执行结束。

（9）由于 D 没有右子树，所以 if D.right … 执行结束。

（10）因为 A 的右子树 C 存在，所以进入 C 的递归 preorder( )。

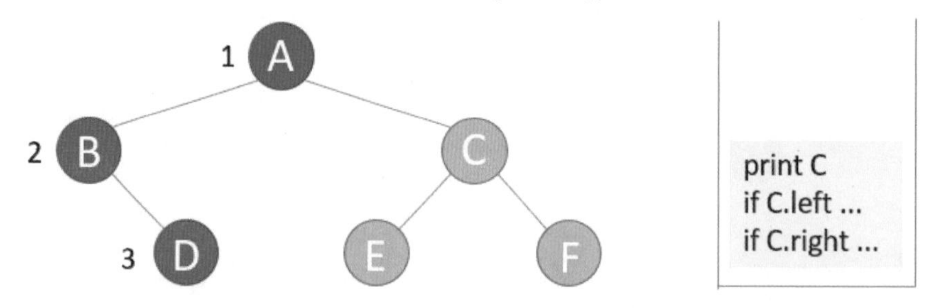

（11）执行 print C。

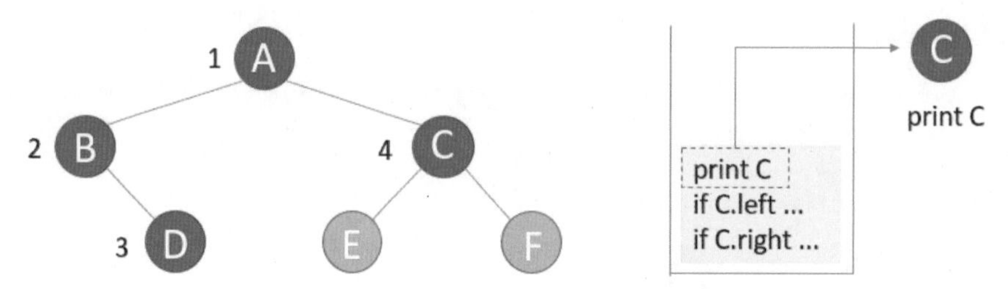

（12）因为 C 的左子树 E 存在，所以进入 E 的递归 preorder( )。

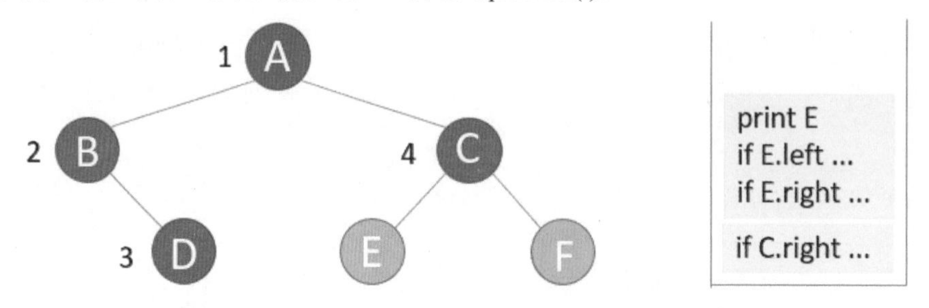

（13）执行 print E。

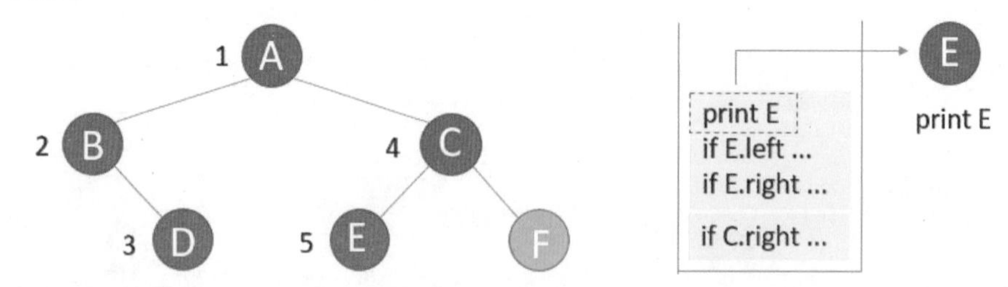

（14）由于 E 没有左子树，所以 if E.left … 执行结束。

（15）由于 E 没有右子树，所以 if E.right … 执行结束。

（16）因为 C 的右子树 F 存在，所以进入 F 的递归 preorder( )。

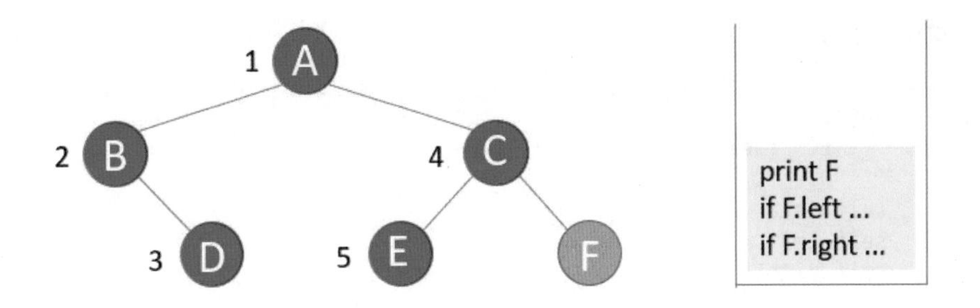

（17）执行 print F。

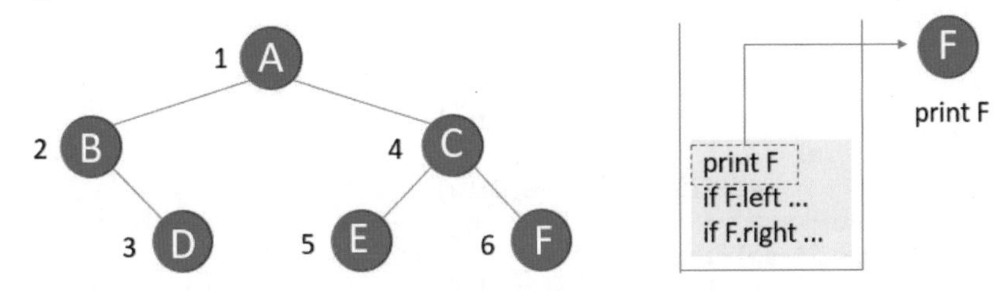

（18）由于 F 没有左子树，所以 if F.left … 执行结束。

（19）由于 F 没有右子树，所以 if F.right … 执行结束。

6-6-6　遍历二叉树使用后序（postorder）打印

下列是与 6-6-4 节相同的二叉树结构：

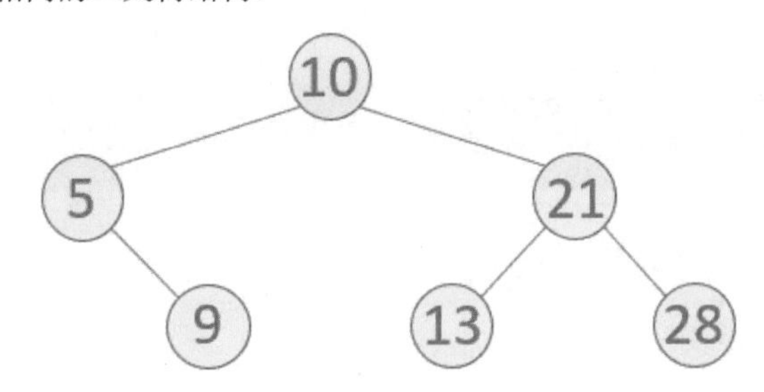

所谓后序打印和前序打印是相反的，每当走访一个节点需要等到两个子节点都走访完成，才处理此节点。整个遍历过程为左子树 (Left，缩写是 L)、右子树 (Right，缩写是 R)、根节点 (Root，缩写是 D)，简称 LRD。

用这个概念遍历上述二叉树可以得到下列结果：

```
9、5、13、28、21、10
```

后序打印的递归函数步骤如下：

（1）如果左子树节点存在，则递归调用 self.left.postorder( )，往左子树走。

（2）如果右子树节点存在，则递归调用 self.right.preorder( )，往右子树走。

（3）处理此节点。

程序实例 ch6_6.py：使用 10、21、5、9、13、28 建立一个二叉树，然后使用后序方式打印。

```
1  # ch6_6.py
2  class Node():
3      def __init__(self, data=None):
4          ''' 建立二叉树的节点 '''
5          self.data = data
6          self.left = None
7          self.right = None
8
9      def insert(self, data):
10         ''' 建立二叉树 '''
11         if self.data:                              # 如果根节点存在
12             if data < self.data:                   # 插入值小于目前节点值
13                 if self.left:
14                     self.left.insert(data)         # 递归调用往下一层
15                 else:
16                     self.left = Node(data)         # 建立新节点存放数据
17             else:                                  # 插入值大于目前节点值
18                 if self.right:
19                     self.right.insert(data)
20                 else:
21                     self.right = Node(data)
22         else:                                      # 如果根节点不存在
23             self.data = data                       # 建立根节点
24
25     def postorder(self):
26         ''' 后序打印 '''
27         if self.left:                              # 如果左子节点存在
28             self.left.postorder()                  # 递归调用下一层
29         if self.right:                             # 如果右子节点存在
30             self.right.postorder()                 # 递归调用下一层
31         print(self.data)                           # 打印
32
33 tree = Node()                                      # 建立二叉树对象
34 datas = [10, 21, 5, 9, 13, 28]                     # 建立二叉树数据
35 for d in datas:
36     tree.insert(d)                                 # 分别插入数据
37 tree.postorder()                                   # 后序打印
```

执行结果

```
==================== RESTART: D:/Algorithm/ch6/ch6_6.py ====================
9
5
13
28
21
10
```

下列二叉树节点左边的数字是后序打印出的节点值的顺序。

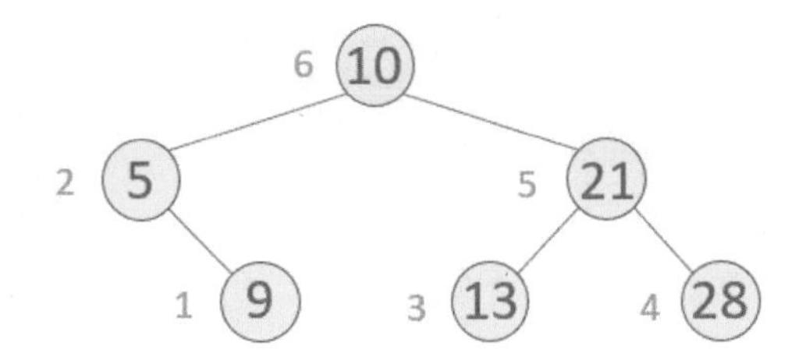

为了方便解说，笔者将节点改为英文字母，然后分析第 25 ～ 31 行递归 postorder( ) 函数的遍历过程：

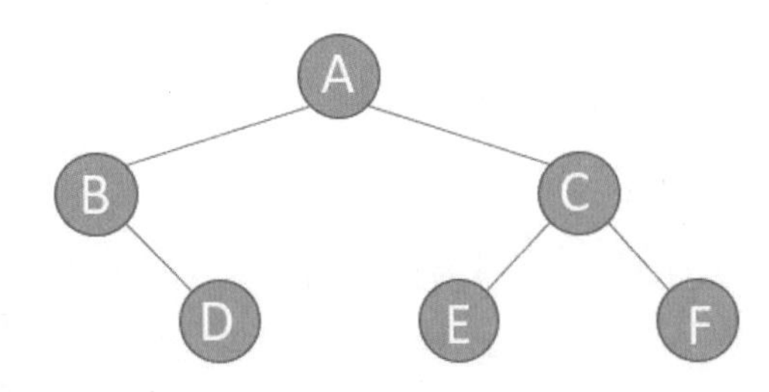

（1）由 A 进入 postorder( )。

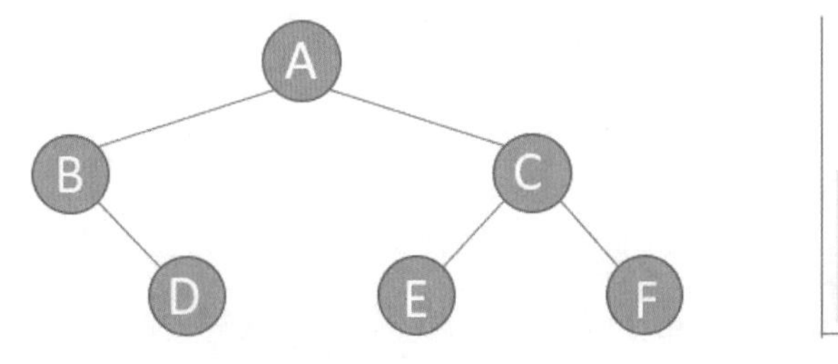

if A.left ...
if A.right ...
print A

（2）因为 A 的左子树 B 存在，所以进入 B 的递归 postorder( )。

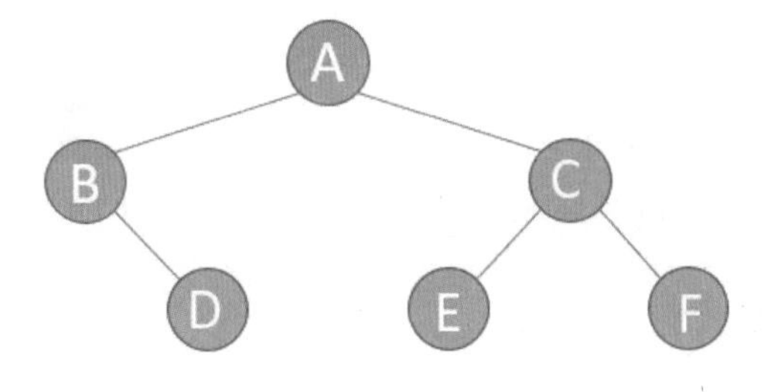

if B.left ...
if B.right ...
print B

if A.right ...
print A

（3）由于 B 没有左子树，所以 if B.left ... 执行结束。

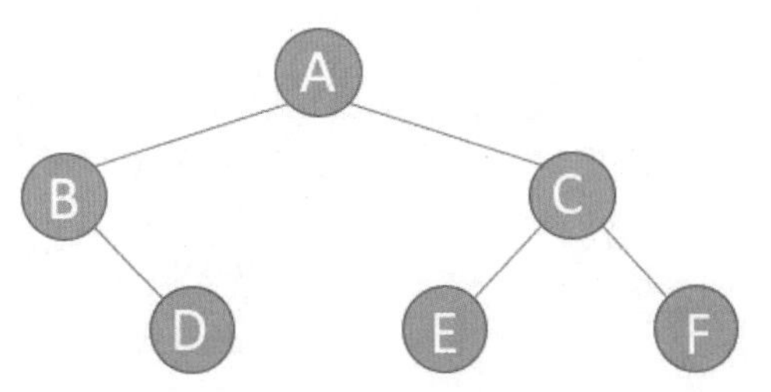

if B.right ...
print B

if A.right ...
print A

（4）因为 B 的右子树 D 存在，所以进入 D 的递归 postorder( )。

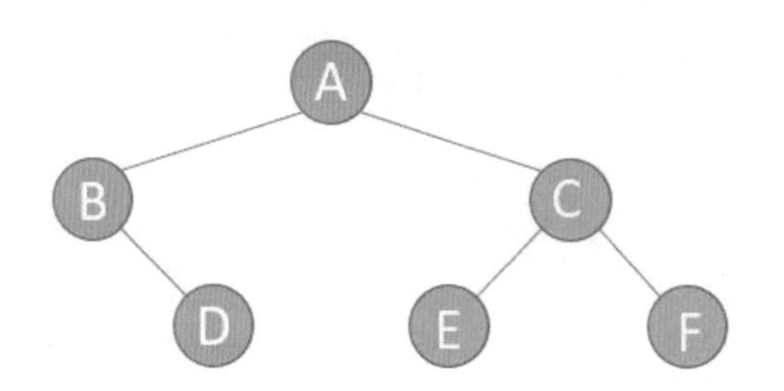

（5）由于 D 没有左子树，所以 if D.left … 执行结束。

（6）由于 D 没有右子树，所以 if D.right … 执行结束。

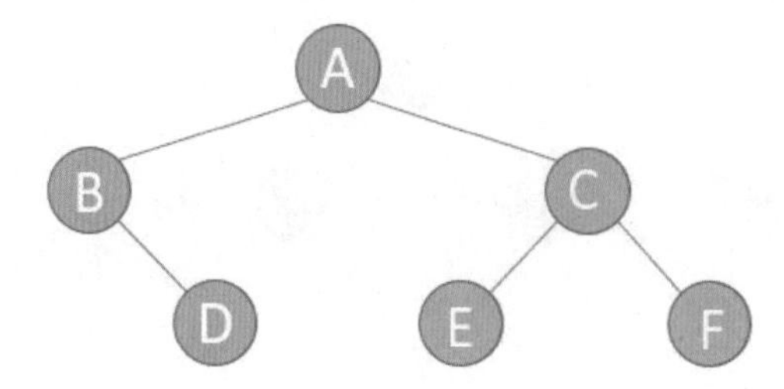

（7）执行 print D。

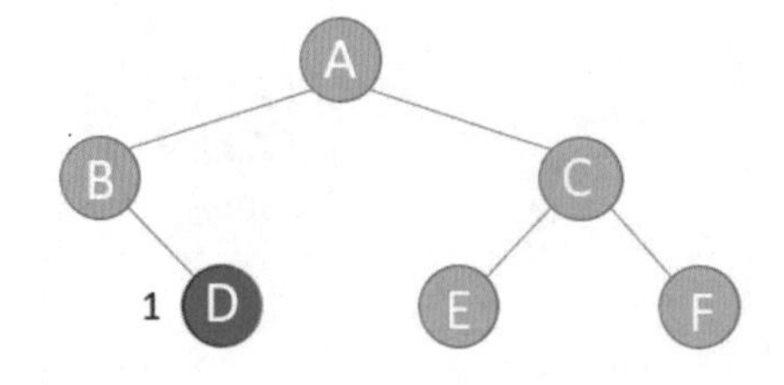

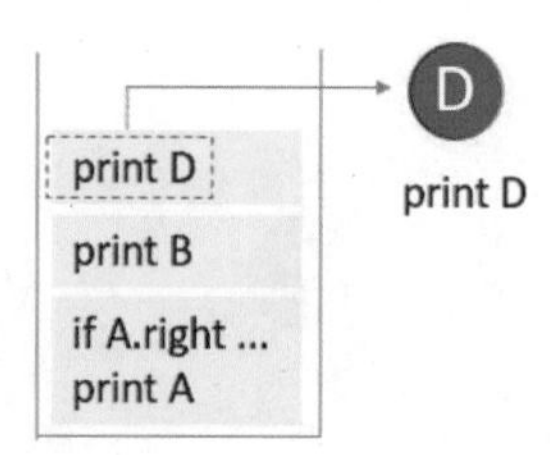

（8）执行 print B。

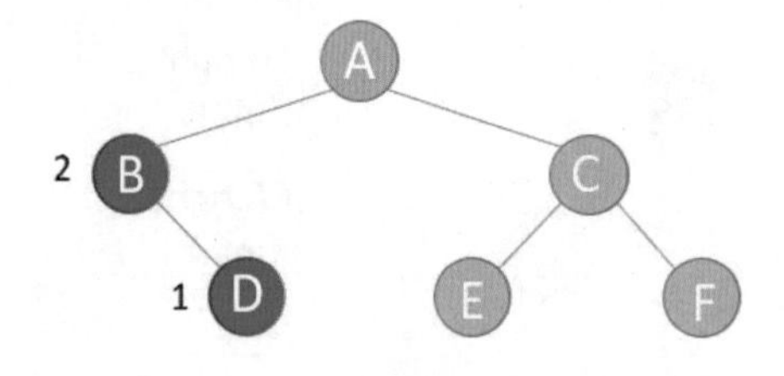

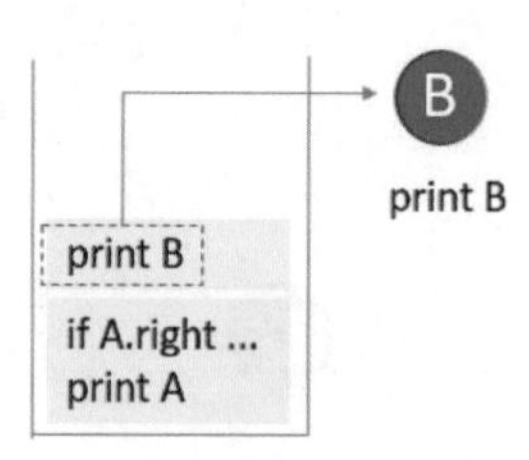

（9）因为 A 的右子树 C 存在，所以进入 C 的递归 postorder( )。

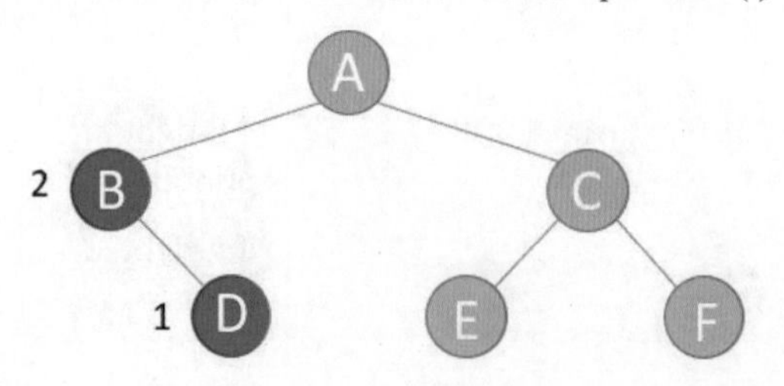

（10）因为 C 的左子树 E 存在，所以进入 E 的递归 postorder( )。

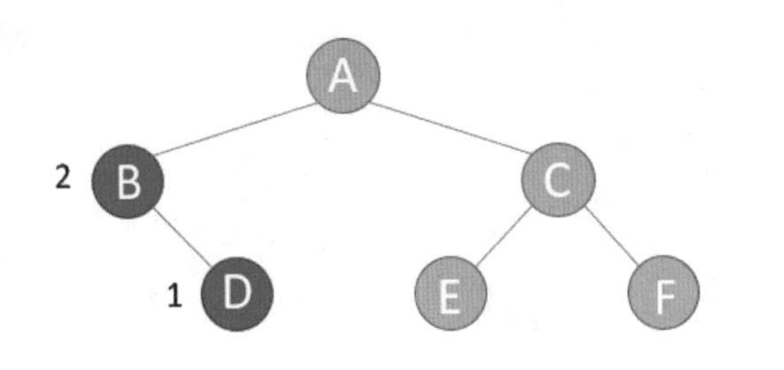

（11）由于 E 没有左子树，所以 if E.left … 执行结束。

（12）由于 E 没有右子树，所以 if E.right … 执行结束。

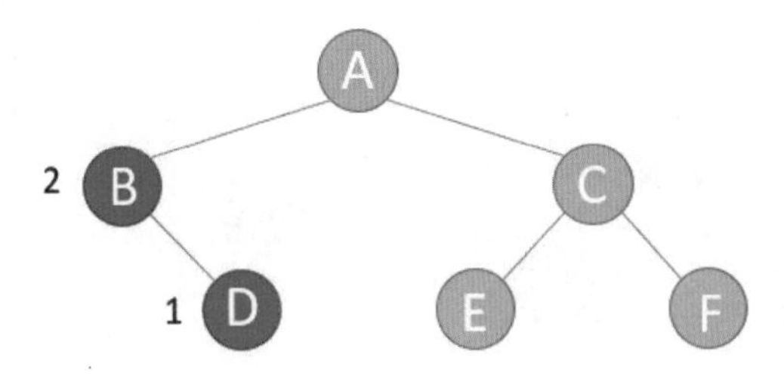

（13）执行 print E。

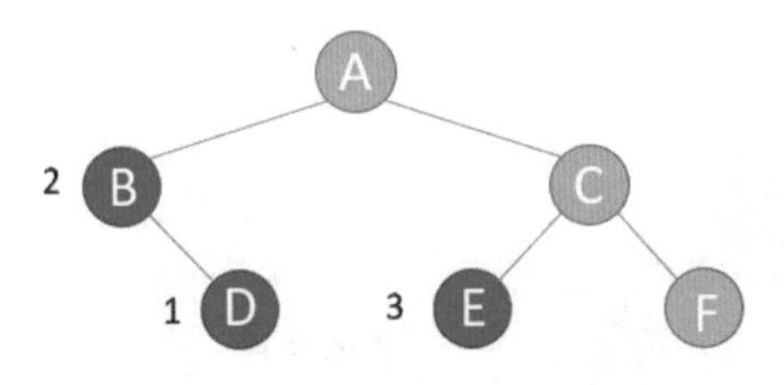

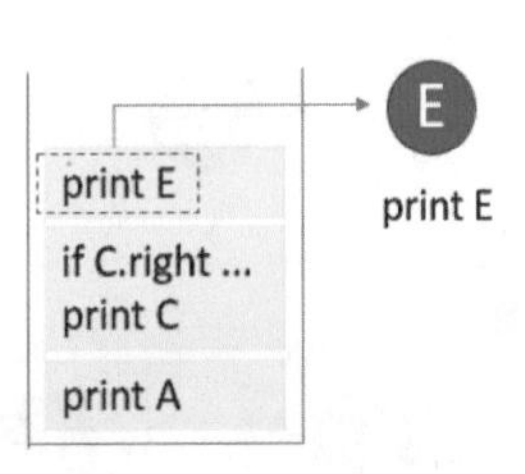

（14）因为 C 的右子树 F 存在，所以进入 F 的递归 postorder( )。

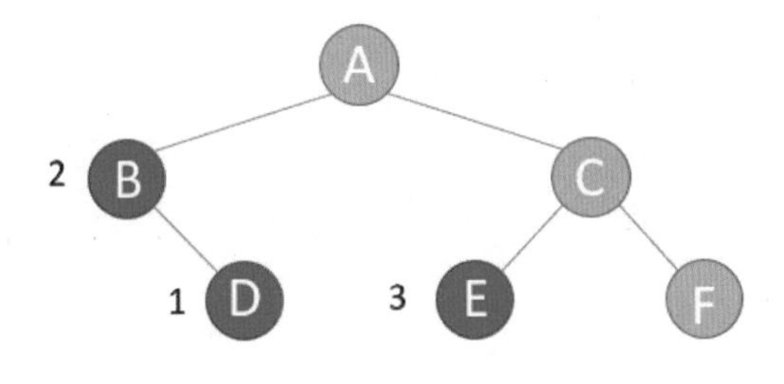

（15）由于 F 没有左子树，所以 if F.left … 执行结束。

（16）由于 F 没有右子树，所以 if F.right … 执行结束。

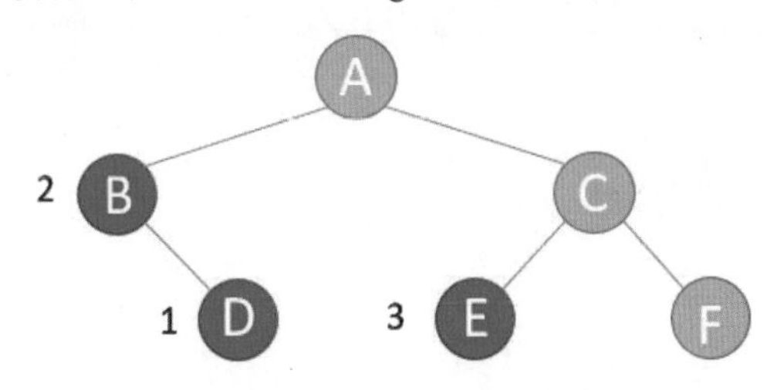

（17）执行 print F。

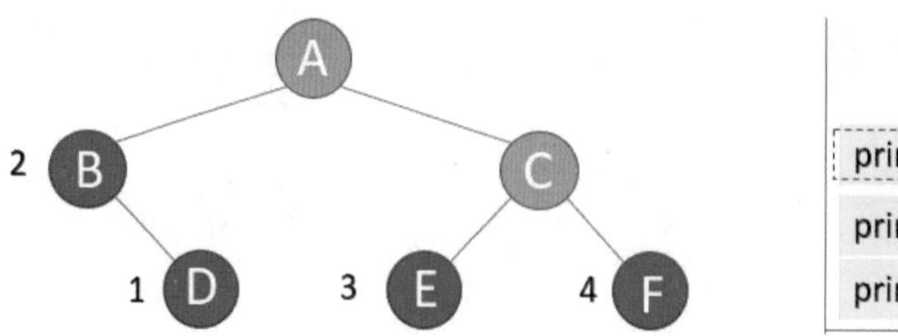

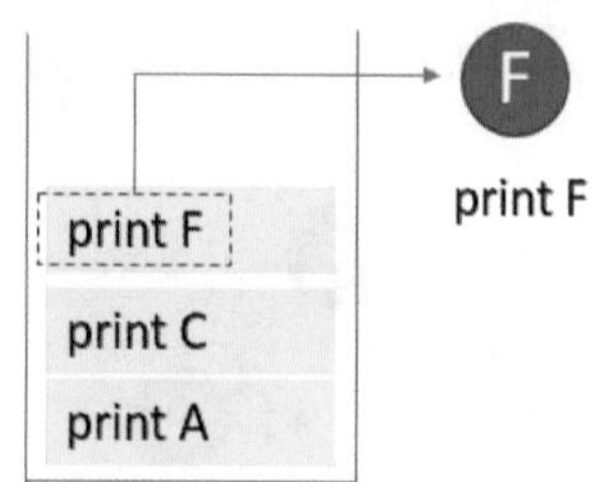

（18）执行 print C。

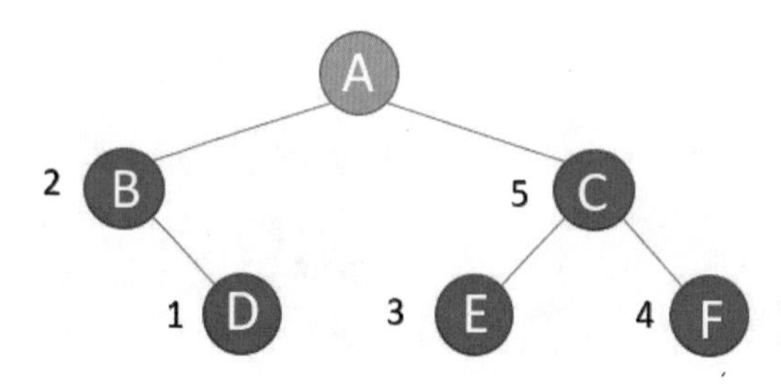

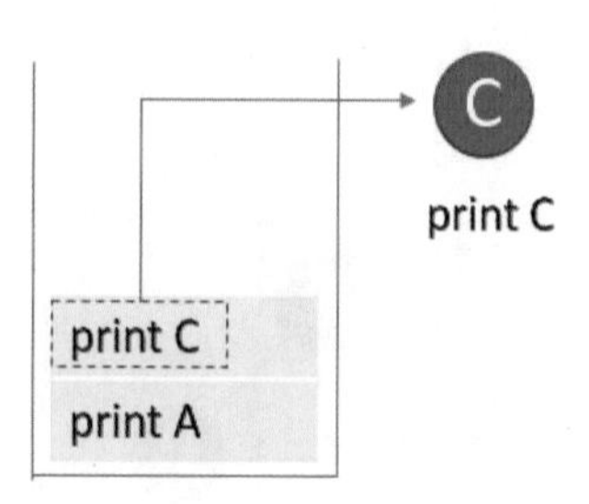

（19）执行 print A。

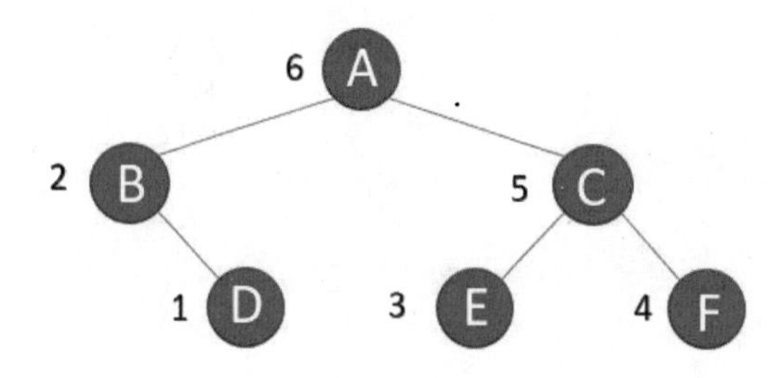

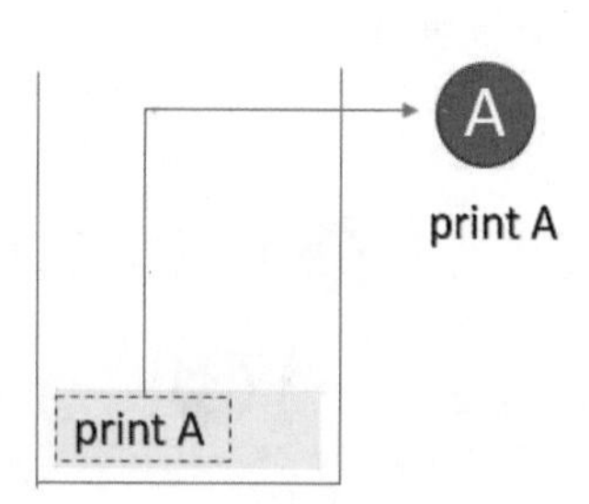

6-6-7 二叉树节点的搜寻

将一系列数据建立成二叉树后，执行数据搜寻就变得容易许多。可以将想要搜寻的数据与二叉树的节点做比较，如果小于节点的值则往左搜寻，反之则往右搜寻。如果往左或往右搜寻时节点已经不存在，则表示所搜寻的数据不存在。

```
25      def search(self, val):
26          ''' 搜寻特定值 '''
27          if val < self.data:                  # 如果搜寻值小于目前节点值
28              if not self.left:                # 如果左子节点不存在
29                  return str(val) + " 不存在"
30              return self.left.search(val)     # 递归继续往左子树找寻
31          elif val > self.data:                # 如果搜寻值大于目前节点值
32              if not self.right:               # 如果右子节点不存在
33                  return str(val) + " 不存在"
34              return self.right.search(val)
35          else:
36              return str(val) + " 找到了"
```

程序实例 ch6_7.py：建立二叉树，然后输入欲搜寻的数据，程序可以回应是否找到数据。

```
1  # ch6_7.py
2  class Node():
3      def __init__(self, data=None):
4          ''' 建立二叉树的节点 '''
5          self.data = data
6          self.left = None
7          self.right = None
8
9      def insert(self, data):
10         ''' 建立二叉树 '''
11         if self.data:                          # 如果根节点存在
12             if data < self.data:               # 插入值小于目前节点值
13                 if self.left:
14                     self.left.insert(data)     # 递归调用往下一层
15                 else:
16                     self.left = Node(data)     # 建立新节点存放数据
17             else:                              # 插入值大于目前节点值
18                 if self.right:
19                     self.right.insert(data)
20                 else:
21                     self.right = Node(data)
22         else:                                  # 如果根节点不存在
23             self.data = data                   # 建立根节点
24
25     def search(self, val):
26         ''' 搜寻特定值 '''
27         if val < self.data:                    # 如果搜寻值小于目前节点值
28             if not self.left:                  # 如果左子节点不存在
29                 return str(val) + " 不存在"
30             return self.left.search(val)       # 递归继续往左子树找寻
31         elif val > self.data:                  # 如果搜寻值大于目前节点值
32             if not self.right:                 # 如果右子节点不存在
33                 return str(val) + " 不存在"
34             return self.right.search(val)
35         else:
36             return str(val) + " 找到了"
37
38 tree = Node()                                  # 建立二叉树对象
39 datas = [10, 21, 5, 9, 13, 28]                 # 建立二叉树数据
40 for d in datas:
41     tree.insert(d)                             # 分别插入数据
42
43 n = eval(input("请输入欲搜寻数据 : "))
44 print(tree.search(n))
```

执行结果

```
==================== RESTART: D:\Algorithm\ch6\ch6_7.py ====================
请输入欲搜寻数据 : 21
21 找到了
>>>
==================== RESTART: D:\Algorithm\ch6\ch6_7.py ====================
请输入欲搜寻数据 : 100
100 不存在
```

6-6-8　二叉树节点的删除

有关二叉树节点删除的算法可以参考 6-2 节，本节主要是程序的实际操作，这里笔者建立了 Delete_Node 类别，这个类别主要有 3 个方法：

（1）deleteNode( )：删除节点。

（2）left_node( )：找出原删除节点的左子树节点。

（3）max_node( )：找左子树最大节点，未来用此节点值建立新节点取代被删除的节点。

程序实例 ch6_8.py：使用 10、5、21、9、13、28、3、4、1、17、32 建立一个二叉树，请使用中序打印，然后删除 5，最后再用一次中序打印。

```
1  # ch6_8.py
2  class Node():
3      def __init__(self, data=None):
4          ''' 建立二叉树的节点 '''
5          self.data = data
6          self.left = None
7          self.right = None
8
9      def insert(self, data):
10         ''' 建立二叉树 '''
11         if self.data:                              # 如果根节点存在
12             if data < self.data:                   # 插入值小于目前节点值
13                 if self.left:
14                     self.left.insert(data)         # 递归调用往下一层
15                 else:
16                     self.left = Node(data)         # 建立新节点存放数据
17             else:                                  # 插入值大于目前节点值
18                 if self.right:
19                     self.right.insert(data)
20                 else:
21                     self.right = Node(data)
22         else:                                      # 如果根节点不存在
23             self.data = data                       # 建立根节点
24
25     def inorder(self):
26         ''' 中序打印 '''
27         if self.left:                              # 如果左子节点存在
28             self.left.inorder()                    # 递归调用下一层
29         print(self.data)                           # 打印
30         if self.right:                             # 如果右子节点存在
31             self.right.inorder()                   # 递归调用下一层
32
33 class Delete_Node():
34     def deleteNode(self, root, key):
35         if root is None:                           # 二叉树不存在返回
36             return None
37         if key < root.data:                        # 删除值小于root值则往左
38             root.left = self.deleteNode(root.left, key)
39             return root
40         if key > root.data:                        # 删除值大于root值则往右
```

```
41              root.right = self.deleteNode(root.right, key)
42              return root
43          if root.left is None:                    # 左边节点不存在
44              new_root = root.right
45              return new_root
46          if root.right is None:                   # 右边节点不存在
47              new_root = root.left
48              return new_root
49          succ = self.max_node(root.left)          # 找左子树中最大值的节点
50          tmp = Node(succ.data)                    # 用此最大值建立节点
51          tmp.left = self.left_node(root.left)     # 串接原删除节点的左子树
52          tmp.right = root.right                   # 节点串接原删除节点的右子树
53          return tmp
54
55      def left_node(self, node):
56          ''' 找出原删除节点左子树 '''
57          if node.right is None:                   # 右子节点不存在
58              new_root = node.left                 # 使用左子节点
59              return new_root
60          node.right = self.left_node(node.right) # 进入下一层
61          return node
62
63      def max_node(self, node):
64          '''  找寻最大值节点 '''
65          while node.right:                        # 如果是否则node是最大值节点
66              node = node.right
67          return node
68
69  tree = Node()                                    # 建立二叉树对象
70  datas = [10, 5, 21, 9, 13, 28, 3, 4, 1, 17, 32] # 建立二叉树数据
71  for d in datas:
72      tree.insert(d)                               # 分别插入数据
73  tree.inorder()                                   # 中序打印
74  del_data = 5
75  print("删除 %d 后" % del_data)
76  delete_obj = Delete_Node()                       # 建立删除节点对象
77  result = delete_obj.deleteNode(tree, del_data)   # 删除操作
78  result.inorder()                                 # 中序打印
```

执行结果

```
==================== RESTART: D:\Algorithm\ch6\ch6_8.py ====================
1
3
4
5
9
10
13
17
21
28
32
删除 5后
1
3
4
9
10
13
17
21
28
32
```

6-6-9 二叉树的应用与工作效率

本章所使用的二叉树的节点内容是数字，其实也适合使用此节点存储英文名字，同时执行依字母大小排序，如下所示：

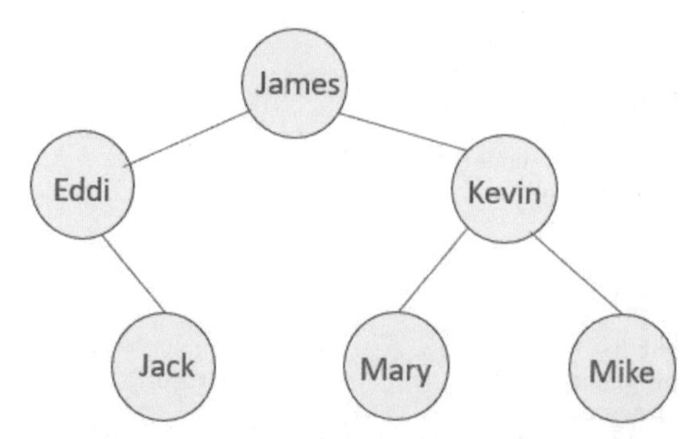

上述 James 的 J 比 Eddi 的 E 的字符码值大，所以 Eddi 是在 James 根节点的左边。Kevin 的 K 比 James 的 J 的字符码值大，所以 Kevin 是在 James 根节点的右边。上述的平均搜寻时间是 O(log n)，假设脸书上有 10 亿个用户，如果计算机每秒可以比对 100 万次，脸书要确定用户是否存在，使用数组依序搜寻所需时间是 O(n)，两者相差如下：

	数组（未排序）	二叉树
时间复杂度	O(n)	O(log n)
所需时间	16 分 40 秒	约 0.00002897 秒

由上表可以知道，适度将数据处理以及使用更好的搜寻方式，可以提高工作效率。不过如果先将数组排序，再使用二分搜寻法，所需的时间相同。

至于其他工作的时间复杂度如下：

	数组（已排序）	二叉树
搜寻	O(log n)	O(log n)
插入	O(n)	O(log n)
删除	O(n)	O(log n)

由上表可以看到，二叉树在插入与删除方面的表现比数组好很多。

6-7 习题

1. 使用 10、5、21、9、13、28、3、4、1、17、32 建立二叉树，请使用前序打印，同时计算列出二叉树的叶节点数量。

```
==================== RESTART: D:\Algorithm\ex\ex6_1.py ====================
所建的二叉树前序打印如下 :
10
5
3
1
4
9
21
13
17
28
32
叶节点数量 =  5
```

2. 使用 10、5、21、9、13、28、3、4、1、17、32 建立二叉树，请使用后序打印，同时计算二叉树的层次数 (也可称深度)。

```
==================== RESTART: D:\Algorithm\ex\ex6_2.py ====================
所建的二叉树后序打印如下 :
1
4
3
9
5
17
13
32
28
21
10
二叉树的深度 =  4
```

3. 程序实例 ch6_8.py 删除节点时，假设此节点有左子树和右子树，从左子树中找出最大值节点取代被删除节点。请使用相同数据，将程序改为使用后序打印，同时从右子树找出最小值取代被删除节点，此例所要删除的节点是根节点 10。

```
==================== RESTART: D:\Algorithm\ex\ex6_3.py ====================
1
4
3
9
5
17
13
32
28
21
10
删除 10 后
1
4
3
9
5
17
32
28
21
13
```

第 7 章

堆积树

7-1　建立堆积树

7-2　插入数据到堆积树

7-3　取出最小堆积树的值

7-4　最小堆积树与数组

7-5　Python 内建堆积树模块 heapq

7-6　Python 硬功夫：自己建立堆积树

7-7　习题

堆积树 (heap tree) 是一种二叉树，每个节点最多有 2 个子节点，更进一步说，堆积树外观属于完全二叉树 (complete binary tree，可参考 6-4 节)，有 2 种堆积方法：

- 最大堆积树 (maximum heap)

根节点 (root node) 的值是堆积树中所有节点的最大值，每个父节点的值一定大于或等于子节点的值。常用于找出最大值的应用，或是将数据由大到小排序的应用。

- 最小堆积树 (minimum heap)

根节点 (root node) 的值是堆积树中所有节点的最小值，每个父节点的值一定小于或等于子节点的值。常用于找出最小值的应用，或是将数据由小到大排序的应用。

至于不管是最大堆积树或是最小堆积树，同一层的节点，则不需理会大小关系。

7-1 建立堆积树

这一节笔者举例讲解最小堆积树的建立过程。第一个数据放在根节点，其他则是先将数据插入最下层最左的空节点，当最下层已满，则建立新的最下层存放数据。数据存放完成后，将数据与父节点做比较，如果数据比父节点小，则将数据与父节点对调。继续与父节点比较，直到数据比父节点大。如果数据已经在根节点，则可以停止位置调整。

有一系列数据分别是 10、21、5、9、13、28、3，假设我们要为这些数据建立最小堆积树，其方法如下。

首先，将上述序列处理成下列二叉树。

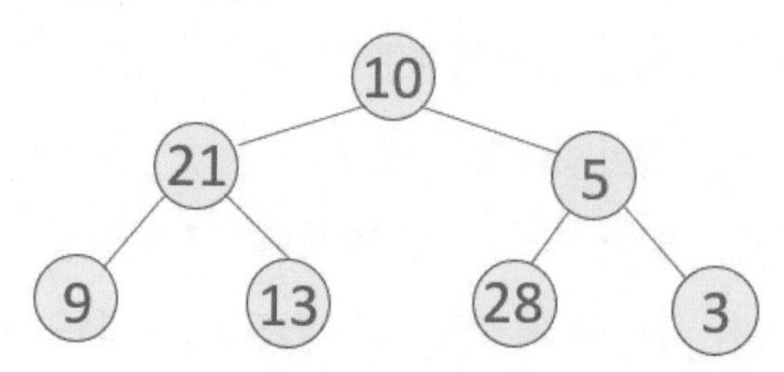

接着程序自己调整上述二叉树为二叉堆积树，基本概念是父节点值一定要小于等于子节点值。调整方式是从含有子节点的节点开始调整，以上述为例，10、21、5 节点有子节点，从小到大逐步调整节点，所以调整顺序是 5、10、21。

- 步骤 1：

先处理节点 5，由于节点 5 大于子节点 3，所以节点 5 与节点 3 的值对调。

注 如果父节点大于 2 个子节点，则父节点与比较小的子节点值对调。

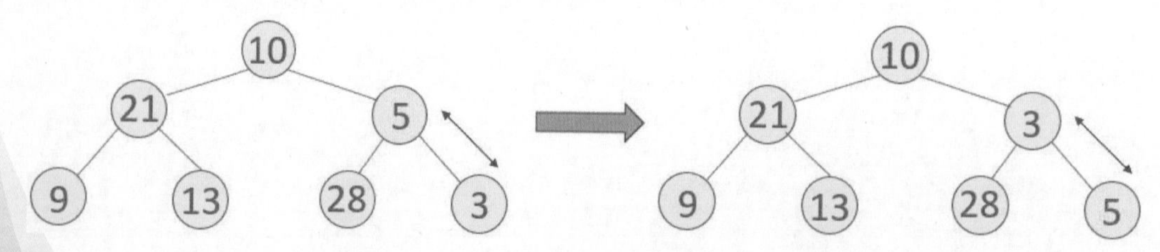

❑ 步骤 2：

处理节点 21，由于节点 21 大于子节点 9 和 13，其中节点 9 比节点 13 小，所以将节点 21 与较小值的节点 9 对调。

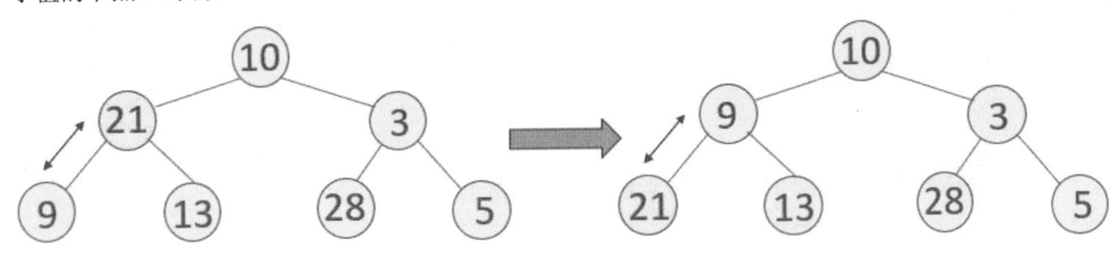

❑ 步骤 3：

处理节点 10，由于节点 10 大于 2 个子节点中更小的节点 3，所以先将节点 10 与节点 3 对调。

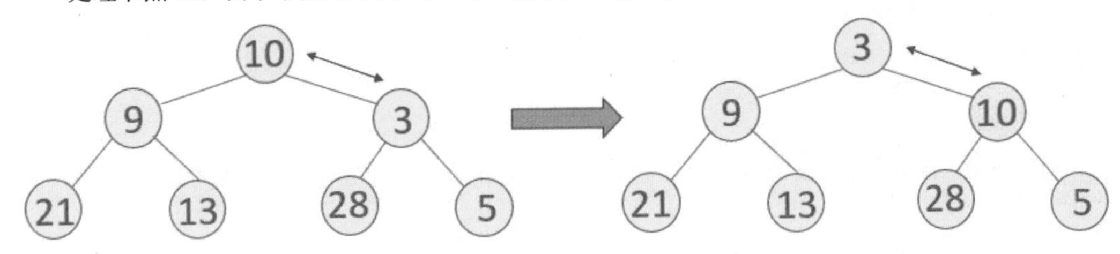

由于节点 10 的位置有子节点，所以继续比较，节点 10 大于 2 个子节点中的节点 5，所以继续对调。

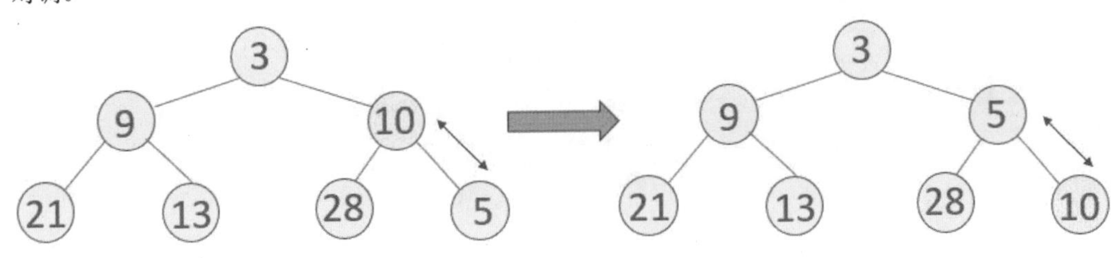

上图右边就是最后的最小堆积树，最大的特色就是每个节点的值均小于或等于子节点的值。

7-2　插入数据到堆积树

这一节主要讲解将数据插入堆积树的过程。

❑ 步骤 1：

将 10 插入堆积树，由于是第一个数据，这是根节点，所建的堆积树如下：

❑ 步骤 2：

将 21 插入堆积树，将数据插入最下层最左的空节点，所建的最小堆积树如下：

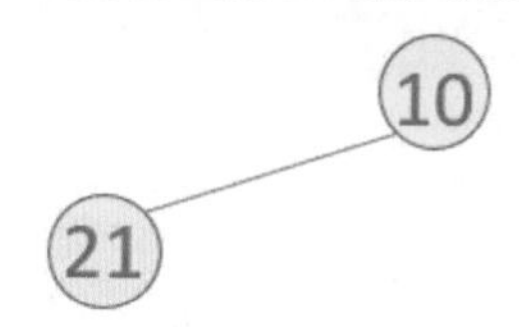

由于所插入的数据 21 比父节点 10 大，所以不必调整位置。

❑ 步骤 3：

将 5 插入堆积树，所建的最小堆积树如下方左图：

由于所插入的数据 5 比父节点 10 小，所以将 5 与父节点 10 做位置调整，可参考上方右图。

❑ 步骤 4：

将 9 插入堆积树，将数据插入最下层最左的空节点，由于原最下层已满，所以新建一个最下层，所建的最小堆积树如下方左图：

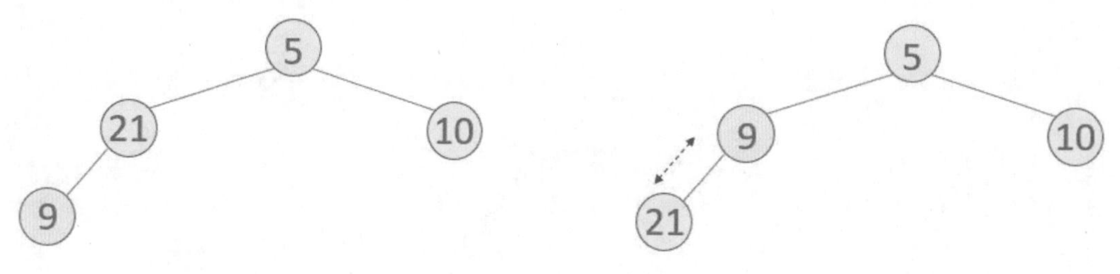

由于所插入的数据 9 比父节点 21 小，所以将 9 与父节点 21 做位置调整，可参考上方右图，由于 9 大于父节点 5，所以不再变动。

❑ 步骤 5：

将 13 插入堆积树，所建的最小堆积树如下：

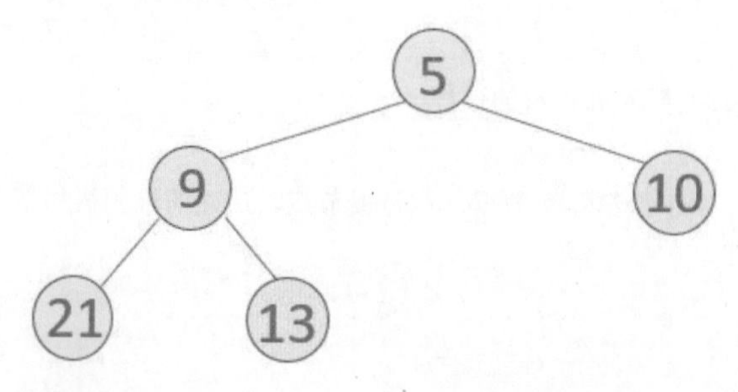

由于 13 比父节点 9 大，所以不再变动。

❑ 步骤 6：

将 28 插入最下层最左的空节点，所建的最小堆积树如下：

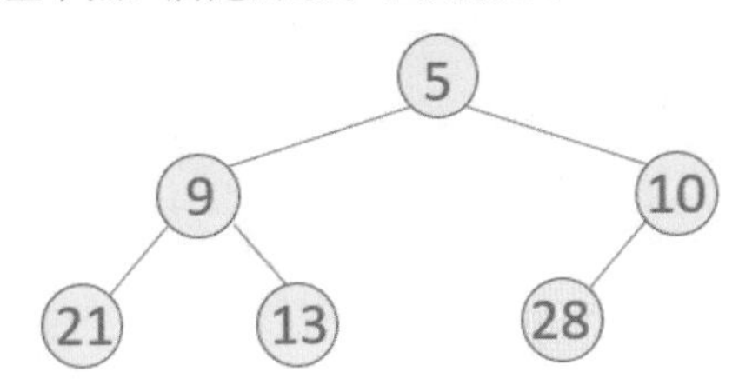

由于 28 比父节点 10 大，所以不再变动。

❑ 步骤 7：

将 3 插入堆积树，所建的最小堆积树如下方左图：

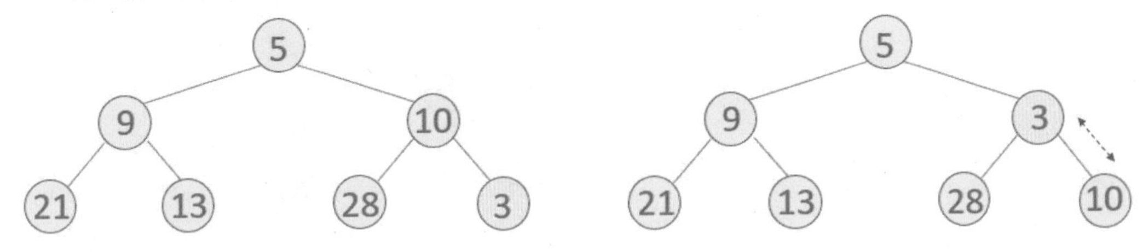

由于所插入的数据 3 比父节点 10 小，所以将 3 与父节点 10 做位置调整，可参考上方右图。继续比较，由于数据 3 比父节点 5 小，所以将 3 与父节点 5 做位置调整，可参考下图。

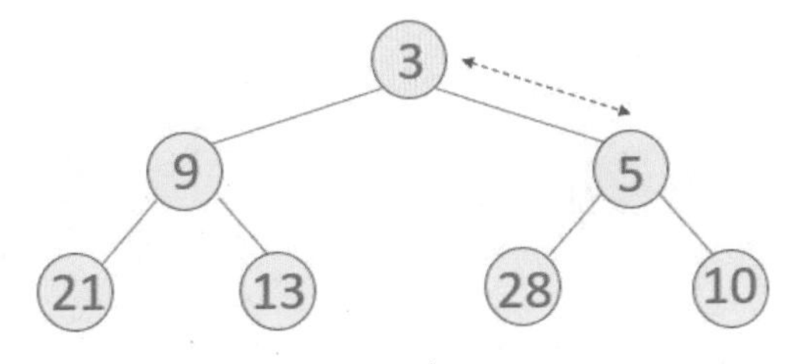

如果是建立最大堆积树，可以用上述概念类推，但是要让父节点比子节点数据大。插入值时，由于要与上层节点做比较，所以时间复杂度是 O(log n)。

7-3 取出最小堆积树的值

取出最小堆积树的值的步骤如下：

（1）取出最小堆积树的根节点值。

（2）将最下层最右节点移至根节点。

（3）将此新的完全二叉树调整为最小堆积树，方式是将此新的根节点值与子节点值做比较，找出 2 个子节点中比较小的值做对调。重复上述步骤，直到此节点的数据已经比子节点的数据值小，或是此节点已经是叶节点了。

继续使用 7-2 节所建的最小堆积树，下列将具体讲解取出的步骤。

❑ 步骤 1：

取出最小值 3，如下所示：

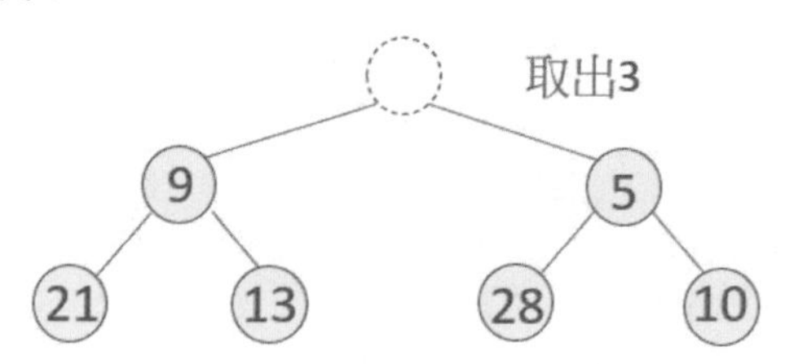

❑ 步骤 2：

将最下层最右节点移至根节点，此例是节点 10，如下所示：

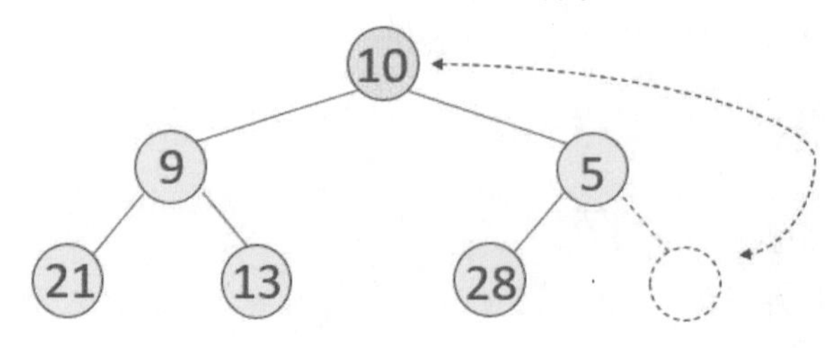

❑ 步骤 3：

将根节点与比较小的子节点做对调，由于 5 小于 10，所以此例是将节点 10 与节点 5 做对调，如下所示：

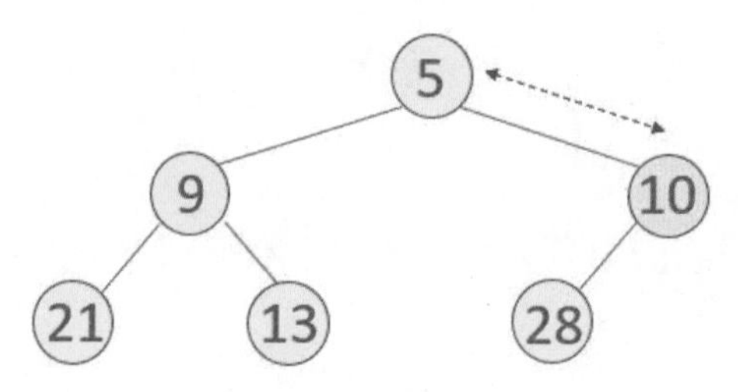

❑ 步骤 4：

由于节点 10 比节点 28 小，所以完全二叉树又被调整为最小堆积树了。

上述是取得一个最小值的过程，如果重复上述步骤，可以依次取出其他最小值，如此就可以达到从小到大排序的效果。如果只是要了解此最小堆积树的最小值，则时间复杂度是 O(1)，做最小堆积树调整的时间复杂度是 O(log n)，所以取出最小值再调整堆积树的时间复杂度是 O(log n)。如果执行调整并从小到大排序，所需时间是 O(nlog n)，本书 9-6 节会有程序实例。

7-4 最小堆积树与数组

将最小堆积树以数组存储的案例可以参考 6-5 节，如果将 7-1 节所建的最小堆积树用数组存储，可以得到下列结果。

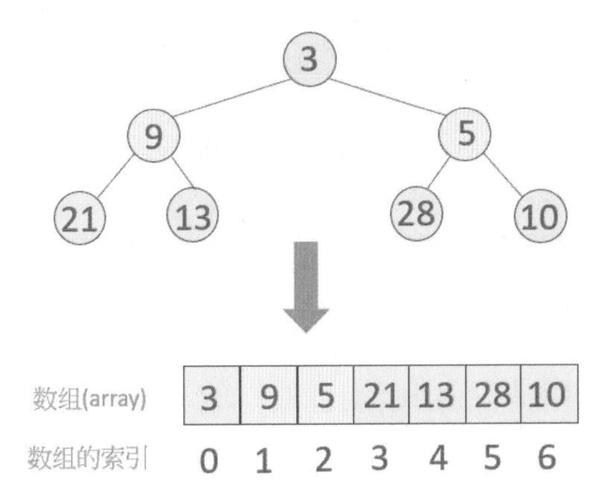

假设父节点的索引是 index，可以使用下列方式计算左边子节点和右边子节点的索引。

```
左边子节点的索引 = 2 * index + 1
右边子节点的索引 = 2 * index + 2
```

例如，节点 9 的索引是 1，经计算左边子节点 21 的索引是 3，右边子节点 13 的索引是 4。

7-5 Python 内建堆积树模块 heapq

第 4 章笔者介绍了队列 (queue)，这是一个先进先出 (first in first out) 的数据结构，其实当我们参考上一小节将堆积树转成数组看待时，我们可以将堆积树想成是队列的一个变化，因为执行取出数据 (dequeue) 时皆是从队列前端取出，而堆积树可以取出最小值 (最小堆积树) 或最大值 (最大堆积树)，所以有人将堆积树称优先队列 (priority queue)。

这一节笔者将介绍 Python 内建的堆积树模块 heapq，使用前需要先导入此模块：

```
import heapq
```

这个模块使用了最小堆积树原理，所以最小值在二叉树结构的最上方，若以数组看待最小值就是索引 0 的位置。

7-5-1 建立二叉堆积树 heapify( )

可以使用 heapify(x) 建立二叉堆积树，这个方法可以将列表转换成二叉堆积树的顺序。

程序实例 ch7_1.py：将列表 10、21、5、9、13、28、3 转换成二叉堆积树的顺序。

```
1  # ch7_1.py
2  import heapq
3
4  h = [10, 21, 5, 9, 13, 28, 3]
5  print("执行前 h = ", h)
6  heapq.heapify(h)
7  print("执行后 h = ", h)
```

执行结果

```
==================== RESTART: D:\Algorithm\ch7\ch7_1.py ====================
执行前 h =  [10, 21, 5, 9, 13, 28, 3]
执行后 h =  [3, 9, 5, 21, 13, 28, 10]
```

上述执行结果的图示可以参考 7-4 节。

7-5-2 推入元素到堆积 heappush( )

将元素推入堆积可以使用 heappush(heap, item)，该方法是将 item 推入 heap 堆积，推入后整个列表会自行调整，仍可保持二叉堆积树的次序。

程序实例 ch7_2.py：扩充程序实例 ch7_1py，分别插入 11 和 2，同时列出结果。

```
1  # ch7_2.py
2  import heapq
3
4  h = [10, 21, 5, 9, 13, 28, 3]
5  heapq.heapify(h)
6  print("插入前 h = ", h)
7  heapq.heappush(h, 11)
8  print("第一次插入后 h = ", h)
9  heapq.heappush(h, 2)
10 print("第二次插入后 h = ", h)
```

执行结果

```
==================== RESTART: D:\Algorithm\ch7\ch7_2.py ====================
插入前 h =  [3, 9, 5, 21, 13, 28, 10]
第一次插入后 h =  [3, 9, 5, 11, 13, 28, 10, 21]
第二次插入后 h =  [2, 3, 5, 9, 13, 28, 10, 21, 11]
```

这个程序第一次推入与内部自行调整过程如下：

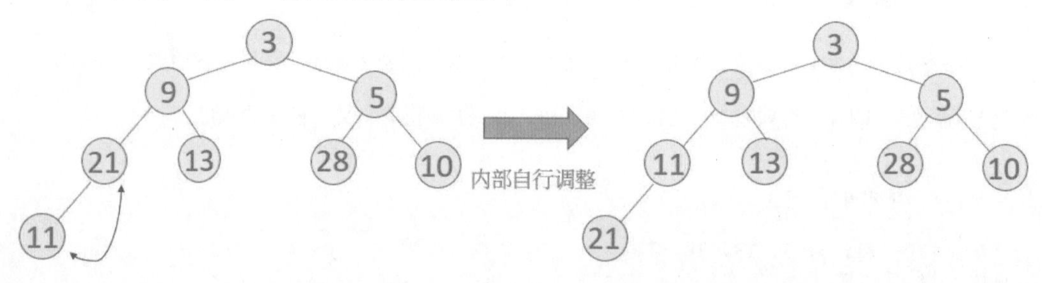

这个程序第二次推入与内部自行调整过程如下：

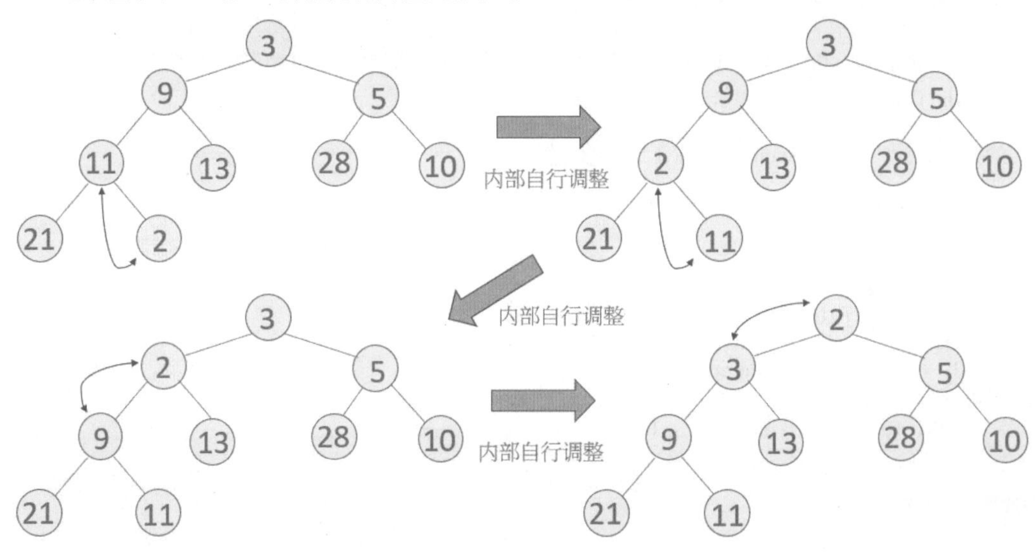

7-5-3　从堆积取出和删除元素 heappop( )

方法 heappop(heap) 可以从 heap 堆积中取出和删除数据，因为 heapq 模块支持最小堆积树原理，所以所取出的数据一定是最小值，以二叉堆积树来看是取出根节点的值，若是以数组来看是取出第 0 索引的值，同时数据取出后，列表会自行调整，仍可保持二叉堆积树的次序。

程序实例 ch7_3.py：heappop( ) 方法的应用。

```
1  # ch7_3.py
2  import heapq
3  
4  h = [10, 21, 5, 9, 13, 28, 3]
5  heapq.heapify(h)
6  print("取出前 h = ", h)
7  val = heapq.heappop(h)
8  print("取出元素 = ", val)
9  print("取出后 h = ", h)
```

执行结果

```
==================== RESTART: D:\Algorithm\ch7\ch7_3.py ====================
取出前 h =  [3, 9, 5, 21, 13, 28, 10]
取出元素 =  3
取出后 h =  [5, 9, 10, 21, 13, 28]
```

这个程序中数据取出与内部调整的过程可以参考 7-3 节。

7-5-4　推入和取出 heappushpop( )

方法 heappushpop(heap，item) 可以将元素推入 heap，然后取出和删除最小数据，其实这是 heappush( ) 和 heappop( ) 的组合，不过更具效率。

程序实例 ch7_4.py：heappushpop( ) 方法的应用。

```
1  # ch7_4.py
2  import heapq
3
4  h = [10, 21, 5, 9, 13, 28, 3]
5  heapq.heapify(h)
6  print("推入和取出前 h = ", h)
7  val = heapq.heappushpop(h, 11)
8  print("取出元素 = ", val)
9  print("推入和取出后 h = ", h)
```

执行结果

```
==================== RESTART: D:\Algorithm\ch7\ch7_4.py ====================
推入和取出前 h =  [3, 9, 5, 21, 13, 28, 10]
取出元素 =  3
推入和取出后 h =  [5, 9, 10, 21, 13, 28, 11]
```

7-5-5　传回最大或是最小的 n 个元素

方法 nlargest(n，iterable, key=None) 可以从大到小传回 iterable 定义的数据集中最大的 n 个元素，方法 nsmallest(n，iterable，key=None) 可以从小到大传回 iterable 定义的数据集中最小的 n 个元素，同时原先数据集内容没有变化。

程序实例 ch7_5.py：nlargest( ) 和 nsmallest( ) 的应用，这个程序会传回从大到小的最大的 3 个数和从小到大的最小的 3 个数。

```
1  # ch7_5.py
2  import heapq
3
4  h = [10, 21, 5, 9, 13, 28, 3]
5  print("最大 3 个  : ", heapq.nlargest(3, h))
6  print("最小 3 个  : ", heapq.nsmallest(3, h))
7  print("原先数据集 : ",h)
```

执行结果

```
==================== RESTART: D:\Algorithm\ch7\ch7_5.py ====================
最大 3 个  :  [28, 21, 13]
最小 3 个  :  [3, 5, 9]
原先数据集 :  [10, 21, 5, 9, 13, 28, 3]
```

7-5-6　取出堆积的最小值和插入新元素

方法 heapreplace(heap，item) 可以取出堆积最小值，然后插入 item，其实这是 heappop( ) 和 heappush( ) 的组合，不过更具效率。

程序实例 ch7_6.py：heapreplace( ) 的应用，本程序会先列出执行前的堆积，然后执行 heapreplace( )，程序会先列出传回的值，最后列出堆积。

```
1  # ch7_6.py
2  import heapq
3  
4  h = [10, 21, 5, 9, 13, 28, 3]
5  heapq.heapify(h)
6  print("执行前 h = ", h)
7  x = heapq.heapreplace(h, 7)
8  print("取出值     = ", x)
9  print("执行后 h = ", h)
```

执行结果

```
==================== RESTART: D:\Algorithm\ch7\ch7_6.py ====================
执行前 h =  [3, 9, 5, 21, 13, 28, 10]
取出值    =  3
执行后 h =  [5, 9, 7, 21, 13, 28, 10]
```

7-5-7　堆积的元素是元组 (tuple)

我们也可以将元组 (tuple) 数据设为堆积的元素，此时元组的第一个元素可以当作堆积的依据，第二个元素则是产品类别或是其他的项目。

程序实例 ch7_7.py：堆积元素是元组数据的应用。

```
1  # ch7_7.py
2  import heapq
3  
4  h = []
5  heapq.heappush(h, (100, '牛肉面'))
6  heapq.heappush(h, (60, '阳春面'))
7  heapq.heappush(h, (80, '肉丝面'))
8  heapq.heappush(h, (90, '打卤面'))
9  heapq.heappush(h, (70, '家常面'))
10 print(h)
11 print(heapq.heappop(h))
```

执行结果

```
==================== RESTART: D:\Algorithm\ch7\ch7_7.py ====================
[(60, '阳春面'), (70, '家常面'), (80, '肉丝面'), (100, '牛肉面'), (90, '打卤面')
]
(60, '阳春面')
```

7-5-8 二叉堆积树排序的应用

对于二叉堆积树，可以使用 heappop( ) 方法每次取出最小值，假设此二叉堆积树有 10 个元素，执行 10 次就可以达到排序的结果。由于取出最小值后二叉堆积树需要自行调整，需要 log n 的时间，因此排序所需时间非常稳定，是 O(nlog n)。同时我们也发现，二叉堆积树可以避免产生下列稀疏二叉树，所以可以说是前一章所提的二叉树的改良。

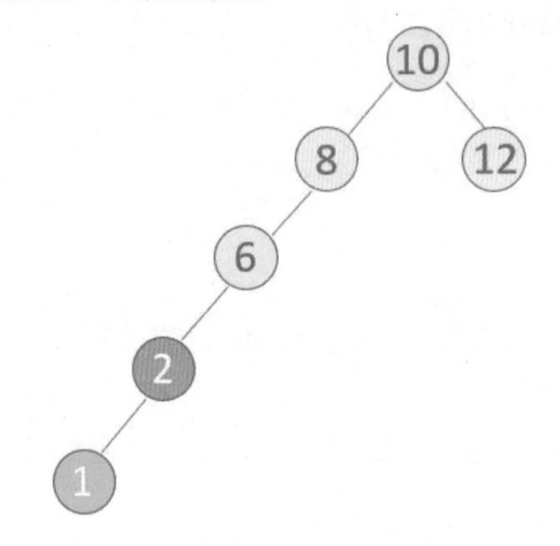

程序实例 ch7_8.py：使用二叉堆积树执行排序的应用。

```
1  # ch7_8.py
2  import heapq
3  def heapsort(iterable):
4      h = []
5      for data in iterable:
6          heapq.heappush(h, data)
7      return [heapq.heappop(h) for i in range(len(h))]
8
9  h = [10, 21, 5, 9, 13, 28, 3]
10 print("排序前 ", h)
11 print("排序后 ", heapsort(h))
```

执行结果

```
==================== RESTART: D:\Algorithm\ch7\ch7_8.py ====================
排序前  [10, 21, 5, 9, 13, 28, 3]
排序后  [3, 5, 9, 10, 13, 21, 28]
```

7-6 Python 硬功夫：自己建立堆积树

7-6-1 自己建立堆积树

在 7-5 节笔者介绍了使用 Python 内建的 heapq 模块建立堆积树，同时也介绍了此模块常用的方法，这一节笔者将介绍自行建立堆积树。在程序实操上，通常是用 7-4 节的数组方式处理，让此数组有堆积树的效果。

程序实例 ch7_9.py：重新设计 ch7_1.py，将普通列表改为堆积树列表。

```
 1  # ch7_9.py
 2  class Heaptree():
 3      def __init__(self):
 4          self.heap = []                                  # 堆积树列表
 5          self.size = 0                                   # 堆积树列表元素个数
 6
 7      def data_down(self,i):
 8          ''' 如果节点值大于子节点值则数据与较小的子节点值对调 '''
 9          while (i * 2 + 2) <= self.size:                 # 如果有子节点则继续
10              mi = self.get_min_index(i)                  # 取得较小值的子节点
11              if self.heap[i] > self.heap[mi]:            # 如果目前节点大于子节点
12                  self.heap[i], self.heap[mi] = self.heap[mi], self.heap[i]
13              i = mi
14
15      def get_min_index(self,i):
16          ''' 传回较小值的子节点索引 '''
17          if i * 2 + 2 >= self.size:                      # 只有一个左子节点
18              return i * 2 + 1                            # 传回左子节点索引
19          else:
20              if self.heap[i*2+1] < self.heap[i*2+2]:     # 如果左子节点小于右子节点
21                  return i * 2 + 1                        # True传回左子节点索引
22              else:
23                  return i * 2 + 2                        # False传回右子节点索引
24
25      def build_heap(self, mylist):
26          ''' 建立堆积树 '''
27          i = (len(mylist) // 2) - 1                      # 从有子节点的节点开始处理
28          self.size = len(mylist)                         # 得到列表元素个数
29          self.heap = mylist                              # 初步建立堆积树列表
30          while (i >= 0):                                 # 从下层往上处理
31              self.data_down(i)
32              i = i - 1
33
34  h = [10, 21, 5, 9, 13, 28, 3]
35  print("执行前普通列表    = ", h)
36  obj = Heaptree()
37  obj.build_heap(h)                                       # 建立堆积树列表
38  print("执行后堆积树列表 = ", obj.heap)
```

执行结果

```
==================== RESTART: D:\Algorithm\ch7\ch7_9.py ====================
执行前普通列表    =  [10, 21, 5, 9, 13, 28, 3]
执行后堆积树列表 =  [3, 9, 5, 21, 13, 28, 10]
```

程序将一般列表改为堆积树列表，使用的是数组索引的概念，这时我们需要从有子节点的节点开始调整位置。假设此节点索引是 i，此节点索引计算方式如下：

```
i = (len(mylist) // 2) - 1                    # 第 27 行，len(mylist) 是数组的元素个数
```

可以参考下图：

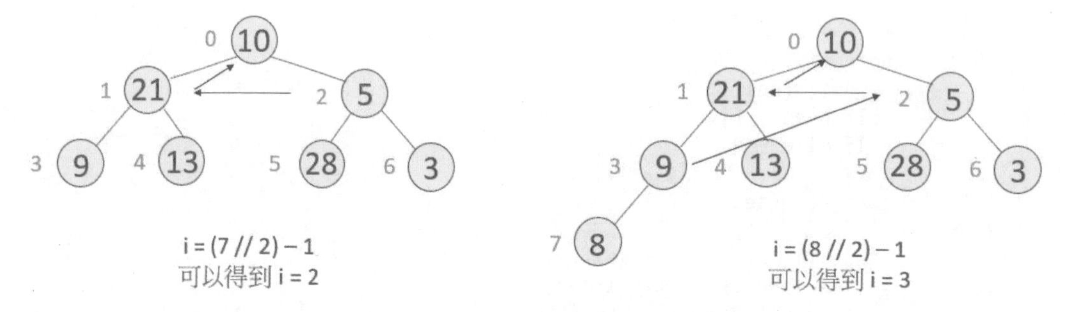

当找出含有子节点的最大索引值的节点后，从此节点开始验证是否符合最小堆积树规则，也就是父节点值必须小于子节点的值。从此节点开始是否需要与子节点的值做对调可参考第 30 ~ 32 行。如果只有一个子节点（这一定是左子节点）可以参考第 17 ~ 18 行，就以此子节点做比较；如果有 2 个子节点，两个子节点先互相比较取较小值，可以参考第 15 ~ 23 行，再将最小值和父节点的值做比较，可参考第 11 ~ 12 行。

程序第 9 ~ 13 行是一个 while 循环，主要是当一个节点的值比下一层的节点值大时，需做对调。对调完成后，此节点的值仍可能比更下一层的节点值大，所以需做更进一步的比较，直到已经没有更下层的节点做比较。

7-6-2 自己建立方法取出堆积树的最小值

取出堆积树的最小值可以参考 7-3 节，程序设计步骤如下：

（1）最小值是 self.heap[0]。

```
ret_min = self.heap[0]
```

（2）将最大索引的值设给 self.heap[0]，由于是从索引 0 开始放数据，所以程序代码如下：

```
self.size -= 1
self.heap[0] = self.heap[self.size]
```

（3）将最大索引值取出，因为已经不用了。

```
self.heap.pop( )
```

（4）调用 self.data_down(0)，调整索引 0 位置的值。

正式的程序设计是习题 2。

7-6-3　插入节点

自己设计方法插入堆积树，可以参考 7-1 节，概念是将数据插入此列表末端，再往上调整。假设插入值是 val，程序设计步骤如下：

（1）将数据插入列表末端。

```
self.heap.apend(val)
```

（2）增加元素数量。

```
self.size += 1
```

（3）设计节点往上的方法，笔者设计了 data_up(i) 方法，参数 i 是新增数据的索引，此方法要有下列循环：

```
while ((i - 1) // 2) > = 0:
xxx
i = (i - 1) // 2                        # 往上比较
```

（4）while 循环内的 xxx，主要是将插入值与父节点值做比较，如果小于父节点值则将数据对调。

正式的程序设计是习题 3。

7-7　习题

1. 参考 7-5 节使用内建的 heapq 模块，模仿 7-2 节，将元素一个一个插入堆积树，同时每插入一个元素列出一次堆积树。

```
===================== RESTART: D:\Algorithm\ex\ex7_1.py =====================
插入 10 后的二叉堆积树 h = [10]
插入 21 后的二叉堆积树 h = [10, 21]
插入  5 后的二叉堆积树 h = [5, 21, 10]
插入  9 后的二叉堆积树 h = [5, 9, 10, 21]
插入 13 后的二叉堆积树 h = [5, 9, 10, 21, 13]
插入 28 后的二叉堆积树 h = [5, 9, 10, 21, 13, 28]
插入  3 后的二叉堆积树 h = [3, 9, 5, 21, 13, 28, 10]
```

2. 请扩充 ch7_9.py，增加取出 (pop) 最小节点功能，然后列出最后的堆积树列表，执行结果堆积树图示可以参考 7-3 节。

```
===================== RESTART: D:\Algorithm\ex\ex7_2.py =====================
执行前普通列表    =  [10, 21, 5, 9, 13, 28, 3]
执行后堆积树列表 =  [3, 9, 5, 21, 13, 28, 10]
所获得的最小值    =  3
执行后堆积树列表 =  [5, 9, 10, 21, 13, 28]
```

3. 请扩充 ch7_9.py，增加插入 (push) 节点功能，分别插入 2、1、6，同时列出每次插入的堆积树列表。

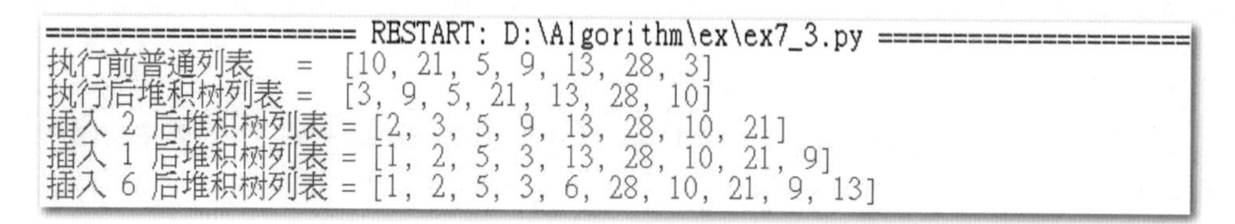

```
===================== RESTART: D:\Algorithm\ex\ex7_3.py =====================
执行前普通列表   =  [10, 21, 5, 9, 13, 28, 3]
执行后堆积树列表 =  [3, 9, 5, 21, 13, 28, 10]
插入 2 后堆积树列表 = [2, 3, 5, 9, 13, 28, 10, 21]
插入 1 后堆积树列表 = [1, 2, 5, 3, 13, 28, 10, 21, 9]
插入 6 后堆积树列表 = [1, 2, 5, 3, 6, 28, 10, 21, 9, 13]
```

下列是插入 2 与调整堆积树的结果：

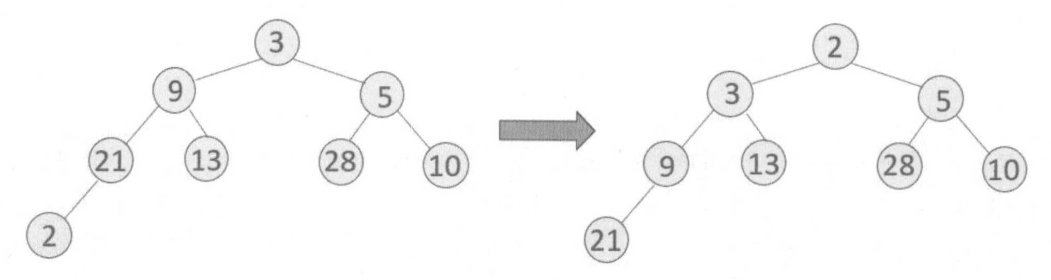

下列是插入 1 与调整堆积树的结果：

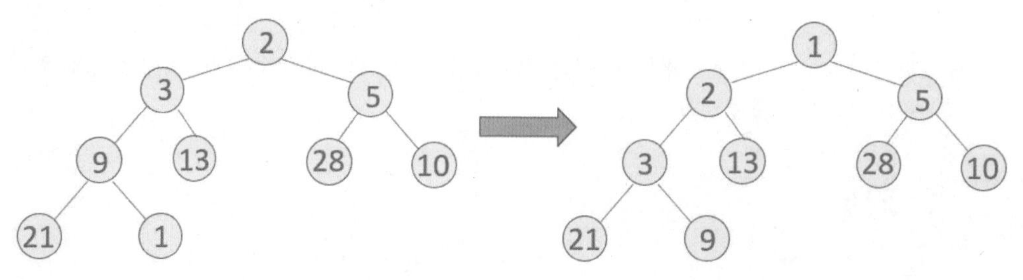

下列是插入 6 与调整堆积树的结果：

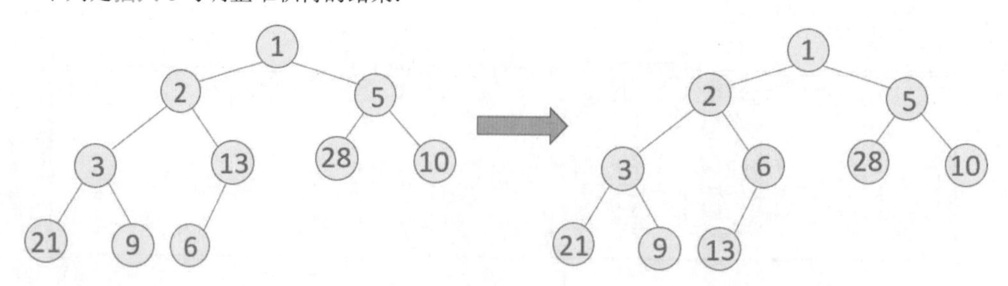

第 8 章

哈希表

8-1 基本概念

8-2 哈希表转成数组

8-3 搜寻哈希表

8-4 哈希表的规模与扩充

8-5 好的哈希表与不好的哈希表

8-6 哈希表效能分析

8-7 Python 程序应用

8-8 认识哈希表模块 hashlib

8-9 习题

8-1 基本概念

Hash其实是一个人名，他发明了哈希(也可以称杂凑)算法概念，主要目的是提高搜寻特定元素的效率。

所谓的哈希算法是指根据一个规则或称一个算法，将对象相关信息(例如，对象的字符串、对象本身)，映射成一个唯一的数值，这个数值就是哈希值，有时候也称哈希码、散列值或杂凑值。

上述的规则或算法在计算机领域称函数，此函数又称哈希函数或杂凑函数。

一个好的哈希函数，会有下列特质：

（1）每个字符串一定可以产生唯一的哈希值。

（2）相同字符串在不同时间输入所产生的哈希值一定相同。

（3）不论字符串大小一定可以产生相同长度的哈希值。

在笔者学生时代，计算机技术刚萌芽，学习英文需用纸质的字典，虽然可以使用英文字母顺序找到想查询的单词，但是仍需要一些时间。现今有许多电子字典，只要输入英文单词就可以输出此单词的中文解释与相关信息。例如，输入“Sunday”可以输出“星期日”。

英文	中文
Sunday	星期日
January	一月
Station	车站
School	学校

在程序设计的领域，也常常需要上述的表格，可以方便我们执行高效率的数据查询与操作。更具体地说，我们可以将上述表格改写成“键(key)：值(value)”的配对关系，这在Python程序中就是字典(dict)数据格式。

键(key)	值(value)
Sunday	星期日
January	一月
Station	车站
School	学校

上述数据结构提供了“key：value”的映射关系，我们也可以将之称为哈希表(hash table)，只要有key就可以得到value，时间复杂度是O(1)。

8-2 哈希表转成数组

前面几章笔者介绍了各种数据结构，在执行数据搜寻时，数组搜寻的速度最快，只要有数组索引，就可以立即获得该数组索引的数据，时间复杂度是 O(1)。其实本质上哈希表也是一个数组，假设我们要设计一个卖场商品管理系统，键 (key) 是商品名称，商品细项数据是值 (value)，此例为简化细项数据只列售价，如下所示：

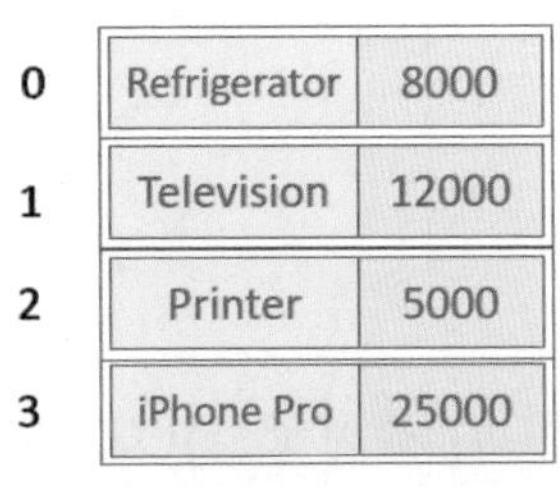

相当于每个数组有 2 个数据，分别是键 key 和值 value，本节主要内容是讲解如何将“键：值”配对的内容存至数组，其实重点就是将哈希码 (或称杂凑值) 转成数组索引。首先我们可以计算键 (key) 的哈希值，如下所示：

字符串(键key) ⟶ 哈希函数 ⟶ 数字(也称哈希值)

程序表达方式如下：

```
hashcode = hashfunction(key)
```

假设数组长度是 n，可以用下列求余数 (mod) 方式计算键的索引值。

```
index = hashcode % n
```

8-2-1 哈希表写入

假设有一个空数组 (空的哈希表)，此数组内含 5 个元素空间，如下所示：

0	
1	
2	
3	
4	

假设现在想将 Refrigerator 存入数组，概念如下：

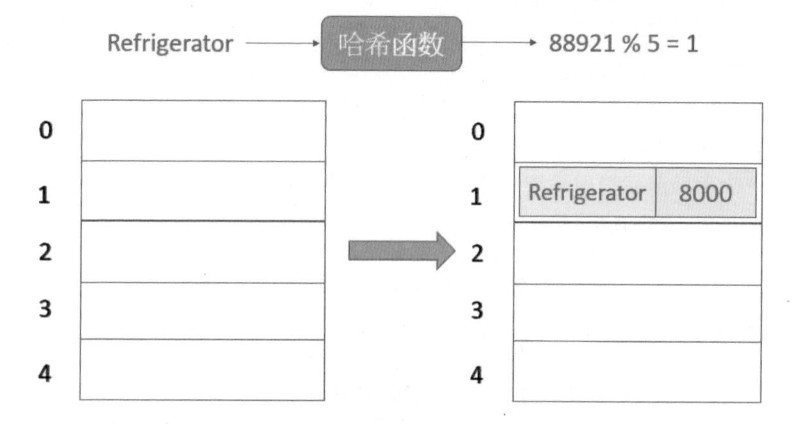

上述 Refrigerator 经哈希函数计算可以得到 88921(这是假设值)，经过求余数运算，得到索引值 1，所以将此 Refrigerator 数据存放在索引 1 的位置。

现在将 Television 存入数组，概念如下：

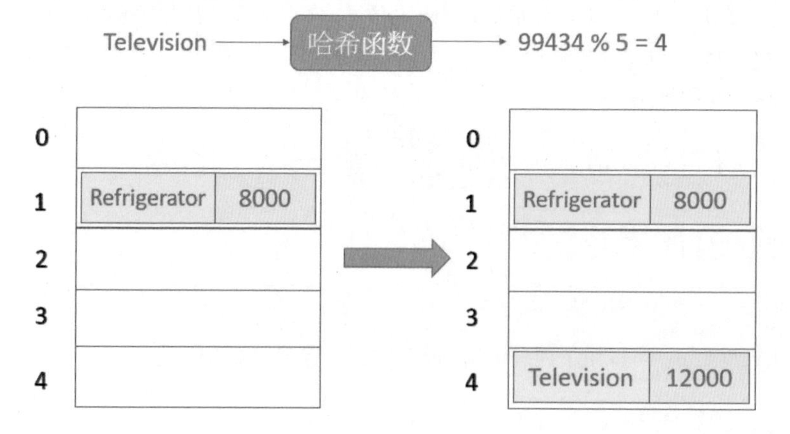

现在将 Printer 存入数组，概念如下：

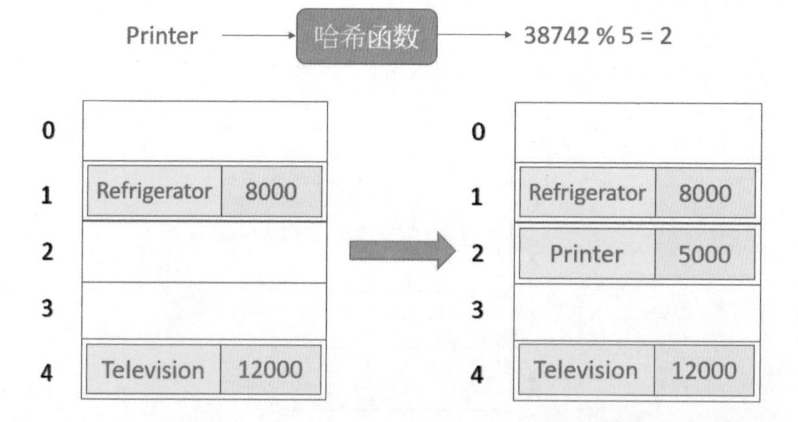

8-2-2　哈希碰撞与链结法

有时候哈希值经过余数处理，产生的索引位置已经有数据了，这称作碰撞，假设现在将 iPhone Pro 存入数组：

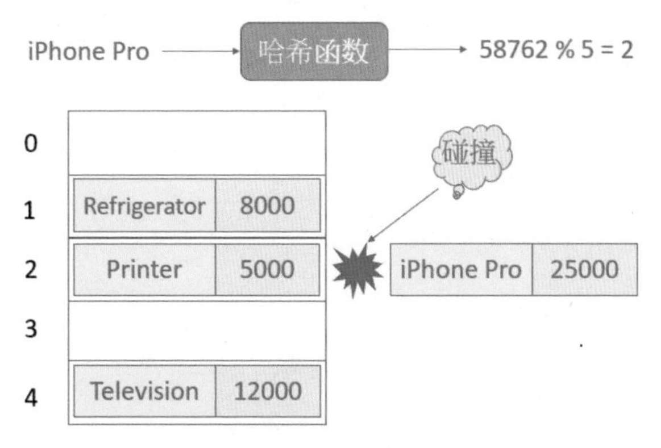

这时可以使用第 3 章所介绍的链表，将 Printer 与 iPhone Pro 做动态串连，如下所示：

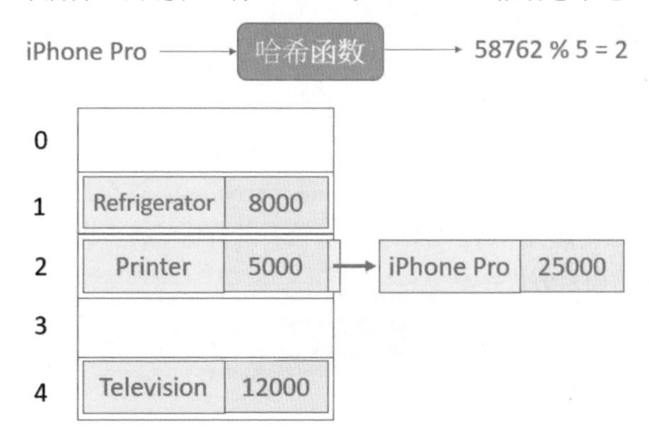

上述使用链表将数据接在已知数据的后面，这个方法称链结法 (chaining)。

下列是将 Apple Watch 插入数组的实例，由于索引 4 已经有数据，所以将原数据 Television 与 Apple Watch 数据做串连。

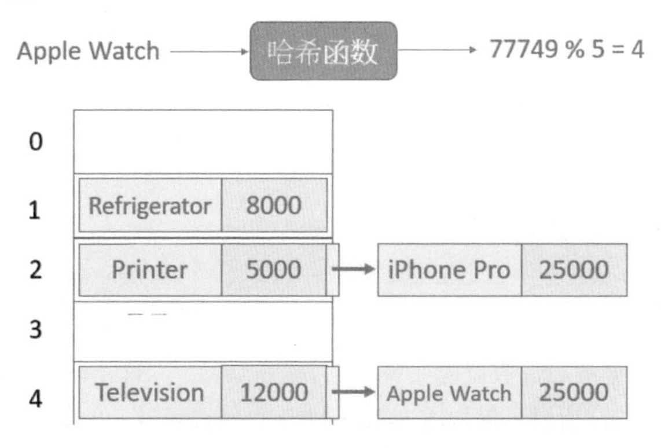

下列是将 Go Pro 插入数组的实例，所得的索引值是 2，由于此索引已经有 Printer 和 iPhone Pro，所以将 Go Pro 接在 iPhone Pro 后面。

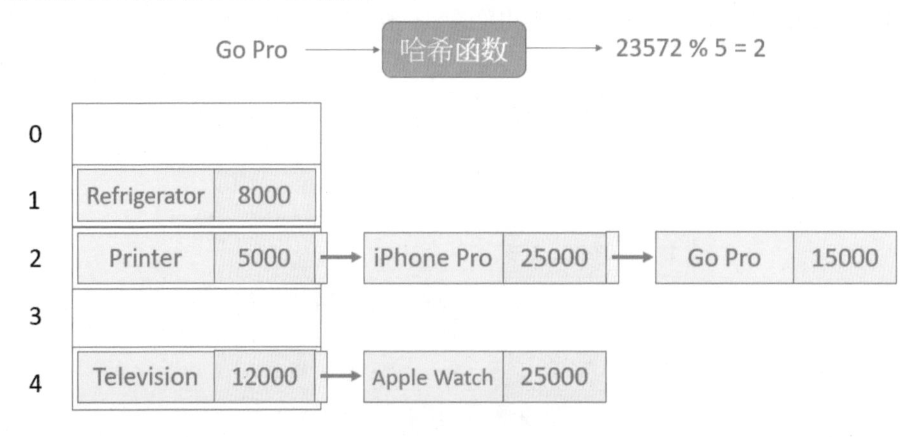

当所有数据存储至数组，哈希表就算建立完成。

8-2-3 哈希碰撞与开放寻址法

建立哈希表发生碰撞后，除了可以用链表处理外，也可以使用开放寻址法 (open addressing)：发生碰撞时寻找候补位置，如果候补位置已满，继续往下找寻，直到找到新的位置。至于如何找下一个位置有许多方法，例如本节讨论的线性探测法 (linear probing)，这个方法是从数组中往下找寻空的索引，然后将数据放入空的索引。这个方法会将哈希表索引处理成环状结构，这样一来若是后面索引已经满了，可以回到前面索引找寻。

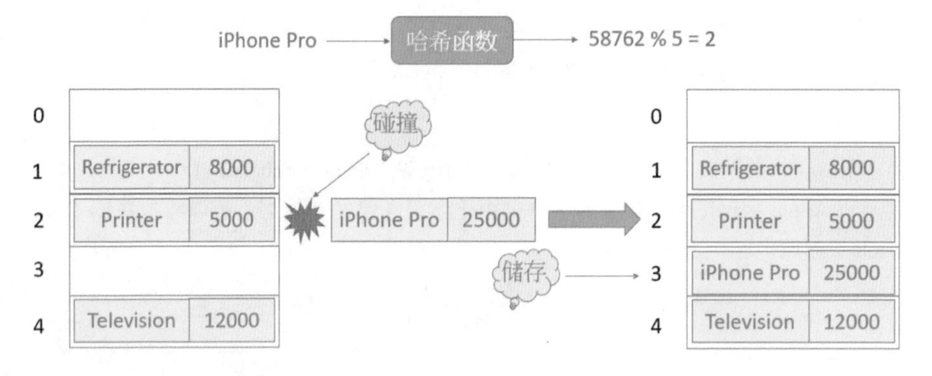

8-3 搜寻哈希表

❑ 搜寻哈希表的 Refrigerator 实例

在哈希碰撞使用链结处理后，假设现在要找寻 Refrigerator，首先计算哈希值，然后使用数组元素 5，求 5 的余数，获得 1，所以可以知道 Refrigerator 存储在索引 1 的位置。

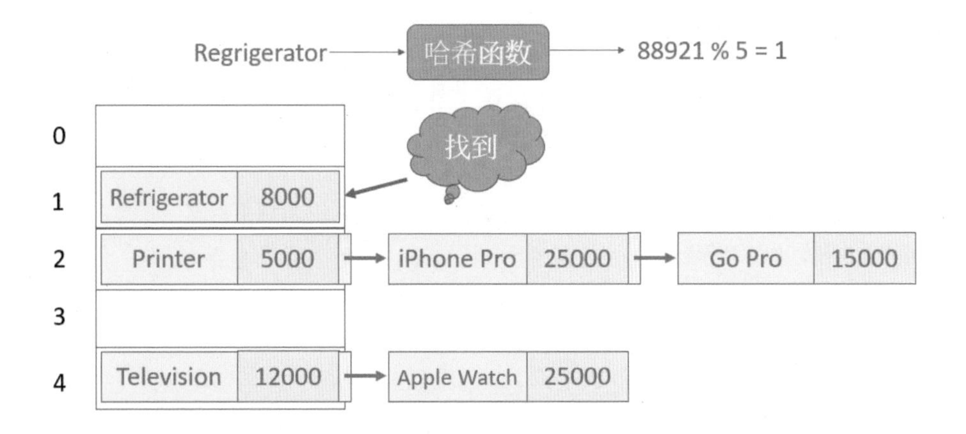

从上述可以得到 Refrigerator 的售价数据是 8000。

❑ 搜寻哈希表的 iPhone Pro 实例

找寻 iPhone Pro 时，首先计算哈希值，然后使用数组元素 5，求 5 的余数，获得 2，所以可以知道 iPhone Pro 存储在索引 2 的位置。

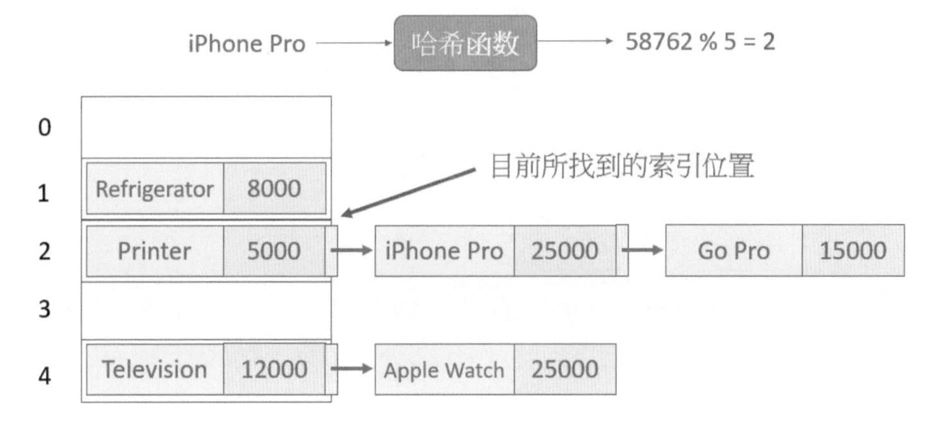

从上述可知在索引 2 的键值是 Printer 不是 iPhone Pro，但也发现这是一个链表，所以使用 Printer 为起点进行线性搜寻，最后可以找到 iPhone Pro。

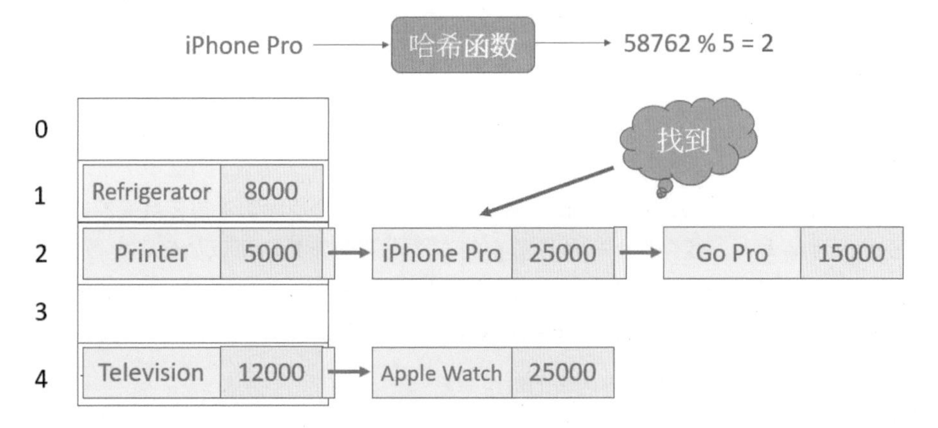

从上述可以得到 iPhone Pro 的售价数据是 25000。

8-4 哈希表的规模与扩充

使用哈希表长时间插入数据后，数据经过计算发生碰撞的机会将越来越高，此时会有大量数据拥有相同的索引值，如下所示：

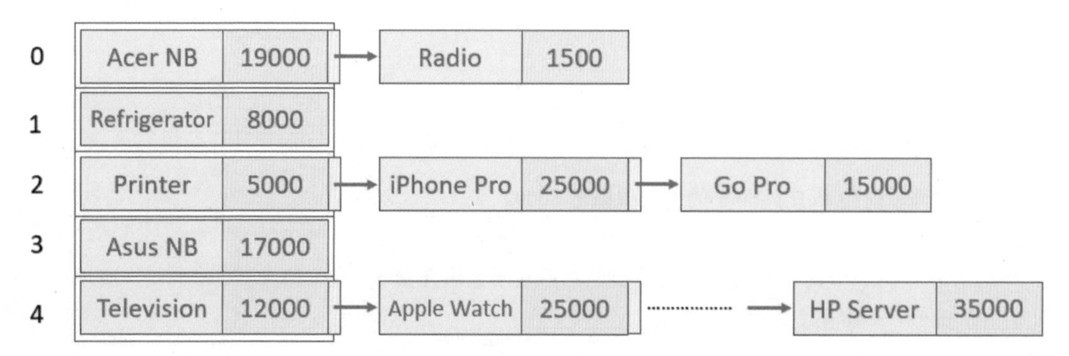

当上述情况发生时，对于后续的插入与搜寻会造成效率的降低，此时可以建立新的且容量较大的空哈希表，然后将数据映射到新的哈希表，如下所示：

索引	项目	售价	索引	项目	售价
0	Acer NB	19000	8		
1	Refrigerator	8000	9		
2	Printer	5000	10	Radio	1500
3	Asus NB	17000	11		
4	Television	12000	12	Go Pro	15000
5			13	iPhone Pro	25000
6	HP Server	35000	14		
7			15	Apple Watch	25000

如果哈希表的数组容量太小，将导致碰撞次数增加，这时将造成常常需要做线性搜寻。反之，如果哈希表的容量太大，会有许多未使用的空间造成内存的浪费，所以如何设定数组容量也很重要。

在这里要介绍另一个名词负载系数 (load factor)，其概念如下：

负载系数 = 哈希表的项目数 / 哈希表的数组容量

假设有一个哈希表内容如下：

Refrigerator	8000
Printer	5000
Television	12000

上述负载系数公式是 3/5，结果是 0.6。当负载系数超过 1 时，表示哈希表的项目超过了数组的容量。一般情况下，当负载系数超过 0.75 时，哈希表的数组就需要扩充了。

8-5 好的哈希表与不好的哈希表

一个不好的哈希表会产生许多碰撞，造成要做许多线性搜寻与插入，如下所示：

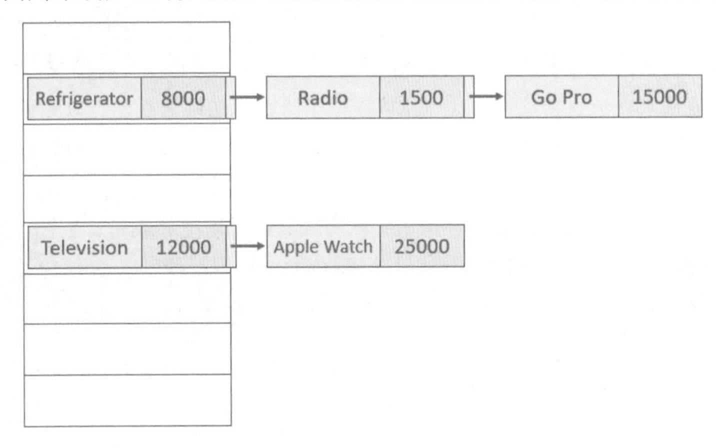

一个好的哈希表项目数据会均匀散布在数组空间内。

Radio	1500
Refrigerator	8000
Television	12000
Go Pro	15000
Apple Watch	25000

8-6 哈希表效能分析

下表是哈希表的效能分析。

哈希表动作	时间复杂度
插入	O(1)
删除	O(1)
搜寻	O(1)

下表是哈希表、数组、链表的效能分析对照。

	哈希表	数组	链表
插入	O(1)	O(n)	O(1)
删除	O(1)	O(n)	O(1)
搜寻	O(1)	O(1)(有数组索引)	O(n)

注 上述数组搜寻是有数组索引的情况，如果没有使用二分法，时间复杂度是 O(log n)。

现在我们想要插入一个商品项目到数据库内，懂了哈希算法概念后，可以先计算这个数据的哈希值，这样一下子就可以定位到数组的索引地址，如果这个索引地址目前没有元素，就表示可以直接存储不用再比较了。

线性搜寻一个数据的时间是 O(n)，使用第 6 章的二叉树平均搜寻或是 2-5 节笔者提到的数组搜寻二分法，所需时间是 O(log n)，使用哈希表只需要 O(1)。如果每秒可以查询 10 个人的名字，这 3 种方法的时间差异如下表。

电话簿名单数量	线性搜寻 O(n)	二分法或二叉树 O(log n)	哈希法 O(1)
10	1 秒	0.332 秒 (4 次)	立即
100	10 秒	0.663 秒 (7 次)	立即
1000	1 分 40 秒	0.996 秒 (10 次)	立即
10000	16 分 40 秒	1.329 秒 (14 次)	立即

可以看到一个好的算法与不好的算法彼此差异很大，其实二分法与二叉树所需时间是 O(log n) 已经很好了，但是哈希法更好。

8-7 Python 程序应用

本章前几节介绍了哈希表的原理，其实我们很少有机会去实际设计哈希表，因为好的程序语言已经内建了哈希表。在 Python 中，就是使用字典 (dict) 方式完整呈现哈希表。

8-7-1　Python 建立哈希表

本节标题名称是 Python 建立哈希表，其实也可以称作建立字典。

程序实例 ch8_1.py：参考 8-2-1 节建立 Refrigerator、Television、Printer 项目，其中 Refrigerator、Television、Printer 是键 (key)，售价是值 (value)，最后打印各个项目。

```
1  # ch8_1.py
2  product_list = {}                         # 产品列表的字典
3  product_list['Refrigerator'] = 8000
4  product_list['Television'] = 12000
5  product_list['Printer'] = 8000
6  print("打印产品数据")
7  print(product_list)
8  print("打印 Refrigerator : ", product_list['Refrigerator'])
9  print("打印 Television   : ", product_list['Television'])
10 print("打印 Printer      : ", product_list['Printer'])
```

执行结果

```
===================== RESTART: D:\Algorithm\ch8\ch8_1.py =====================
打印产品数据
{'Refrigerator': 8000, 'Television': 12000, 'Printer': 8000}
打印 Refrigerator :  8000
打印 Television   :  12000
打印 Printer      :  8000
```

8-7-2　建立电话号码簿

使用字典也很容易建立通讯簿，通讯簿的键 (key) 是姓名，值 (value) 是电话号码。

通讯簿	
Trump	0912111111
Lisa	0912222222
Mike	0912333333

程序实例 ch8_2.py：使用字典建立 Trump、Lisa、Mike 的电话号码，然后输入人名，如果人名在通讯簿内则打印电话号码，如果不在则输出“不在通讯簿内”。

```
1  # ch8_2.py
2  phone_book = {}                        # 通讯簿的字典
3  phone_book['Trump'] = '0912111111'
4  phone_book['Lisa'] = '0922222222'
5  phone_book['Mike'] = '0932333333'
6  name = input('请输入名字 : ')
7  if name in phone_book:
8      print('{} 的电话号码是 {}'.format(name, phone_book[name]))
9  else:
10     print('{} 不在通讯簿内 '.format(name))
```

执行结果

```
==================== RESTART: D:\Algorithm\ch8\ch8_2.py ====================
请输入名字 : Trump
Trump 的电话号码是 0912111111
>>>
==================== RESTART: D:\Algorithm\ch8\ch8_2.py ====================
请输入名字 : Lisa
Lisa 的电话号码是 0922222222
>>>
==================== RESTART: D:\Algorithm\ch8\ch8_2.py ====================
请输入名字 : Mike
Mike 的电话号码是 0932333333
>>>
==================== RESTART: D:\Algorithm\ch8\ch8_2.py ====================
请输入名字 : Linda
Linda 不在通讯簿内
```

8-7-3 避免数据重复

其实也可以将哈希表应用在投票中，避免选民重复投票。我们可以建立一个选民名单，如果不是选民要投票，输出你不是选民。如果是合格选民且尚未投票，可以输出欢迎投票，如果合格选民已经投票，输出你已经投过票了。

选举名册	
Trump	None
Lisa	None
Mike	None

程序实例 ch8_3.py：用哈希表建立选民名册，键 (key) 是选民的名字，值 (value) 全部先设为 None，如果已经投票则将此值设为 True。

```
1  # ch8_3.py
2  def check_name(name):
3      if voted[name]:
4          print('你已经投过票了')
5      else:
6          print('欢迎投票')
7          voted[name] = True
8
9  voted = {'Trump':None,
10          'Lisa':None,
11          'Mike':None}
12
13 name = input('请输入名字 : ')
14 if name in voted:
15     check_name(name)
16 else:
17     print('你不是选民')
```

执行结果

```
==================== RESTART: D:\Algorithm\ch8\ch8_3.py ====================
请输入名字 : LInda
你不是选民
>>>
==================== RESTART: D:\Algorithm\ch8\ch8_3.py ====================
请输入名字 : Trump
欢迎投票
>>> check_name('Lisa')
欢迎投票
>>> check_name('Trump')
你已经投过票了
```

8-8 认识哈希表模块 hashlib

Python 内建有 hashlib 模块，这个模块可以用哈希算法将数据转成一个固定的长度值 Hash Value，这个值称哈希值或杂凑值。常见产生哈希值的算法有 MD5、SHA1、SHA224、SHA256、SHA384、SHA512 等。

注　有关哈希函数的信息安全问题在第 17 章还会说明。

❑ MD5(Message-Digest Algorithm 5)

可以称为消息摘要算法，这是一种被广泛使用的密码哈希 (hash) 函数，基本概念是将一个数据转换成一个哈希值 (hash value)，未来可以由此哈希值验证数据是否一致。在此笔者用大写 MD5，实际应用此算法时是小写 md5( ) 方法。

❑ SHA1(Secure Hash Algorithm)

中文称安全哈希算法，这是 SHA 家族的一个算法，常被应用在数字签名。在此笔者用大写 SHA，实际应用此算法时是小写。

由于 hashlib 模块是 Python 内建的模块，所以使用前只要导入此模块即可，如下所示：

```
import hashlib
```

8-8-1 使用 md5( ) 方法计算中文 / 英文数据的哈希值

hashlib 模块内有 md5( )、update( )、digest( )、hexdigest( ) 方法，可以将二进制的数据文件转成长度是 128 位的哈希值，由于是用 16 进制显示，所以呈现的是长度是 32 的 16 进制数值，可以参考 ch8_4.py 的执行结果。有一个字符串如下：

```
name = 'Ming-Chi Institute of Technology'
```

如果想要转换成二进制字符串，可以使用下列方式：

```
name = b 'Ming-Chi Institute of Technology'
```

在转换数据文件成为哈希值时，会使用 hashlib 模块的下列方法：

md5( )：建立 md5( ) 方法的对象。

updata( )：更新数据文件内容。

digest( )：将数据文件转成哈希值。

hexdigest( )：将数据文件转成 16 进制的哈希值。

程序实例 ch8_4.py：使用 md5( ) 方法列出英文字符串 Ming-Chi Institute of Technology 的哈希值，同时列出 md5( ) 对象与哈希值的数据形态。

```
1  # ch8_4.py
2  import hashlib
3
4  data = hashlib.md5()                                    # 建立data对象
5  data.update(b'Ming-Chi Institute of Technology')        # 更新data对象内容
6
7  print('Hash Value          = ', data.digest())
8  print('Hash Value(16进制) = ', data.hexdigest())
9  print(type(data))                                       # 列出data数据形态
10 print(type(data.hexdigest()))                           # 列出哈希值数据形态
```

执行结果

```
===================== RESTART: D:\Algorithm\ch8\ch8_4.py =====================
Hash Value          =  b'\xa9\x9b\x82\xd5_\x909\xe7<2\xbe\x18\xfb\x89V\xe8'
Hash Value(16进制) =  a99b82d55f9039e73c32be18fb8956e8
<class '_hashlib.HASH'>
<class 'str'>
```

读者可能会想，是否可以使用上述方法计算中文的哈希值？答案是否定的，可以参考下列实例。

实例 1：使用中文当作字符串，产生错误。

```
>>> import hashlib
>>> data = hashlib.md5()
>>> data.update(b'明志科技大学')
SyntaxError: bytes can only contain ASCII literal characters.
```

遇到这类状况，我们必须先在 update( ) 方法内使用 encode('utf-8') 对中文字符串进行编码。

程序实例 ch8_5.py：建立中文字符串“明志科技大学”的哈希值。

```
1  # ch8_5.py
2  import hashlib
3
4  data = hashlib.md5()                          # 建立data对象
5  school = '明志科技大学'                        # 中文字符串
6  data.update(school.encode('utf-8'))           # 更新data对象内容
7
8  print('Hash Value          = ', data.digest())
9  print('Hash Value(16进制) = ', data.hexdigest())
10 print(type(data))                             # 列出data数据形态
11 print(type(data.hexdigest()))                 # 列出哈希值数据形态
```

执行结果

```
===================== RESTART: D:\Algorithm\ch8\ch8_5.py =====================
Hash Value         =  b'E\xe4\x87On\x1a\xc2Y}\x06y1\xac\xa1\x1f5'
Hash Value(16进制) =  45e4874f6e1ac2597d06796caca11f35
<class '_hashlib.HASH'>
<class 'str'>
```

8-8-2　计算文件的哈希值

如果想要计算一个文件的哈希值，可以使用二进制方式读取文件 ('rb')，再将所读取的二进制文件内容放入 md5( ) 方法，然后计算哈希值。

程序实例 ch8_6.py：在 Python 领域最著名的学习格言是 Tim Peters 所写的 Python 之禅 (The Zen of Python)，笔者将此内容放在 data8_6.txt，此文件内容如下，请计算此文件的哈希值。

```
1  # ch8_6.py
2  import hashlib
3
4  data = hashlib.md5()                          # 建立data对象
5  filename = "data8_6.txt"
6
7  with open(filename, "rb") as fn:              # 以二进制方式读取文件
8      btxt = fn.read()
9      data.update(btxt)
10
11 print('Hash Value          = ', data.digest())
12 print('Hash Value(16进制) = ', data.hexdigest())
13 print(type(data))                             # 列出data数据形态
14 print(type(data.hexdigest()))                 # 列出哈希值数据形态
```

执行结果

```
===================== RESTART: D:\Algorithm\ch8\ch8_6.py =====================
Hash Value          =  b'h\xf1$*\xdf\xe4\xf4\xcb\x0e*\xac&K\xa5r\xd7'
Hash Value(16进制) =  68f1242adfe4f4cb0e2aac264ba572d7
<class '_hashlib.HASH'>
<class 'str'>
```

8-8-3 使用 sha1( ) 方法计算哈希值

计算哈希值时，如果想要使用 sha1( ) 方法很容易，只要将 md5( ) 方法改为 sha1( ) 方法即可。

程序实例 ch8_7.py：使用 sha1( ) 方法重新设计 ch8_4.py。

```
1  # ch8_7.py
2  import hashlib
3
4  data = hashlib.sha1()                                    # 建立data对象
5  data.update(b'Ming-Chi Institute of Technology')         # 更新data对象内容
6
7  print('Hash Value          = ', data.digest())
8  print('Hash Value(16进制) = ', data.hexdigest())
9  print(type(data))                                        # 列出data数据形态
10 print(type(data.hexdigest()))                            # 列出哈希值数据形态
```

执行结果

```
===================== RESTART: D:\Algorithm\ch8\ch8_7.py =====================
Hash Value          =  b'\xfc\xda1\xca@\xbe\xc3\xa0A\xa4\xb7*\xc3r\xb9\x1d\xd9\xaa\xab\xde'
Hash Value(16进制) =  fcda31ca40bec3a041a4b72ac372b91dd9aaabde
<class '_hashlib.HASH'>
<class 'str'>
```

8-8-4 认识此平台可以使用的哈希算法

在 hashlib 模块内可以使用 algorithms_available 属性，这个属性可以列出目前你所使用的操作系统平台可以使用的哈希算法。

程序实例 ch8_8.py：列出你所使用的操作系统平台可以使用的哈希算法。

```
1  # ch8_8.py
2  import hashlib
3
4  print(hashlib.algorithms_available)                 # 列出此平台可使用的哈希算法
```

执行结果

```
====================== RESTART: D:/Algorithm/ch8/ch8_8.py ======================
{'SHA224', 'BLAKE2s256', 'RIPEMD160', 'whirlpool', 'MD4', 'SHA256', 'md5', 'sha3
_224', 'SHA384', 'shake_256', 'MD5-SHA1', 'ripemd160', 'blake2s', 'mdc2', 'sha3_
512', 'blake2b', 'SHA512', 'MDC2', 'MD5', 'BLAKE2b512', 'SHA1', 'sha512', 'sha3_
256', 'sha256', 'md4', 'sha384', 'md5-sha1', 'sha1', 'blake2s256', 'sha224', 'sh
a3_384', 'shake_128', 'blake2b512'}
```

8-8-5 认识跨平台可以使用的哈希算法

在 hashlib 模块内可以使用 algorithms_guaranteed 属性，这个属性能列出跨操作系统平台可以使用的哈希算法。

程序实例 ch8_9.py：列出跨操作系统平台可以使用的哈希算法。

```
1  # ch8_9.py
2  import hashlib
3
4  print(hashlib.algorithms_guaranteed)              # 列出跨平台可使用的哈希算法
```

执行结果

```
====================== RESTART: D:/Algorithm/ch8/ch8_9.py ======================
{'blake2s', 'sha3_512', 'sha3_224', 'md5', 'sha384', 'blake2b', 'sha1', 'sha3_38
4', 'shake_128', 'shake_256', 'sha224', 'sha3_256', 'sha256', 'sha512'}
```

8-9 习题

1. 重新设计程序实例 ch8_2.py：新增加紧急救援服务电话 119，键 (key) 是 Emergency，值 (key) 是 119。

```
====================== RESTART: D:\Algorithm\ex\ex8_1.py ======================
请输入名字 : Emergency
Emergency 的电话号码是 119
```

2. 请将程序实例 ch8_3.py 改为先不建立选举人名册，也就是取消验证功能。当输入名字时，如果这个人尚未投票，则将此名字建立在选举人名册内，同时输出“欢迎投票”。如果输入名字时，此人已经在名册内，则输出“你已经投过票了”。

```
===================== RESTART: D:\Algorithm\ex\ex8_2.py =====================
请输入名字 : John
欢迎投票
>>> check_name('John')
你已经投过票了
>>> check_name('Peter')
欢迎投票
>>> check_name('Peter')
你已经投过票了
```

3. 建立月份的哈希表 (字典)，输入英文月份 (大小写皆可)，可以输出中文月份。

```
===================== RESTART: D:\Algorithm\ex\ex8_3.py =====================
请输入月份 : March
March 的中文是 三月
>>>
===================== RESTART: D:\Algorithm\ex\ex8_3.py =====================
请输入月份 : march
march 的中文是 三月
>>>
===================== RESTART: D:\Algorithm\ex\ex8_3.py =====================
请输入月份 : july
july 的中文是 七月
```

4. 请将 ch8_5.py 改为输入学校名称，然后输出 16 进制的哈希值。下列是笔者输入明志科技大学与明志工专的哈希值输出结果。

```
===================== RESTART: D:\Algorithm\ex\ex8_4.py =====================
请输入学校名称 : 明志科技大学
Hash Value(16进制) =  45e4874f6e1ac2597d06796caca11f35
>>>
===================== RESTART: D:\Algorithm\ex\ex8_4.py =====================
请输入学校名称 : 明志工专
Hash Value(16进制) =  5d628582c0777fd11e8a74f94c448281
```

第 9 章

排序

9-1　排序的概念与应用
9-2　泡沫排序法 (bubble sort)
9-3　鸡尾酒排序 (cocktail sort)
9-4　选择排序 (selection sort)
9-5　插入排序 (insertion sort)
9-6　堆积树排序 (heap sort)
9-7　快速排序 (quick sort)
9-8　合并排序 (merge sort)
9-9　习题

历史上最早拥有排序概念的机器是由美国的赫尔曼·何乐礼 (Herman Hollerith) 在 1901—1904 年发明的基数排序法分类机，此机器还有打卡、制表功能，这台机器协助美国在两年内完成了人口普查。赫尔曼·何乐礼在 1896 年创立了计算机制表记录公司 (CTR，Computing Tabulating Recording)，此公司也是 IBM 公司的前身，1924 年 CTR 公司改名为 IBM 公司 (International Business Machines Corporation)。

9-1 排序的概念与应用

在计算机科学中，所谓的排序 (sort) 是指可以将一串数据依特定方式排列的算法。基本上，排序算法有下列原则：

（1）输出结果是原始数据位置重组的结果；

（2）输出结果是递增的序列。

注 如果不特别注明，所谓的排序是指将数据从小排到大的递增排列。如果将数据从大排到小也算是排序，不过我们必须注明这是从大到小的排列，通常又将此排序称反向排序 (reversed sort)。

排序的应用场合非常多，例如，在计算学生成绩的系统中，如果想要列出前几名学生的数据，可以先将成绩排序，这样我们就可以轻易得到学生名次，如下所示：

微软高中第一次月考成绩表							
座号	姓名	语文	英文	数学	总分	平均分	名次
3	普丁	70	94	82	246	82	1
2	希拉蕊	68	95	80	243	81	2
1	欧巴马	73	93	75	241	80	3
5	华盛顿	83	65	90	238	79	4
4	布希	54	86	73	213	71	5

下列是数字排序的图例说明。

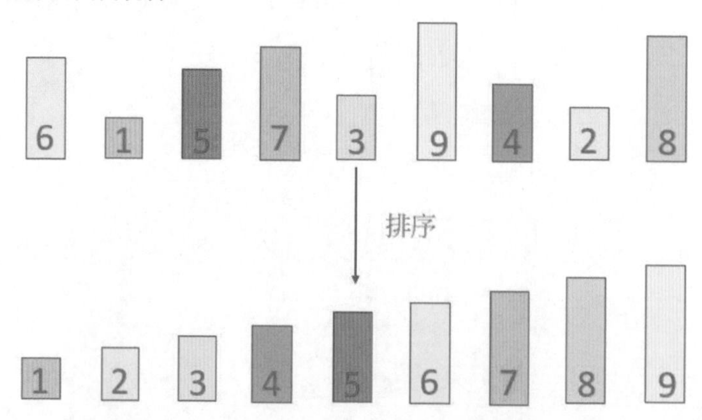

排序除了可以执行数字排序，也可以为字符串排序，此时排序所依照的是英文字母的顺序，如下所示：

排序另一个重大应用是可以方便未来的搜寻，例如，脸书用户约有 20 亿人，当我们登入脸书时，如果脸书账号没有排序，假设计算机每秒可以比对 100 个数字，使用一般线性搜寻账号需要 20000000 秒 (约 231 天) 才可以判断所输入的是否为正确的脸书账号。如果账户信息已经排序完成，使用二分法 (log n)(下一章会完整解说) 只要约 0.3 秒，即可以判断是否为正确脸书账号，下列是计算方式。

```
>>> import math
>>> 0.01 * math.log(2000000000, 2)
0.30897352853986265
```

9-2 泡沫排序法 (bubble sort)

9-2-1 图解泡沫排序算法

在排序方法中，最著名也是最简单的算法是泡沫排序法 (bubble sort)，这个方法的基本工作原理是将相邻的元素做比较，如果前一个元素大于后一个元素，则彼此交换，这样经过一个循环后最大的元素会经由交换出现到最右边，数字移动过程很像泡泡的移动，所以称泡沫排序法，也称气泡排序法。例如，假设有一个列表内容，内含 5 个数据，如下所示：

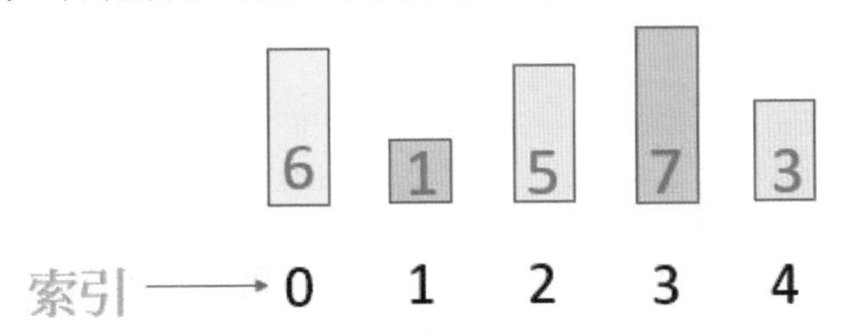

泡沫排序法中如果有 n 个元素，需比较 n-1 次循环，从索引 0 开始比较，第 1 次循环的处理方式如下：

- 第 1 次循环比较 1

比较时从索引 0 和索引 1 开始比较，因为 6 大于 1，所以数据对调，可以得到下列结果。

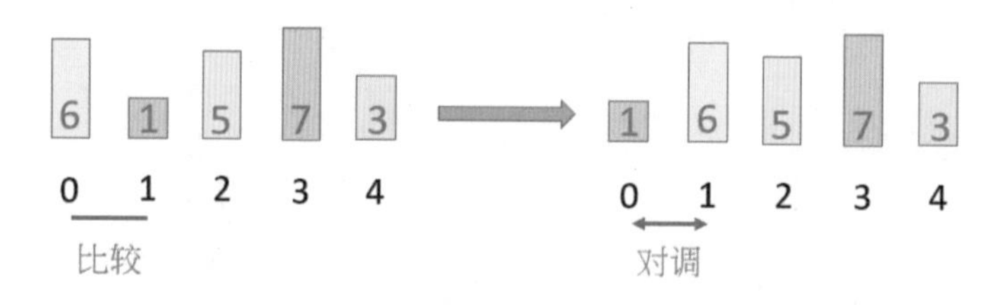

❑ 第 1 次循环比较 2

比较索引 1 和索引 2，因为 6 大于 5，所以数据对调，可以得到下列结果。

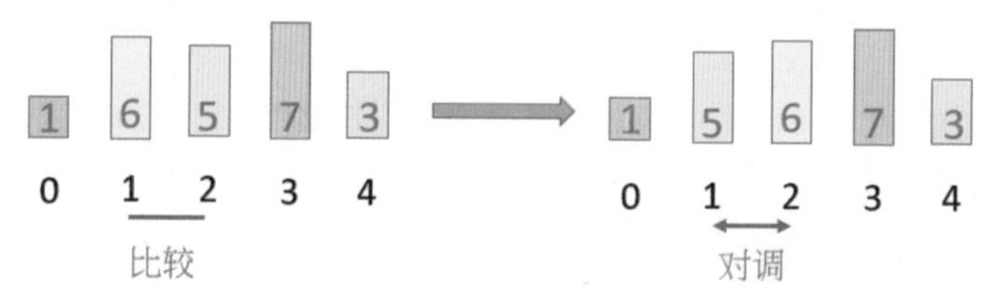

❑ 第 1 次循环比较 3

比较索引 2 和索引 3，因为 6 小于 7，所以数据不动，可以得到下列结果。

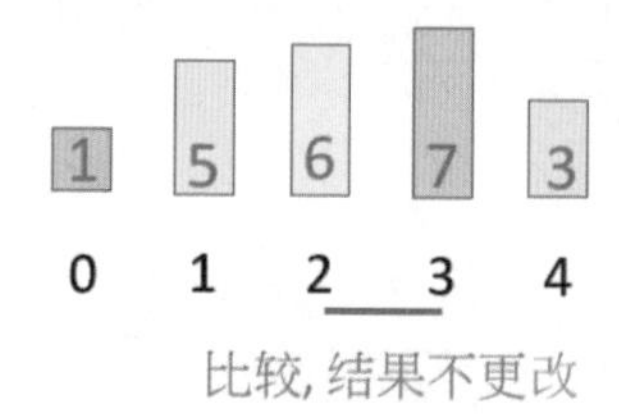

❑ 第 1 次循环比较 4

比较索引 3 和索引 4，因为 7 大于 3，所以数据对调，可以得到下列结果。

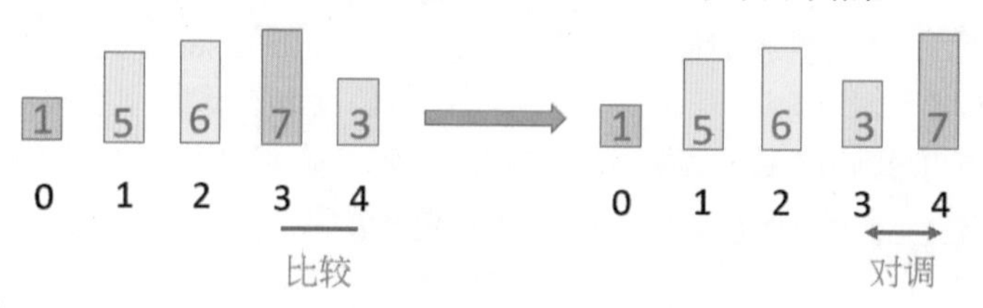

第 1 个循环比较结束，可以在最大索引位置获得最大值，接下来进行第 2 次循环的比较。由于第 1 个循环最大索引 (n-1) 位置已经是最大值，所以现在比较次数可以比第 1 次循环少 1 次。

❑ 第 2 次循环比较 1

比较时从索引 0 和索引 1 开始比较，因为 1 小于 5，所以数据不动，可以得到下列结果。

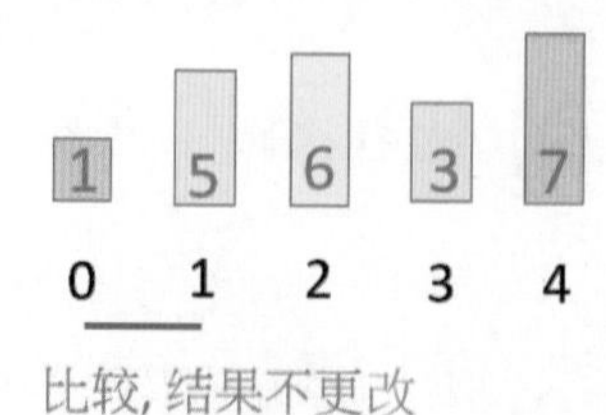

❑ 第 2 次循环比较 2

比较索引 1 和索引 2，因为 5 小于 6，所以数据不动，可以得到下列结果。

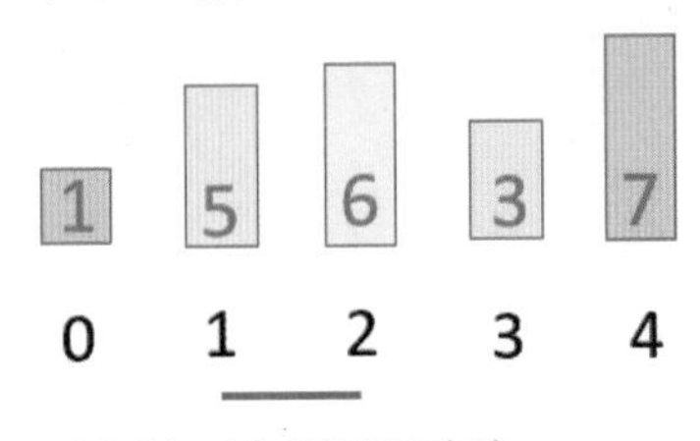

❑ 第 2 次循环比较 3

比较索引 2 和索引 3，因为 6 大于 3，所以数据对调，可以得到下列结果。

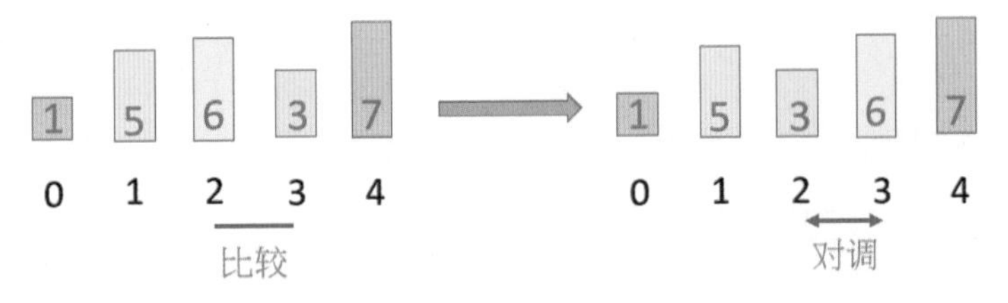

现在我们得到了第 2 大值，接着执行第 3 次循环的比较，这次比较次数又可以比前一次循环少 1 次。

❑ 第 3 次循环比较 1

从索引 0 和索引 1 开始比较，因为 1 小于 5，所以数据不动，可以得到下列结果。

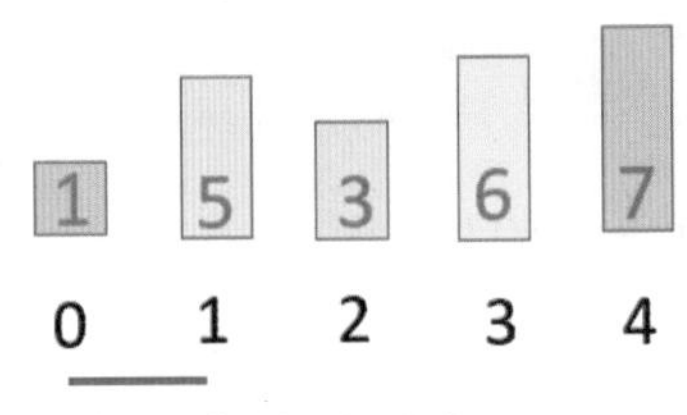

❑ 第 3 次循环比较 2

比较索引 1 和索引 2，因为 5 大于 3，所以数据对调，可以得到下列结果。

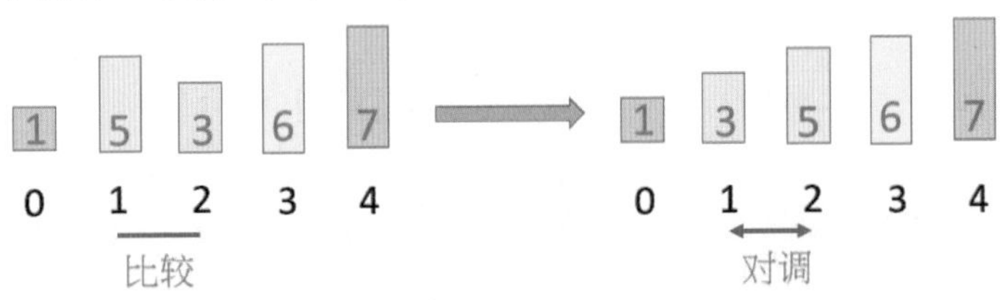

现在我们得到了第 3 大值，接着执行第 4 次循环的比较，这次比较次数又可以比前一次循环少 1 次。

❑ 第 4 次循环比较 1

从索引 0 和索引 1 开始比较，因为 1 小于 3，所以数据不动，可以得到下列结果。

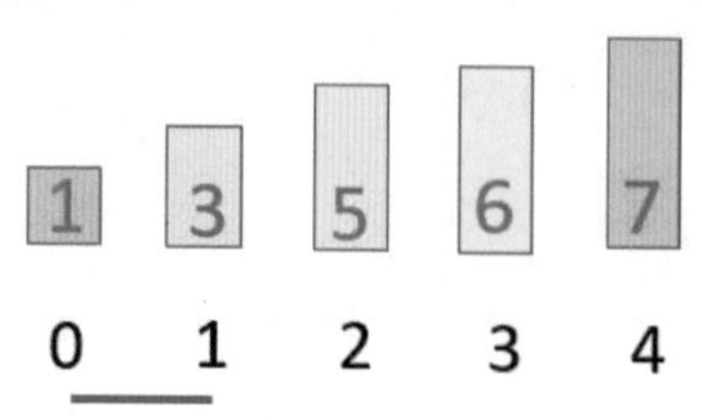

泡沫排序第 1 次循环的比较次数是 n-1 次，第 2 次循环的比较次数是 n-2 次，到第 n-1 次循环的比较次数是 1 次，所以比较总次数计算方式如下：

```
(n -1) + (n -2) + … + 1
```

整体所需时间或称时间复杂度是 $O(n^2)$。

9-2-2 Python 程序实例

在程序设计时，又可以将上述的循环称外层循环，然后将原先每个循环的比较称内层循环，整个设计逻辑概念如下：

```
for i in range(0, len(列表))                    # 外层循环
for j in range(0, (len(列表) - 1 - i))          # 内层循环
if 列表[j] > 列表[j+1]
交换列表[j] 和列表[j+1] 内容
```

程序实例 ch9_1.py：使用 9-2-1 节的图解算法数据，执行泡沫排序法，在这个程序中，笔者将列出每次的排序过程。

```
1  # ch9_1.py
2  def bubble_sort(nLst):
3      length = len(nLst)
4      for i in range(length-1):
5          print("第 %d 次外圈排序" % (i+1))
6          for j in range(length-1-i):
7              if nLst[j] > nLst[j+1]:
8                  nLst[j],nLst[j+1] = nLst[j+1],nLst[j]
9              print("第 %d 次内圈排序 : " % (j+1), nLst)
10     return nLst
11
12 data = [6, 1, 5, 7, 3]
13 print("原始列表 : ", data)
14 print("排序结果 : ", bubble_sort(data))
```

执行结果

```
==================== RESTART: D:\Algorithm\ch9\ch9_1.py ====================
原始列表 :  [6, 1, 5, 7, 3]
第 1 次外圈排序
第 1 次内圈排序 :  [1, 6, 5, 7, 3]
第 2 次内圈排序 :  [1, 5, 6, 7, 3]
第 3 次内圈排序 :  [1, 5, 6, 7, 3]
第 4 次内圈排序 :  [1, 5, 6, 3, 7]
第 2 次外圈排序
第 1 次内圈排序 :  [1, 5, 6, 3, 7]
第 2 次内圈排序 :  [1, 5, 6, 3, 7]
第 3 次内圈排序 :  [1, 5, 3, 6, 7]
第 3 次外圈排序
第 1 次内圈排序 :  [1, 5, 3, 6, 7]
第 2 次内圈排序 :  [1, 3, 5, 6, 7]
第 4 次外圈排序
第 1 次内圈排序 :  [1, 3, 5, 6, 7]
排序结果 :  [1, 3, 5, 6, 7]
```

此外，Python 针对列表也提供了 sort( ) 方法，可以获得排序结果。

程序实例 ch9_2.py：使用 Python 内建的 sort( ) 方法实现数字与英文字符串的排序。

```
1  # ch9_2.py
2  cars = ['honda','bmw','toyota','ford']
3  print("目前列表内容 = ",cars)
4  print("使用sort( )由小排到大")
5  cars.sort( )
6  print("排序列表结果 = ",cars)
7  nums = [5, 3, 9, 2]
8  print("目前列表内容 = ",nums)
9  print("使用sort( )由小排到大")
10 nums.sort( )
11 print("排序列表结果 = ",nums)
```

执行结果

```
==================== RESTART: D:\Algorithm\ch9\ch9_2.py ====================
目前列表内容 =  ['honda', 'bmw', 'toyota', 'ford']
使用sort( )由小排到大
排序列表结果 =  ['bmw', 'ford', 'honda', 'toyota']
目前列表内容 =  [5, 3, 9, 2]
使用sort( )由小排到大
排序列表结果 =  [2, 3, 5, 9]
```

如果在 sort( ) 方法内增加参数“reverse=True”，则可以从大排到小。

程序实例 ch9_3.py：重新设计 ch9_2.py，将列表从大排到小。

```
1  # ch9_3.py
2  cars = ['honda','bmw','toyota','ford']
3  print("目前列表内容 = ",cars)
4  print("使用sort( )由大排到小")
5  cars.sort(reverse=True)
6  print("排序列表结果 = ",cars)
7  nums = [5, 3, 9, 2]
8  print("目前列表内容 = ",nums)
9  print("使用sort( )由大排到小")
10 nums.sort(reverse=True)
11 print("排序列表结果 = ",nums)
```

执行结果

```
===================== RESTART: D:\Algorithm\ch9\ch9_3.py =====================
目前列表内容 =  ['honda', 'bmw', 'toyota', 'ford']
使用sort( )由大排到小
排序列表结果 =  ['toyota', 'honda', 'ford', 'bmw']
目前列表内容 =  [5, 3, 9, 2]
使用sort( )由大排到小
排序列表结果 =  [9, 5, 3, 2]
```

9-3 鸡尾酒排序（cocktail sort）

9-3-1 图解鸡尾酒排序算法

泡沫排序法的概念是每次皆从左到右比较，每个循环比较 n-1 次，须执行 n-1 个循环。鸡尾酒排序法是泡沫排序法的改良，会先从左到右比较，经过一个循环最右边可以得到最大值，同时此值将在最右边的索引位置，然后从次右边的索引从右到左比较，经过一个循环可以得到尚未排序的最小值，此值将在最左索引。接着再从下一个尚未排序的索引值往右比较，如此循环。当有一个循环没有更改任何值的位置时，就代表排序完成。例如，假设有一个列表内含 5 个数据，如下所示：

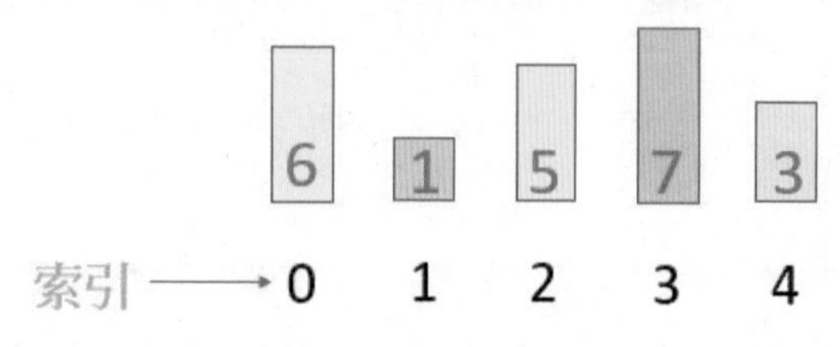

第 1 次向右循环的第 1 次比较，可以得到下列结果：

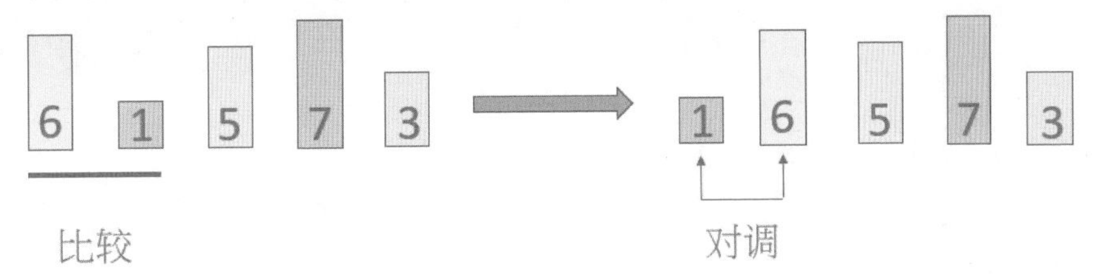

第 1 次向右循环的第 2 次比较，可以得到下列结果：

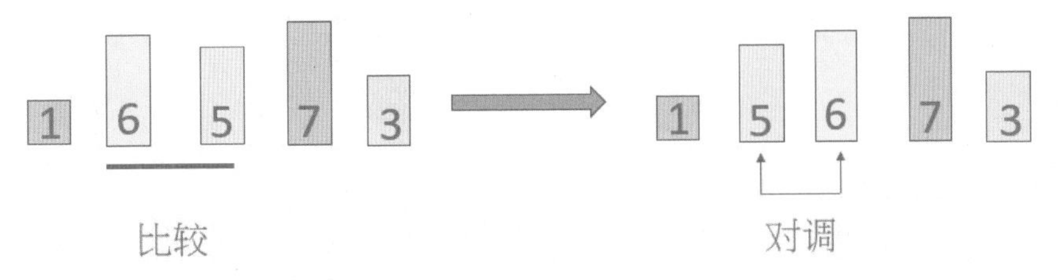

第 1 次向右循环的第 3 次比较，可以得到下列结果：

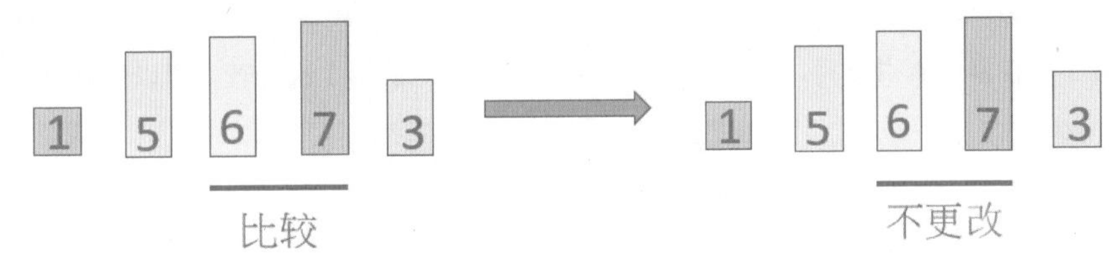

第 1 次向右循环的第 4 次比较，可以得到下列结果：

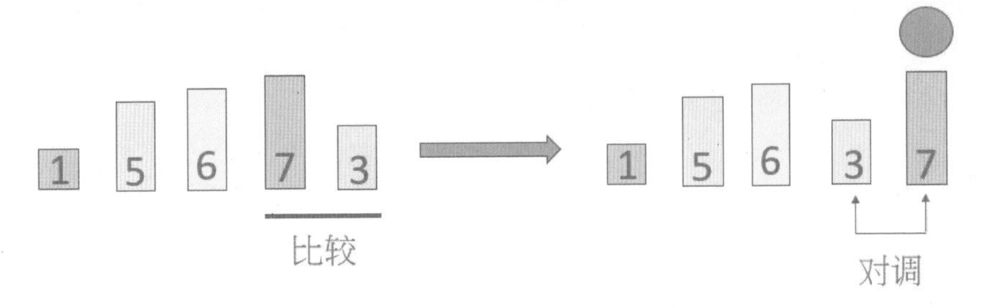

现在最大值在最右索引位置，接下来执行第 1 次向左循环的第 1 次比较，可以得到下列结果：

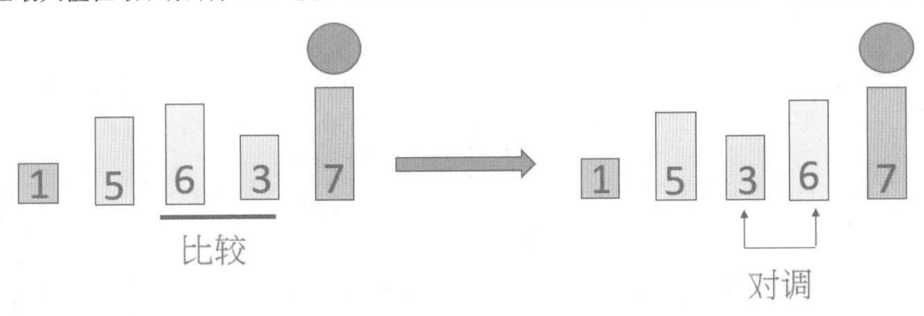

第 1 次向左循环的第 2 次比较，可以得到下列结果：

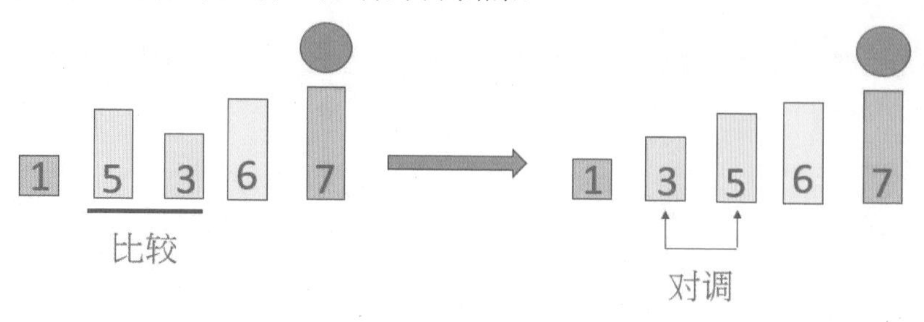

第 1 次向左循环的第 3 次比较，可以得到下列结果：

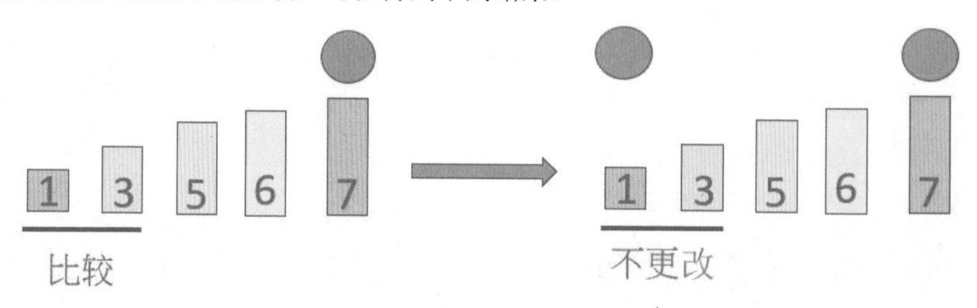

现在最小值在最左索引位置，接下来执行第 2 次向右循环的第 1 次比较，可以得到下列结果：

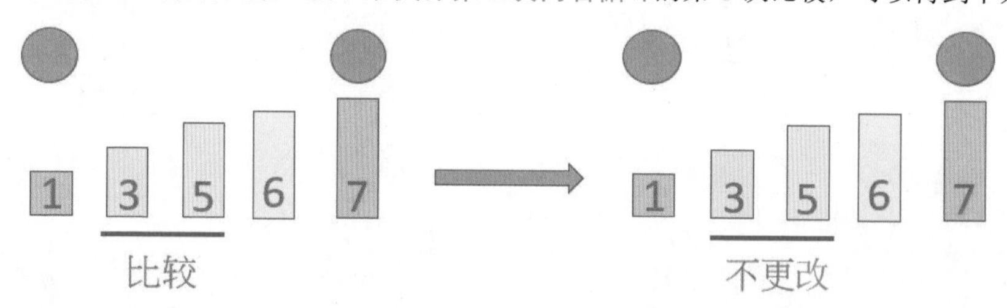

执行第 2 次向右循环的第 2 次比较，可以得到下列结果：

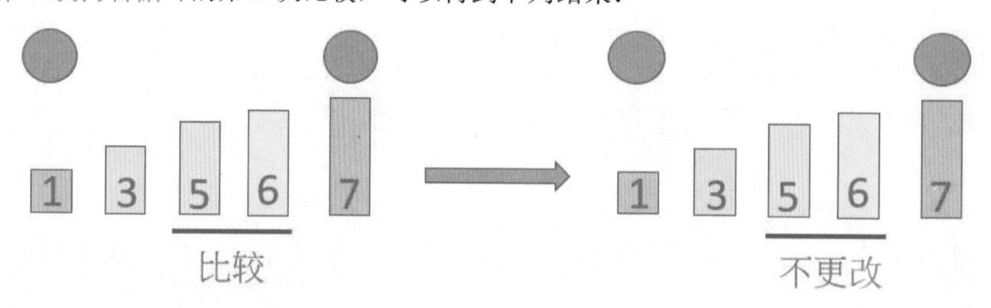

由于上述循环没有数据需要更改，这代表排序完成，相较于泡沫排序如果循环没有更改任何值，可以省略循环。如果序列数据大都排好，时间复杂度可以是 O(n)，不过平均是 $O(n^2)$。

9-3-2 Python 程序实例

程序实例 ch9_4.py：使用 9-3-1 节的图解算法数据，执行鸡尾酒排序法，在这个程序笔者将列出每次的排序过程。

```
1  # ch9_4.py
2  def cocktail_sort(nLst):
3      ''' 鸡尾酒排序 '''
4      n = len(nLst)
5      is_sorted = True
6      start = 0                                    # 前端索引
7      end = n-1                                    # 末端索引
8      while is_sorted:
9          is_sorted = False                        # 重置是否排序完成
10         for i in range (start, end):             # 往右比较
11             if (nLst[i] > nLst[i + 1]) :
12                 nLst[i], nLst[i + 1]= nLst[i + 1], nLst[i]
13                 is_sorted = True
14         print("往后排序过程 : ", nLst)
15         if not is_sorted:                        # 如果没有交换就结束
16             break
17
18         end = end-1                              # 末端索引左移一个索引
19         for i in range(end-1, start-1, -1):      # 往左比较
20             if (nLst[i] > nLst[i + 1]):
21                 nLst[i], nLst[i + 1] = nLst[i + 1], nLst[i]
22                 is_sorted = True
23         start = start + 1                        # 前端索引右移一个索引
24         print("往前排序过程 : ", nLst)
25     return nLst
26
27 data = [6, 1, 5, 7, 3]
28 print("原始列表 : ", data)
29 print("排序结果 : ", cocktail_sort(data))
```

执行结果

```
==================== RESTART: D:\Algorithm\ch9\ch9_4.py ====================
原始列表 :  [6, 1, 5, 7, 3]
往后排序过程 :  [1, 5, 6, 3, 7]
往前排序过程 :  [1, 3, 5, 6, 7]
往后排序过程 :  [1, 3, 5, 6, 7]
排序结果 :  [1, 3, 5, 6, 7]
```

9-4 选择排序 (selection sort)

9-4-1 图解选择排序算法

所谓选择排序的工作原理是从未排序的序列中找最小元素，然后将此最小数字与最小索引位置的数字对调。然后从剩余的未排序元素中继续找寻最小元素，再将此最小元素与未排序的最小索引位置的数字对调。依此类推，直到所有元素完成从小到大排列。

这个排序法在找寻最小元素时，使用了线性搜寻。由于是线性搜寻，第 1 个循环执行时需要比较 n−1 次，第 2 个循环是比较 n−2 次，其他依此类推，整个排序完成需要执行 n−1 次循环。假设有一个列表内含 5 个数据，如下所示：

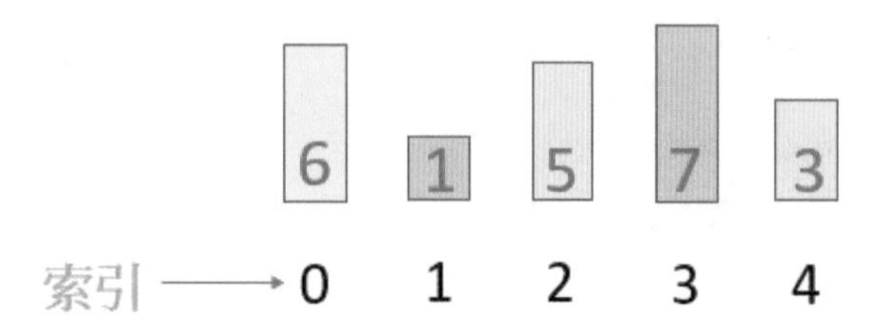

第 1 次循环可以找到最小值是 1，然后将 1 与索引 0 的 6 对调，如下所示：

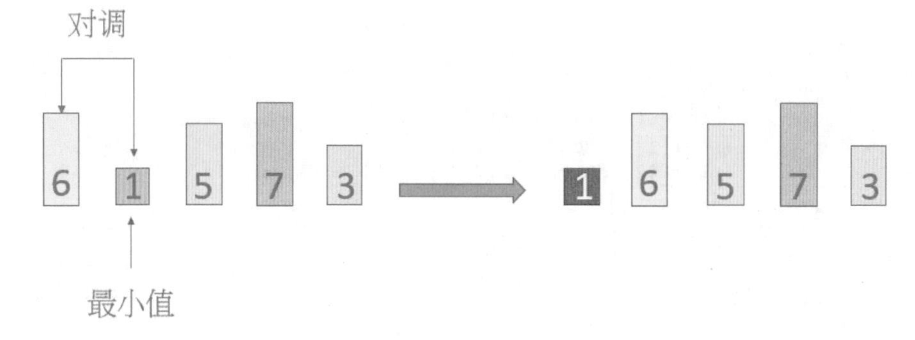

第 2 次循环可以找到最小值是 3，然后将 3 与索引 1 的 6 对调，如下所示：

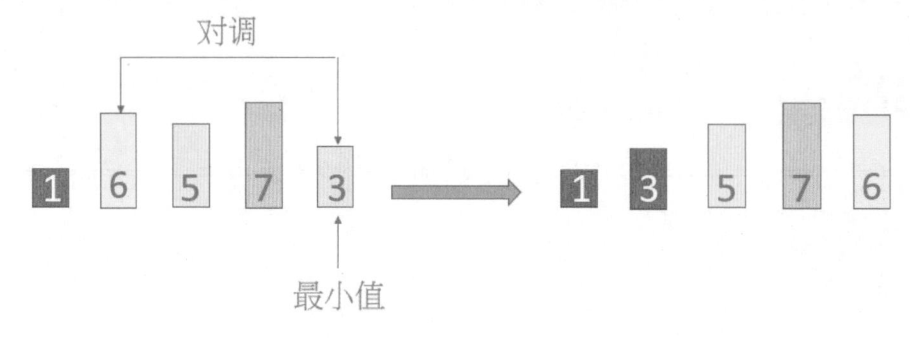

第 3 次循环可以找到最小值是 5，由于 5 已经是未排序的最小值，所以索引 2 不必更改，如下所示：

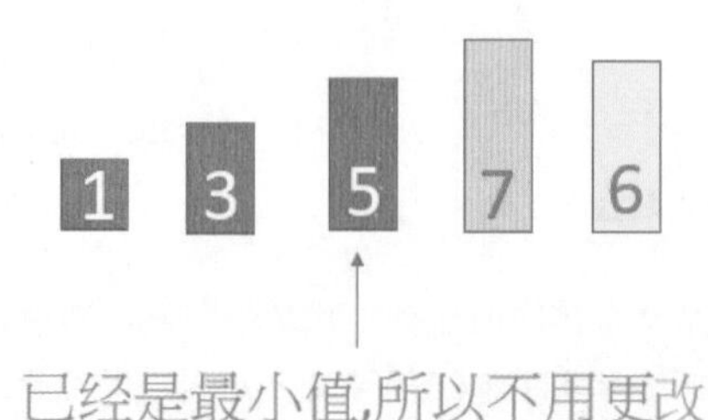

第 4 次循环可以找到最小值是 6，然后将 6 与索引 3 的 7 对调，如下所示：

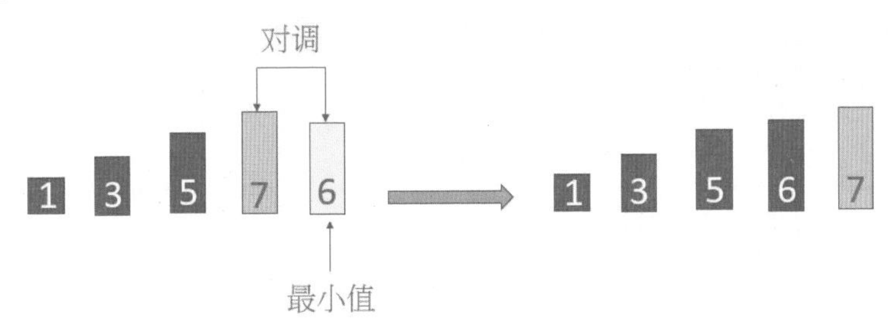

选择排序中，第 1 次循环的线性搜寻是比较 n-1 次，第 2 次循环是比较 n-2 次，到第 n-1 次循环的比较次数是 1 次，所以比较总次数与泡沫排序法相同，计算方式如下：

```
(n -1) + (n -2) + … + 1
```

上述执行时每个循环将最小值与未排序的最小索引最多对调一次，整体所需时间或称时间复杂度是 $O(n^2)$。

9-4-2　Python 程序实例

程序实例 ch9_5.py：使用 9-4-1 节的测试数据执行选择排序，同时记录每个循环的排序结果。

```
1  # ch9_5.py
2  def selection_sort(nLst):
3      for i in range(len(nLst)-1):
4          index = i                              # 最小值的索引
5          for j in range(i+1, len(nLst)):        # 找最小值的索引
6              if nLst[index] > nLst[j]:
7                  index = j
8          if i == index:                         # 如果目前索引是最小值索引
9              pass                               # 不更改
10         else:
11             nLst[i],nLst[index] = nLst[index],nLst[i]    # 数据对调
12         print("第 %d 次循环排序" % (i+1), nLst)
13     return nLst
14 
15 data = [6, 1, 5, 7, 3]
16 print("原始列表 : ", data)
17 print("排序结果 : ", selection_sort(data))
```

执行结果

```
===================== RESTART: D:\Algorithm\ch9\ch9_5.py =====================
原始列表 :  [6, 1, 5, 7, 3]
第 1 次循环排序 [1, 6, 5, 7, 3]
第 2 次循环排序 [1, 3, 5, 7, 6]
第 3 次循环排序 [1, 3, 5, 7, 6]
第 4 次循环排序 [1, 3, 5, 6, 7]
排序结果 :  [1, 3, 5, 6, 7]
```

程序实例 ch9_6.py：为含字符串的列表执行选择排序。

```
1  # ch9_6.py
2  def selection_sort(nLst):
3      ''' 选择排序 '''
4      for i in range(len(nLst)-1):
5          index = i                               # 最小值的索引
6          for j in range(i+1, len(nLst)):         # 找最小值的索引
7              if nLst[index] > nLst[j]:
8                  index = j
9          if i == index:                          # 如果目前索引是最小值索引
10             pass                                # 不更改
11         else:
12             nLst[i],nLst[index] = nLst[index],nLst[i]   # 数据对调
13     return nLst
14
15 cars = ['honda','bmw','toyota','ford']
16 print("目前列表内容 = ",cars)
17 print("使用selection_sort( )由小排到大")
18 selection_sort(cars)
19 print("排序列表结果 = ",cars)
```

执行结果

```
==================== RESTART: D:\Algorithm\ch9\ch9_6.py ====================
目前列表内容 =  ['honda', 'bmw', 'toyota', 'ford']
使用selection_sort( )由小排到大
排序列表结果 =  ['bmw', 'ford', 'honda', 'toyota']
```

9-4-3 选择排序的应用

在 YouTube 频道可以看到许多流行歌曲点播率非常高，伍佰的《挪威的森林》甚至高达 3413 万次，下列是 2020 年 2 月的点播数据：

演唱者	歌曲名称	点播次数
李宗盛	山丘	24720000
赵传	我是一只小小鸟	8310000
伍佰	挪威的森林	34130000
林忆莲	听说爱情回来过	12710000

程序实例 ch9_7.py：为上述歌曲依点播次数由高往低排列，设计排行榜。

```
1  # ch9_7.py
2  def selection_sort(nLst):
3      ''' 选择排序 '''
4      for i in range(len(nLst)-1):
5          index = i                          # 最小值的索引
6          for j in range(i+1, len(nLst)):    # 找最小值的索引
7              if nLst[index][2] < nLst[j][2]:
8                  index = j
9          if i == index:                     # 如果目前索引是最小值索引
10             pass                           # 不更改
11         else:
12             nLst[i],nLst[index] = nLst[index],nLst[i]    # 数据对调
13     return nLst
14
15 music = [('李宗盛', '山丘', 24740000),
16          ('赵传', '我是一只小小鸟', 8310000),
17          ('伍佰', '挪威的森林', 34130000),
18          ('林忆莲', '听说爱情回来过', 12710000)
19         ]
20
21 print("YouTube点播排行")
22 selection_sort(music)
23 for i in range(len(music)):
24     print("{}:{}{} -- 点播次数 {}".format(i+1,music[i][0], music[i][1], music[i][2]))
```

执行结果

```
==================== RESTART: D:\Algorithm\ch9\ch9_7.py ====================
YouTube点播排行
1:伍佰挪威的森林 -- 点播次数 34130000
2:李宗盛山丘 -- 点播次数 24740000
3:林忆莲听说爱情回来过 -- 点播次数 12710000
4:赵传我是一只小小鸟 -- 点播次数 8310000
```

9-5 插入排序 (insertion sort)

9-5-1 图解插入排序算法

这是一个直观的算法，由序列左边往右排序，先将左边的数排序完成，再取右边未排序的数字，在已排序的序列中由后向前找相对应的位置插入。假设有一个列表内含 5 个数据，如下所示：

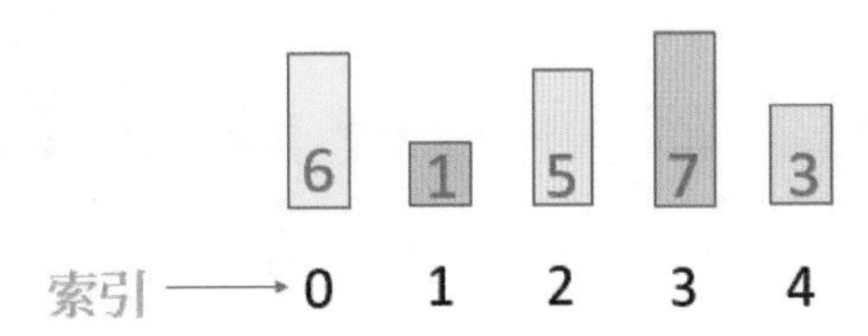

第 1 次循环索引 0 的 6 当作最小值，此时只有 6 排序完成，如下所示：

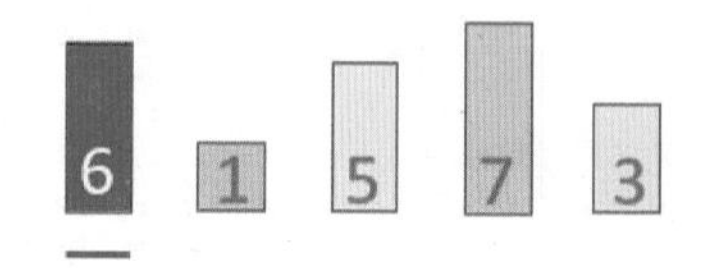

第 2 次循环取出尚未排序的最小索引 1 位置的 1 与已排序索引比较，由于 1 小于 6，所以第 2 次排序结果如下：

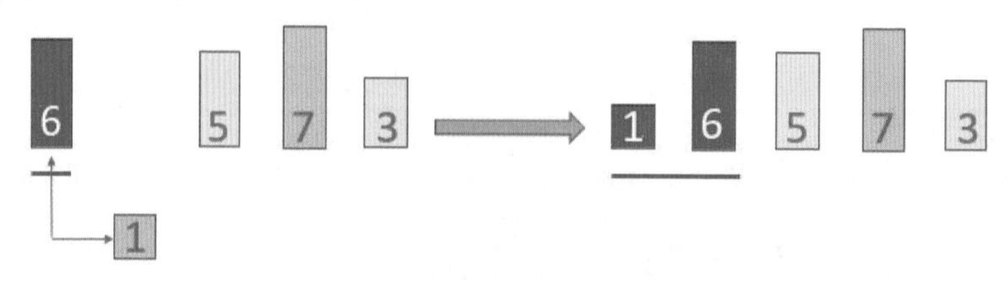

第 3 次循环取出尚未排序的最小索引 2 位置的 5 与已排序索引比较，由于 5 小于 6，所以彼此对调：

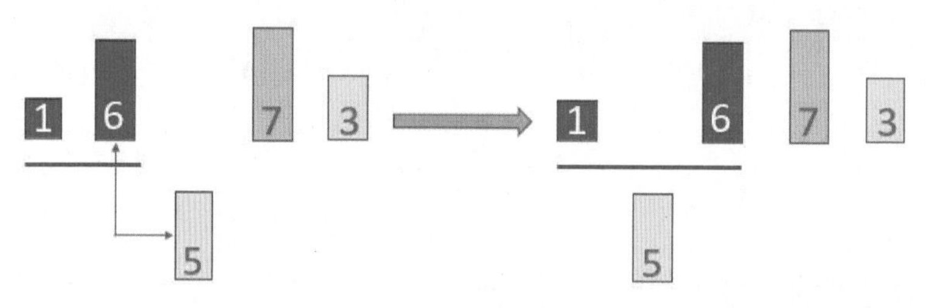

下一步是将 5 与已排序更左的索引值比较，由于 5 大于 1，所以可以不用更改，经过 3 个循环现在排序结果如下：

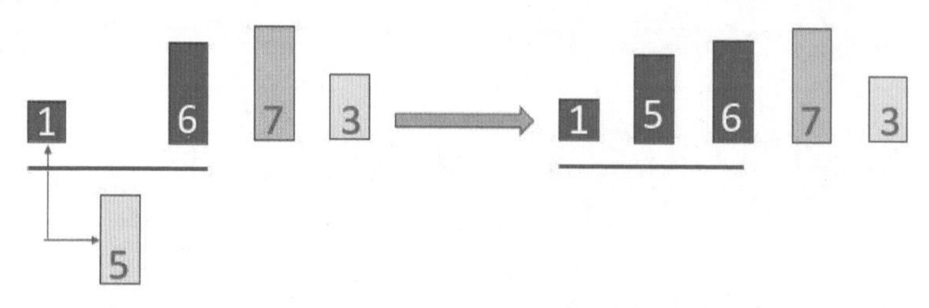

第 4 次循环取出尚未排序的最小索引 3 位置的 7 与已排序索引比较，由于 7 大于 6，所以位置不动：

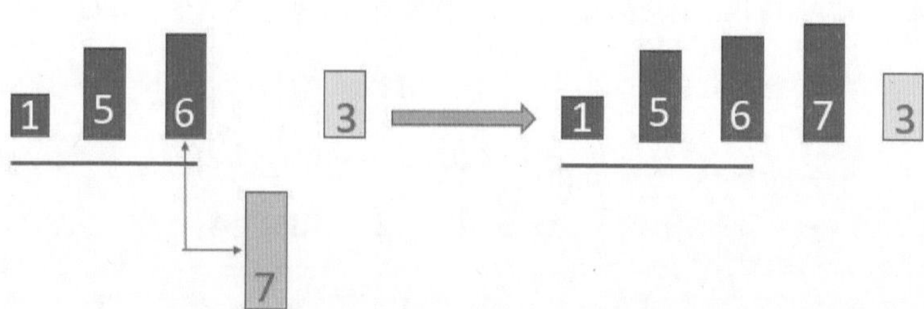

第 5 次循环取出尚未排序的最小索引 4 位置的 3 与已排序索引比较，可以参考第 3 次循环，从 7、6、5、1 往前比较逐步对调位置，由于 3 大于 1，所以最后 3 在 1 和 5 之间。

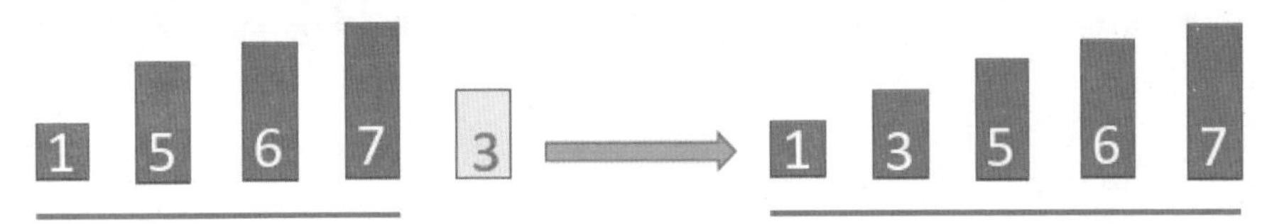

插入排序的原则是将取出的值与索引左边的值做比较，如果左边的值比较小就不必对调，此循环就算结束。这种排序最不好的情况是第 2 次循环比较 1 次，第 3 次循环比较 2 次，直到第 n 次循环比较 n－1 次，所需的运行时间或称时间复杂度与泡沫排序或选择排序相同，是 $O(n^2)$。

9-5-2　插入排序与玩扑克牌

其实插入排序与玩扑克牌概念类似，假设有 {6，1，5，7，3}：

当拿到 6 时，手上牌的处理方式是 {6}。

当拿到 1 时，手上牌的处理方式是 {1，6}。

当拿到 5 时，手上牌的处理方式是 {1，5，6}。

当拿到 7 时，手上牌的处理方式是 {1，5，6，7}。

当拿到 3 时，手上牌的处理方式是 {1，3，5，6，7}。

9-5-3　Python 程序实例

程序实例 ch9_8.py：使用 9-5-1 节的测试数据执行选择排序，同时记录每个循环的排序结果。

```
 1  # ch9_8.py
 2  def insertion_sort(nLst):
 3      ''' 插入排序 '''
 4      n = len(nLst)
 5      if n == 1:                          # 只有1个数据
 6          print("第 %d 次循环排序" % n, nLst)
 7          return nLst
 8      print("第 1 次循环排序", nLst)
 9      for i in range(1,n):                # 循环
10          for j in range(i, 0, -1):
11              if nLst[j] < nLst[j-1]:
12                  nLst[j], nLst[j-1] = nLst[j-1], nLst[j]
13              else:
14                  break
15          print("第 %d 次循环排序" % (i+1), nLst)
16      return nLst
17
18  data = [6, 1, 5, 7, 3]
19  print("原始列表 : ", data)
20  print("排序结果 : ", insertion_sort(data))
```

执行结果

```
==================== RESTART: D:\Algorithm\ch9\ch9_8.py ====================
原始列表 :  [6, 1, 5, 7, 3]
第 1 次循环排序 [6, 1, 5, 7, 3]
第 2 次循环排序 [1, 6, 5, 7, 3]
第 3 次循环排序 [1, 5, 6, 7, 3]
第 4 次循环排序 [1, 5, 6, 7, 3]
第 5 次循环排序 [1, 3, 5, 6, 7]
排序结果 :  [1, 3, 5, 6, 7]
```

9-6 堆积树排序 (heap sort)

9-6-1 图解堆积树排序算法

7-1 节笔者说明了如何建立堆积树。7-2 节笔者说明了如何插入数据到堆积树，时间复杂度是 O(log n)。7-3 节笔者说明了如何取出最小堆积树的值，时间复杂度是 O(log n)。其实我们可以使用不断取出最小堆积树最小值的方式，达到排序的目的，时间复杂度是 O(n log n)。有一个序列内的数字分别是 10、21、5、9、13、28、3，此序列的数字可以建立为最小堆积树如下：

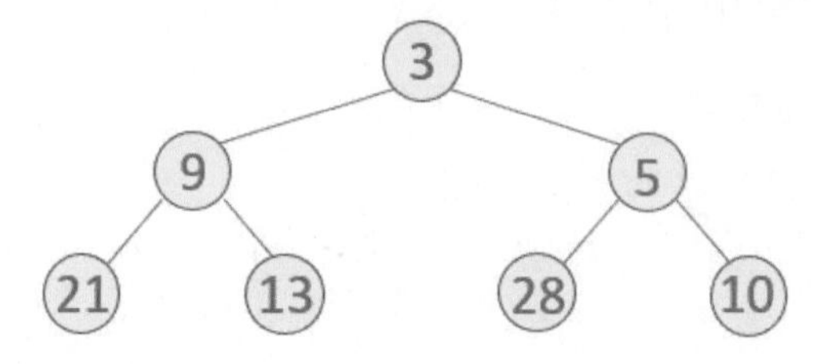

第 1 次可以取出 3，然后最小堆积树内部调整如下：

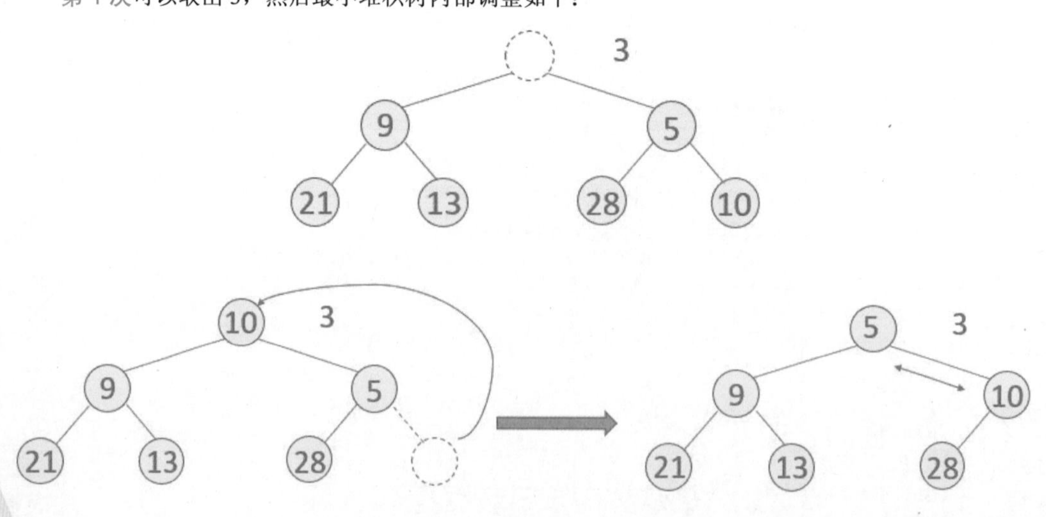

第 2 次可以取出 5，然后最小堆积树内部调整如下：

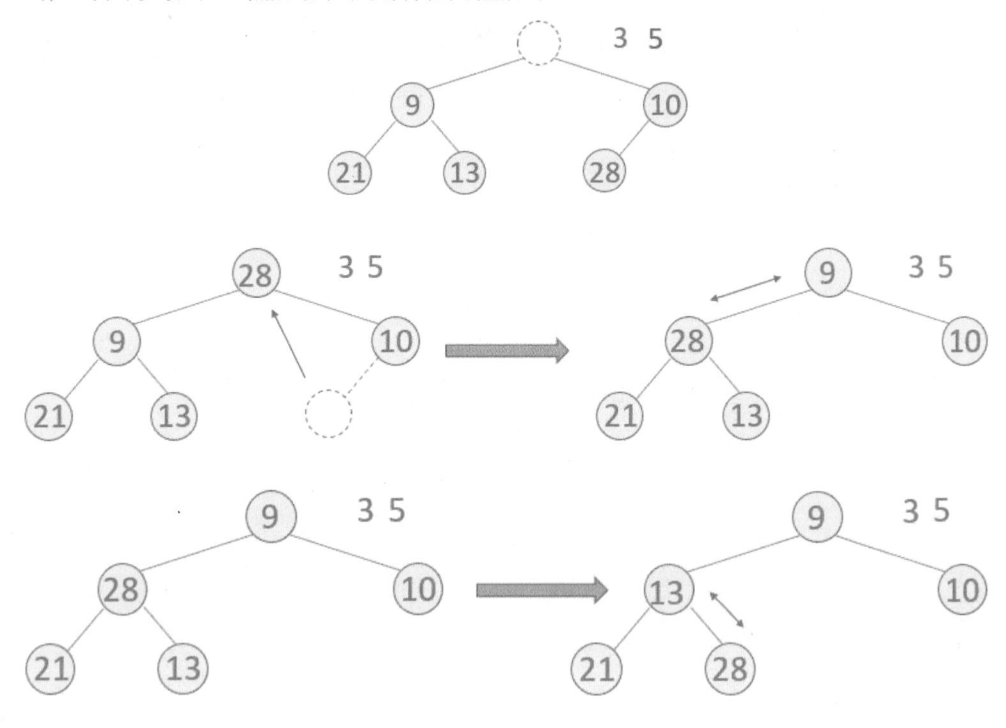

第 3 次可以取出 9，然后最小堆积树内部调整如下：

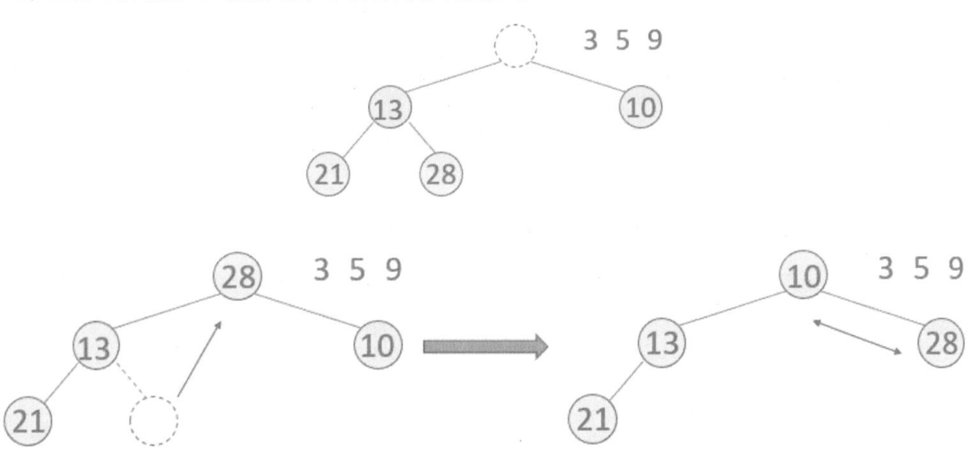

第 4 次可以取出 10，然后最小堆积树内部调整如下：

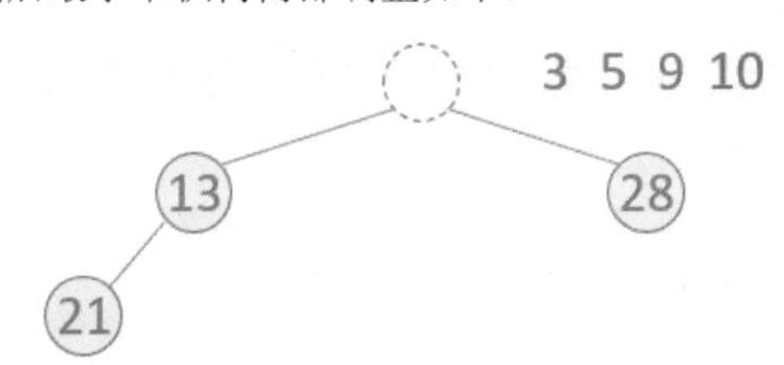

第 5 次可以取出 13，然后最小堆积树内部调整如下：

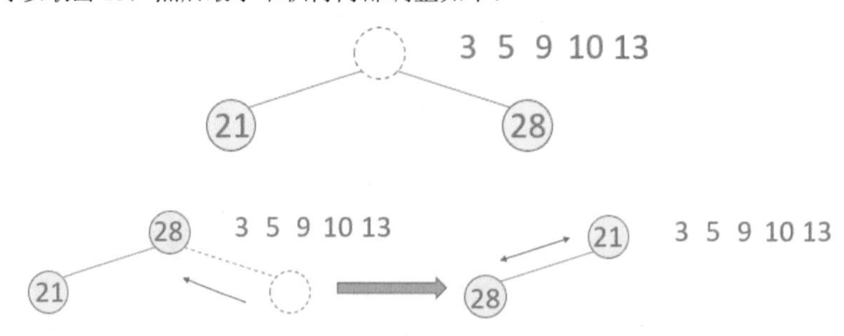

第 6 次可以取出 21，然后最小堆积树内部调整如下：

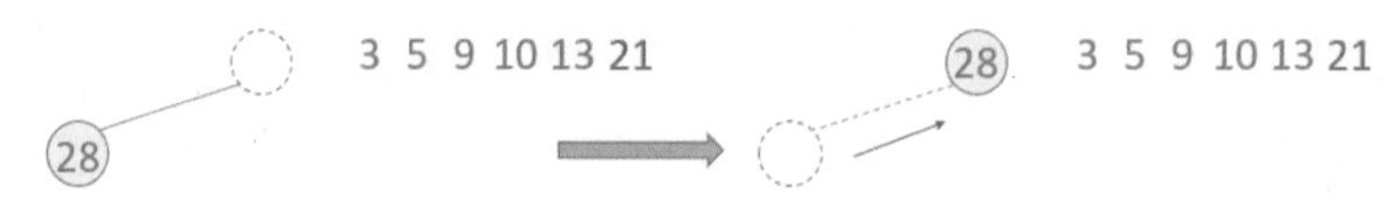

第 7 次可以取出 28。

9-6-2 Python 程序实例

程序实例 ch9_9.py：建立最小堆积树，同时执行排序，本实例的大多数概念在第 7 章皆有说明。

```
1  # ch9_9.py
2  class Heaptree():
3      def __init__(self):
4          self.heap = []                               # 堆积树列表
5          self.size = 0                                # 堆积树列表元素个数
6
7      def data_down(self,i):
8          ''' 如果节点值大于子节点值则数据与较小的子节点值对调 '''
9          while (i * 2 + 2) <= self.size:              # 如果有子节点则继续
10             mi = self.get_min_index(i)               # 取得较小值的子节点
11             if self.heap[i] > self.heap[mi]:         # 如果目前节点大于子节点
12                 self.heap[i], self.heap[mi] = self.heap[mi], self.heap[i]
13             i = mi
14
15     def get_min_index(self,i):
16         ''' 传回较小值的子节点索引 '''
17         if i * 2 + 2 >= self.size:                   # 只有一个左子节点
18             return i * 2 + 1                         # 传回左子节点索引
```

```
19          else:
20              if self.heap[i*2+1] < self.heap[i*2+2]: # 如果左子节点小于右子节点
21                  return i * 2 + 1                    # True传回左子节点索引
22              else:
23                  return i * 2 + 2                    # False传回右子节点索引
24
25      def build_heap(self, mylist):
26          ''' 建立堆积树 '''
27          i = (len(mylist) // 2) - 1                  # 从有子节点的节点开始处理
28          self.size = len(mylist)                     # 得到列表元素个数
29          self.heap = mylist                          # 初步建立堆积树列表
30          while (i >= 0):                             # 从下层往上处理
31              self.data_down(i)
32              i = i - 1
33
34      def get_min(self):
35          min_ret = self.heap[0]
36          self.size -= 1
37          self.heap[0] = self.heap[self.size]
38          self.heap.pop()
39          self.data_down(0)
40          return min_ret
41
42  data = [10, 21, 5, 9, 13, 28, 3]
43  print("原始列表 : ", data)
44  obj = Heaptree()
45  obj.build_heap(data)                                # 建立堆积树列表
46  print("执行后堆积树列表 = ", obj.heap)
47  sort_h = []
48  for i in range(len(data)):
49      sort_h.append(obj.get_min())
50  print("排序结果 : ", sort_h)
```

执行结果

```
===================== RESTART: D:\Algorithm\ch9\ch9_9.py =====================
原始列表 :  [10, 21, 5, 9, 13, 28, 3]
执行后堆积树列表 =  [3, 9, 5, 21, 13, 28, 10]
排序结果 :  [3, 5, 9, 10, 13, 21, 28]
```

程序实例 ch9_10.py：本程序基本上是前一个程序的扩充，主要是将数字的数据改为水果字符串，读者发现可以完全不用修改 Heaptree 类别内容，仍可完成水果字符串排序功能。

```
1   # ch9_10.py
2   class Heaptree():
3       def __init__(self):
4           self.heap = []                              # 堆积树列表
5           self.size = 0                               # 堆积树列表元素个数
6
7       def data_down(self,i):
8           ''' 如果节点值大于子节点值则数据与较小的子节点值对调 '''
9           while (i * 2 + 2) <= self.size:             # 如果有子节点则继续
10              mi = self.get_min_index(i)              # 取得较小值的子节点
11              if self.heap[i] > self.heap[mi]:        # 如果目前节点大于子节点
12                  self.heap[i], self.heap[mi] = self.heap[mi], self.heap[i]
13              i = mi
```

```
14
15     def get_min_index(self,i):
16         ''' 传回较小值的子节点索引 '''
17         if i * 2 + 2 >= self.size:                      # 只有一个左子节点
18             return i * 2 + 1                            # 传回左子节点索引
19         else:
20             if self.heap[i*2+1] < self.heap[i*2+2]: # 如果左子节点小于右子节点
21                 return i * 2 + 1                        # True传回左子节点索引
22             else:
23                 return i * 2 + 2                        # False传回右子节点索引
24
25     def build_heap(self, mylist):
26         ''' 建立堆积树 '''
27         i = (len(mylist) // 2) - 1                      # 从有子节点的节点开始处理
28         self.size = len(mylist)                         # 得到列表元素个数
29         self.heap = mylist                              # 初步建立堆积树列表
30         while (i >= 0):                                 # 从下层往上处理
31             self.data_down(i)
32             i = i - 1
33
34     def get_min(self):
35         min_ret = self.heap[0]
36         self.size -= 1
37         self.heap[0] = self.heap[self.size]
38         self.heap.pop()
39         self.data_down(0)
40         return min_ret
41
42 data = ['Orange',
43         'Banana',
44         'Grape',
45         'Watermelon',
46         'Pineapple',
47         'Strawberry',
48         'Apple'
49         ]
50 print("原始列表 : ", data)
51 obj = Heaptree()
52 obj.build_heap(data)                                    # 建立堆积树列表
53 print("执行后堆积树列表 = ", obj.heap)
54 sort_fruits = []
55 for i in range(len(data)):
56     sort_fruits.append(obj.get_min())
57 print("排序结果 : ")
58 for fruit in sort_fruits:
59     print(fruit)
```

执行结果

```
==================== RESTART: D:\Algorithm\ch9\ch9_10.py ====================
原始列表 :  ['Orange', 'Banana', 'Grape', 'Watermelon', 'Pineapple', 'Strawberry
', 'Apple']
执行后堆积树列表 =  ['Apple', 'Banana', 'Grape', 'Watermelon', 'Pineapple', 'Str
awberry', 'Orange']
排序结果 :
Apple
Banana
Grape
Orange
Pineapple
Strawberry
Watermelon
```

9-7　快速排序 (quick sort)

9-7-1　图解快速排序算法

快速排序是由英国科学家安东尼 · 理查德 · 霍尔 (Antony Richard Hoare) 开发的算法，安东尼 · 理查德 · 霍尔是美国图灵奖 (Turing Award) 得主，目前是英国牛津大学的荣誉教授。快速排序法的步骤如下：

（1）从数列中挑选基准 (pivot)。

（2）重新排列数据，将所有比基准小的排在基准左边，所有比基准大的排在基准右边，如果与基准相同可以排到任何一边。

（3）递归式针对两边子序列做相同排序。

上述步骤（2）中当一边的序列数量是 0 或 1，则表示该边的序列已经完成排序。假设有一个列表内含 9 个数据，如下所示：

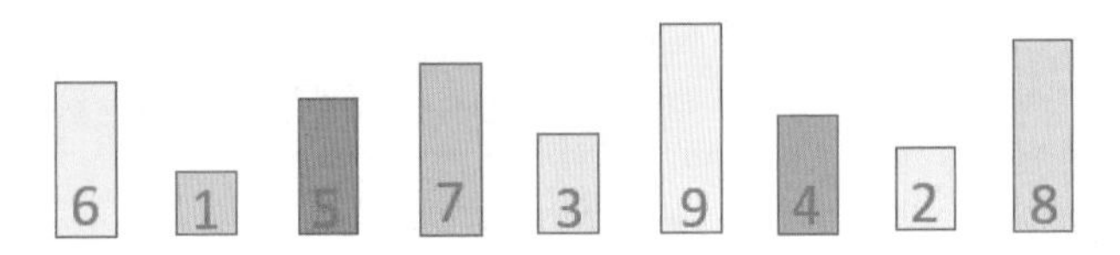

下一步是选一个数字做基准值 (pivot)，这里是使用随机 (random) 抽取方式。假设基准值是 4，如下所示：

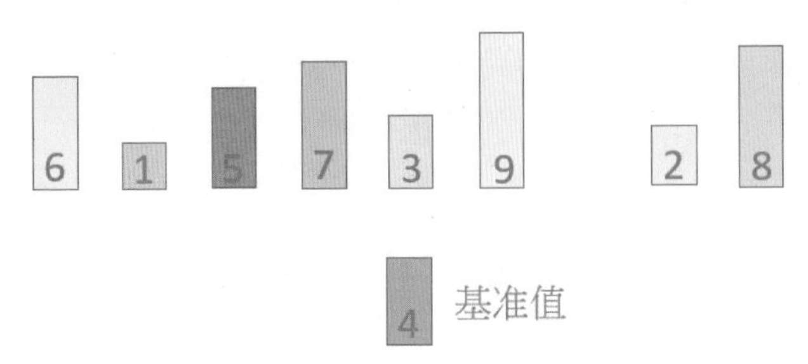

将所有比 4 小的值放在基准值左边，所有比 4 大的值放在基准值右边，移动时必须遵守原先索引次序，如下所示：

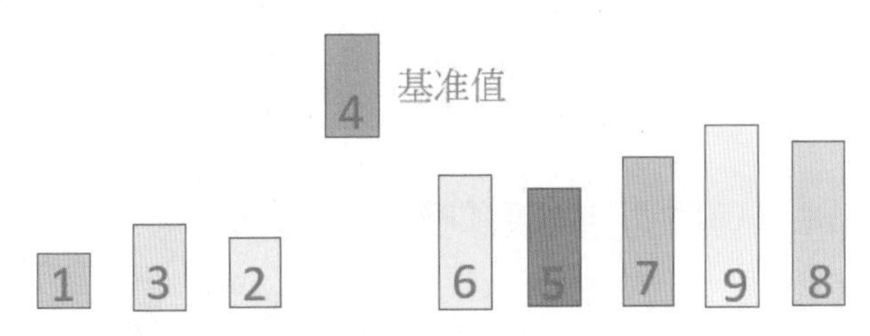

接下来使用相同的方法处理左半部分的序列和右半部分的序列，如此递归进行。假设现在处理左半部分序列，假设现在的基准值是 2，参照上述概念，可以得到下列结果。

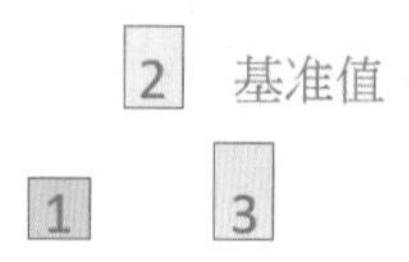

由于基准值 2 左边与右边的数列数量是 1，表示此部分已经排序完成，往上扩充，表示原先基准值 4 的左边子序列已经得到排序结果了。

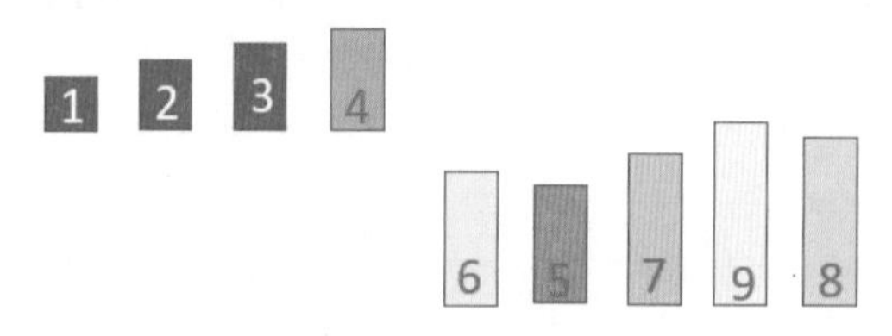

现在处理基准值 4 的右半部分，假设基准值是 8，则将小于 8 的值依序放入 8 的左边，大于 8 的值放在 8 的右边，可以得到下列结果。

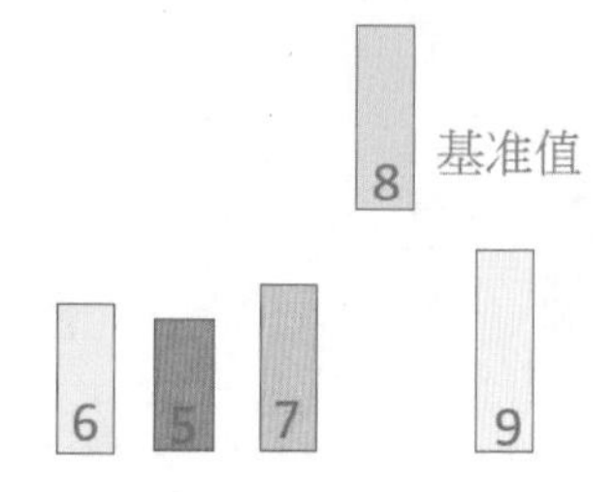

从上述可知 8 的右边序列只有一个数字，所以右边已经排序完成。假设左边的基准值是 6，可以进一步得到下列结果。

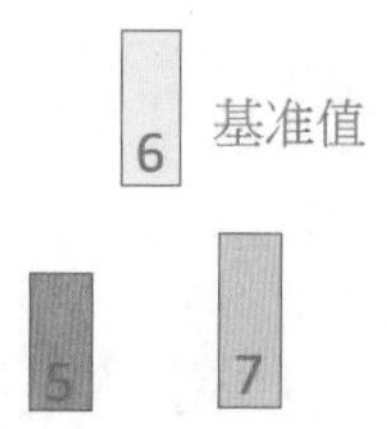

现在基准值 8 的左边和右边序列也已经排序完成，如下所示：

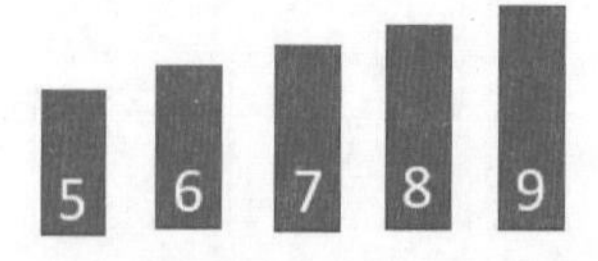

将上述序列放回基准值 4 的右边，可以得到下列结果。

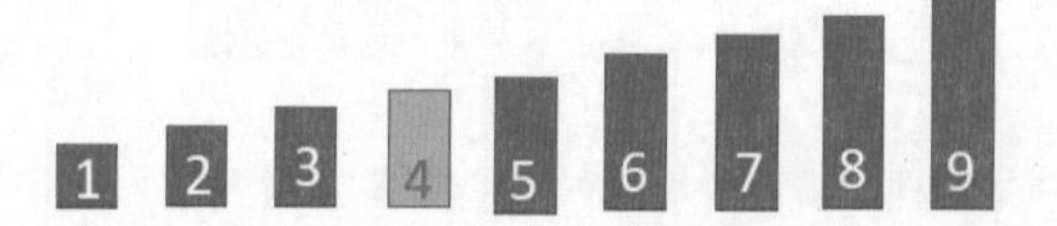

9-7-2　Python 程序实例

程序实例 ch9_11.py：使用 9-7-1 节的测试数据执行快速排序，同时打印排序结果。

```
1  # ch9_11.py
2  import random
3
4  def quick_sort(nLst):
5      ''' 快速排序法 '''
6      if len(nLst) <= 1:
7          return nLst
8
9      left = []                              # 左边列表
10     right= []                              # 右边列表
11     piv = []                               # 基准列表
12     pivot = random.choice(nLst)            # 随机设定基准
13     for val in nLst:                       # 分类
14         if val == pivot:
15             piv.append(val)                # 加入基准列表
16         elif val < pivot:                  # 如果小于基准
17             left.append(val)               # 加入左边列表
18         else:
19             right.append(val)              # 加入右边列表
20     return quick_sort(left) + piv + quick_sort(right)
21
22  data = [6, 1, 5, 7, 3, 9, 4, 2, 8]
23  print("原始列表 : ", data)
24  print("排序结果 : ", quick_sort(data))
```

执行结果

```
==================== RESTART: D:\Algorithm\ch9\ch9_11.py ====================
原始列表 :  [6, 1, 5, 7, 3, 9, 4, 2, 8]
排序结果 :  [1, 2, 3, 4, 5, 6, 7, 8, 9]
```

9-8　合并排序 (merge sort)

9-8-1　图解合并排序算法

合并排序是著名美国籍的犹太数学家约翰・冯・诺伊曼 (John von Neumann) 在 1945 年提出的，算法的精神是分治法 (Divide and Conquer)，主要是先将欲排序的序列分割 (divide) 成几乎等长的序列，这个动作重复处理直到序列只剩下一个元素无法再分割。接着合并 (conquer) 被分割的数列，主要是将已排序的最小单位数列合并，重复处理直到合并为与原数列相同大小。

假设有一个列表内含 7 个数据，如下所示：

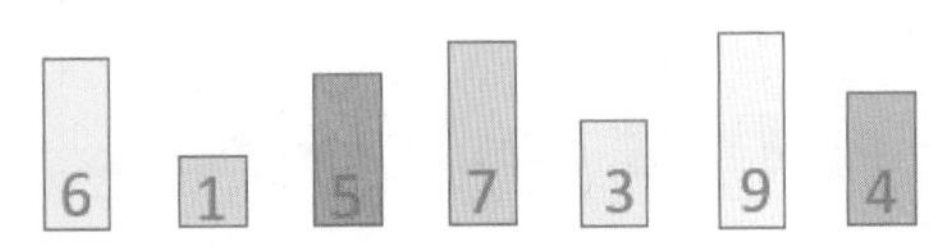

第 1 个步骤是将序列数字平均分割 (divide) 如下：

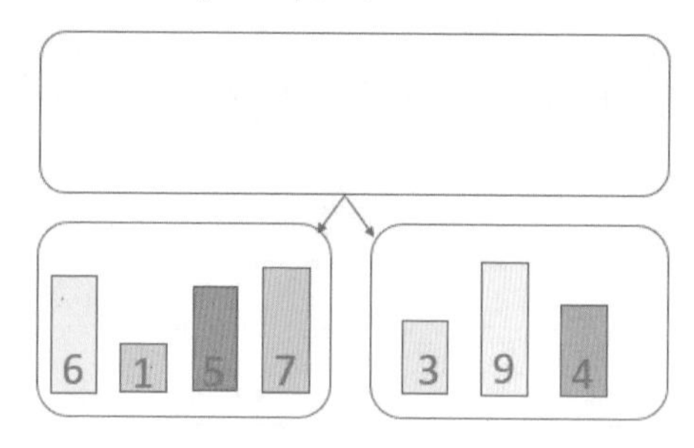

第 2 个步骤是将序列数字进一步平均分割 (divide) 如下：

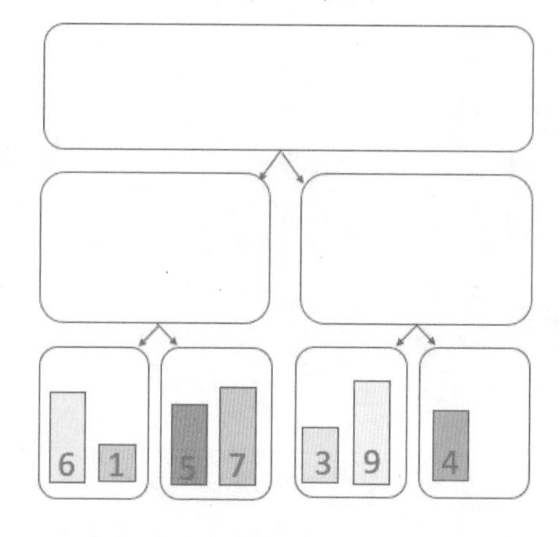

第 3 个步骤是将序列数字进一步平均分割 (divide) 如下：

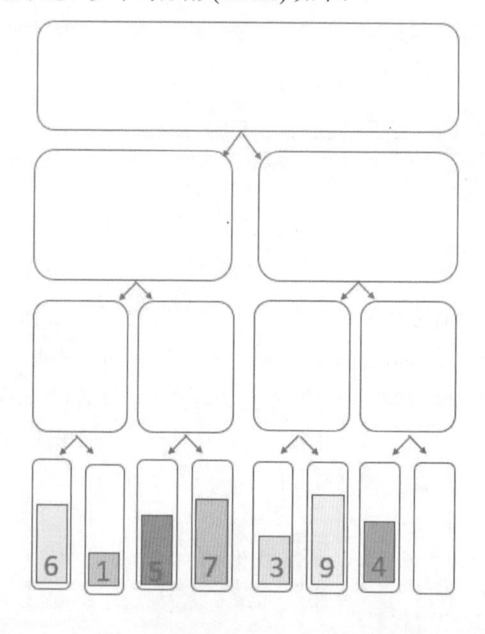

当每个序列只剩 1 个或 0 个元素时，就算分割完成，接着是合并 (conquer)，合并时必须从小到大排列，所以 6、1 必须合并为 [1， 6]，5、7 必须合并为 [5， 7]。

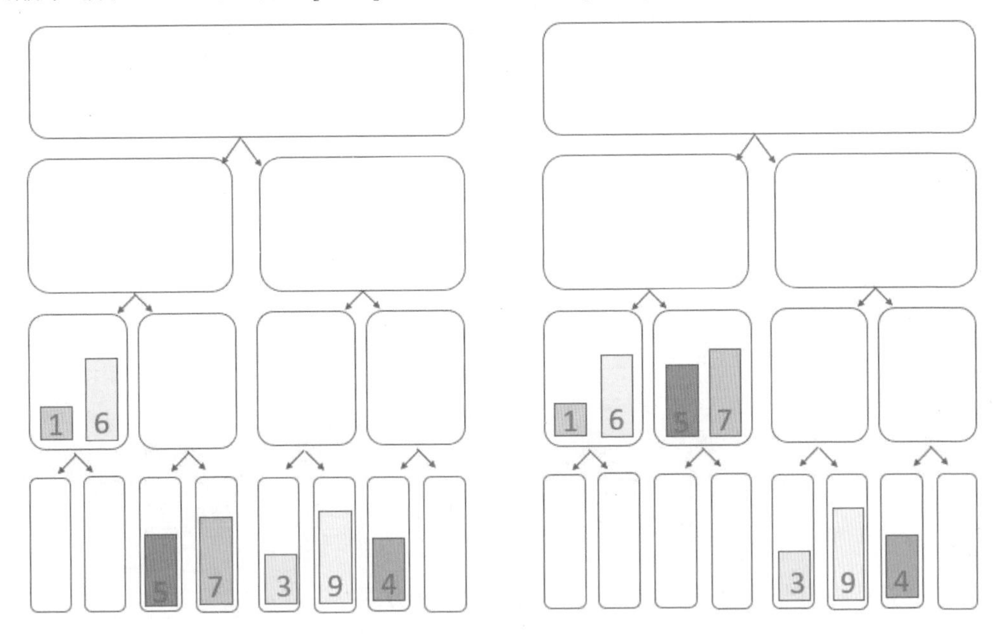

下一步是合并 [1， 6] 和 [5， 7]，合并时较小的数据先移动。下方左图是移动 [1， 6] 和 [5， 7] 中最小的 1，下方右图是移动 [6] 和 [5， 7] 中最小的 5。

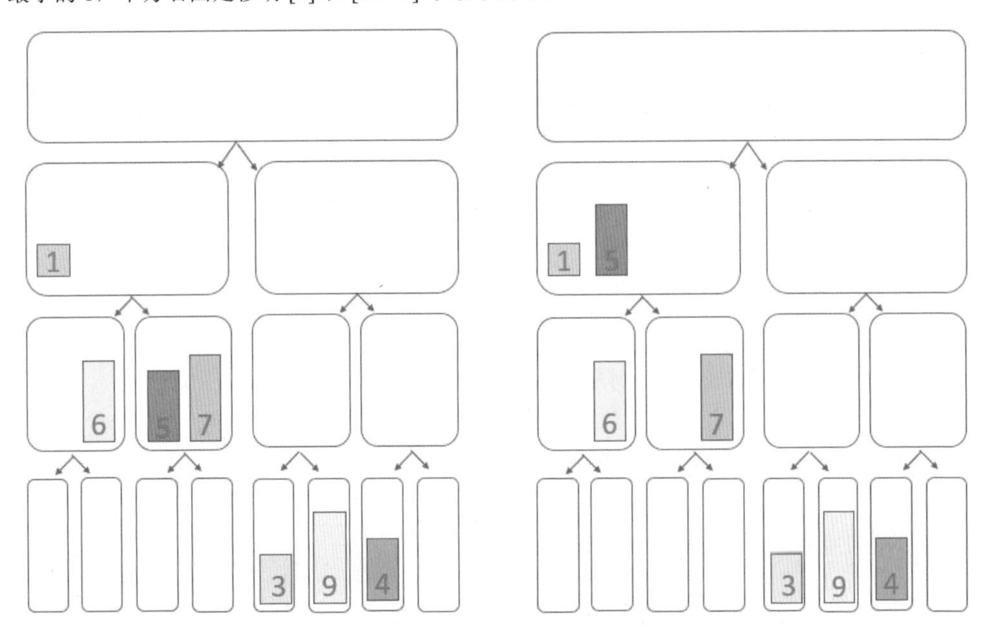

下方左图是移动 [6] 和 [7] 中最小的 6，下方右图是移动剩下的 7。

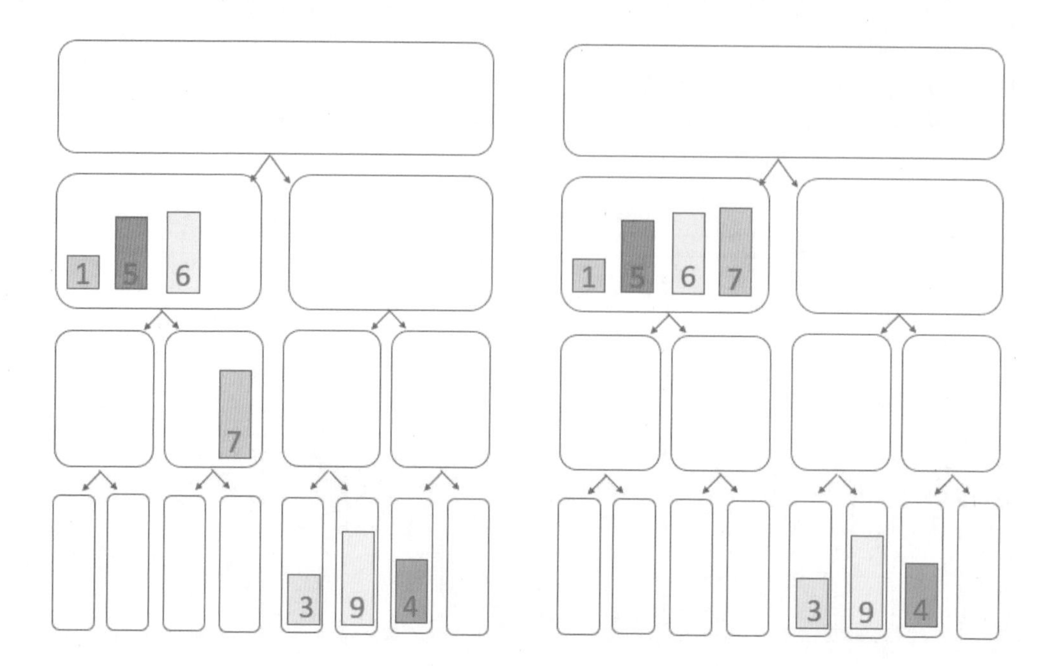

合并也是重复处理，数列 [3]、[9]、[4] 可以处理成下列方式：

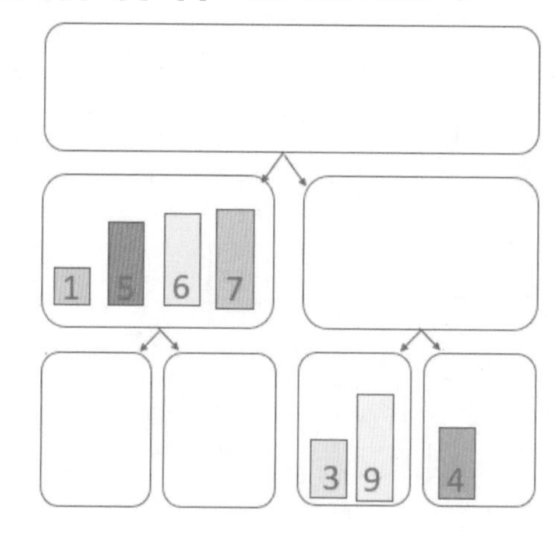

数列 [3， 9] 和 [4] 可以处理成下列方式：

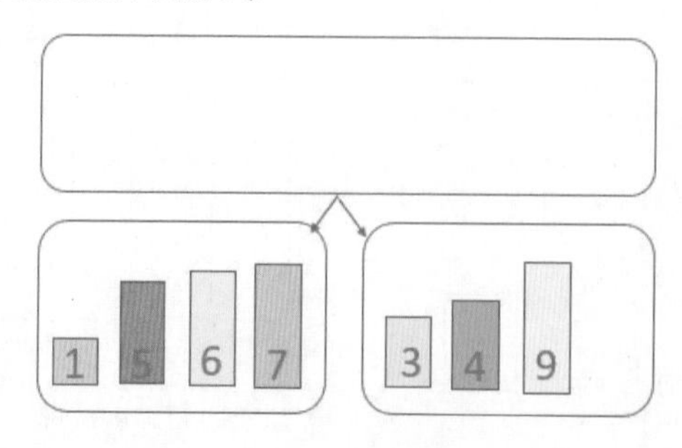

接着将 [1， 5， 6， 7] 和 [3， 4， 9] 合并，依据小的先移动，可以得到下列左边的结果。

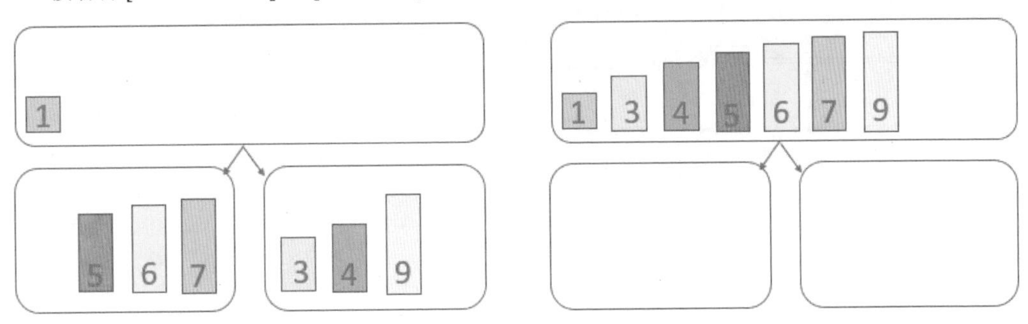

上述右边是依据小的数值先移动最后的执行结果。

如果数据有 n 个，则排序运行时间复杂度是 O(n log n)。

9-8-2　Python 程序实例

程序实例 ch9_12.py：使用 9-8-1 节的测试数据执行合并排序，同时打印排序结果。

```
1  # ch9_12.py
2  def merge(left, right):
3      ''' 两数列合并 '''
4      output = []
5      while left and right:
6          if left[0] <= right[0]:
7              output.append(left.pop(0))
8          else:
9              output.append(right.pop(0))
10     if left:
11         output += left
12     if right:
13         output += right
14     return output
15
16 def merge_sort(nLst):
17     ''' 合并排序 '''
18     if len(nLst) <= 1:                        # 剩下一个或0个元素直接返回
19         return nLst
20     mid = len(nLst) // 2                      # 取中间索引
21     # 切割(divide)数列
22     left = nLst[:mid]                         # 取左半段
23     right = nLst[mid:]                        # 取右半段
24     # 处理左序列和右边序列
25     left = merge_sort(left)                   # 左边排序
26     right = merge_sort(right)                 # 右边排序
27     # 递归执行合并
28     return merge(left, right)                 # 传回合并
29
30 data = [6, 1, 5, 7, 3, 9, 4]
31 print("原始列表 : ", data)
32 print("排序结果 : ", merge_sort(data))
```

执行结果

```
==================== RESTART: D:\Algorithm\ch9\ch9_12.py ====================
原始列表 :  [6, 1, 5, 7, 3, 9, 4]
排序结果 :  [1, 3, 4, 5, 6, 7, 9]
```

9-9 习题

1. 请重新设计 ch9_1.py，请由大到小排序。

```
==================== RESTART: D:\Algorithm\ex\ex9_1.py ====================
原始列表 :  [6, 1, 5, 7, 3]
第 1 次外圈排序
第 1 次内圈排序 :  [6, 1, 5, 7, 3]
第 2 次内圈排序 :  [6, 5, 1, 7, 3]
第 3 次内圈排序 :  [6, 5, 7, 1, 3]
第 4 次内圈排序 :  [6, 5, 7, 3, 1]
第 2 次外圈排序
第 1 次内圈排序 :  [6, 5, 7, 3, 1]
第 2 次内圈排序 :  [6, 7, 5, 3, 1]
第 3 次内圈排序 :  [6, 7, 5, 3, 1]
第 3 次外圈排序
第 1 次内圈排序 :  [7, 6, 5, 3, 1]
第 2 次内圈排序 :  [7, 6, 5, 3, 1]
第 4 次外圈排序
第 1 次内圈排序 :  [7, 6, 5, 3, 1]
排序结果 :  [7, 6, 5, 3, 1]
```

2. 有一个数据如下：

程序语言	使用人次
Python	98789
C	56532
C#	88721
Java	90397
C++	63122
PHP	58000

可以使用任一种排序方法，对上述程序语言的使用人次由大往小排名，请注意数据必须对齐。

```
==================== RESTART: D:\Algorithm\ex\ex9_2.py ====================
程序语言使用率排行
1:Python   -- 使用次数 98789
2:Java     -- 使用次数 90397
3:C#       -- 使用次数 88721
4:C++      -- 使用次数 63122
5:PHP      -- 使用次数 58000
6:C        -- 使用次数 56532
```

3.　以下是北京几家旅馆的房价表。

旅馆名称	住宿定价 / 元
君悦酒店	5560
东方酒店	3450
北京大饭店	4200
喜来登酒店	5000
文华酒店	5200

请设计程序由低价位开始排序。

```
==================== RESTART: D:\Algorithm\ex\ex9_3.py ====================
北京酒店定价排行
东方酒店    -- 3450
北京大饭店 -- 4200
喜来登酒店 -- 5000
文华酒店    -- 5200
君悦酒店    -- 5560
```

4.　请重新设计 ch9_1.py，可以输入任意数量的数值元素，输入 Q 或 q 才停止输入，这次是执行从大排到小。

```
==================== RESTART: D:\Algorithm\ex\ex9_4.py ====================
请输入数值(Q或q代表输入结束) : 65
请输入数值(Q或q代表输入结束) : 39
请输入数值(Q或q代表输入结束) : 10
请输入数值(Q或q代表输入结束) : 21
请输入数值(Q或q代表输入结束) : 8
请输入数值(Q或q代表输入结束) : q
原始列表 :  [65, 39, 10, 21, 8]
第 1 次外圈排序
第 1 次内圈排序 :  [65, 39, 10, 21, 8]
第 2 次内圈排序 :  [65, 39, 10, 21, 8]
第 3 次内圈排序 :  [65, 39, 21, 10, 8]
第 4 次内圈排序 :  [65, 39, 21, 10, 8]
第 2 次外圈排序
第 1 次内圈排序 :  [65, 39, 21, 10, 8]
第 2 次内圈排序 :  [65, 39, 21, 10, 8]
第 3 次内圈排序 :  [65, 39, 21, 10, 8]
第 3 次外圈排序
第 1 次内圈排序 :  [65, 39, 21, 10, 8]
第 2 次内圈排序 :  [65, 39, 21, 10, 8]
第 4 次外圈排序
第 1 次内圈排序 :  [65, 39, 21, 10, 8]
排序结果 :  [65, 39, 21, 10, 8]
```

第 10 章

数据搜寻

搜寻是计算机科学中很重要的一个内容，长久以来研究人员一直在尝试从一堆数据中花最少的时间找到想要的数据。本章笔者将解说顺序搜寻法 (sequential search) 和二分搜寻法 (binary search)。

10-1 顺序搜寻法 (sequential search)

这是非常容易的搜寻方法，通常用在序列数据没有排序的情况，主要是将搜寻值 (key) 与序列数据一个一个比较，直到找到与搜寻值相同的数据或是所有数据搜寻结束为止。

10-1-1 图解顺序搜寻算法

有一系列数字如下：

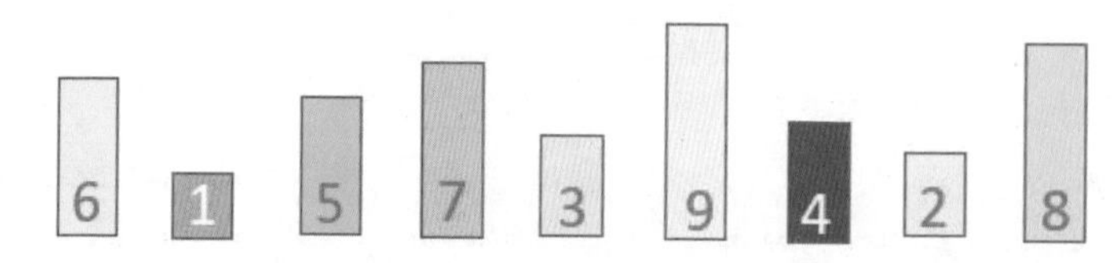

假设现在要搜寻 3，首先将 3 和序列中索引 0 的第 1 个数字 6 做比较：

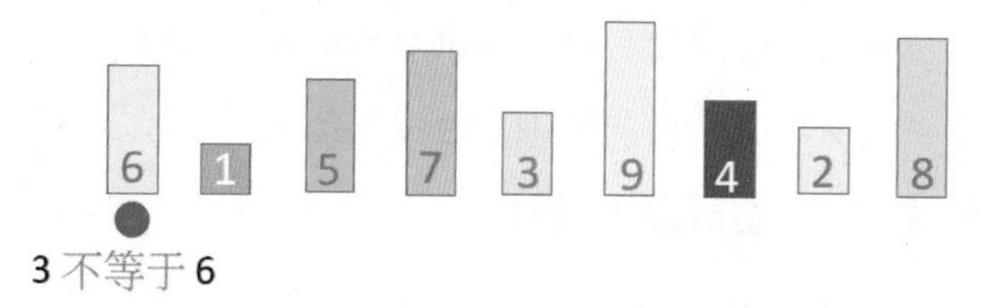

当不等于发生时，可以继续往右边比较，在继续比较过程中会找到 3，如下所示：

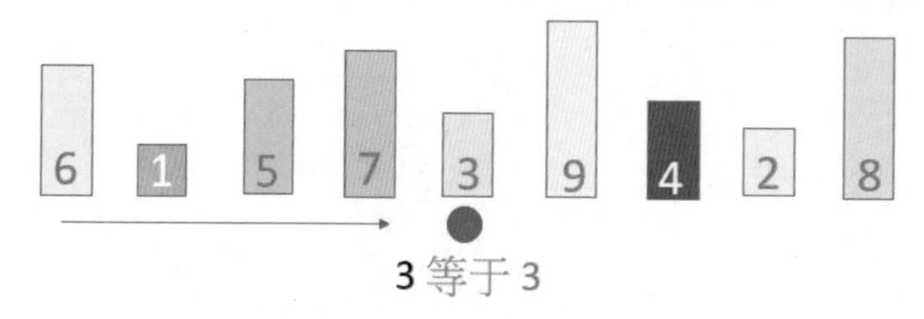

现在 3 找到了，程序可以执行结束。如果找到最后还没找到，就表示此数列没有 3。由于整个过程很可能需要找寻 n 次，平均是找寻 n / 2 次，所以时间复杂度是 O(n)。

10-1-2 Python 程序实例

程序实例 ch10_1.py：请输入搜寻值，如果找到此程序会传回索引值，同时列出搜寻次数，如果找不到会传回“查无此搜寻号码”。

```
1  # ch10_1.py
2  def sequential_search(nLst):
3      for i in range(len(nLst)):
4          if nLst[i] == key:          # 找到了
5              return i                # 传回索引值
6      return -1                       # 找不到传回-1
7
8  data = [6, 1, 5, 7, 3, 9, 4, 2, 8]
9  key = eval(input("请输入搜寻值 : "))
10 index = sequential_search(data)
11 if index != -1:
12     print("在 %d 索引位置找到了共找了 %d 次" % (index, (index + 1)))
13 else:
14     print("查无此搜寻号码")
```

执行结果

```
==================== RESTART: D:\Algorithm\ch10\ch10_1.py ====================
请输入搜寻值 : 9
在 5 索引位置找到了共找了 6 次
>>>
==================== RESTART: D:\Algorithm\ch10\ch10_1.py ====================
请输入搜寻值 : 10
查无此搜寻号码
```

10-2 二分搜寻法 (binary search)

10-2-1 图解二分搜寻法

要执行二分搜寻法 (binary search)，首先要将数据排序 (sort)，然后将搜寻值 (key) 与中间值开始比较，如果搜寻值大于中间值，则下一次往右边 (较大值边) 搜寻，否则往左边 (较小值边) 搜寻。上述动作持续进行，直到找到搜寻值或是所有数据搜寻结束才停止。假设有一系列数字如下，搜寻数字是 3：

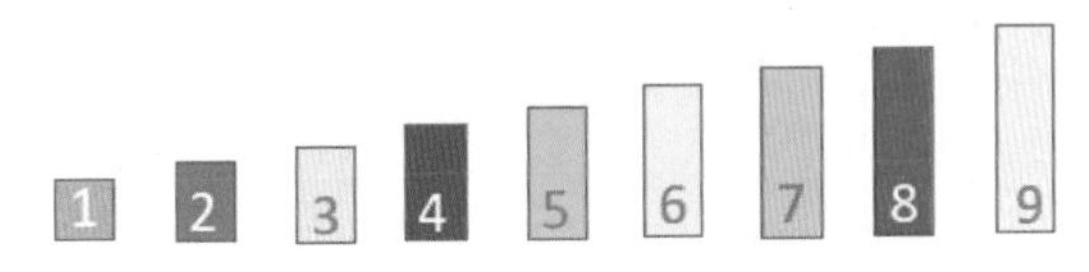

第 1 步，将数列分成一半，中间值是 5，由于 3 小于 5，所以往左边搜寻。

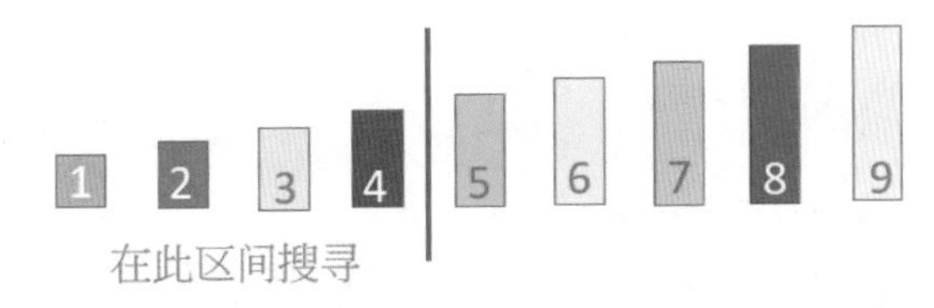

第 2 步，目前数值 1 是索引 0，数值 4 是索引 3，(0 + 3) // 2，所以中间值是索引 1 的数值 2，由

于 3 大于 2，所以往右边搜寻。

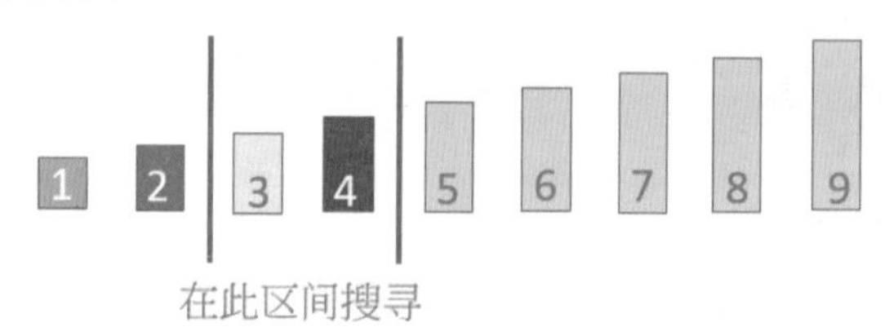

第 3 步，目前数值 3 是索引 2，数值 4 是索引 3，(2 + 3) // 2，所以中间值是索引 2 的数值 3，由于 3 等于 3，所以找到了。

上述每次搜寻可以让搜寻范围减半，当搜寻 log n 次时，搜寻范围就剩下一个数据，此时可以判断所搜寻的数据是否存在，所以搜寻的时间复杂度是 O(log n)。

10-2-2 Python 程序实例

程序实例 ch10_2.py：使用二分法搜寻列表内容，本程序的重点是第 2～21 行的 binary_search( ) 函数。

```
1  # ch10_2.py
2  def binary_search(nLst):
3      print("打印搜寻列表 : ",nLst)
4      low = 0                       # 列表的最小索引
5      high = len(nLst) - 1          # 列表的最大索引
6      middle = int((high + low) / 2)  # 中间索引
7      times = 0                     # 搜寻次数
8      while True:
9          times += 1
10         if key == nLst[middle]: # 表示找到了
11             rtn = middle
12             break
13         elif key > nLst[middle]:
14             low = middle + 1      # 下一次往右边搜寻
15         else:
16             high = middle - 1     # 下一次往左边搜寻
17         middle = int((high + low) / 2)  # 更新中间索引
18         if low > high:            # 所有元素比较结束
19             rtn = -1
20             break
21     return rtn, times
22
23 data = [19, 32, 28, 99, 10, 88, 62, 8, 6, 3]
24 sorted_data = sorted(data)      # 排序列表
25 key = int(input("请输入搜寻值 : "))
26 index, times = binary_search(sorted_data)
27 if index != -1:
28     print("在索引 %d 位置找到了,共找了 %d 次" % (index, times))
29 else:
30     print("查无此搜寻号码")
```

执行结果

```
==================== RESTART: D:\Algorithm\ch10\ch10_2.py ====================
请输入搜寻值 : 62
打印搜寻列表 :  [3, 6, 8, 10, 19, 28, 32, 62, 88, 99]
在索引 7 位置找到了,共找了 2 次
>>>
==================== RESTART: D:\Algorithm\ch10\ch10_2.py ====================
请输入搜寻值 : 1
打印搜寻列表 :  [3, 6, 8, 10, 19, 28, 32, 62, 88, 99]
查无此搜寻号码
```

10-3 搜寻最大值算法

在计算器科学中我们常用伪代码描述算法。例如，如果我们要找出列表元素的最大值，可以使用下列伪代码：

```
将输入数据放在列表
max = 列表 [0]
用 num 迭代列表每个元素:
    如果 列表值 num 大于最大值 max:
    最大值 max = 列表值 num
输出 max
```

程序实例 ch10_3.py：找寻最大值的算法。

```
1  # ch10_3.py
2  data = [10, 30, 90, 77, 65]
3  max = data[0]
4  for num in data:
5      if num > max:
6          max = num
7  print("最大值 : ", max)
```

执行结果

```
==================== RESTART: D:/Algorithm/ch10/ch10_3.py ====================
最大值 :  90
```

10-4 习题

1. 请重新设计 ch10_3.py，但是可以输入任意数量的数值元素，输入 Q 或 q 才停止输入，最后列出最小值。

```
==================== RESTART: D:\Algorithm\ex\ex10_1.py ====================
请输入数值(Q或q代表输入结束) : 32
请输入数值(Q或q代表输入结束) : 19
请输入数值(Q或q代表输入结束) : 21
请输入数值(Q或q代表输入结束) : 9
请输入数值(Q或q代表输入结束) : 99
请输入数值(Q或q代表输入结束) : q
最小值 :  9
>>>
==================== RESTART: D:\Algorithm\ex\ex10_1.py ====================
请输入数值(Q或q代表输入结束) : 88
请输入数值(Q或q代表输入结束) : 5
请输入数值(Q或q代表输入结束) : 99
请输入数值(Q或q代表输入结束) : Q
最小值 :  5
```

2. 先输入英文名字字符串建立列表，然后输入搜寻名字，如果找不到程序会输出“查无此搜寻姓名”，如果找到会输出“在索引 xx 位置找到”，同时列出找了几次。

```
==================== RESTART: D:\Algorithm\ex\ex10_2.py ====================
请输入姓名(Q或q代表输入结束) : John
请输入姓名(Q或q代表输入结束) : Tom
请输入姓名(Q或q代表输入结束) : Peter
请输入姓名(Q或q代表输入结束) : q
请输入搜寻姓名 : Linda
查无此搜寻姓名
>>>
==================== RESTART: D:\Algorithm\ex\ex10_2.py ====================
请输入姓名(Q或q代表输入结束) : John
请输入姓名(Q或q代表输入结束) : Kevin
请输入姓名(Q或q代表输入结束) : Mike
请输入姓名(Q或q代表输入结束) : q
请输入搜寻姓名 : Mike
在索引 2 位置找到了 Mike 共找了 3 次
```

3. 一个大公司在年会时一定会有抽奖活动，每个员工会有一个抽奖号码，我们可以使用字典记录抽奖号码的持有者，号码是键 (key)，名字是值 (value)。对于小部门而言，可以将自己部门的人建立成一个字典，然后输入兑奖号码，如果部门有人得奖可以输出得奖者，如果没人得奖则输出“我们小组没人得奖”。这个程序将部门人员使用字典方式存储，如下所示：

```
employee = {19:'John',
            32:'Tom',
            28:'Kevin',
            99:'Curry',
            10:'Peter',
           }  .....
```

下列是执行结果。

```
==================== RESTART: D:\Algorithm\ex\ex10_3.py ====================
请输入得奖号码 : 99
得奖者是 :  Curry
>>>
==================== RESTART: D:\Algorithm\ex\ex10_3.py ====================
请输入得奖号码 : 52
我们小组没人得奖
```

第 11 章

栈、回溯算法与迷宫

栈的应用有许多，这一章着重将栈与回溯（Backtracking）算法结合，设计走迷宫程序。其实回溯算法也是人工智能的一环，通常又称试错（try and error）算法，早期设计的计算机象棋游戏、五子棋游戏，大都是使用回溯算法。

11-1 走迷宫与回溯算法

一个简单的迷宫图形如下所示：

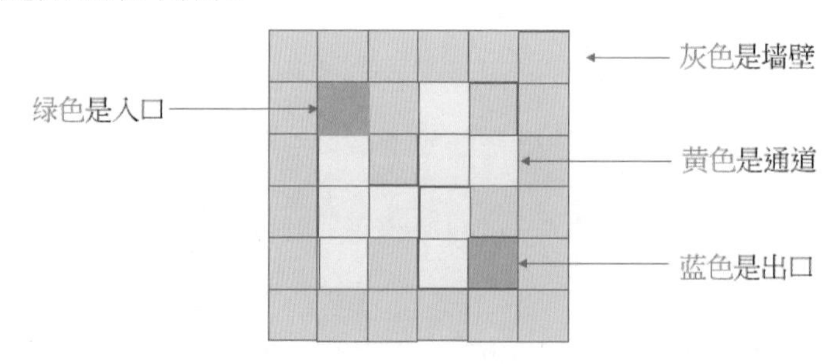

一个迷宫基本上由 4 种空格组成：

入口：迷宫的入口，笔者上图用绿色表示。

通道：迷宫的通道，笔者上图用黄色表示。

墙壁：迷宫的墙壁，不可通行，笔者上图用灰色表示。

出口：迷宫的出口，笔者上图用蓝色表示。

在走迷宫时，可以上、下、左、右行走，如下所示：

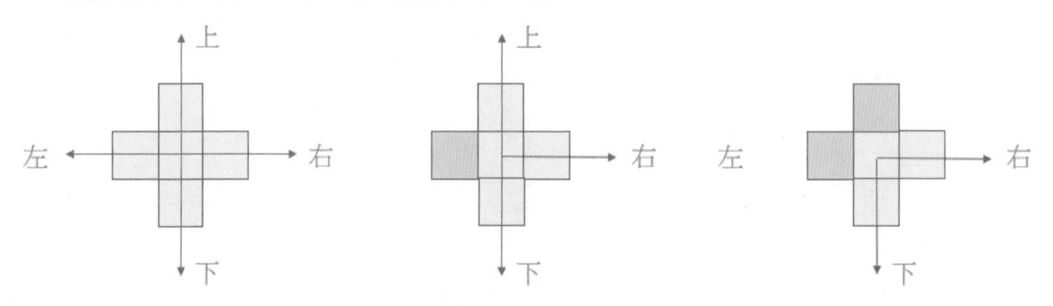

走迷宫时每次可以走一步，如果碰到墙壁不能穿越必须走其他方向。

第 1 步：假设你目前位置在入口处，可以参考下方左图。

第 1 步

第 2 步

第 2 步：如果依照上、下、左、右原则，应该向上走，但是往上是墙壁，所以必须往下走，然后必须将走过的路标记，此例是用浅绿色标记，所以上述右图是你在迷宫中的新位置。

第 3 步：接下来可以发现往上是走过的路，所以只能往下发（依据上、下、左、右原则，先不考虑左、右是墙壁），下方左图是新的迷宫位置。

第 4 步：接下来可以发现往上是走过的路，所以只能往下（依据上、下、左、右原则，先不考虑左、右），下方右图是新的迷宫位置。

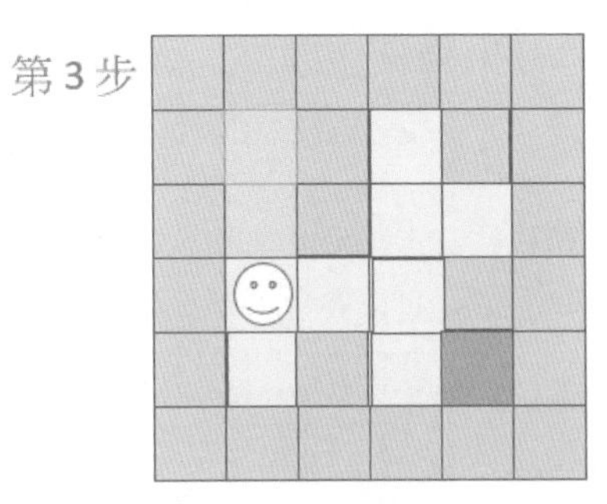

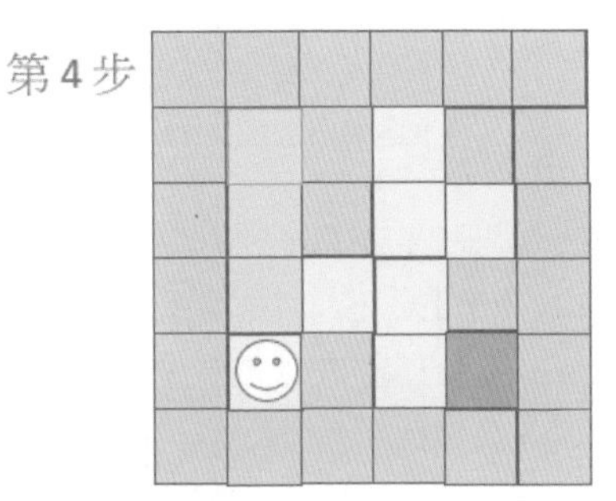

第 5 步：现在下、左、右皆是墙壁，所以回到前面走过的路，这一步就是回溯的关键，可参考下方左图，在此图中笔者将造成回溯的路另外标记，以防止再次造访。

第 6 步：现在上、下皆是走过的路，左边是墙壁，所以往右走，可以参考下方右图。

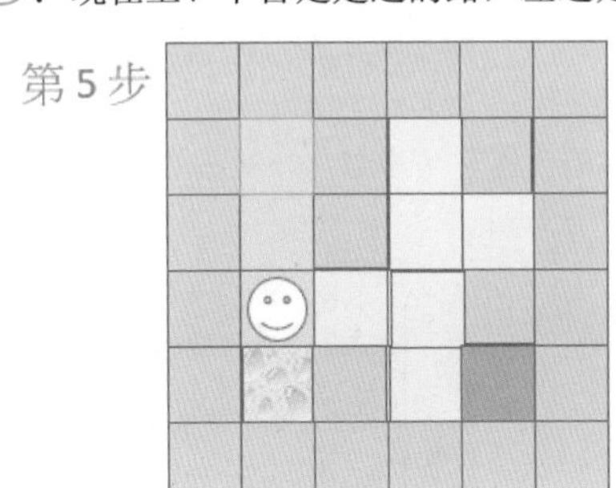

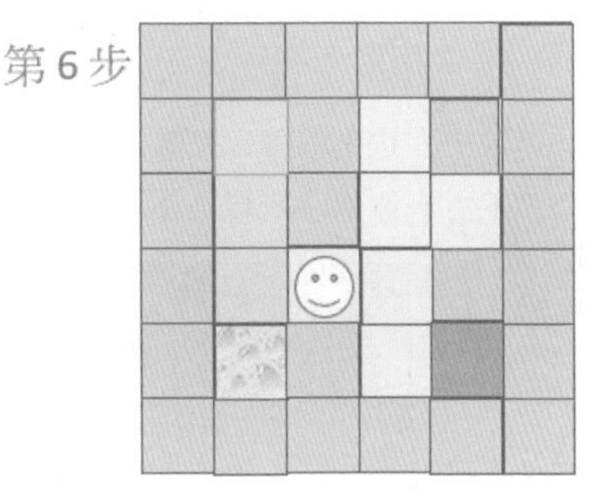

第 7 步：接下来上、下是墙壁，左边是走过的路，所以往右走，可以参考下方左图。

第 8 步：由于上方有路所以往上走，可以参考下方右图。

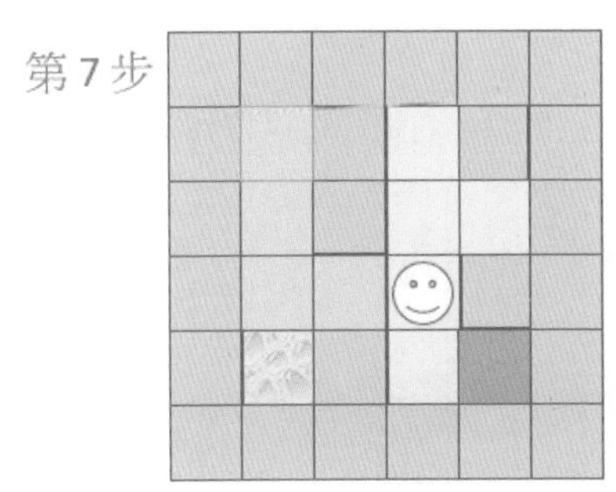

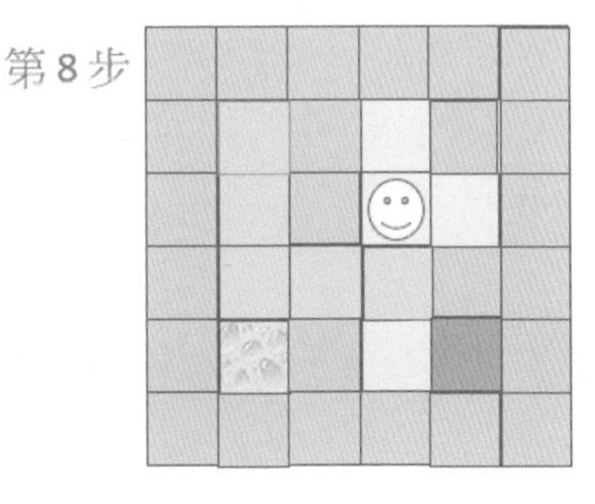

第 9 步：由于上方有路所以往上走，可以参考下方左图。

第 10 步：由于上、左、右皆是墙壁，所以回溯到前一个位置，可以参考下方右图。

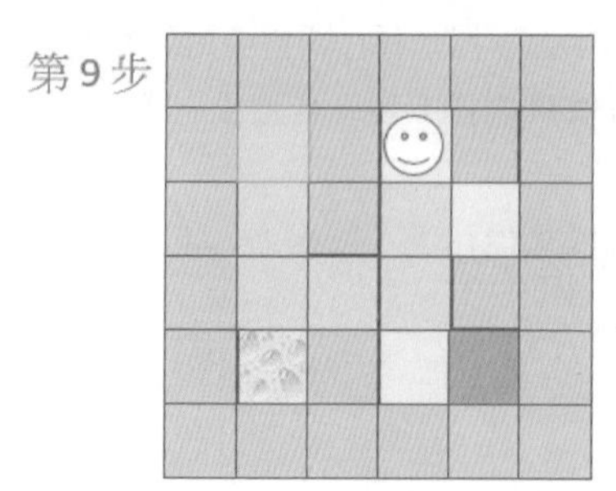

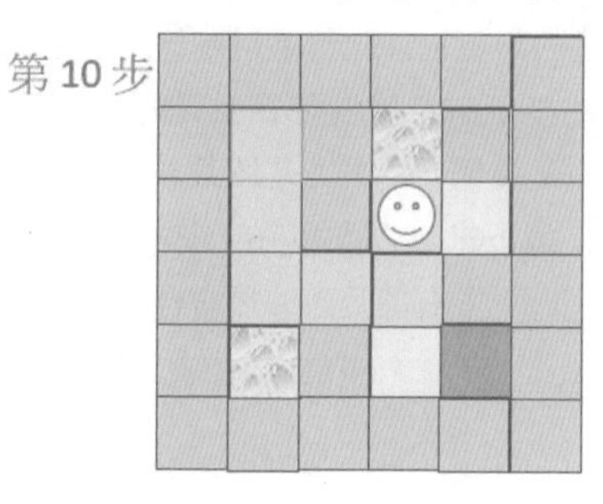

第 11 步：由于上、下是走过的路，左边是墙壁，所以往右走，可以参考下方左图。

第 12 步：由于上、下、右是墙壁，所以回溯到先前位置，可以参考下方右图。

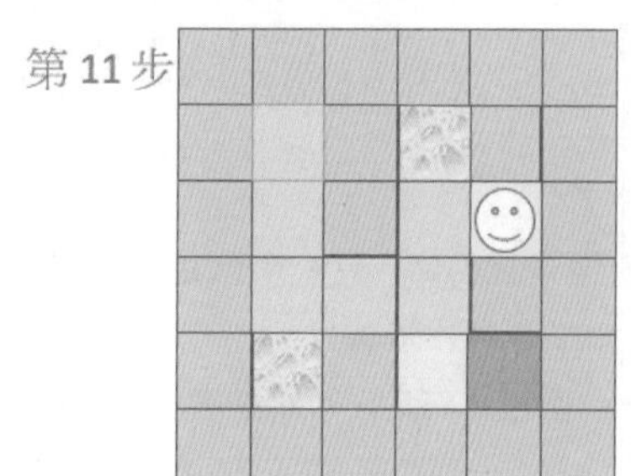

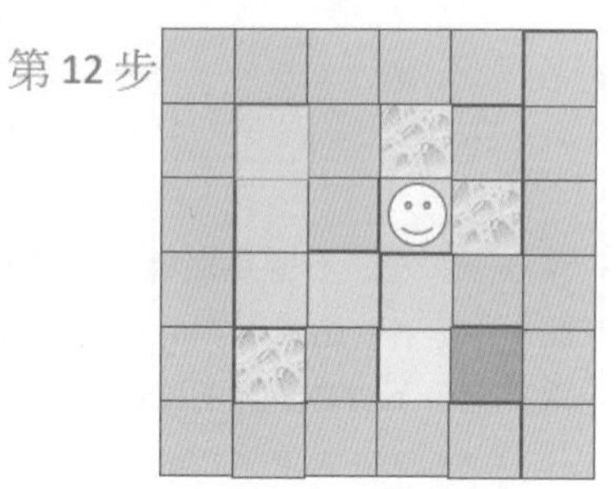

第 13 步：由于左边是墙壁，所以回溯到先前走过的位置，可以参考下方左图。

第 14 步：下方有通道，所以往下走，可以参考下方右图。

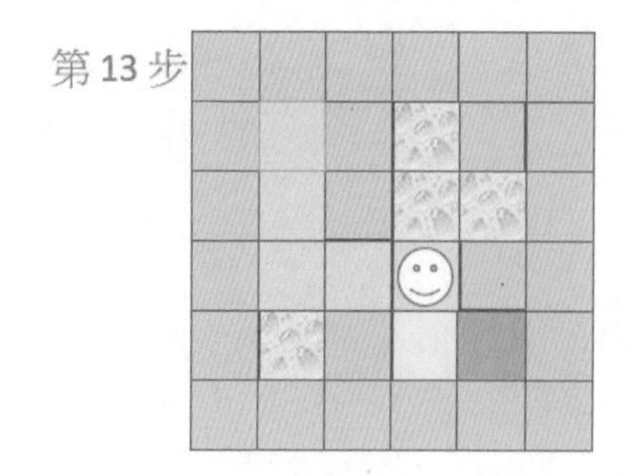

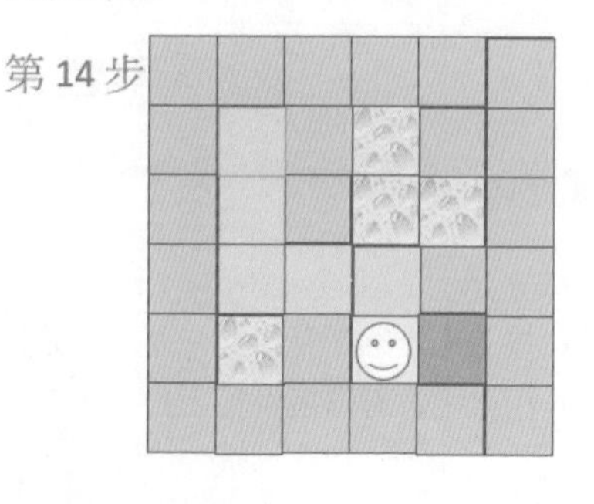

第 15 步：上方是走过的位置，左方和下方是墙壁，所以往右走，可以得到下列结果。

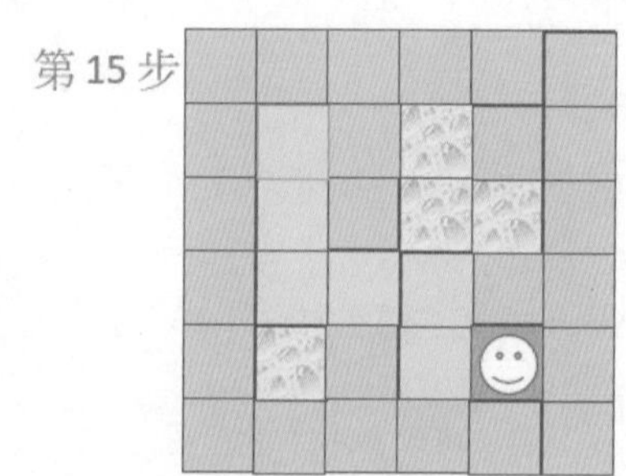

11-2 迷宫设计栈扮演的角色

在 11-1 节我们在第 2 步使用浅绿色标记走过的路，真实程序设计可以用栈存储走过的路。

11-1 节第 5 步我们使用回溯算法，所谓的回溯就是走以前走过的路，因为我们是将走过的路使用栈 (stack) 存储，基于后进先出原则，可以 pop 出前一步路径，这也是回溯的重点。当走完第 4 步时，迷宫与栈图形如下：

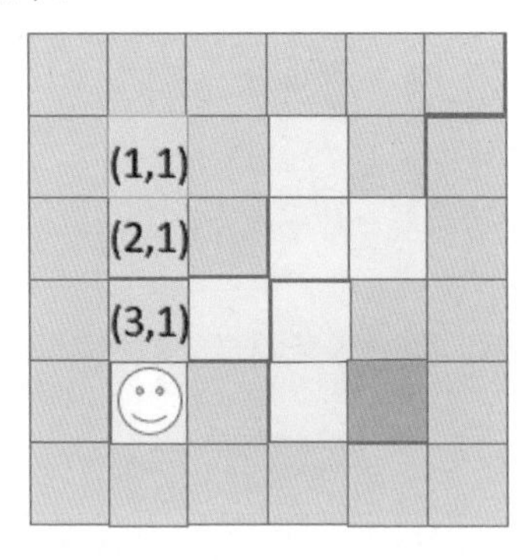

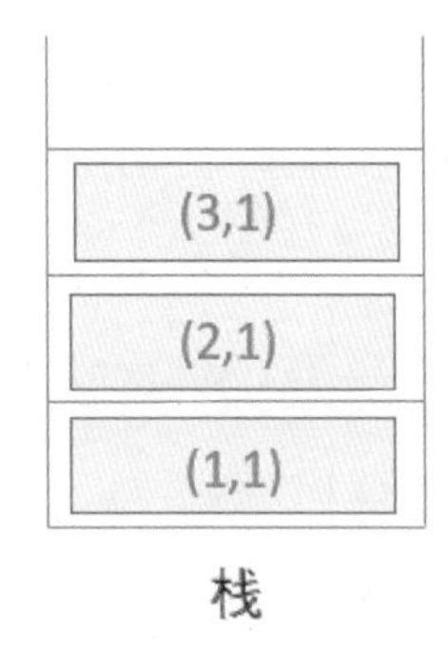

上述迷宫位置使用程序语言的 (row， column) 标记，所以第 5 步要使用回溯时，可以从栈 pop 出 (3， 1) 坐标，回到 (3， 1) 位置，结果如下所示：

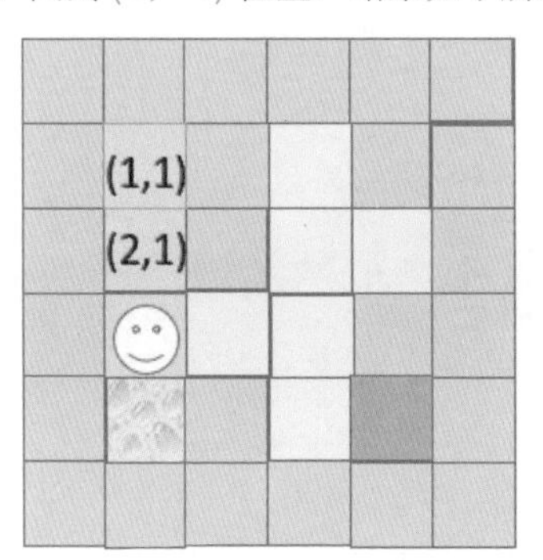

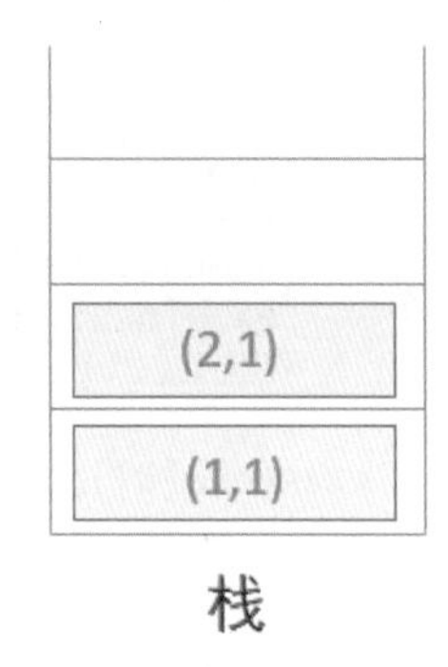

11-3 Python 程序走迷宫

使用 Python 设计走迷宫可以使用二维的列表，0 代表通道、1 代表墙壁，至于起点和终点也可以用 0 代表。

程序实例 ch11_1.py：使用 11-1 节的迷宫实例，其中所经过的路径用 2 表示，经过会造成无路可走的路径用 3 表示。程序第 41 行前 2 个参数是迷宫的入口，后 2 个参数是迷宫的出口。

```
1  # ch11_1.py
2  from pprint import pprint
3  maze = [                                          # 迷宫地图
4          [1, 1, 1, 1, 1, 1],
5          [1, 0, 1, 0, 1, 1],
6          [1, 0, 1, 0, 0, 1],
7          [1, 0, 0, 0, 1, 1],
8          [1, 0, 1, 0, 0, 1],
9          [1, 1, 1, 1, 1, 1]
10        ]
11 directions = [                                    # 使用列表设计走迷宫方向
12               lambda x, y: (x-1, y),              # 往上走
13               lambda x, y: (x+1, y),              # 往下走
14               lambda x, y: (x, y-1),              # 往左走
15               lambda x, y: (x, y+1),              # 往右走
16              ]
17 def maze_solve(x, y, goal_x, goal_y):
18     ''' 解迷宫程序 x, y是迷宫入口, goal_x, goal_y是迷宫出口'''
19     maze[x][y] = 2
20     stack = []                                    # 建立路径栈
21     stack.append((x, y))                          # 将路径push入栈
22     print('迷宫开始')
23     while (len(stack) > 0):
24         cur = stack[-1]                           # 目前位置
25         if cur[0] == goal_x and cur[1] == goal_y:
26             print('抵达出口')
27             return True                           # 抵达出口返回True
28         for dir in directions:                    # 依上、下、左、右优先次序走此迷宫
29             next = dir(cur[0], cur[1])
30             if maze[next[0]][next[1]] == 0:       # 如果是通道可以走
31                 stack.append(next)
32                 maze[next[0]][next[1]] = 2        # 用2标记走过的路
33                 break
34         else:                                     # 如果进入死路，则回溯
35             maze[cur[0]][cur[1]] = 3              # 标记死路
36             stack.pop()                           # 回溯
37     else:
38         print("没有路径")
39         return False
40
41 maze_solve(1, 1, 4, 4)
42 pprint(maze)                                      # 跳行显示元素
```

执行结果

```
==================== RESTART: D:\Algorithm\ch11\ch11_1.py ====================
迷宫开始
抵达出口
[[1, 1, 1, 1, 1, 1],
 [1, 2, 1, 3, 1, 1],
 [1, 2, 1, 3, 3, 1],
 [1, 2, 2, 2, 1, 1],
 [1, 3, 1, 2, 2, 1],
 [1, 1, 1, 1, 1, 1]]
```

程序实例 ch11_2.py：程序实例 ch11_1.py 是适合任意的迷宫，下列是扩充迷宫规模的结果。

```
1  # ch11_2.py
2  from pprint import pprint
3  maze = [                                                # 迷宫地图
4      [1, 1, 1, 1, 1, 1, 1, 1, 1, 1],
5      [1, 0, 1, 1, 0, 0, 0, 1, 0, 1],
6      [1, 0, 1, 1, 0, 1, 0, 1, 0, 1],
7      [1, 0, 1, 0, 0, 1, 1, 0, 0, 1],
8      [1, 0, 1, 0, 1, 0, 1, 1, 0, 1],
9      [1, 0, 0, 0, 1, 0, 0, 0, 0, 1],
10     [1, 0, 1, 0, 0, 0, 1, 1, 0, 1],
11     [1, 0, 1, 1, 1, 0, 1, 1, 0, 1],
12     [1, 1, 0, 0, 0, 0, 0, 0, 0, 1],
13     [1, 1, 1, 1, 1, 1, 1, 1, 1, 1]
14 ]
15 directions = [                                          # 使用列表设计走迷宫方向
16                 lambda x, y: (x-1, y),                  # 往上走
17                 lambda x, y: (x+1, y),                  # 往下走
18                 lambda x, y: (x, y-1),                  # 往左走
19                 lambda x, y: (x, y+1),                  # 往右走
20               ]
21 def maze_solve(x, y, goal_x, goal_y):
22     ''' 解迷宫程序 x, y是迷宫入口, goal_x, goal_y是迷宫出口'''
23     maze[x][y] = 2
24     stack = []                                          # 建立路径栈
25     stack.append((x, y))                                # 将路径push入栈
26     print('迷宫开始')
27     while (len(stack) > 0):
28         cur = stack[-1]                                 # 目前位置
29         if cur[0] == goal_x and cur[1] == goal_y:
30             print('抵达出口')
31             return True                                 # 抵达出口返回True
32         for dir in directions:                          # 依上、下、左、右优先次序走此迷宫
33             next = dir(cur[0], cur[1])
34             if maze[next[0]][next[1]] == 0:             # 如果是通道可以走
35                 stack.append(next)
36                 maze[next[0]][next[1]] = 2              # 用2标记走过的路
37                 break
38         else:                                           # 如果进入死路，则回溯
39             maze[cur[0]][cur[1]] = 3                    # 标记死路
40             stack.pop()                                 # 回溯
41     else:
42         print("没有路径")
43         return False
44 
45 maze_solve(1, 1, 8, 2)
46 pprint(maze)                                            # 跳行显示元素
```

执行结果

```
==================== RESTART: D:\Algorithm\ch11\ch11_2.py ====================
迷宫开始
抵达出口
[[1, 1, 1, 1, 1, 1, 1, 1, 1, 1],
 [1, 2, 1, 1, 3, 3, 3, 1, 3, 1],     入口
 [1, 2, 1, 1, 3, 1, 3, 1, 3, 1],
 [1, 2, 1, 3, 3, 1, 1, 3, 3, 1],
 [1, 2, 1, 3, 1, 3, 1, 1, 3, 1],
 [1, 2, 2, 2, 1, 2, 2, 2, 2, 1],
 [1, 3, 1, 2, 2, 2, 1, 1, 2, 1],
 [1, 3, 1, 1, 1, 3, 1, 1, 2, 1],
 [1, 1, 2, 2, 2, 2, 2, 2, 2, 1],     出口
 [1, 1, 1, 1, 1, 1, 1, 1, 1, 1]]
```

11-4 习题

1. 请扩充程序实例 ch11_1.py，增加输出所走的路径。

```
==================== RESTART: D:\Algorithm\ex\ex11_1.py ====================
迷宫开始
目前位置 : (1, 1)
目前位置 : (2, 1)
目前位置 : (3, 1)
目前位置 : (4, 1)
目前位置 : (3, 1)
目前位置 : (3, 2)
目前位置 : (3, 3)
目前位置 : (2, 3)
目前位置 : (1, 3)
目前位置 : (2, 3)
目前位置 : (2, 4)
目前位置 : (2, 3)
目前位置 : (3, 3)
目前位置 : (4, 3)
目前位置 : (4, 4)
抵达出口
[[1, 1, 1, 1, 1, 1],
 [1, 2, 1, 3, 1, 1],
 [1, 2, 1, 3, 3, 1],
 [1, 2, 2, 2, 1, 1],
 [1, 3, 1, 2, 2, 1],
 [1, 1, 1, 1, 1, 1]]
```

2. 请扩充程序实例 ch11_2.py，本程序先显示迷宫画面，迷宫入口与出口可自行输入，下列是结果画面。

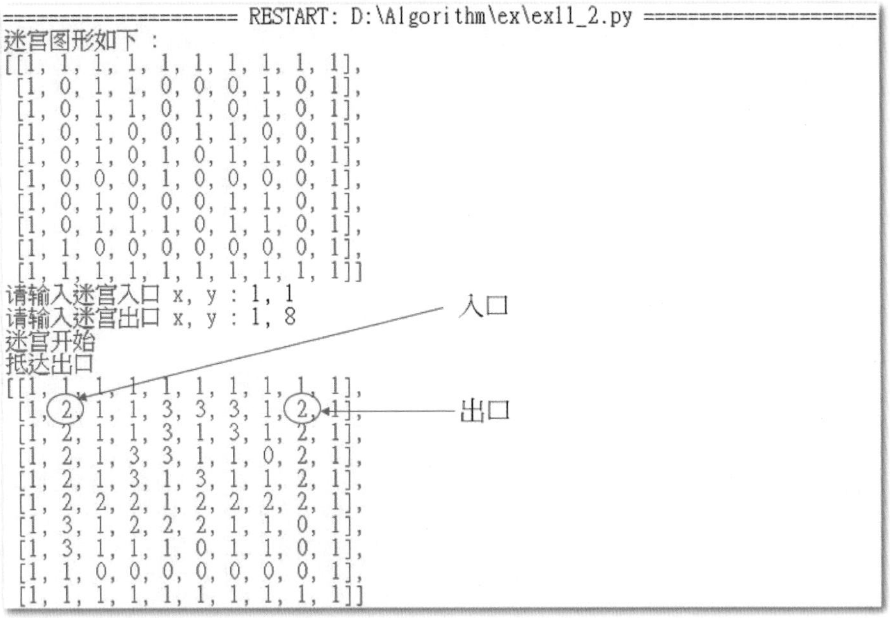

```
===================== RESTART: D:\Algorithm\ex\ex11_2.py =====================
迷宫图形如下 :
[[1, 1, 1, 1, 1, 1, 1, 1, 1, 1],
 [1, 0, 1, 1, 0, 0, 0, 1, 0, 1],
 [1, 0, 1, 1, 0, 1, 0, 1, 0, 1],
 [1, 0, 1, 0, 0, 1, 1, 0, 0, 1],
 [1, 0, 1, 0, 1, 0, 1, 1, 0, 1],
 [1, 0, 0, 0, 1, 0, 0, 0, 0, 1],
 [1, 0, 1, 0, 0, 0, 1, 1, 0, 1],
 [1, 0, 1, 1, 1, 0, 1, 1, 0, 1],
 [1, 1, 0, 0, 0, 0, 0, 0, 0, 1],
 [1, 1, 1, 1, 1, 1, 1, 1, 1, 1]]
请输入迷宫入口 x, y : 1, 1
请输入迷宫出口 x, y : 1, 8
迷宫开始
抵达出口
[[1, 1, 1, 1, 1, 1, 1, 1, 1, 1],
 [1, 2, 1, 1, 3, 3, 3, 1, 2, 1],
 [1, 2, 1, 1, 3, 1, 3, 1, 2, 1],
 [1, 2, 1, 3, 3, 1, 1, 0, 2, 1],
 [1, 2, 1, 3, 1, 3, 1, 1, 2, 1],
 [1, 2, 2, 2, 1, 2, 2, 2, 2, 1],
 [1, 3, 1, 2, 2, 2, 1, 1, 0, 1],
 [1, 3, 1, 1, 1, 0, 1, 1, 0, 1],
 [1, 1, 0, 0, 0, 0, 0, 0, 0, 1],
 [1, 1, 1, 1, 1, 1, 1, 1, 1, 1]]
```

入口

出口

第 1 2 章

从递归看经典算法

递归 (Recursive) 是一个非常有用的程序技术，一般的程序语言书籍在介绍函数单元时，大都会提到有关递归的使用方式与概念，也大都以著名的阶乘 (factorial) 问题做说明。笔者在第 9 章中大都以递归方式设计各种排序函数，本章将以递归为基础，讲解算法的经典应用。

递归的关键点就是一个调用自己的函数，在调用自己时相当于一个问题产生了子问题，子问题在调用自己的过程中再度产生新的子问题，为了要终止递归函数，必须在递归函数中设计一个条件可以终止递归。当达到终止条件时，结果可以返回给调用者，然后调用者执行计算，再将结果返回它的调用者，直到返回原始调用者。

其实本书已经使用了很多递归调用的实例了，本节开始笔者还是想先介绍简单的递归实例。

程序实例 ch12_1.py：使用递归调用计算列表的总和。

```
1  # ch12_1.py
2  def mysum(nLst):
3      if nLst == []:
4          return 0
5      return nLst[0] + mysum(nLst[1:])
6
7  data = [6, 1, 5]
8  print('mysum = ', mysum(data))
```

执行结果

```
=================== RESTART: D:\Algorithm\ch12\ch12_1.py ===================
mysum =  12
```

上述最关键的语法是第 5 行的 mysum(nLst[1：])，[1：] 是切片，重点是取列表索引 1 到最后。

12-1 斐波那契 (Fibonacci) 数列

斐波那契是意大利的数学家 (约 1170—1250)，出生在比萨，为了计算兔子成长率的问题，他思考出各代兔子的个数可形成一个数列，此数列就是斐波那契 (Fibonacci) 数列。使用递归计算斐波那契 (Fibonacci) 数列的公式如下：

```
fib(0)  = 0
fib(1)  = 1
fib(n)  = fib(n-1) + fib(n-2)          n >= 2
```

程序实例 ch12_2.py：输入 n 值，本程序会输出 0 ～ n 的斐波那契 (Fibonacci) 值。

```
1  # ch12_2.py
2
3  def fib(i):
4      ''' 计算 Fibonacci number '''
5      if i == 0:                                  # 定义 0
6          return 0
7      elif i == 1:                                # 定义 1
8          return 1
9      else:                                       # 执行递归计算
10         return fib(i - 1) + fib(i - 2)
11
12 n = eval(input("请输入 Fibonacci number: "))
13 for i in range(n+1):
14     print("n = {},    Fib({}) = {}".format(i, i, fib(i)))
```

执行结果

```
==================== RESTART: D:\Algorithm\ch12\ch12_2.py ====================
请输入 Fibonacci number: 9
n = 0,    Fib(0) = 0
n = 1,    Fib(1) = 1
n = 2,    Fib(2) = 1
n = 3,    Fib(3) = 2
n = 4,    Fib(4) = 3
n = 5,    Fib(5) = 5
n = 6,    Fib(6) = 8
n = 7,    Fib(7) = 13
n = 8,    Fib(8) = 21
n = 9,    Fib(9) = 34
```

12-2 河内塔算法

12-2-1 了解河内塔问题

在计算机界学习程序语言，碰上递归式调用时，最典型的应用是河内塔 (Tower of Hanoi) 问题，这是由法国数学家爱德华·卢卡斯 (François Édouard Anatole Lucas) 在 1883 年提出的问题。河内塔问题如果使用递归 (recursive) 非常容易解决，如果不使用递归则是一个非常难的问题。

河内塔问题的概念是有 3 根木桩，我们可以定义为 A、B、C，在 A 木桩上有 n 个穿孔的圆盘，从上到下的圆盘可以用 1、2、3、…、n 做标记，圆盘的尺寸由下到上依次变小，它的移动规则如下：

（1）每次只能移动一个圆盘。

（2）只能移动最上方的圆盘。

（3）必须保持小的圆盘在大的圆盘上方。

只要保持上述规则，圆盘可以移动至任何其他 2 根木桩。这个问题是借助 B 木桩，将所有圆盘移到 C 木桩。

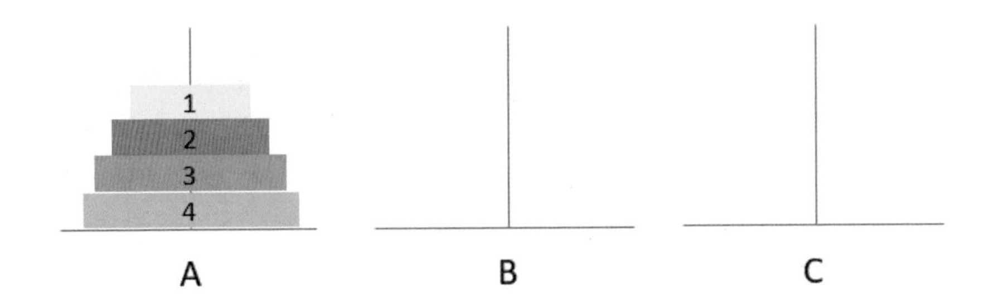

上述左边圆盘中央的阿拉伯数字代表圆盘编号，移动结果如下所示：

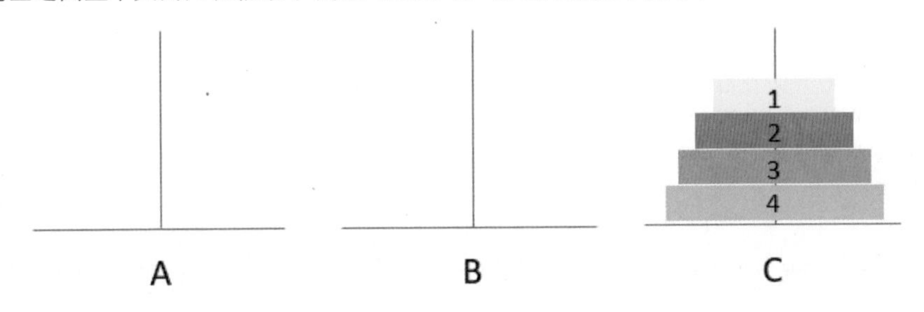

此外，设计这个问题时，通常又将 A 木桩称来源木桩 (source，简称 src)，B 木桩称辅助木桩 (auxiliary，简称 aux)，C 木桩称目的木桩 (destination，简称 dst)。

假设 A 木桩上有 64 个盘子，如果遵照以上规则，我们想将这 64 个盘子从 A 木桩搬到 C 木桩，程序设计时可以设定 n = 64，然后将问题拆解为将 n−1 个盘子 (此例是 63 个盘子) 先移动至辅助木桩 B。

（1）借用 C 木桩当辅助，然后将 n−1(63) 个盘子由 A 木桩移动到 B 木桩。

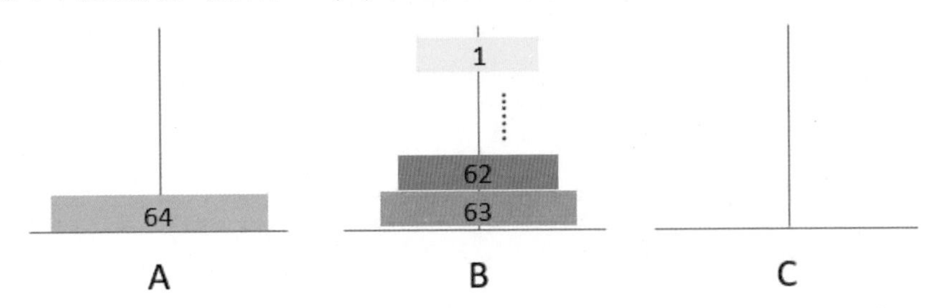

（2）将最大的圆盘 64 由 A 移动到 C。

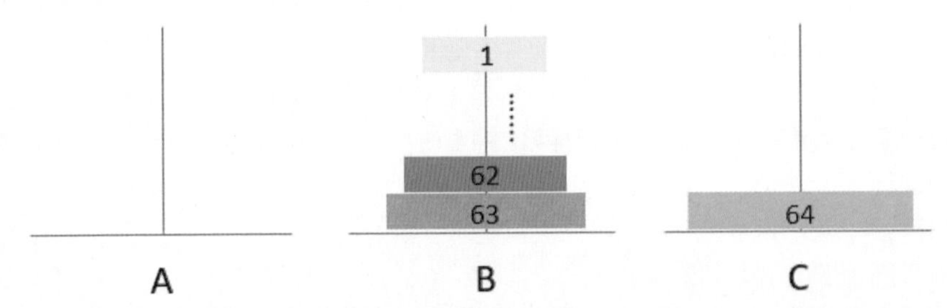

（3）将 B 木桩的 63 个盘子依规则逐步移动到 C。

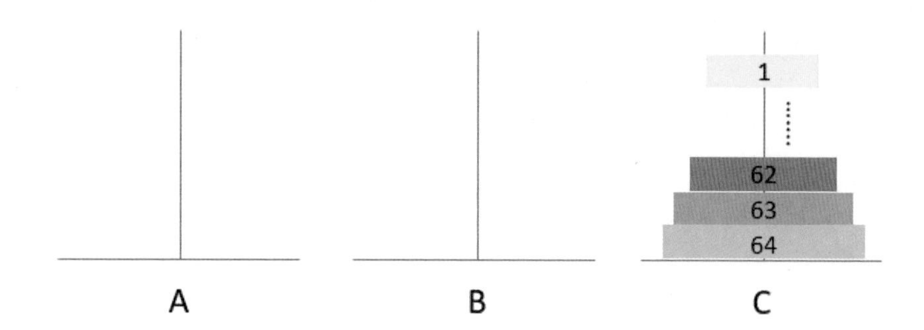

上述是以 64 个圆盘为实例说明，可以应用在任何数量的圆盘上。其实我们分析上述方法可以发现已经有递归调用的样子了，因为在方法 (3) 中，圆盘数量已经少了一个，相当于整个问题有变小了。

假设圆盘有 n 个，圆盘移动的次数是 2^n-1 次，一般真实玩具 n 是 8，需移动 255 次。如果有 64 个圆盘，需要 $2^{64}-1$ 次，如果移动一次要 1 秒，约用 5849 亿年，依照宇宙大爆炸理论推算，目前宇宙年龄约 137 亿年。

程序实例 ch12_3.py：计算移动 64 个圆盘所需时间。

```
1  # ch12_3.py
2
3  day_secs = 60 * 60 * 24              # 一天秒数
4  year_secs = 365 * day_secs           # 一年秒数
5
6  value = (2 ** 64) - 1
7  years = value // year_secs
8  print("需要约 %d 年才可以获得结果" % years)
```

执行结果

```
==================== RESTART: D:\Algorithm\ch12\ch12_3.py ====================
需要约 584942417355 年才可以获得结果
```

12-2-2　手动实践河内塔问题

看了上一小节的叙述，读者应该了解，如果圆盘数量 n 是 1，则直接将此圆盘从木桩 A 移至木桩 C 即可。当圆盘数量大于 1(n > 1)，算法的基本规则如下：

（1）将 n-1 个盘子，从来源 (src) 木桩 A 移动到辅助 (aux) 木桩 B。

（2）将第 n 个盘子，从来源 (src) 木桩 A 移动到目的 (dst) 木桩 C。

（3）将 n-1 个盘子，从辅助 (aux) 木桩 B 移动到目的 (dst) 木桩 C。

上述规则可以用递归方式处理，终止条件是当 n=0 时，让递归函数结束、返回。手动解河内塔问题时，另一个概念是当 n 是奇数时，第 1 次盘子是移向目的木桩。当 n 是偶数时，第 1 次盘子是移向辅助木桩，下一小节笔者解析程序时会说明。

- 河内塔的圆盘有 1 个

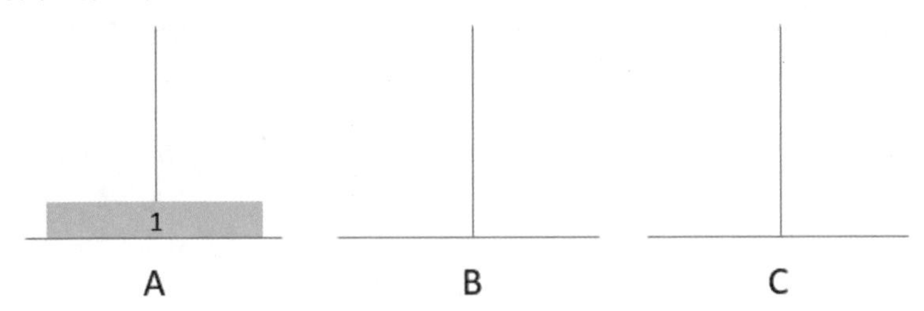

直接将圆盘 1 从 A 移到 C。

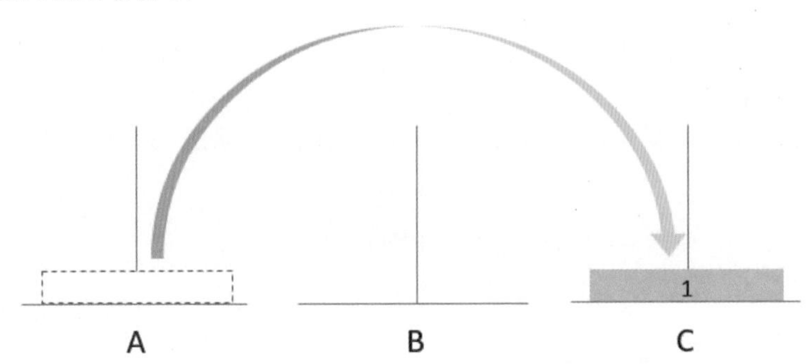

移动次数 = $2^2-1=1$。

- 河内塔的圆盘有 2 个

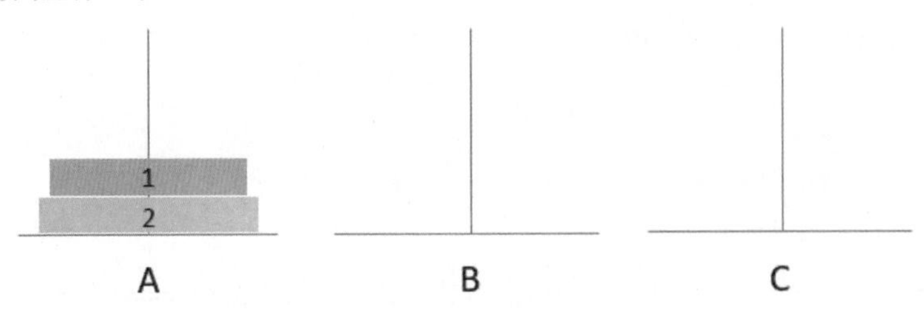

步骤 1：将圆盘 1 从 A 移到 B。

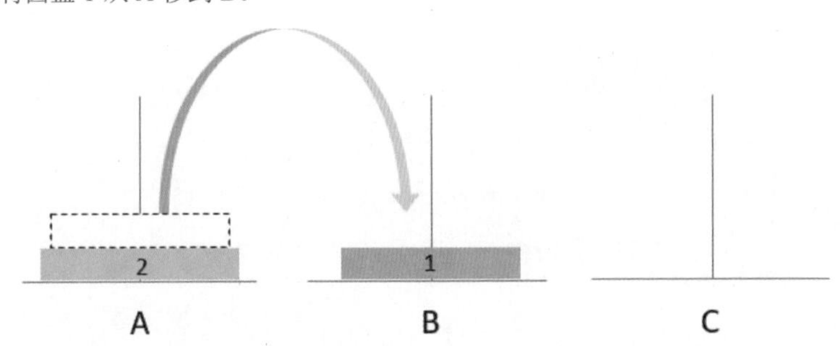

步骤 2：将圆盘 2 从 A 移到 C。

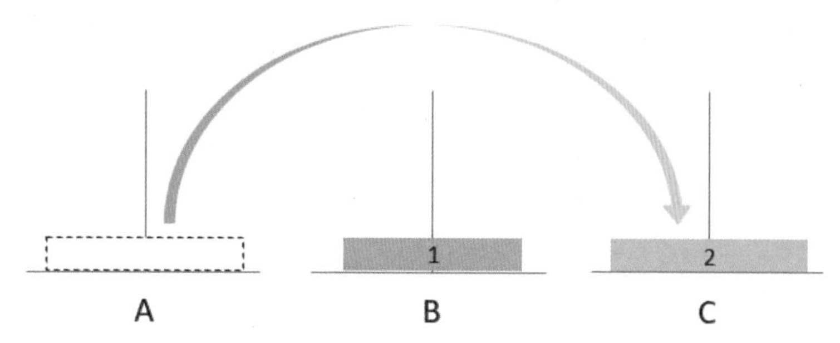

步骤 3：将圆盘 1 从 B 移到 C。

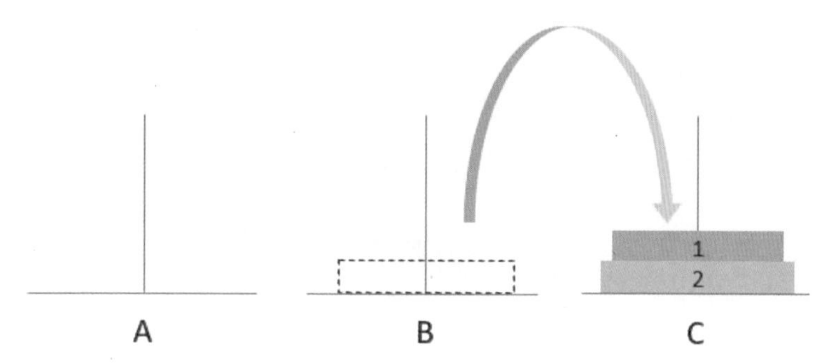

移动次数 = $2^2 - 1 = 3$。

- 河内塔的圆盘有 3 个

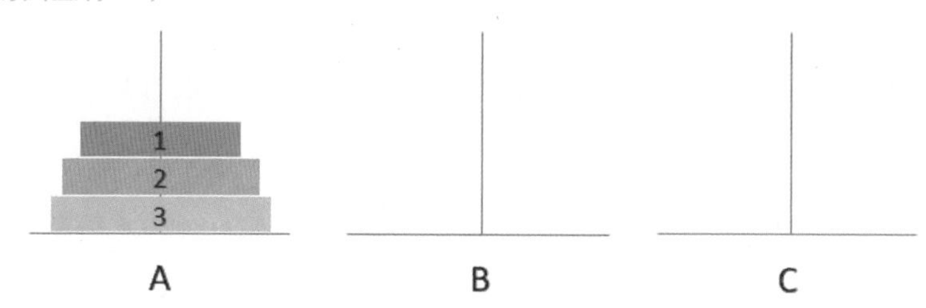

步骤 1：将圆盘 1 从 A 移到 C，这和河内塔有 2 个圆盘时不同。

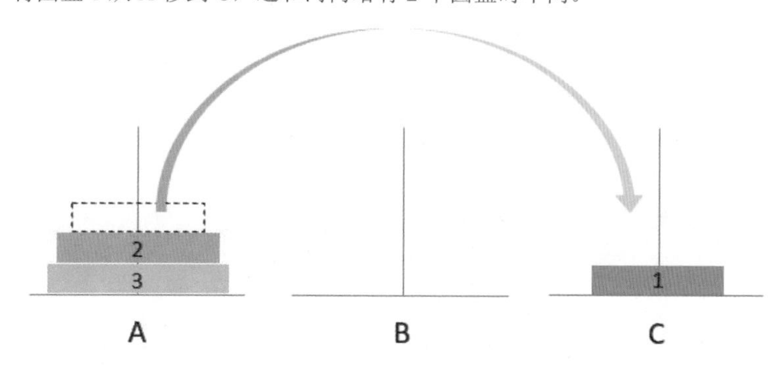

步骤 2：将圆盘 2 从 A 移到 B。

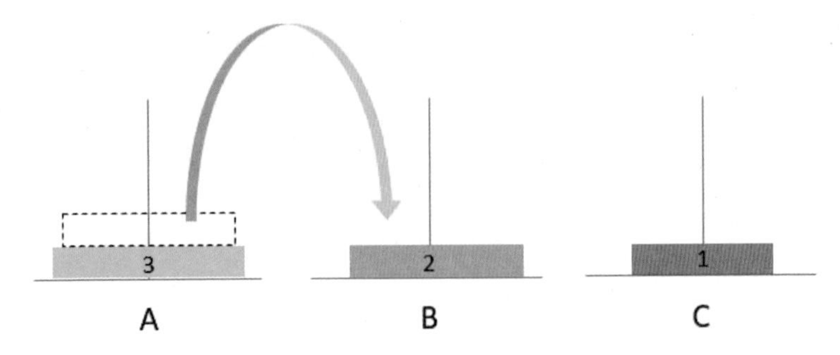

步骤 3：将圆盘 1 从 C 移到 B。

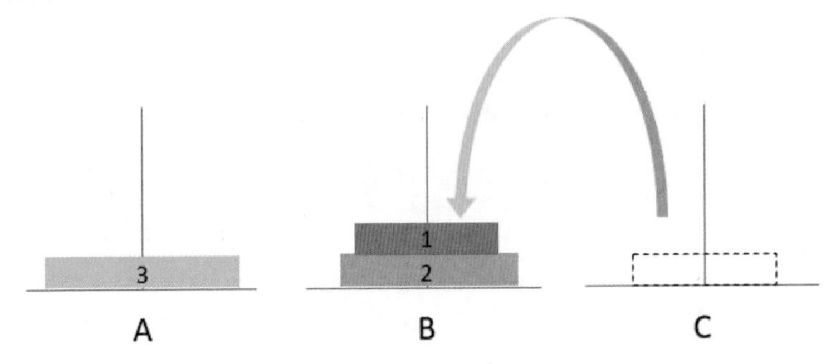

步骤 4：将圆盘 3 从 A 移到 C。

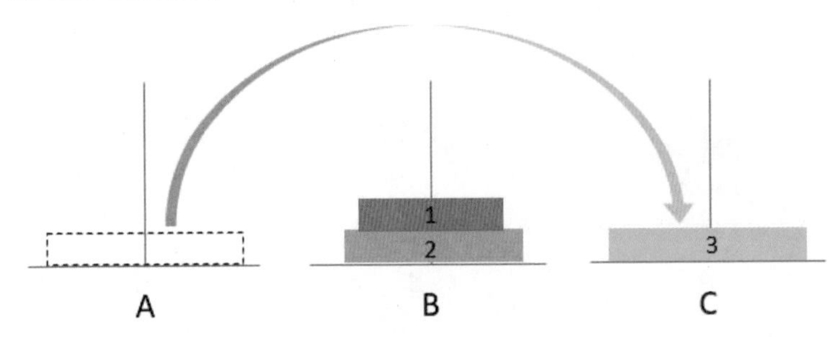

步骤 5：将圆盘 1 从 B 移到 A。

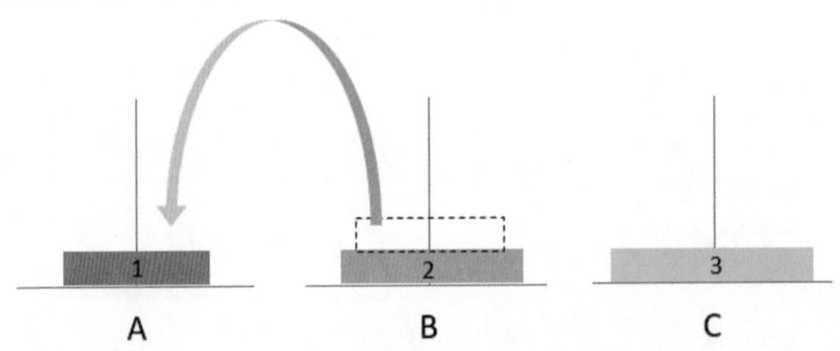

步骤 6：将圆盘 2 从 B 移到 C。

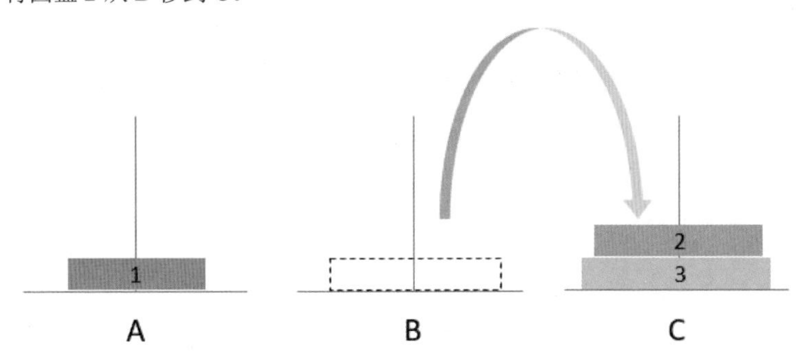

步骤 7：将圆盘 1 从 A 移到 C。

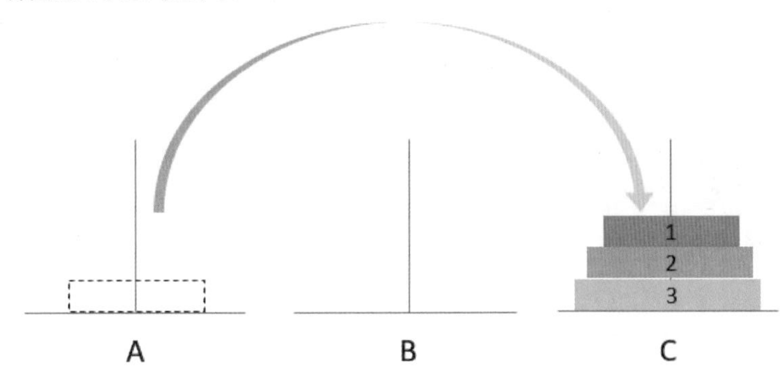

移动次数 = $2^3-1=7$。

12-2-3　Python 程序实践河内塔问题

程序实例 ch12_4.py：请输入圆盘数量，输出每个圆盘移动的过程。

```
 1  # ch12_4.py
 2  def hanoi(n, src, aux, dst):
 3      global step
 4      ''' 河内塔 '''
 5      if n == 1:                              # 河内塔终止条件
 6          step += 1                           # 记录步骤
 7          print('{0:2d} : 移动圆盘 {1} 从 {2} 到 {3}'.format(step, n, src, dst))
 8      else:
 9          hanoi(n - 1, src, dst, aux)
10          step += 1                           # 记录步骤
11          print('{0:2d} : 移动圆盘 {1} 从 {2} 到 {3}'.format(step, n, src, dst))
12          hanoi(n - 1, aux, src, dst)
13
14  step = 0
15  n = eval(input('请输入圆盘数量 : '))
16  hanoi(n, 'A', 'B', 'C')
```

执行结果

```
=================== RESTART: D:\Algorithm\ch12\ch12_4.py ===================
请输入圆盘数量 : 1
 1 : 移动圆盘 1 从 A 到 C
>>>
=================== RESTART: D:\Algorithm\ch12\ch12_4.py ===================
请输入圆盘数量 : 2
 1 : 移动圆盘 1 从 A 到 B
 2 : 移动圆盘 2 从 A 到 C
 3 : 移动圆盘 1 从 B 到 C
>>>
=================== RESTART: D:\Algorithm\ch12\ch12_4.py ===================
请输入圆盘数量 : 3
 1 : 移动圆盘 1 从 A 到 C
 2 : 移动圆盘 2 从 A 到 B
 3 : 移动圆盘 1 从 C 到 B
 4 : 移动圆盘 3 从 A 到 C
 5 : 移动圆盘 1 从 B 到 A
 6 : 移动圆盘 2 从 B 到 C
 7 : 移动圆盘 1 从 A 到 C
>>>
=================== RESTART: D:\Algorithm\ch12\ch12_4.py ===================
请输入圆盘数量 : 4
 1 : 移动圆盘 1 从 A 到 B
 2 : 移动圆盘 2 从 A 到 C
 3 : 移动圆盘 1 从 B 到 C
 4 : 移动圆盘 3 从 A 到 B
 5 : 移动圆盘 1 从 C 到 A
 6 : 移动圆盘 2 从 C 到 B
 7 : 移动圆盘 1 从 A 到 B
 8 : 移动圆盘 4 从 A 到 C
 9 : 移动圆盘 1 从 B 到 C
10 : 移动圆盘 2 从 B 到 A
11 : 移动圆盘 1 从 C 到 A
12 : 移动圆盘 3 从 B 到 C
13 : 移动圆盘 1 从 A 到 B
14 : 移动圆盘 2 从 A 到 C
15 : 移动圆盘 1 从 B 到 C
```

其实程序表面看很简单，但是不容易懂。上述程序笔者记录了每次移动的步骤，但是让程序显得复杂。下列 ch12_5.py 则是将所记录的步骤移除，程序显得清爽，也方便解说。

程序实例 ch12_5.py：河内塔问题简化版。

```
1   # ch12_5.py
2   def hanoi(n, src, aux, dst):
3       ''' 河内塔 '''
4       if n == 1:                                  # 河内塔终止条件
5           print('移动圆盘 {} 从 {} 到 {}'.format(n, src, dst))
6       else:
7           hanoi(n - 1, src, dst, aux)
8           print('移动圆盘 {} 从 {} 到 {}'.format(n, src, dst))
9           hanoi(n - 1, aux, src, dst)
10
11  n = eval(input('请输入圆盘数量 : '))
12  hanoi(n, 'A', 'B', 'C')
```

执行结果

```
=================== RESTART: D:\Algorithm\ch12\ch12_5.py ===================
请输入圆盘数量 : 3
移动圆盘 1 从 A 到 C
移动圆盘 2 从 A 到 B
移动圆盘 1 从 C 到 B
移动圆盘 3 从 A 到 C
移动圆盘 1 从 B 到 A
移动圆盘 2 从 B 到 C
移动圆盘 1 从 A 到 C
```

下列是当 n = 3 时，上述程序递归调用的整个流程，红色编号则是输出顺序，也是移动过程。

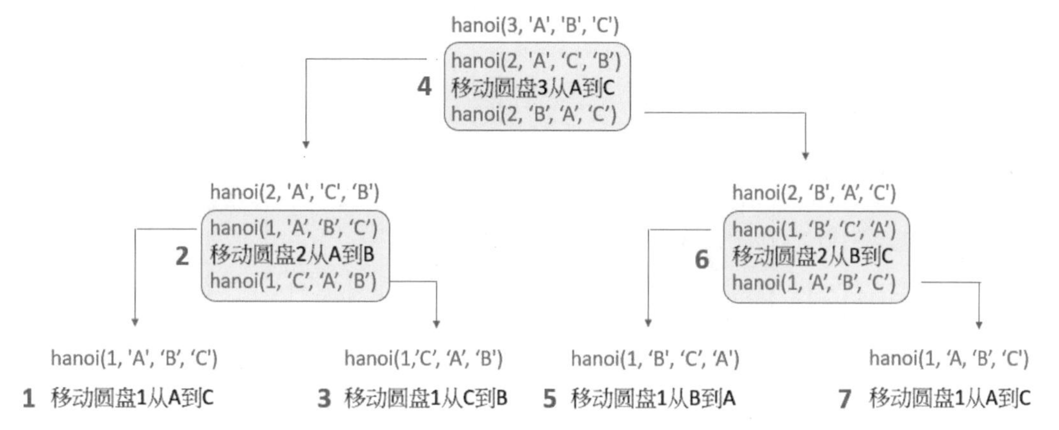

上述是 n = 3，当 n = 4 时，还会多一层，当再次执行第 7 行时，如下所示：

```
hanoi(n - 1,  src,  dst,  aux)
```

圆盘移动时 dst 和 aux 会再做一次对调，这也保证了当 n 是奇数时，第 1 次圆盘移动是移向目的木桩；当 n 是偶数时，第 1 次圆盘移动是移向辅助木桩。

12-3 八皇后算法

12-3-1 了解八皇后的题目

八皇后问题是一个经典的算法题目，最早由马克斯・贝瑟尔 (Max Bezzel) 在 1848 年提出。以 8×8 的西洋棋盘为背景，放置八个皇后，然后任一个皇后都无法吃掉其他皇后。在西洋棋的规则中，任两个皇后不可以在同一行、同一列或对角线。

如果一个皇后在 (row=3，col=3) 位置，如下所示的虚线部位就是无法放置其他皇后的位置。设计这类程序时，因为每一行均只能有一个皇后，所以可以使用一维列表方式处理。

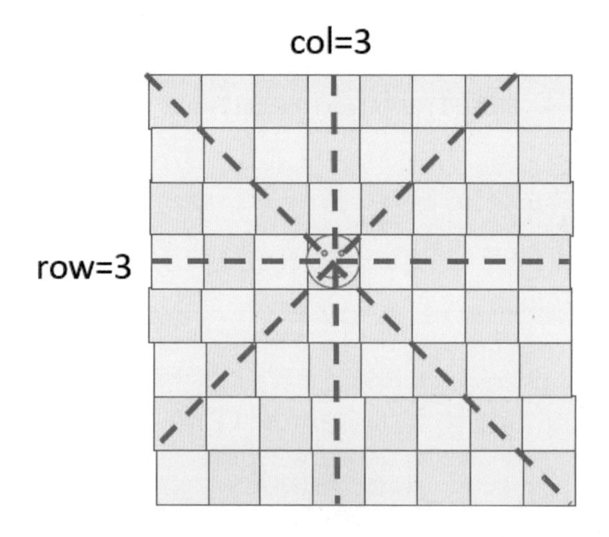

如下的 queens[ ] 列表可以先设定为 -1，然后再一一填入。

queens[0]	0
queens[1]	4
queens[2]	7
queens[3]	5
queens[4]	2
queens[5]	6
queens[6]	1
queens[7]	3

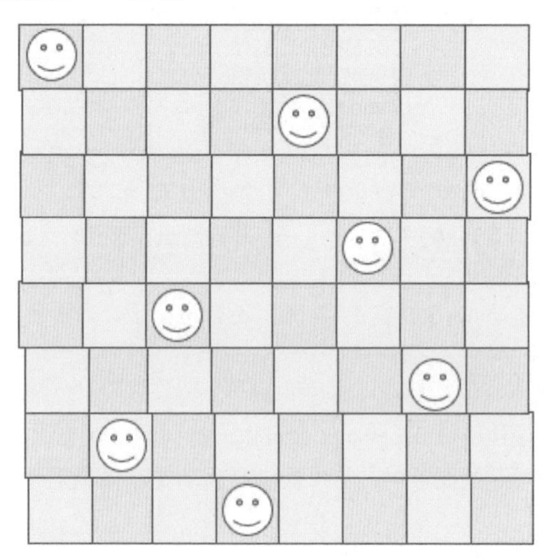

12-3-2 回溯算法与八皇后

回溯算法是使用试错 (try and error) 的方法，去分析和解决问题，它会尝试所有的路径，如果目前路径不能得到正确的解答，它将取消上一步或上几步的处理过程，再通过其他路径尝试寻找答案，大多数时候使用递归做回溯是最简单的方法。

对于八皇后问题，这一小节笔者不使用递归处理这个回溯概念，下一小节再使用递归调用处理，读者可以自行比较程序内容。

程序实例 ch12_6.py：非递归的八皇后问题，程序将输出正确的棋盘。

```
1  # ch12_6.py
2  def is_OK(row, col):
3      ''' 检查是否可以放在此row, col位置 '''
4      for i in range(1, row + 1):                  # 循环往前检查是否冲突
5          if (queens[row - i] == col               # 检查列
6              or queens[row - i] == col - i        # 检查左上角斜线
7              or queens[row - i] == col + i):      # 检查右上角斜线
8              return False                         # 传回有冲突，不可使用
9      return True                                  # 传回可以使用
10
11 def location(row):
12     ''' 搜寻特定row的col字段 '''
13     start = queens[row] + 1                      # 也许是回溯,所以start不一定是0
14     for col in range(start, SIZE):
15         if is_OK(row, col):
16             return col                           # 暂时可以在(row,col)放置皇后
17     return -1                                    # 没有适合位置所以回传 -1
18
19 def solve():
20     ''' 从特定row列开始找寻皇后的位置 '''
21     row = 0
22     while row >= 0 and row <= 7:
23         col = location(row)
24         if col < 0:                              # 如果回传是 -1，必须回溯前一列
25             queens[row] = -1
26             row -= 1                             # 设定row少1，可以回溯前一列
27         else:
28             queens[row] = col                    # 第row列皇后位置是col
29             row += 1                             # 往下一列
30     if row == -1:
31       return False                               # 没有解答
32     else:
33       return True                                # 找到解答
34
35 SIZE = 8                                         # 棋盘大小
36 queens = [-1] * SIZE                             # 默认皇后位置
37 solve()                                          # 解此题目
38 for i in range(SIZE):                            # 绘制结果图
39     for j in range(SIZE):
40         if queens[i] == j:
41             print('Q', end='')
42         else:
43             print('1',end='')
44     print()
```

执行结果

```
==================== RESTART: D:\Algorithm\ch12\ch12_6.py ====================
Q1111111
1111Q111
1111111Q
11111Q11
11Q11111
111111Q1
1Q111111
111Q1111
```

原则上从 row=0 开始，以 column 每次递增 1 的方式找寻 (row， col) 是否适合放置皇后，上述程序第 5 行检查是否有皇后在同一列 (column)，第 6 行则是检查左上方斜线是否有其他皇后，第 7 行则是检查右上方斜线是否有其他皇后。

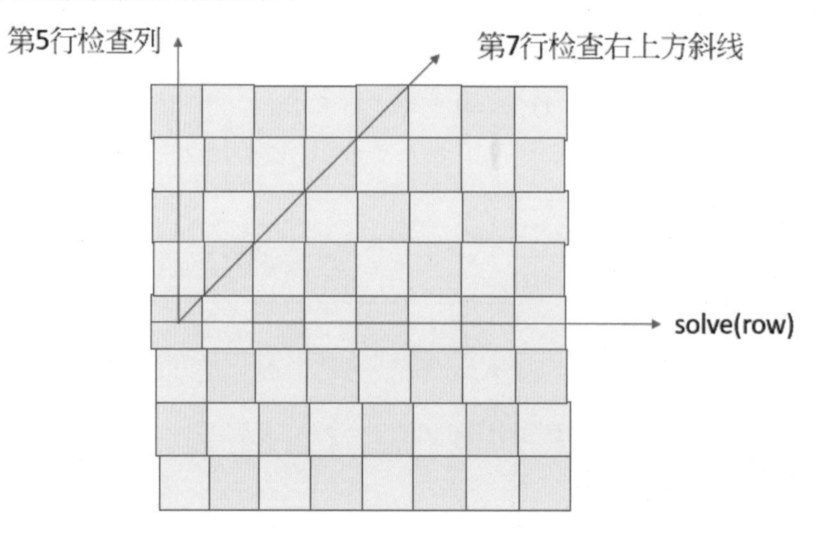

当 row 的第 0 列不适合后，会移到下一列检查。

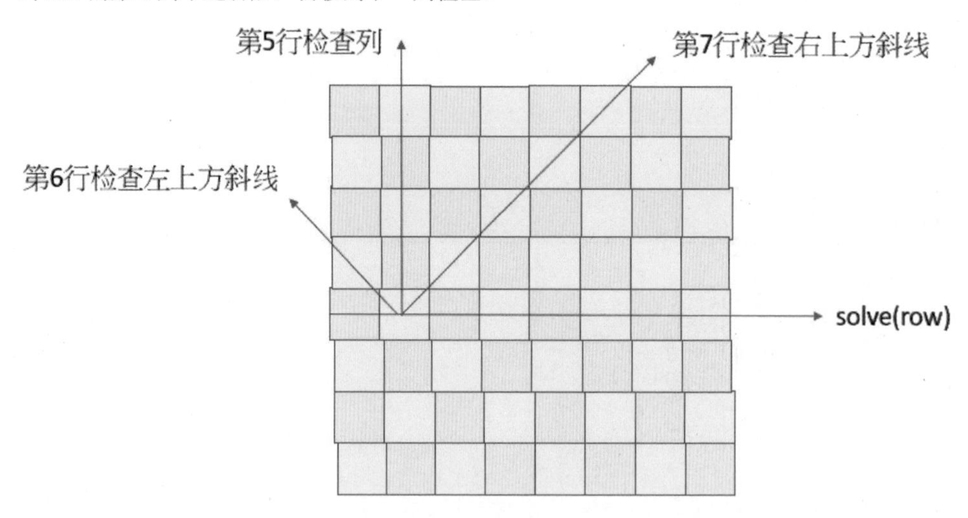

当某行检查结束，如果有找到则往下一行找寻。如果没有找到，则回到前一行 (第 26 行)，相当于原先列的下一列位置找寻。

12-3-3 递归的解法

其实读者可以看出递归解法的程序比较精简，不过这个程序也使用了前一节的回溯算法，再应用递归的概念。

程序实例 ch12_7.py：使用递归调用重新设计 ch12_6.py。

```
1  # ch12_7.py
2  class Queens:
3      def __init__(self):
4          self.queens = size * [-1]                     # 默认皇后位置
5          self.solve(0)                                 # 从row = 0 开始搜寻
6          for i in range(size):                         # 绘制结果图
7              for j in range(size):
8                  if self.queens[i] == j:
9                      print('Q', end='')
10                 else:
11                     print('1',end='')
12             print()
13     def is_OK(self, row, col):
14         ''' 检查是否可以放在此row, col位置 '''
15         for i in range(1, row + 1):                   # 循环往前检查是否冲突
16             if (self.queens[row - i] == col           # 检查列
17                 or self.queens[row - i] == col - i    # 检查左上角斜线
18                 or self.queens[row - i] == col + i):  # 检查右上角斜线
19                 return False                          # 传回有冲突，不可使用
20         return True                                   # 传回可以使用
21
22     def solve(self, row):
23         ''' 从第 row 列开始找寻皇后的位置 '''
24         if row == size:                               # 终止搜寻条件
25             return True
26         for col in range(size):
27             self.queens[row] = col                     # 安置(row, col)
28             if self.is_OK(row, col) and self.solve(row + 1):
29                 return True                           # 找到并返回
30         return False                                  # 表示此row没有解答
31
32 size = 8                                              # 棋盘大小
33 Queens()
```

执行结果　与 ch12_6.py 相同。

若将上述程序和前一个程序比较，关键在第 5 行的 self.solve(0) 和第 28 行的 self.solve(row+1)，这是一个递归式调用，逐步执行 self.solve(1)， … self.solve(7)。

12-4 分形与 VLSI 设计算法

12-4-1 算法基本概念

所谓分形是一个几何图形，它可以分为许多部分，每个部分皆是整体的缩小版。下面是谢尔宾斯基三角形 (Sierpinski triangle)，它是由波兰数学家谢尔宾斯基在 1915 年提出的，这个三角形本质上是分形 (fractal)。

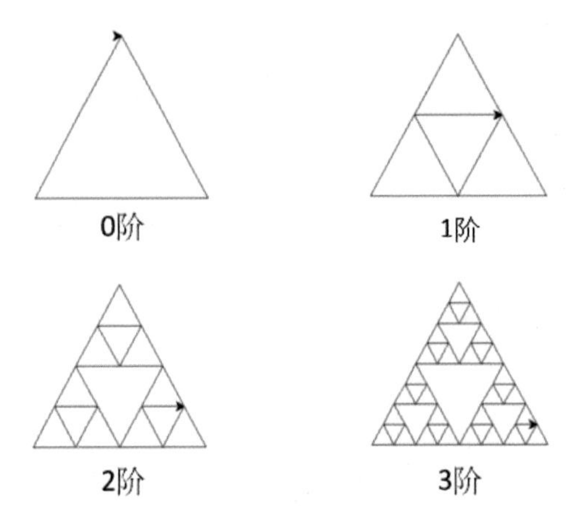

下列是递归树（Recursive Tree）的分形。

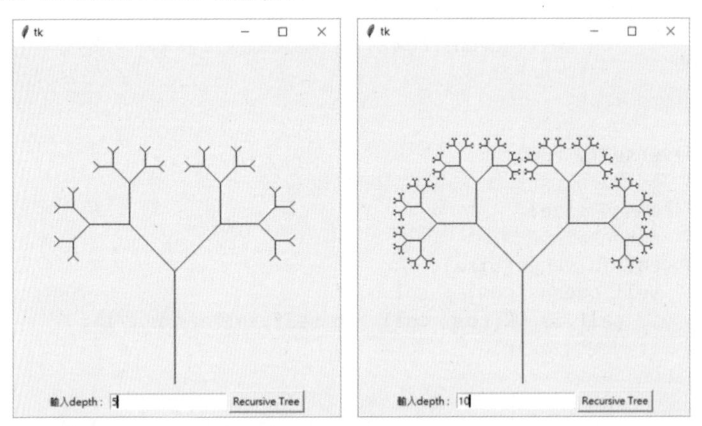

这一节笔者将设计 VLSI 超大规模集成电路或是微波工程常用的 H-Tree，H-Tree 也是数学领域分形 (fractal) 的一部分。基本上从英文字母大写 H 开始绘制，H 的三条线长度一样，这个 H 算 0 阶分形，可参考下方左图，第 1 阶是将 H 的 4 个顶点当作 H 的中心点产生新的 H，这个 H 的长度大小是原先 H 的一半，可参考下方右图，依此类推。

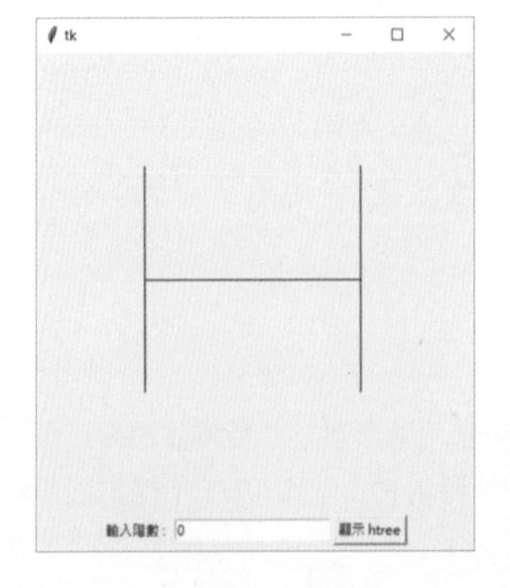

这一节的程序笔者使用了 tkinter 模块。

12-4-2　Python 程序实例

程序实例 ch12_8.py：运用 VLSI 的 H-Tree 分形设计，输入阶数即可以获得相对应的 H-Tree 分形。

```
 1  # ch12_8.py
 2  from tkinter import *
 3  def htree(order, center, ht):
 4      ''' 依指定阶级数绘制 H 树分形 '''
 5      if order >= 0:
 6          p1 = [center[0] - ht / 2, center[1] - ht / 2]   # 左上点
 7          p2 = [center[0] - ht / 2, center[1] + ht / 2]   # 左下点
 8          p3 = [center[0] + ht / 2, center[1] - ht / 2]   # 右上点
 9          p4 = [center[0] + ht / 2, center[1] + ht / 2]   # 右下点
10
11          drawLine([center[0] - ht / 2, center[1]],
12              [center[0] + ht / 2, center[1]])            # 绘制H水平线
13          drawLine(p1, p2)                                # 绘制H左边垂直线
14          drawLine(p3, p4)                                # 绘制H右边垂直线
15
16          htree(order - 1, p1, ht / 2)                    # 递归左上点当中间点
17          htree(order - 1, p2, ht / 2)                    # 递归左下点当中间点
18          htree(order - 1, p3, ht / 2)                    # 递归右上点当中间点
19          htree(order - 1, p4, ht / 2)                    # 递归右下点当中间点
20  def drawLine(p1,p2):
21      ''' 绘制p1和p2之间的线条 '''
22      canvas.create_line(p1[0],p1[1],p2[0],p2[1],tags="htree")
23  def show():
24      ''' 显示 htree '''
25      canvas.delete("htree")
26      length = 200
27      center = [200, 200]
28      htree(order.get(), center, length)
29
30  tk = Tk()
31  canvas = Canvas(tk, width=400, height=400)      # 建立画布
32  canvas.pack()
33  frame = Frame(tk)                               # 建立框架
34  frame.pack(padx=5, pady=5)
35  # 在框架Frame内建立标签Label, 输入阶乘数Entry, 按钮Button
36  Label(frame, text="输入阶数 : ").pack(side=LEFT)
37  order = IntVar()
38  order.set(0)
39  entry = Entry(frame, textvariable=order).pack(side=LEFT,padx=3)
40  Button(frame, text="显示 htree",
41         command=show).pack(side=LEFT)
42  tk.mainloop()
```

执行结果　下列分别是 2 阶和 3 阶的 H-Tree 分形。

12-5 习题

1. 有一个列表内容如下：

```
data = [1, 5, 9, 2, 8, 100, 81]
```

请使用递归方法计算上述列表的数量。

```
==================== RESTART: D:\Algorithm\ex\ex12_1.py ====================
data         =  [1, 5, 9, 2, 8, 100, 81]
data元素个数 =  7
```

2. 有一个列表内容如下：

```
data = [1, 5, 9, 2, 8, 100, 81]
```

请使用递归方法列出列表最大值。

```
==================== RESTART: D:\Algorithm\ex\ex12_2.py ====================
data         =  [1, 5, 9, 2, 8, 100, 81]
data的最大值 =  100
```

3. 请设计递归式函数计算下列数列的和。

```
f(n) = 1 + 1/2 + 1/3 + … + 1/n
```

请输入 n，然后列出结果。

```
==================== RESTART: D:\Algorithm\ex\ex12_3.py ====================
请输入整数 : 5
f(1) = 1
f(2) = 1.5
f(3) = 1.8333333333333333
f(4) = 2.083333333333333
f(5) = 2.283333333333333
```

4. 请设计递归式函数计算下列数列的和。

```
f(n)  = 1/2 + 2/3 + … + n/(n+1)
```

请输入 n，然后列出结果。

```
==================== RESTART: D:\Algorithm\ex\ex12_4.py ====================
请输入整数 : 5
f(1) = 0.5
f(2) = 1.1666666666666665
f(3) = 1.9166666666666665
f(4) = 2.716666666666667
f(5) = 3.5500000000000003
```

5. 重新设计 ch12_6.py，将程序改为木桩 B 是目的木桩，木桩 C 是辅助木桩。

```
==================== RESTART: D:\Algorithm\ex\ex12_5.py ====================
请输入圆盘数量 : 4
移动圆盘 1 从 A 到 C
移动圆盘 2 从 A 到 B
移动圆盘 1 从 C 到 B
移动圆盘 3 从 A 到 C
移动圆盘 1 从 B 到 A
移动圆盘 2 从 B 到 C
移动圆盘 1 从 A 到 C
移动圆盘 4 从 A 到 B
移动圆盘 1 从 C 到 B
移动圆盘 2 从 C 到 A
移动圆盘 1 从 B 到 A
移动圆盘 3 从 C 到 B
移动圆盘 1 从 A 到 C
移动圆盘 2 从 A 到 B
移动圆盘 1 从 C 到 B
```

6. 科克 (Von Koch) 是瑞典数学家 (1870—1924)，这一题所介绍的科克雪花分形是依据他的名字命名，这个科克雪花分形原理如下：

（1）建立一个等边三角形，这个等边三角形称 0 阶。

（2）从一个边开始，将此边分成三等长，中间的三分之一向外延伸产生新的等边三角形。下列是 0、1、3、4 阶的结果。

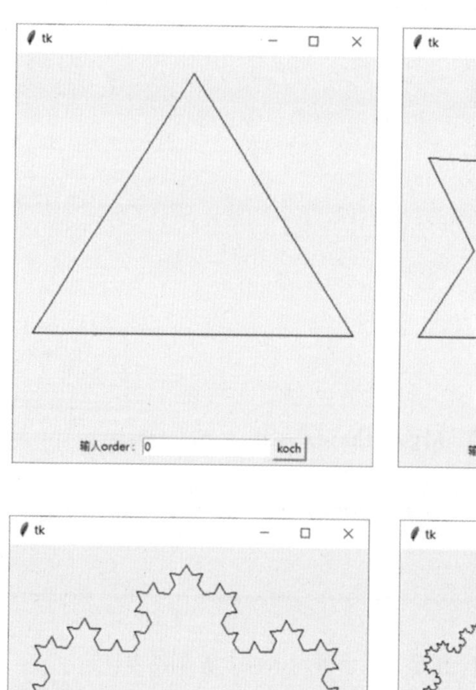

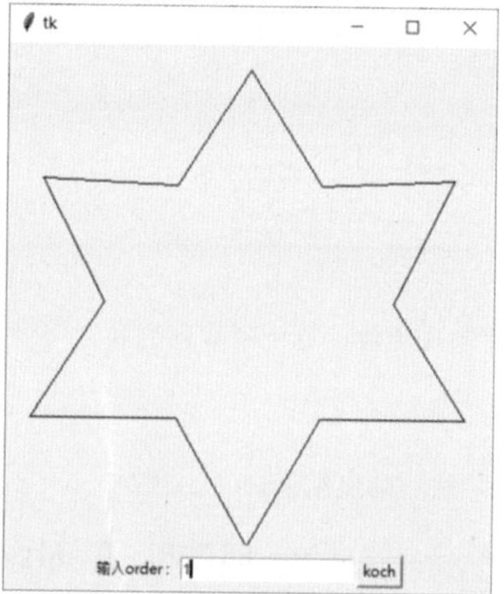

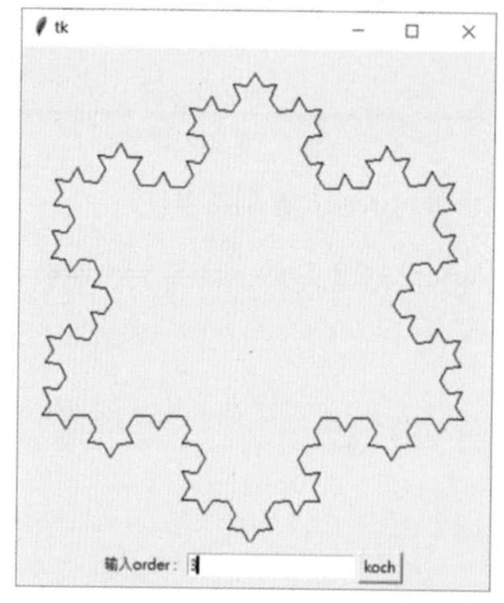

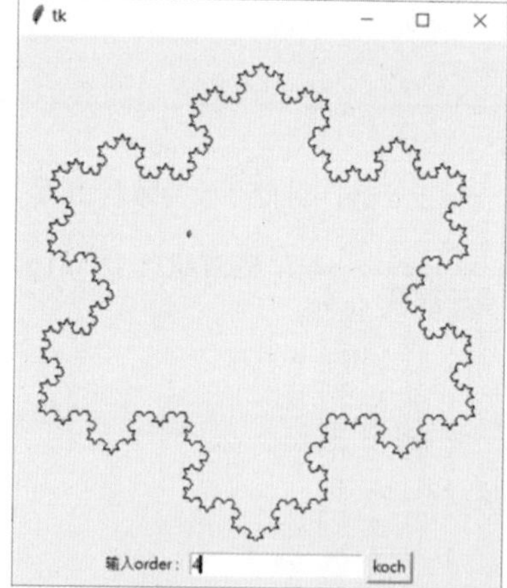

7. 绘制一个递归树，假设树的分支是直角，下一层的树枝长度是前一层的 0.6，下列是不同深度的递归树。

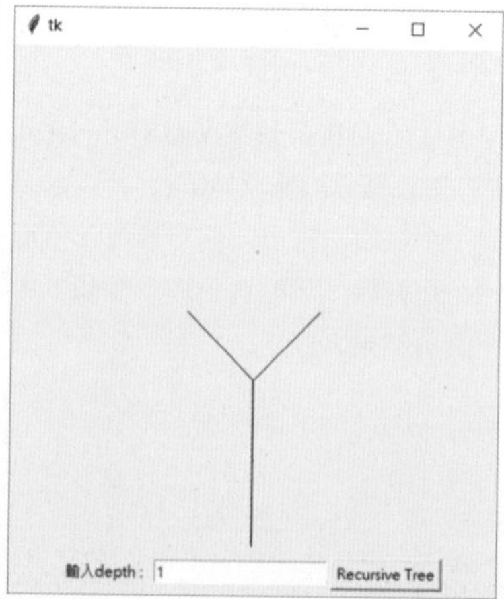

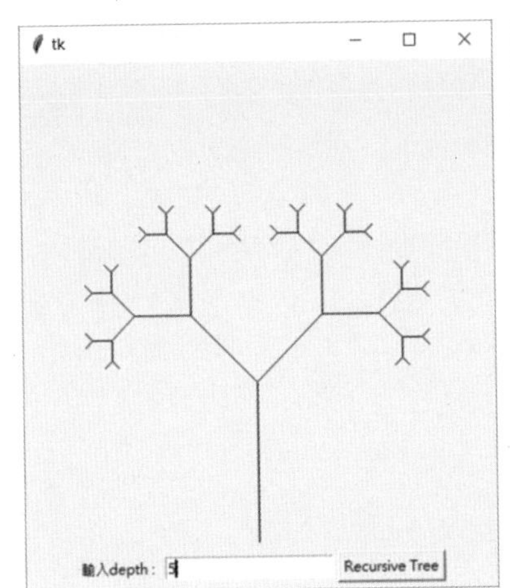
tk
输入depth：5
Recursive Tree

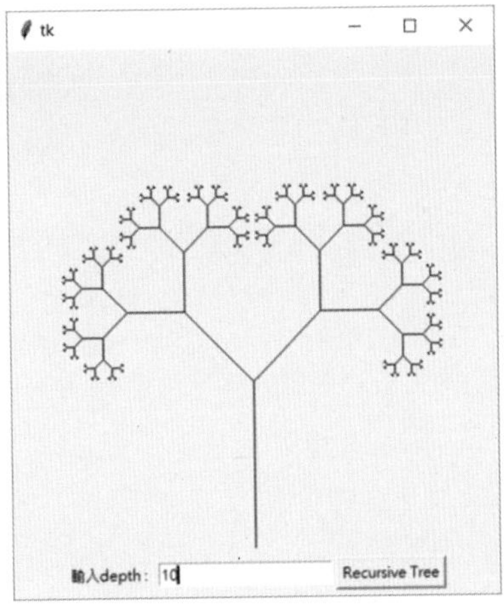
tk
输入depth：10
Recursive Tree

第 13 章

图形理论

日常生活中我们常将概念用图形表达，让整个问题与逻辑变得比较清晰。其实图形也是计算机科学中一个重要的数据结构，本章将从图形的定义开始，讲解各种相关的算法。

13-1 图形的基本概念

13-1-1 基本概念

一个图形有许多顶点 (vertice)，也可以称节点，以及连接节点的边。

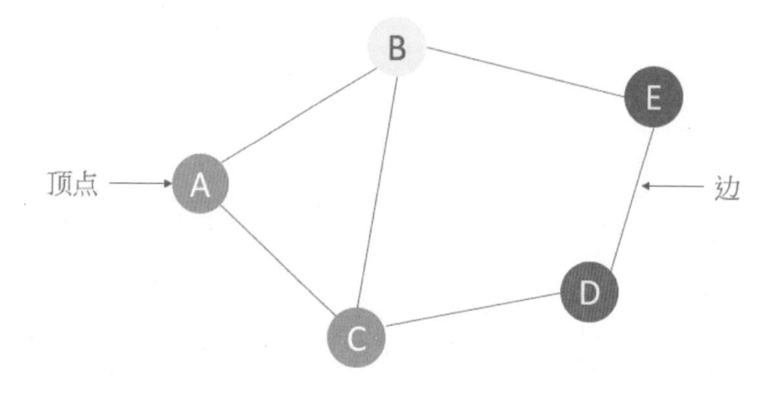

13-1-2 生活实例的概念扩展

❑ 生活实例 1

生活中许多场景可以使用图形表达，例如，下列是将脸书的朋友用图形表达。

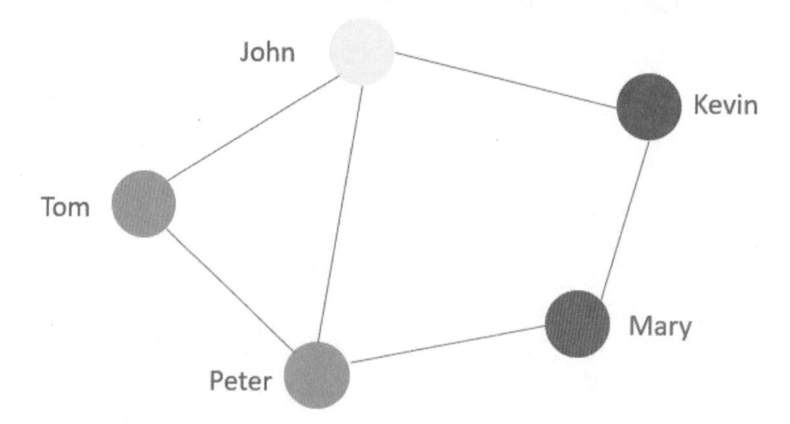

上述每一个顶点都代表一个人，顶点之间有连线代表彼此是朋友关系，从上图可以知道 Tom 和 John、Peter 是直接朋友关系，Kevin 和 Tom 不是直接朋友关系。一个顶点与其他顶点有连线，这称相邻节点，例如，John 和 Kevin 是相邻节点，Tom 和 Kevin 不是相邻节点。

❑ 生活实例 2

下列是台北市地铁站的图形实例。

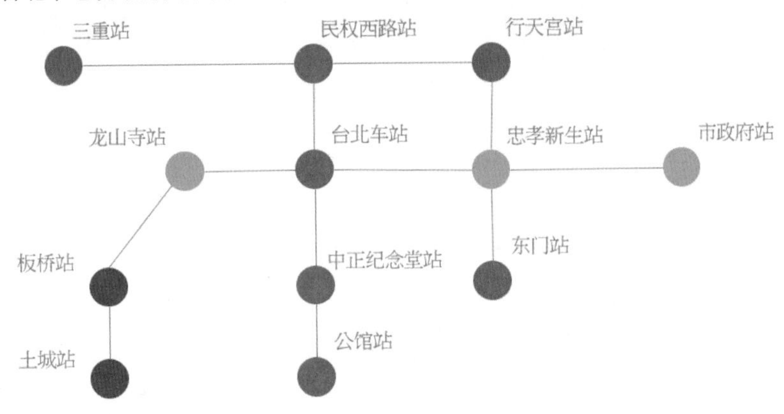

13-1-3　加权图形 (weighted graph)

前 2 节的图形只有顶点和边，在图形处理过程中也可以为边加上数字，这个数字就是所谓的权重 (weighted)，含权重的图形又称加权图形 (weighted graph)。一个图形如果只是顶点间有连线，我们只能说这 2 个顶点间有关系，当加上权重后，可以表示彼此相关的程度，下列是含权重的图形。

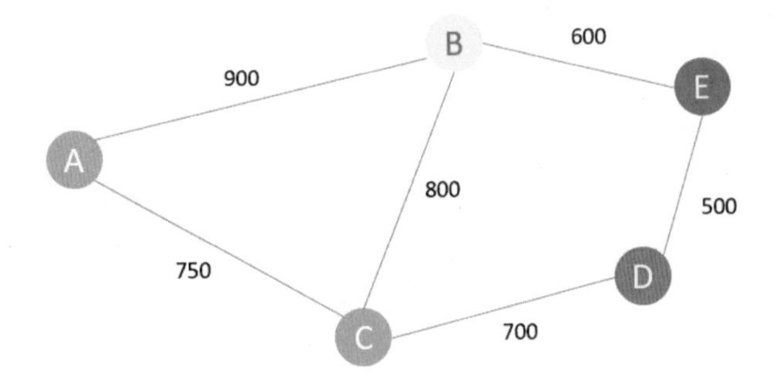

至于数字代表的意义，视此图形所代表的意义而定，例如，如果节点是代表城市，可用此数字代表通车票价、行车时间或是 2 个城市间的距离，下列是含权重的城市图形，节点代表城市，数字代表 2 个城市间的距离数值。

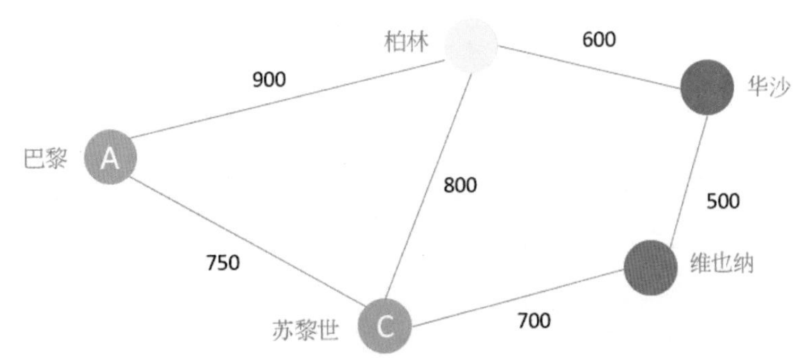

13-1-4 有向图形(directed graph)

前面各小节连接顶点间的线条是没有方向的，我们称它为无向图形(undirected graph)。如果我们要设计的程序只能单向通行，这时可以在图形的线条一边加上箭头，这样的图形称有向图形，如下所示：

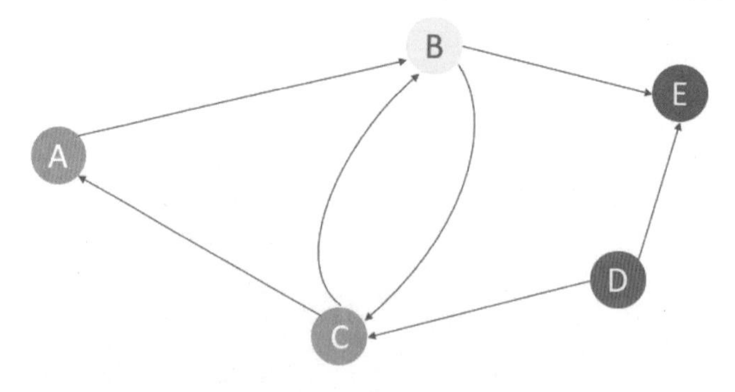

对于有向图形，另一个层次是设计图形时必须有方向性，这个方向可以让节点功能导出方向顺序，下列是早上起床后的有向图形实例。由下图可以看到，必须经历刷牙节点才可进入吃早餐节点，必须经历穿袜子节点才可进入穿鞋节点。

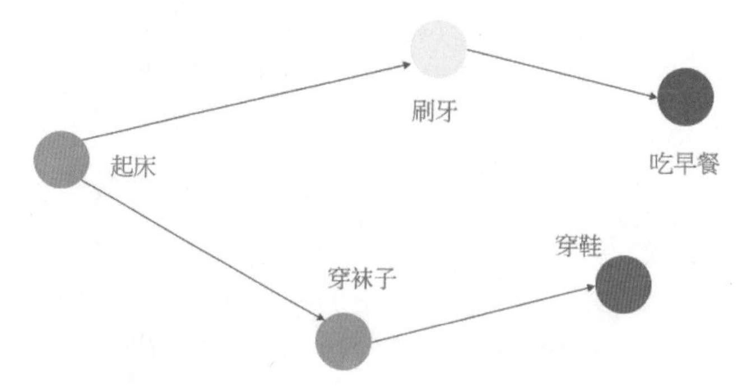

此外在大学学习课程时，有些课程的学习必须遵照一定顺序，这也是有向图形的使用实例。

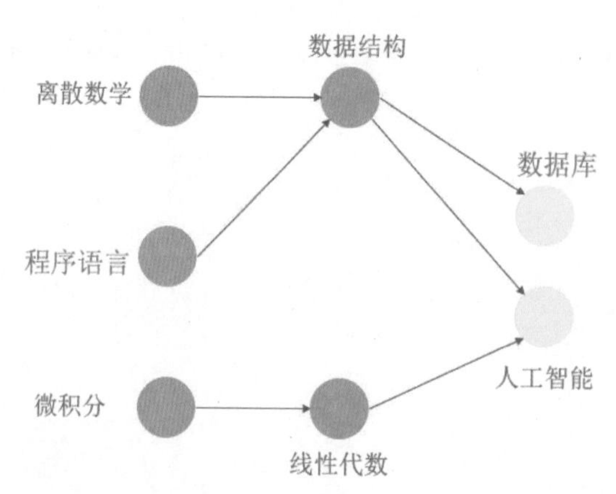

上述表示必须经历程序语言、离散数学，才可以学习数据结构，其他概念依此类推。

13-1-5　有向无环图 (directed acycle graph)

在图形理论中，如果一个有向图形，无法从顶点出发经过连接线条返回此顶点，则称此为有向无环图 (directed acycle graph，简称 DAG)。

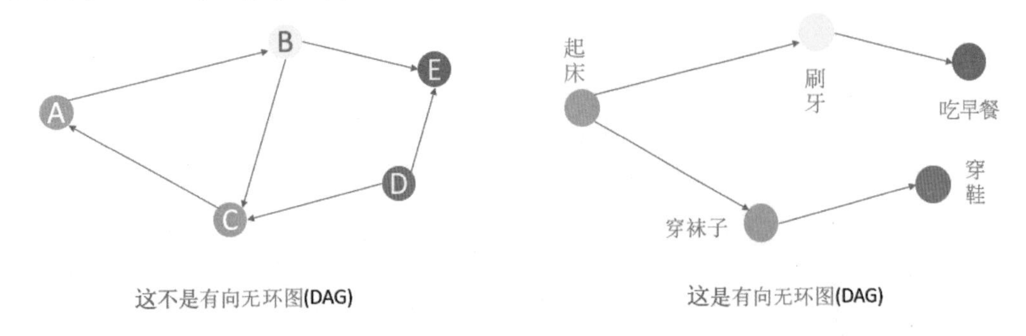

上述左图顶点 A 可以经由线条 AB、BC、CA 回到 A，所以左图不是有向无环图 (DAG)。

13-1-6　拓扑排序 (topological sort)

在图形理论中，如果一个有向无环图 (DAG) 的每个节点间有顺序关系，例如必须先穿袜子才可穿鞋，则我们称此图是拓扑排序。

13-2　广度优先搜寻算法概念解说

13-2-1　广度优先搜寻算法理论

广度优先搜寻 (breadth first search，简称 BFS) 也有人称之为宽度优先搜寻，是计算机图形理论很重要的一个搜寻算法，基本上是一层一层地搜寻，当搜寻完第 1 层如果没有找到解答，再搜寻第 2 层，然后依此类推。假设有一个图形如下：

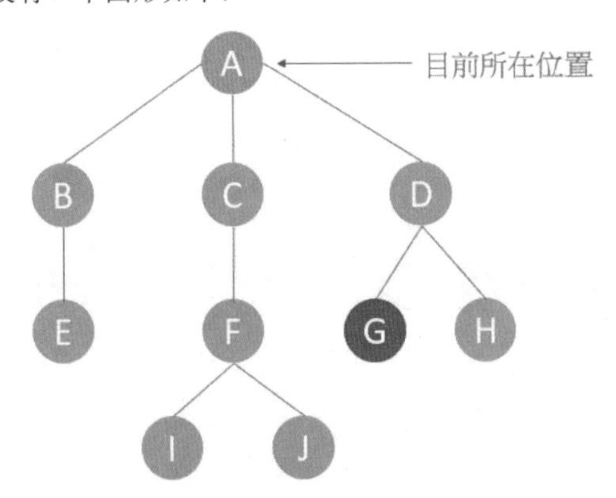

目前在 A 顶点，要找寻 G 点，目前不知 G 点在哪里。首先将 A 放入搜寻列表，此搜寻列表可以用第 4 章所介绍的队列存储，可以参考下图。

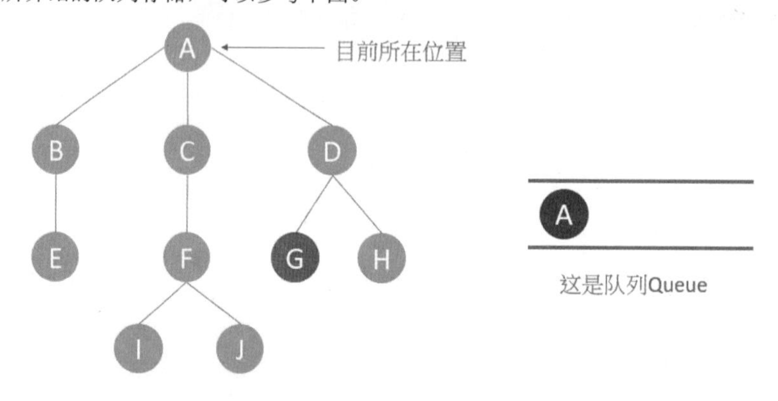

然后由队列取出 A 做搜寻比较，可参考下图。

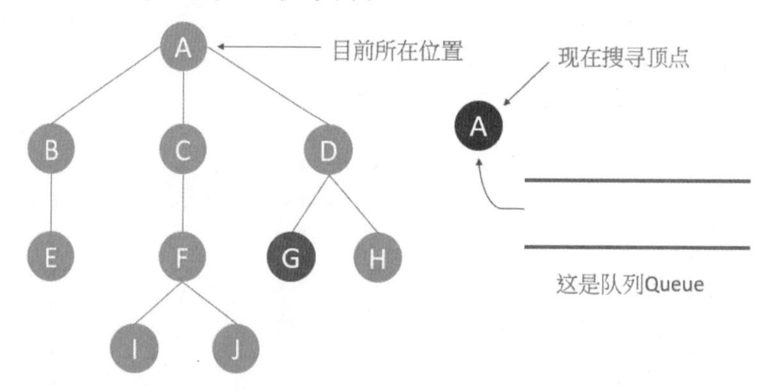

由于 A 顶点不是我们要搜寻的顶点，与 A 顶点相邻的顶点是 B、C、D 顶点，这是下一步要搜寻的顶点，这时我们可以将 B、C、D 加入搜寻列表，这个搜寻列表可以用第 4 章的队列存储。

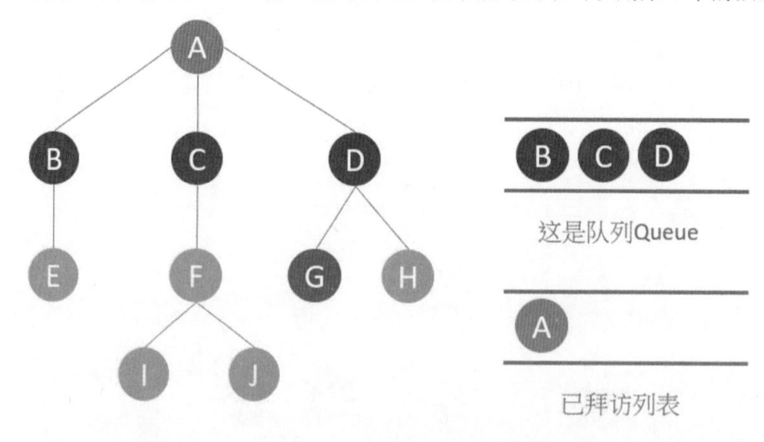

已搜寻过的顶点 A 使用红色显示，程序设计时可以建立已拜访列表，然后将已拜访节点存储在此列表。B、C、D 皆是下一步可以选择的顶点，这里假设从最左的 B 开始。程序设计实际上是从搜寻列表的队列取出 B，然后检查这是不是我们要的顶点，下方左图是图形概念，下方右图是程序设计实际处理方式。

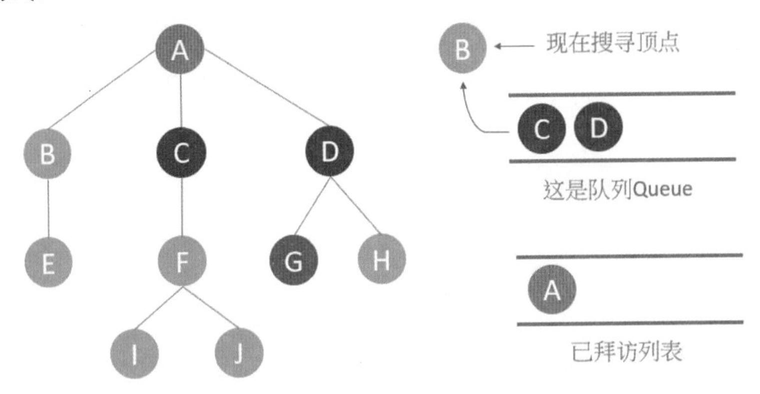

由于 B 不是我们要搜寻的顶点，所以将 B 加入已拜访列表，然后将 B 可以抵达的 E 顶点加入队列。下一步是检查顶点 C。

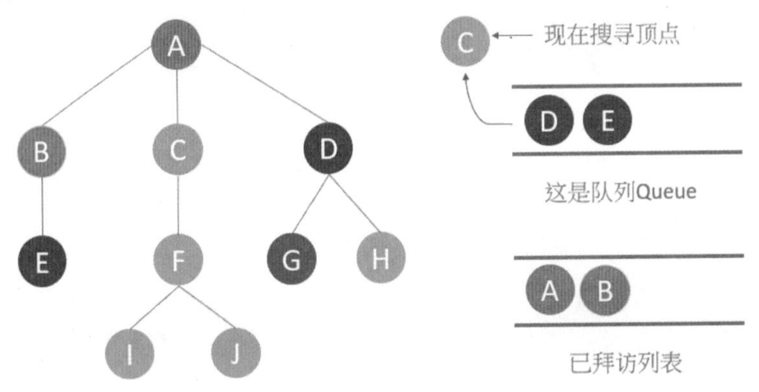

由于 C 不是我们要搜寻的顶点，所以将 C 加入已拜访列表，然后将 C 可以抵达的 F 顶点加入队列。下一步是检查顶点 D。

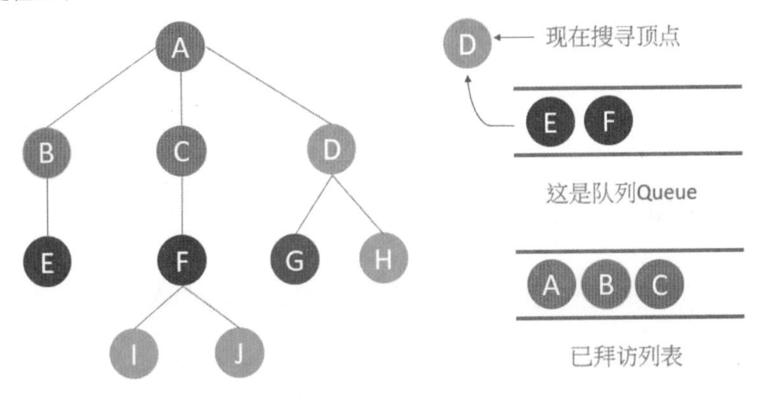

由于 D 不是我们要搜寻的顶点，所以将 D 加入已拜访列表，然后将 D 可以抵达的 G 和 H 顶点加入队列。下一步是检查顶点 E。

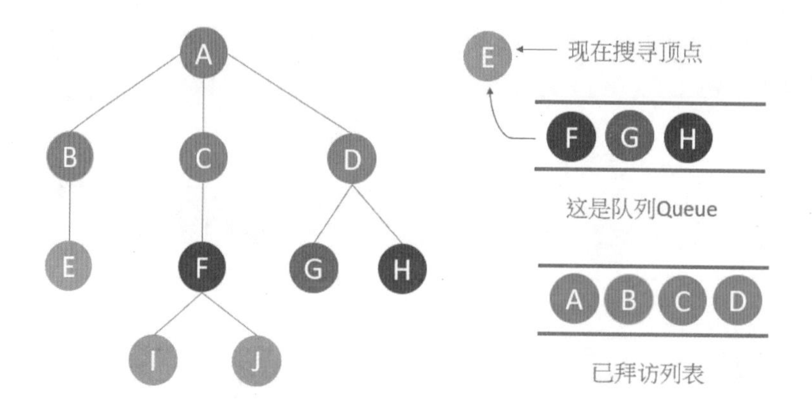

由于 E 不是我们要搜寻的顶点，将 E 加入已拜访列表，然后 E 没有可以抵达的顶点，下一步是检查顶点 F。

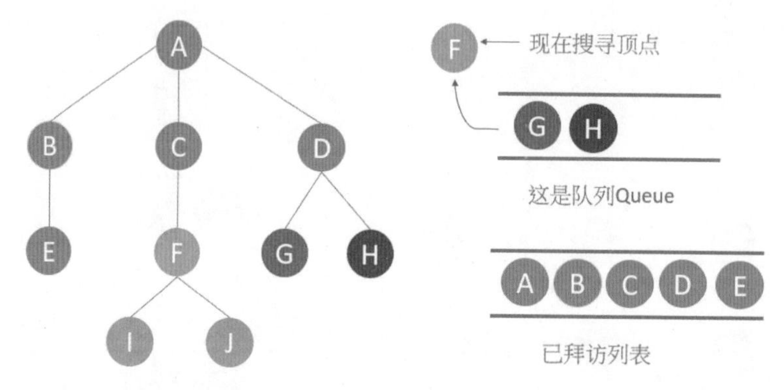

由于 F 不是我们要搜寻的顶点，所以将 F 加入已拜访列表，然后将 F 可以抵达的 I 和 J 顶点加入队列。下一步是检查顶点 G。

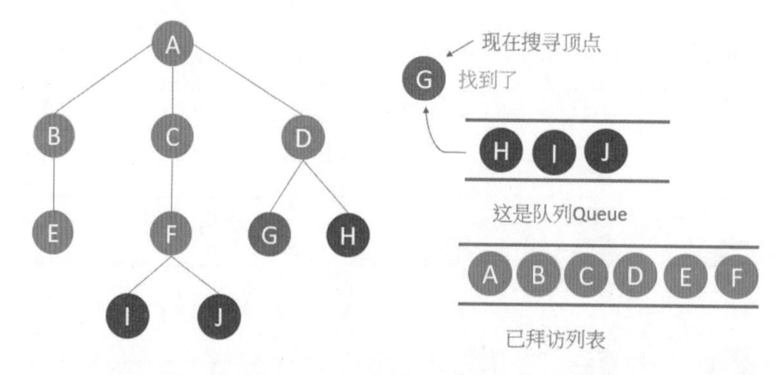

我们找到了目标节点，同时由已拜访列表可以了解寻找过程。

13-2-2 生活实务解说

香蕉园的园主 Tom 想要从脸书上找寻经销香蕉的商家，假设目前脸书图形如下：

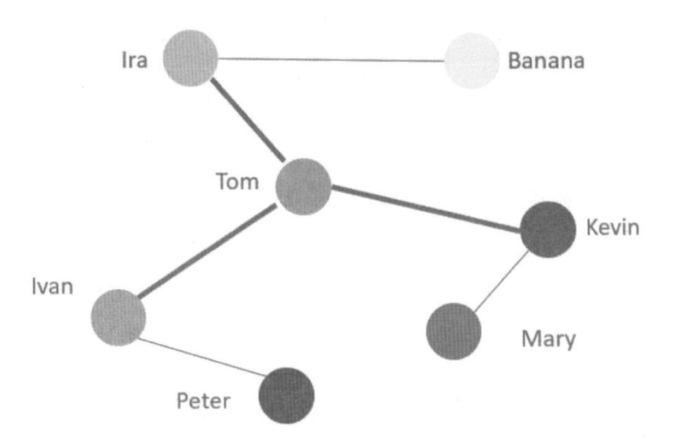

在执行广度优先搜寻时，首先从自己的朋友 Ivan、Ira 和 Kevin 开始搜寻，方法是先将自己加入已拜访列表，将朋友加入搜寻列表队列，所以列表队列如下：

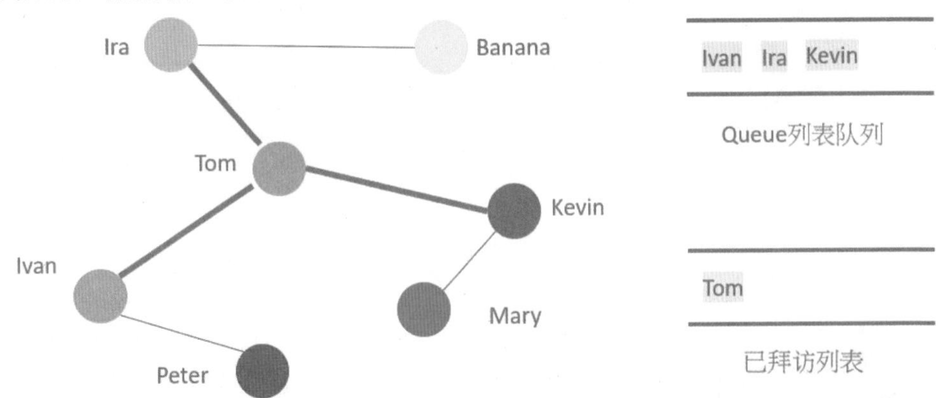

搜寻 Ivan，结果 Ivan 不是卖香蕉的经销商时，将 Ivan 加入已拜访列表，同时将 Ivan 的朋友 Peter 加入列表队列。

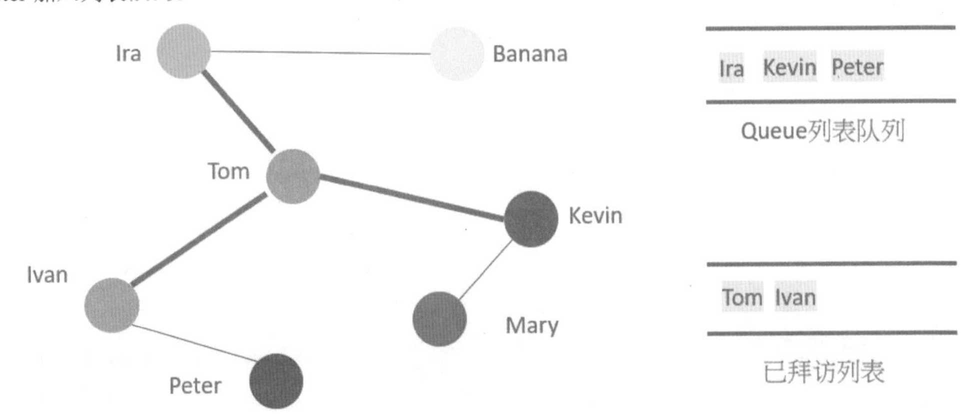

搜寻 Ira，结果 Ira 不是卖香蕉的经销商时，将 Ira 加入已拜访列表，将 Ira 的朋友 Banana 加入列表队列。

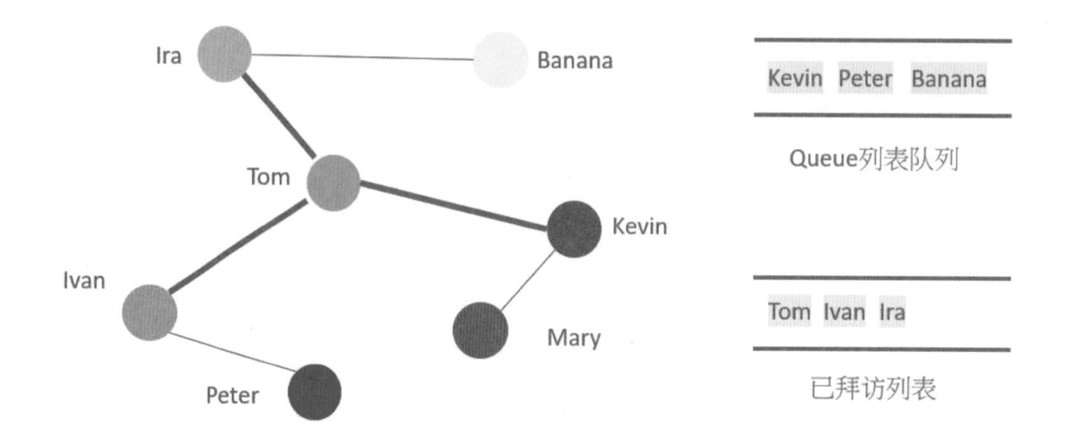

搜寻 Kevin，结果 Kevin 不是卖香蕉的经销商时，将 Kevin 加入已拜访列表，将 Kevin 的朋友 Mary 加入列表队列。

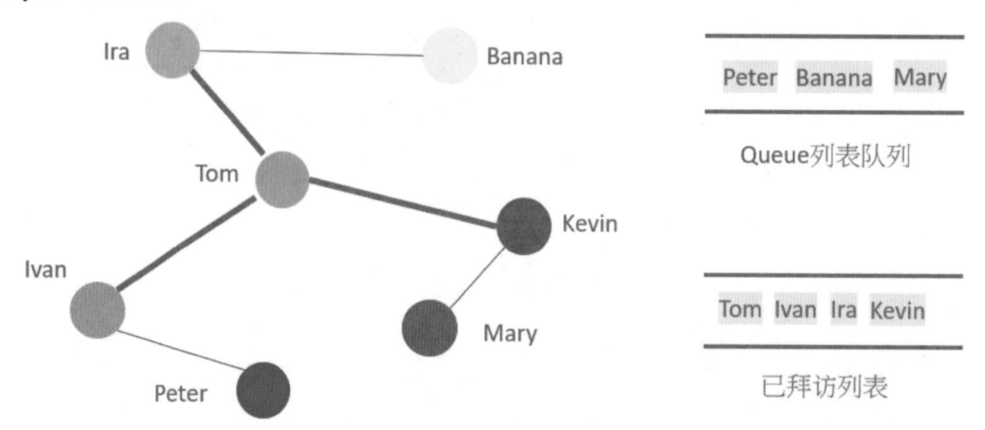

搜寻 Peter，结果 Peter 不是卖香蕉的经销商时，由于 Peter 没有其他朋友，所以没有任何数据可以加入列表队列。

搜寻到 Banana，由于 Banana 先生是销售香蕉的经销商，此时就算找到了。

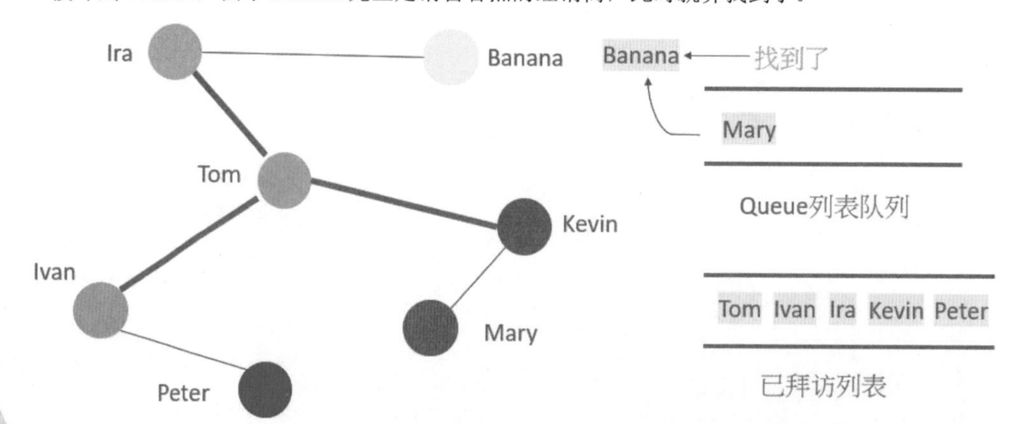

13-2-3　最短路径

在计算机科学中很重要的是找寻最短路径，从先前 13-2-2 节的图形实例可以看到，在搜寻时是从最近的距离开始，假设我们称 Tom - Ivan、Tom - Ira、Tom - Kevin 为一等联机，在广度优先搜寻时是先搜寻这些一等联机，如果这些一等联机没有找到，才开始搜寻二等联机，如下所示：

Tom - Ivan - Peter

Tom - Ira - Banana

Tom - Kevin - Mary

所以在广度优先搜寻时可以找到最短路径，从上述可以看到二等联机可以找到销售香蕉的 Banana。

13-3　Python 实践广度优先搜寻算法

13-3-1　好用的 collections 模块的 deque()

在正式讲解广度优先搜寻算法前，笔者想先介绍 collections 模块的 deque( )，这个模块可以建立 collections.deque 对象，这是数据结构中的双头序列，具有栈 stack 与序列 queue 的功能，我们可以从左右两边增加元素，也可以从左右两边删除元素，常用的方法如下：

append(x) 方法：从右边加入元素 x。

appendleft(x) 方法：从左边加入元素 x。

pop( ) 方法：可以移除右边的元素并回传。

popleft( ) 方法：可以移除左边的元素并回传。

clear( ) 方法：清除所有元素。

程序实例 ch13_1.py：建立加强功能版的 collections.deque 对象，然后将字典特定键 (key) 的值存入此对象，此对象存的是 Tom 的直接朋友，最后使用 popleft( ) 从左边将朋友名单逐步打印。

```
 1  # ch13_1.py
 2  from collections import deque
 3
 4  graph = {}                                   # 建立空字典
 5  graph['Tom'] = ['Ivan', 'Ira', 'Kevin']      # 建立字典graph, key='Tom'的值
 6  people = deque()                             # 建立queue
 7  people += graph['Tom']                       # 将graph字典Tom键的值加入people
 8  print('列出people数据类型 : ',type(people))
 9  print('列出搜寻名单       : ', people)
10  for name in range(len(people)):
11      print(people.popleft())
```

执行结果

```
==================== RESTART: D:\Algorithm\ch13\ch13_1.py ====================
列出people数据类型 :  <class 'collections.deque'>
列出搜寻名单        :  deque(['Ivan', 'Ira', 'Kevin'])
Ivan
Ira
Kevin
```

程序实例 ch13_2.py：重新设计 ch13_1.py，但是最后使用 pop( ) 从右边将朋友名单逐步打印。

```
1  # ch13_2.py
2  from collections import deque
3
4  graph = {}                                    # 建立空字典
5  graph['Tom'] = ['Ivan', 'Ira', 'Kevin']       # 建立字典graph, key='Tom'的值
6  people = deque()                              # 建立queue
7  people += graph['Tom']                        # 将graph字典Tom键的值加入people
8  print('列出people数据类型 : ',type(people))
9  print('列出搜寻名单        : ', people)
10 for name in range(len(people)):
11     print(people.pop())
```

执行结果

```
==================== RESTART: D:\Algorithm\ch13\ch13_2.py ====================
列出people数据类型 :  <class 'collections.deque'>
列出搜寻名单        :  deque(['Ivan', 'Ira', 'Kevin'])
Kevin
Ira
Ivan
```

程序实例 ch13_3.py：逐步加入字符串，再打印 deque 的内容，观察字符串位置。

```
1  # ch13_3.py
2  from collections import deque
3
4  people = deque()                              # 建立queue
5  people.append('Ivan')                         # 右边加入
6  people.append('Ira')                          # 右边加入
7  print('列出名单 : ', people)
8  people.appendleft('Unistar')                  # 右边加入
9  print('列出名单 : ', people)
10 people.appendleft('Ice Rain')                 # 右边加入
11 print('列出名单 : ', people)
```

执行结果

```
==================== RESTART: D:\Algorithm\ch13\ch13_3.py ====================
列出名单 :  deque(['Ivan', 'Ira'])
列出名单 :  deque(['Unistar', 'Ivan', 'Ira'])
列出名单 :  deque(['Ice Rain', 'Unistar', 'Ivan', 'Ira'])
```

13-3-2　广度优先搜寻算法实例

使用程序实践图形时，字典是一个很好的描绘图形相邻节点的方法，如果要描绘 Tom 和 Ivan、Ira、Kevin 有联系，可以用下列方法定义。

```
graph = { }
graph[ 'Tom' ] = [ 'Ivan' ,  'Ira' ,  'Kevin' ]
```

程序实例 ch13_4.py：本程序主要是将 13-2-2 节的概念使用前一节介绍的 deque 对象，配合 Python 的字典知识实际操作，同时列出所搜寻过的人。

```
1  # ch13_4.py
2  from collections import deque
3  def banana_dealer(name):
4      ''' 回应是不是卖香蕉的经销商 '''
5      if name == 'Banana':
6          return True
7
8  def search(name):
9      ''' 搜寻卖香蕉的朋友 '''
10     global not_dealer                        # 储存已搜寻的名单
11     dealer = deque()
12     dealer += graph[name]                    # 搜寻列表先储存Tom的朋友
13     while dealer:
14         person = dealer.popleft()            # 从左边取数据
15         if banana_dealer(person):            # 如果是True, 表示找到了
16             print(person + ' 是香蕉经销商 ')
17             return True                      # search()执行结束
18         else:
19             not_dealer.append(person)        # 将搜寻过的人储存至列表
20             dealer += graph[person]          # 将不是经销商的朋友加入搜寻列表
21     print('没有找到经销商')
22     return False
23
24 not_dealer = []
25 graph = {}                                   # 建立空字典
26 graph['Tom'] = ['Ivan', 'Ira', 'Kevin']      # 建立字典graph, key='Tom'的值
27 graph['Ivan'] = ['Peter']                    # 建立字典graph, key='Ivan'的值
28 graph['Ira'] = ['Banana']                    # 建立字典graph, key='Ira'的值
29 graph['Kevin'] = ['Mary']                    # 建立字典graph, key='kevin'的值
30 graph['Peter'] = []                          # 没有其他朋友用空集合
31 graph['Banana'] = []                         # 没有其他朋友用空集合
32 graph['Mary'] = []                           # 没有其他朋友用空集合
33
34 search('Tom')
35 print('列出已搜寻名单 : ', not_dealer)
```

执行结果

```
==================== RESTART: D:\Algorithm\ch13\ch13_4.py ====================
Banana 是香蕉经销商
列出已搜寻名单 :  ['Ivan', 'Ira', 'Kevin', 'Peter']
```

当然读者也可以使用 Python 的列表当作队列（仿真队列）使用，这时如果要取出仿真队列的第一个元素，可以使用 pop(0)。此外，上述程序笔者在第 30 ～ 32 行设定 graph['Peter']、graph['Banana'] 和 graph['Mary'] 是空列表，相当于这个图形应该用单向表达，如下所示。

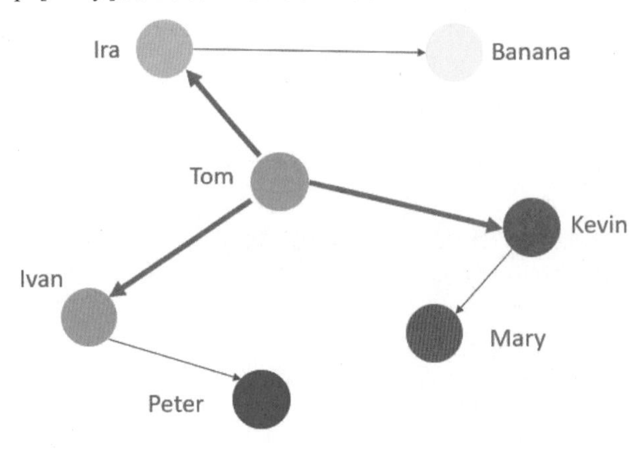

程序实例 ch13_5.py：重新设计 ch13_4.py 程序，用不同方式设计字典，同时使用列表仿真队列。

```
 1  # ch13_5.py
 2  def banana_dealer(name):
 3      ''' 回应是不是卖香蕉的经销商 '''
 4      if name == 'Banana':
 5          return True
 6
 7  def search(name):
 8      ''' 搜寻卖香蕉的朋友 '''
 9      global not_dealer                       # 储存已搜寻的名单
10      dealer = []
11      dealer += graph[name]                   # 搜寻列表先储存Tom的朋友
12      while dealer:
13          person = dealer.pop(0)              # 从左边取数据
14          if banana_dealer(person):           # 如果是True，表示找到了
15              print(person + ' 是香蕉经销商 ')
16              return True                     # search()执行结束
17          else:
18              not_dealer.append(person)       # 将搜寻过的人储存至列表
19              dealer += graph[person]         # 将不是经销商的朋友加入搜寻列表
20      print('没有找到经销商')
21      return False
22
23  not_dealer = []
```

```
24  graph = {'Tom':['Ivan', 'Ira', 'Kevin'],
25           'Ivan':['Peter'],
26           'Ira':['Banana'],
27           'Kevin':['Mary'],
28           'Peter':[],
29           'Banana':[],
30           'Mary':[]
31          }
32
33  search('Tom')
34  print('列出已搜寻名单 : ', not_dealer)
```

执行结果

与 ch13_4.py 相同。

13-3-3　广度优先算法拜访所有节点

在第 6 章笔者说明了二叉树，其实部分图形呈现的方式，也可以称作是多元的树状结构，所不同的是在图形中一个顶点可能有多个相邻节点。在二叉树中，笔者介绍了前序、中序、后序的遍历顺序。在图形结构中，若是想要遍历，常用的算法有 2 种：

广度优先搜寻算法 (Breadth First Search)：13-2 和 13-3 节内容。

深度优先搜寻算法 (Depth First Search)：13-4 节内容。

假设有一个图形节点如下：

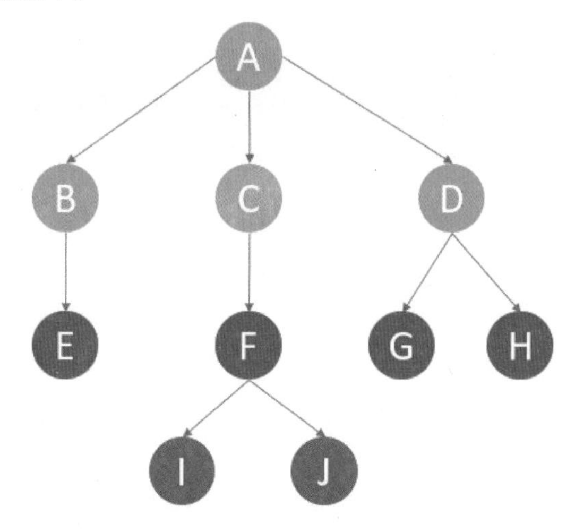

程序实例 ch13_6.py：读者应该了解，使用广度优先遍历此图形的顺序如下，这个程序将验证结果。

A，B，C，D，E，F，G，H，I，J

```
1  # ch13_6.py
2  def bfs(graph, start):
3      ''' 广度优先搜寻法 '''
4      visited = []                              # 拜访过的顶点
5      queue = [start]                           # 仿真队列
6      while queue:
7          node = queue.pop(0)                   # 取索引0的值
8          visited.append(node)                  # 加入已拜访行列
9          neighbors = graph[node]               # 取得已拜访节点的相邻节点
10         for n in neighbors:                   # 将相邻节点放入队列
11             queue.append(n)
12     return visited
13
14 graph = {'A':['B', 'C', 'D'],
15          'B':['E'],
16          'C':['F'],
17          'D':['G', 'H'],
18          'E':[],
19          'F':['I', 'J'],
20          'G':[],
21          'H':[],
22          'I':[],
23          'J':[]
24         }
25 print(bfs(graph,'A'))
```

执行结果

```
==================== RESTART: D:\Algorithm\ch13\ch13_6.py ====================
['A', 'B', 'C', 'D', 'E', 'F', 'G', 'H', 'I', 'J']
```

上述图形是从 A 点开始搜寻，假设笔者从其他节点开始搜寻，例如 F 点或 G 点，程序会产生问题，如下所示：

```
==================== RESTART: D:\Algorithm\ch13\ch13_6.py ====================
['A', 'B', 'C', 'D', 'E', 'F', 'G', 'H', 'I', 'J']
>>> print(bfs(graph,'G'))
['G']
```

原因是在建立 graph 字典时，笔者并没有建立双向连接，可参考下列说明。

'D' : ['G', 'H']

'G' : []

'H' : []

如果从任何节点均可以处理此图形的遍历，必须双向皆注明有互相连接，上述应改为：

'D' : ['A', 'G', 'H']

```
'G'  :  [ 'D' ]
'H'  :  [ 'D' ]
```

此时图形的边线应该没有箭头，如下所示：

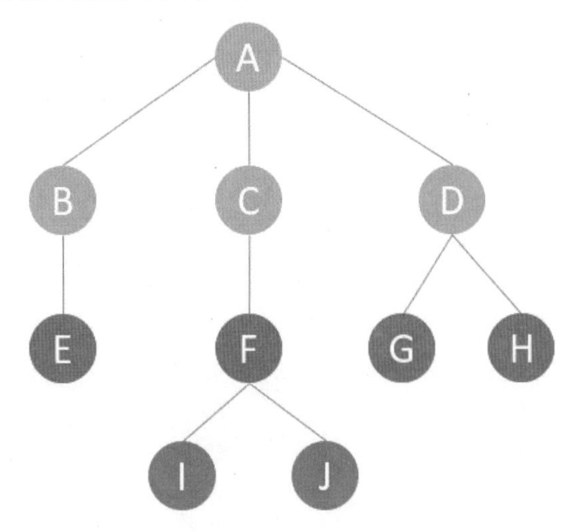

程序实例 ch13_7.py：重新设计 ch13_6.py，未来可以从任一个节点执行遍历。

```
1  # ch13_7.py
2  def bfs(graph, start):
3      ''' 广度优先搜寻法 '''
4      visited = []                              # 拜访过的顶点
5      queue = [start]                           # 仿真队列
6      while queue:
7          node = queue.pop(0)                   # 取索引0的值
8          if node not in visited:
9              visited.append(node)              # 加入已拜访行列
10             neighbors = graph[node]           # 取得已拜访节点的相邻节点
11             for n in neighbors:               # 将相邻节点放入队列
12                 queue.append(n)
13     return visited
14
15 graph = {'A':['B', 'C', 'D'],
16          'B':['A', 'E'],
17          'C':['A', 'F'],
18          'D':['A', 'G', 'H'],
19          'E':['B'],
20          'F':['C', 'I', 'J'],
21          'G':['D'],
22          'H':['D'],
23          'I':['F'],
24          'J':['F']
25         }
26 print(bfs(graph,'A'))
```

执行结果

```
==================== RESTART: D:/Algorithm/ch13/ch13_7.py ====================
['A', 'B', 'C', 'D', 'E', 'F', 'G', 'H', 'I', 'J']
>>> print(bfs(graph,'G'))
['G', 'D', 'A', 'H', 'B', 'C', 'E', 'F', 'I', 'J']
>>> print(bfs(graph,'C'))
['C', 'A', 'F', 'B', 'D', 'I', 'J', 'E', 'G', 'H']
```

13-3-4 走迷宫

第 11 章笔者设计的走迷宫程序，所使用的方法其实是深度优先搜寻法，也就是一个节点如果有路可走，会一直走下去。其实走迷宫程序也可以使用广度优先搜寻法设计。下列左图是笔者用二维数组索引标示 11-1 节的迷宫，右图则是将此迷宫通道转成图形表示。

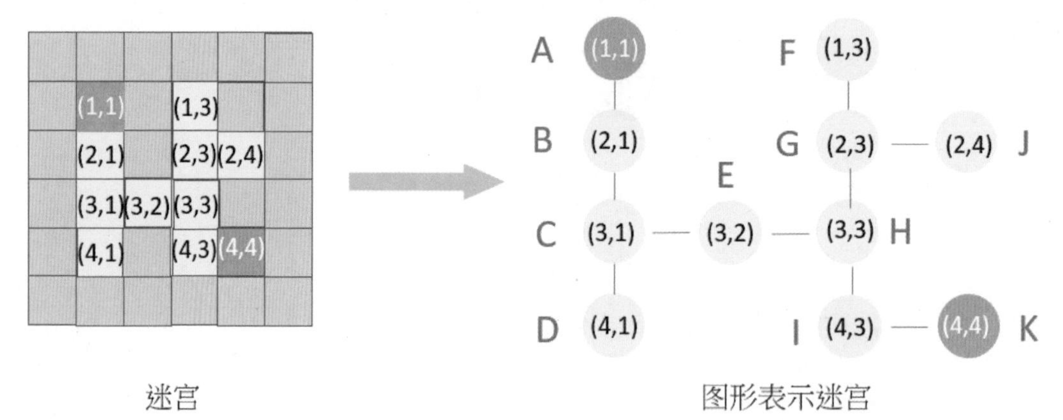

迷宫　　　　图形表示迷宫

程序实例 ch13_8.py：使用广度优先搜寻算法走迷宫。

```
1  # ch13_8.py
2  def is_exit(node):
3      ''' 回应是否出口 '''
4      if node == 'K':
5          return True
6  def bfs(graph, start):
7      ''' 广度优先搜寻法 '''
8      global visited                          # 拜访过的顶点
9      queue = [start]                         # 仿真队列
10     while queue:
11         node = queue.pop(0)                 # 取索引0的值
12         if is_exit(node):                   # 如果是True，表示找到了
13             print(node + ' 是迷宫出口 ')
14             visited.append(node)            # 将出口加入已拜访
15             return visited                  # bfs()执行结束
16         if node not in visited:
17             visited.append(node)            # 加入已拜访行列
```

```
18                neighbors = graph[node]              # 取得已拜访节点的相邻节点
19                for n in neighbors:                  # 将相邻节点放入队列
20                    queue.append(n)
21        return visited
22
23    graph = {'A':['B'],
24             'B':['A', 'C'],
25             'C':['B', 'D', 'E'],
26             'D':['C'],
27             'E':['C', 'H'],
28             'F':['G'],
29             'G':['F', 'H', 'J'],
30             'H':['E', 'G', 'I'],
31             'I':['H', 'K'],
32             'J':['G'],
33             'K':['I']
34            }
35    visited = []
36    print(bfs(graph,'A'))
```

执行结果

```
==================== RESTART: D:\Algorithm\ch13\ch13_8.py ====================
K 是迷宫出口
['A', 'B', 'C', 'D', 'E', 'H', 'G', 'I', 'F', 'J', 'K']
```

在前面叙述可以看到迷宫是使用二维数组表示，所以其实也可以将图形转成二维数组，概念如下：

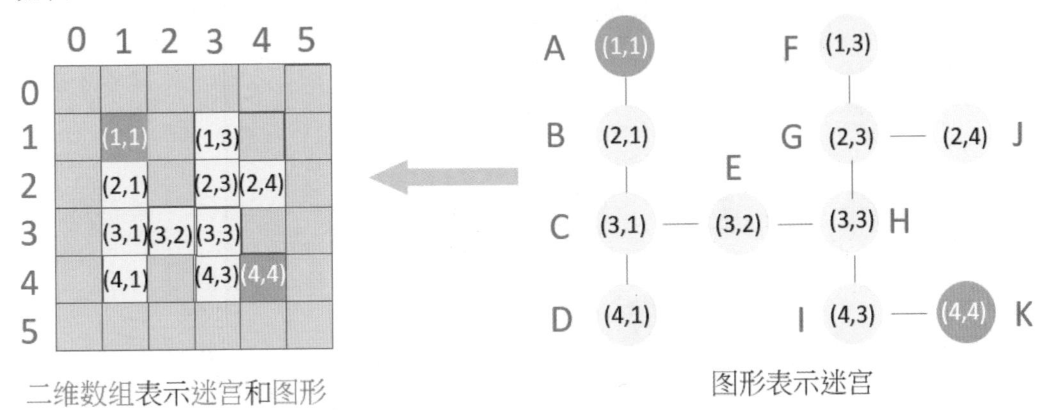

二维数组表示迷宫和图形　　　　图形表示迷宫

上述左图只要将灰色方块填 0，其他填 1，就相当于是使用二维数组代表图形了，我们可以称此二维数组为相邻矩阵 (adjacency)。

13-4 深度优先搜寻算法概念解说

13-4-1 深度优先搜寻算法理论

深度优先搜寻 (depth first search，简称 DFS) 与广度优先搜寻一样，是计算机图形理论很重要的一个搜寻算法，基本上是先深入一个路径搜寻，当搜寻到末端没有找到解答，再回溯前一层，找寻可行的路径。假设有一个图形如下：

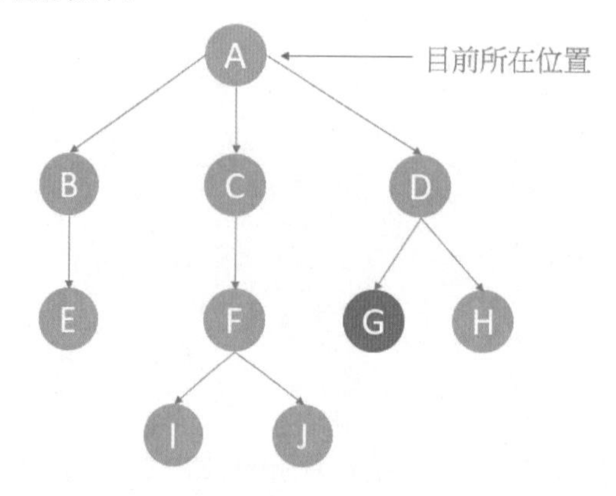

目前在 A 顶点，要找寻 G 点，目前不知 G 点在哪里。首先将 A 放入栈（stack）存储，栈上方存储的是目前搜寻位置，可以参考下图。

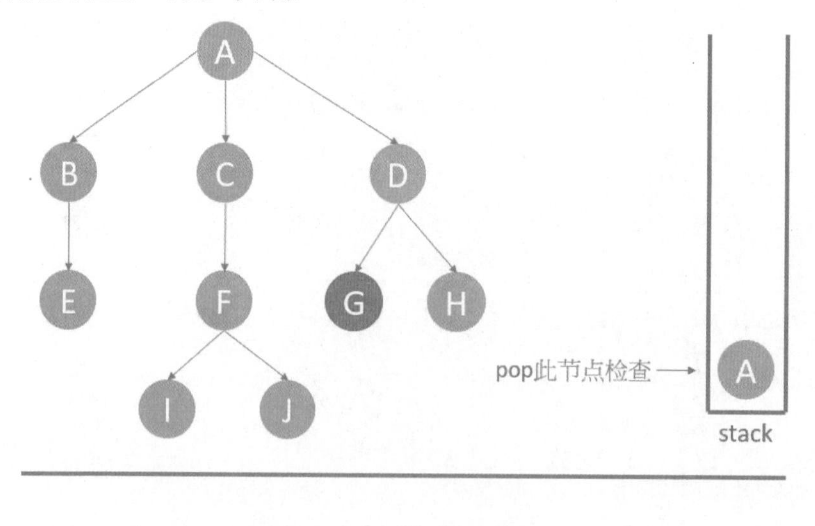

然后将 A 从栈取出，将 A 放入已拜访列表 path，检查 A 是不是目标节点。由于 A 不是目标节点，然后将 A 的相邻节点 D、C、B 存入栈，如下所示：

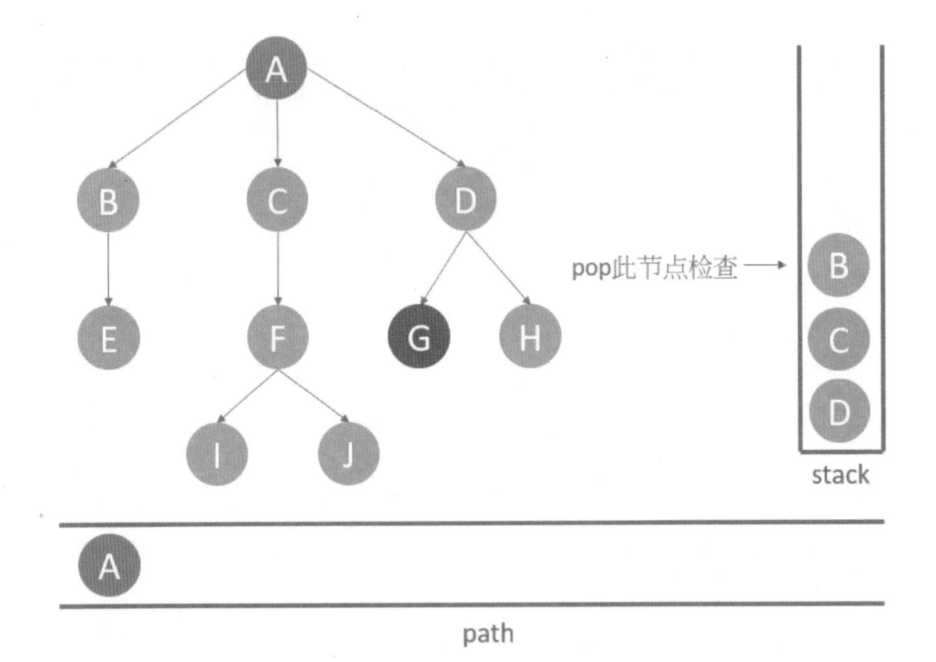

然后将 B 从栈取出，将 B 放入已拜访列表 path，由于 B 不是搜寻目标，B 节点有连接 E，所以将 E 放入栈，如下所示：

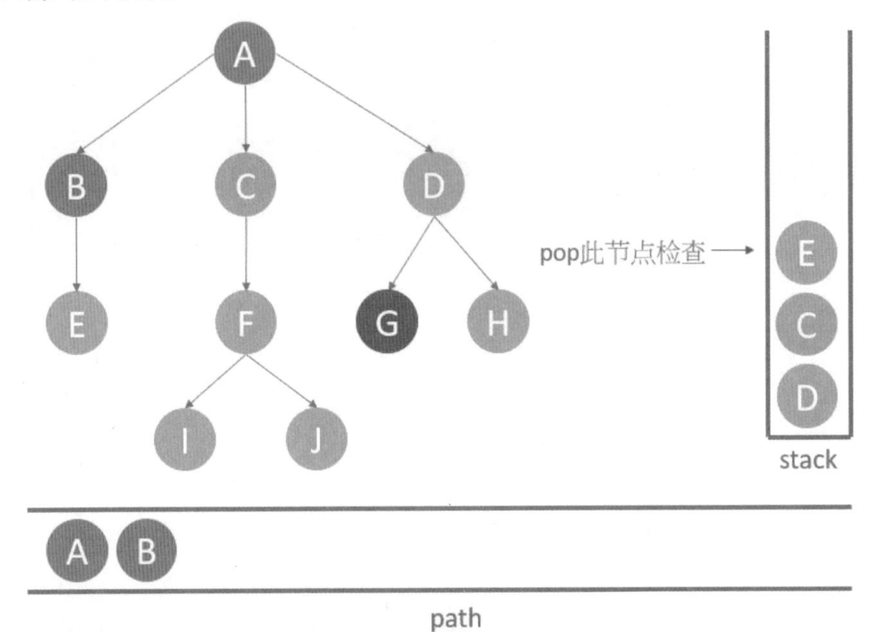

然后将 E 从栈取出，将 E 放入已拜访列表 path，由于 E 不是搜寻目标，且 E 没有其他连接节点，所以检查新的栈顶点。

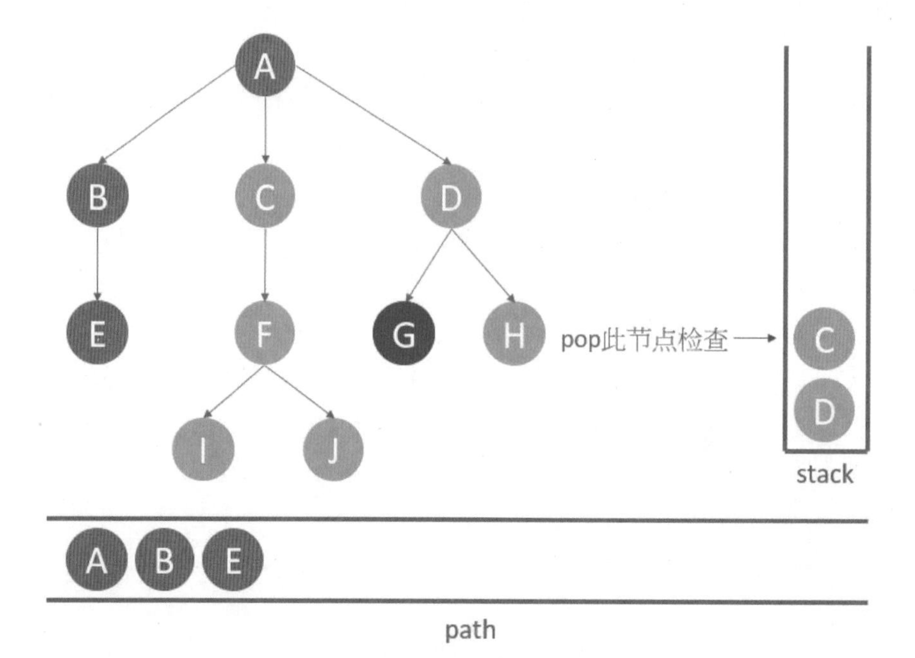

然后将 C 从栈取出，将 C 放入已拜访列表 path，由于 C 不是搜寻目标，C 节点有连接 F，所以将 F 放入栈，如下所示：

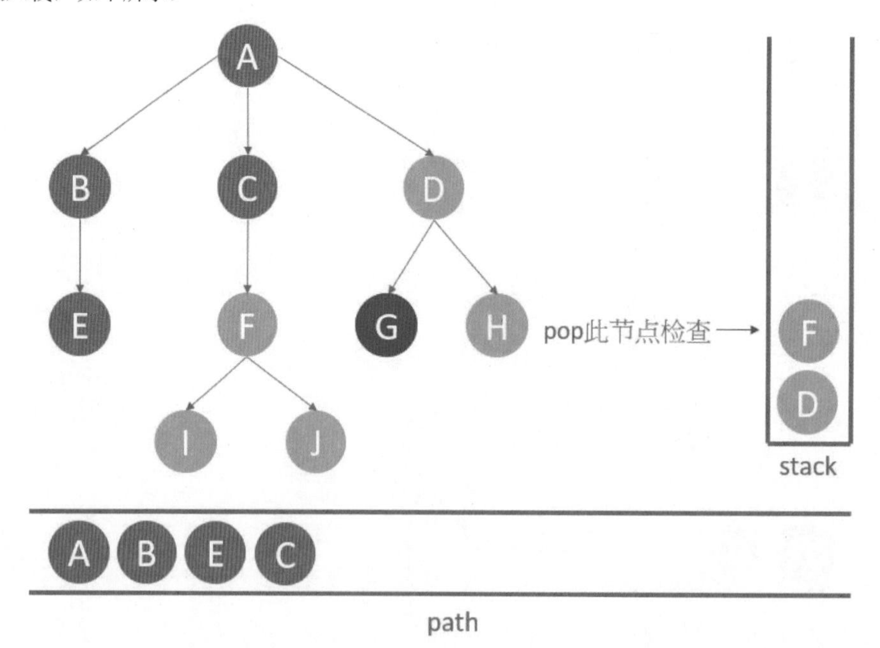

然后将 F 从栈取出，将 F 放入已拜访列表 path，由于 F 不是搜寻目标，F 节点有连接 J 和 I，所以将 J 和 I 放入栈，如下所示：

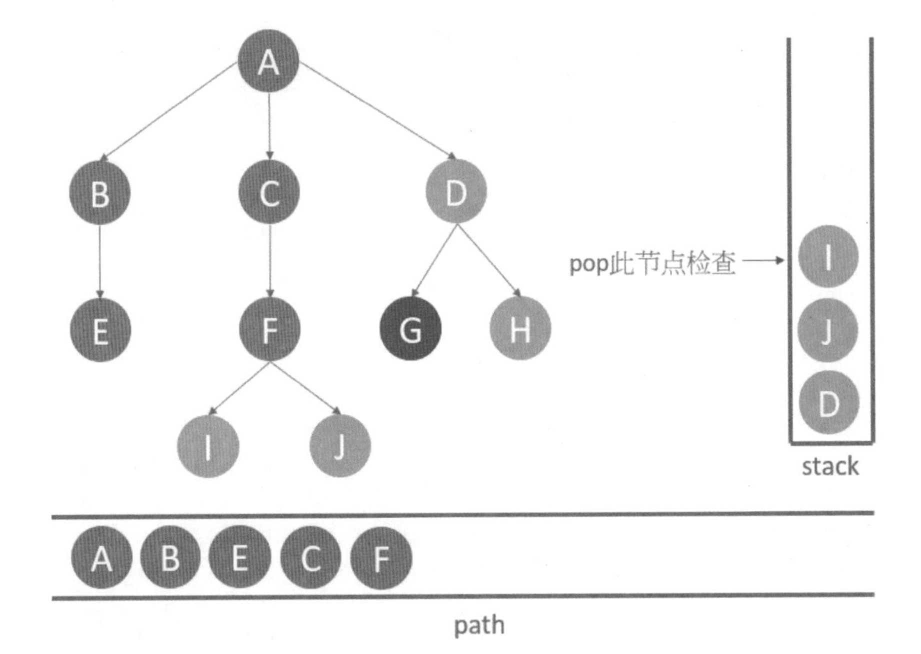

然后将 I 从栈取出，将 I 放入已拜访列表 path，由于 I 不是搜寻目标，且 I 没有其他连接节点，所以检查新的栈顶点。

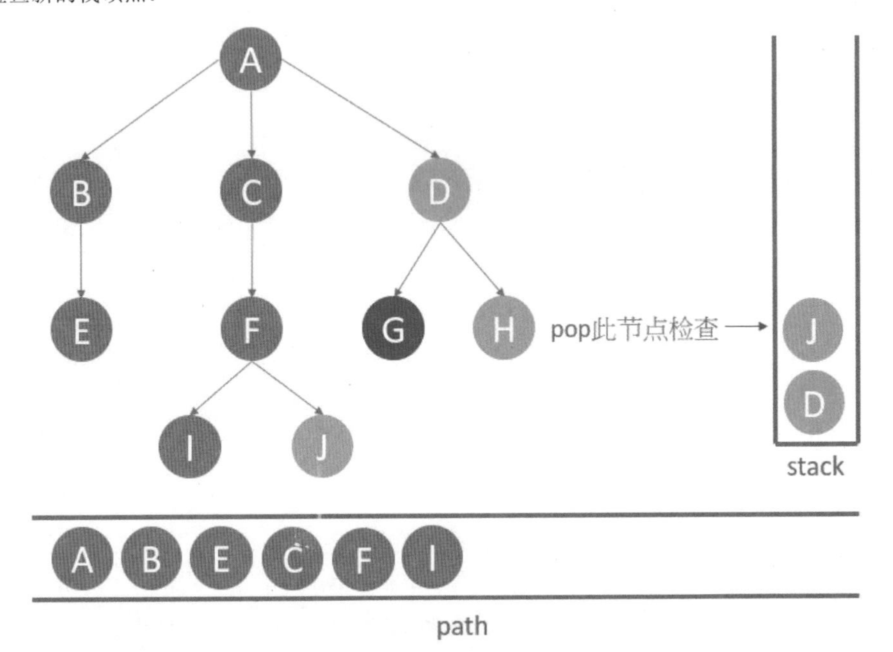

然后将 J 从栈取出，将 J 放入已拜访列表 path，由于 J 不是搜寻目标，且 J 没有其他连接节点，所以检查新的栈顶点。

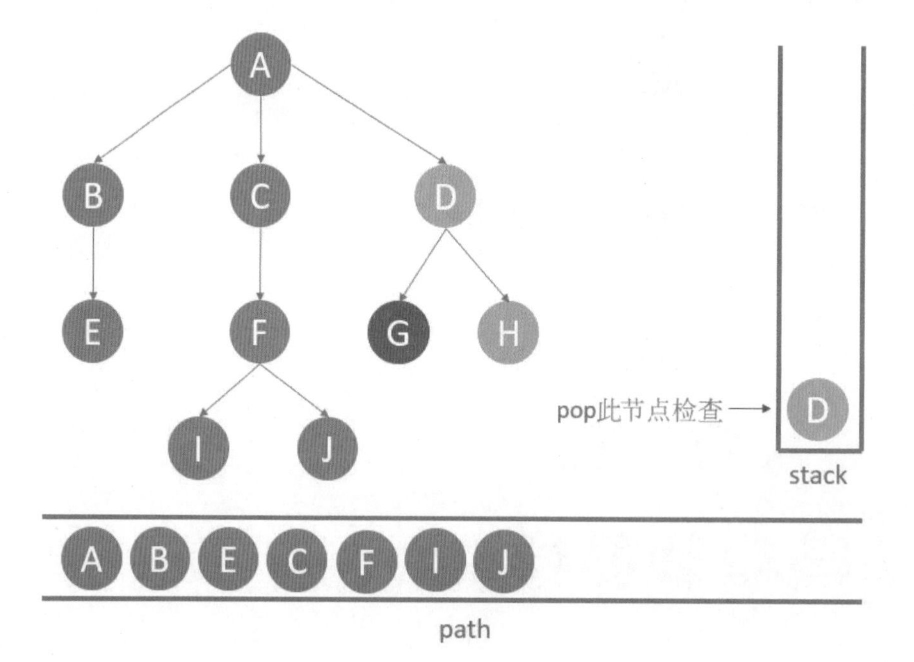

然后将 D 从栈取出，将 D 放入已拜访列表 path，由于 D 不是搜寻目标，D 节点有连接 H 和 G，所以将 H 和 G 放入栈，如下所示：

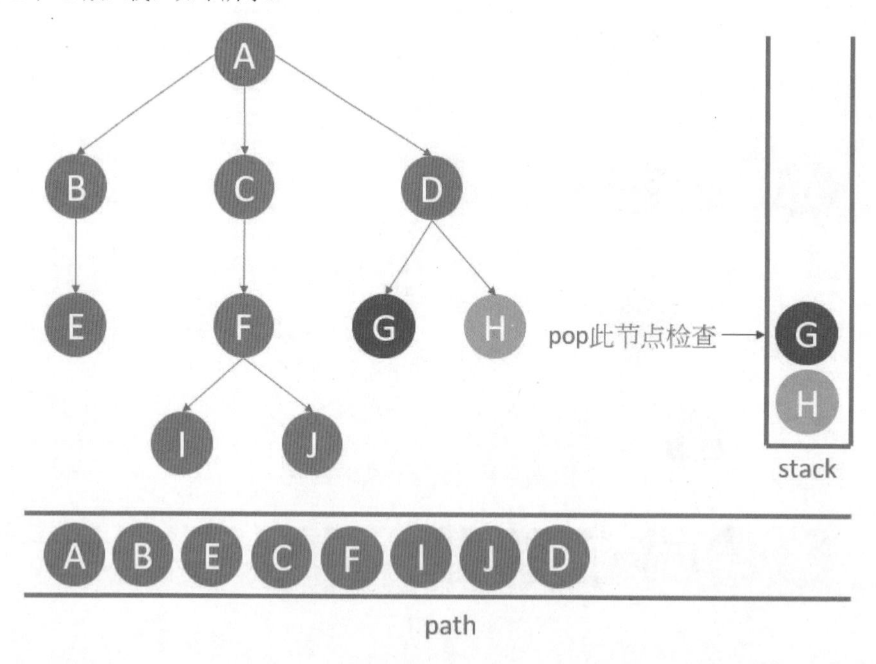

然后将 G 从栈取出，将 G 放入已拜访列表 path，由于 G 是搜寻目标，所以搜寻成功。

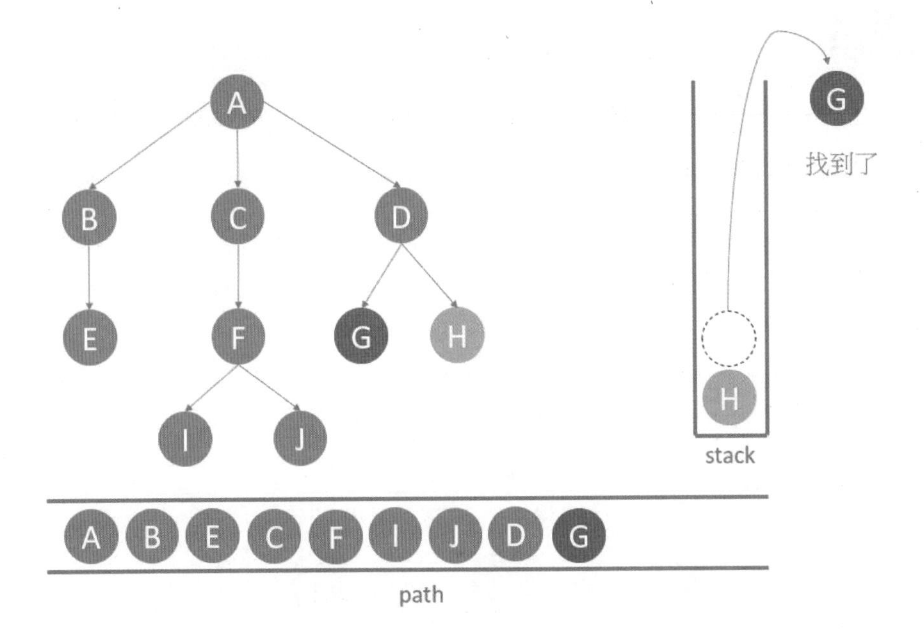

注　如果程序执行过程中发生栈为空，表示搜寻失败。

13-4-2　深度优先搜寻算法实例

程序实例 ch13_9.py：将 13-4-1 节的深度优先搜寻用 Python 实践，读者需留意上述是有方向性的图形。

```
 1  # ch13_9.py
 2  def dfs(graph, start, goal):
 3      ''' 深度优先搜寻法 '''
 4      path = []                                   # 拜访过的节点
 5      stack = [start]                             # 仿真栈
 6      while stack:
 7          node = stack.pop()                      # pop栈
 8          path.append(node)                       # 加入已拜访行列
 9          if node == goal:                        # 如果找到了
10              print('找到了')
11              return path
12          for n in graph[node]:                   # 将相邻节点放入队列
13              stack.append(n)
14      return "找不到"
15
16  graph = {'A':['D', 'C', 'B'],
17           'B':['E'],
18           'C':['F'],
19           'D':['H', 'G'],
20           'E':[],
21           'F':['J', 'I'],
22           'G':[],
23           'H':[],
24           'I':[],
25           'J':[]
26          }
27  print(dfs(graph,'A','G'))
```

执行结果

```
==================== RESTART: D:/Algorithm/ch13/ch13_9.py ====================
找到了
['A', 'B', 'E', 'C', 'F', 'I', 'J', 'D', 'G']
```

读者需留意上述第 16 行定义 graph 的 A 键的值时，D、C、B 的位置如果不同，将造成进入栈的顺序不同，会产生不同的拜访顺序，这个概念可以应用在键（key）的值（value）是由多个元素组成的情况。

程序实例 ch13_10.py：使用递归方式遍历下列无方向图形的节点。

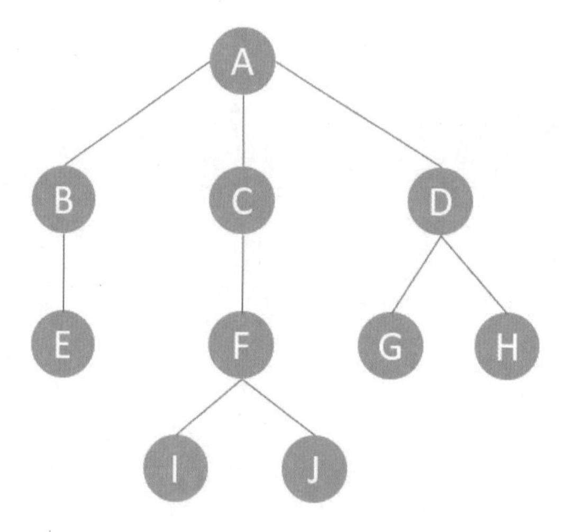


```
 1  # ch13_10.py
 2  def dfs(graph, node, path=[]):
 3      ''' 深度优先搜寻法 '''
 4      path += [node]                              # 路径
 5      for n in graph[node]:                       # 将相邻节点放入队列
 6          if n not in path:
 7              path = dfs(graph, n, path)
 8      return path
 9
10  graph = {'A':['B', 'C', 'D'],
11           'B':['A', 'E'],
12           'C':['A', 'F'],
13           'D':['A', 'G', 'H'],
14           'E':['B'],
15           'F':['C', 'I', 'J'],
16           'G':['D'],
17           'H':['D'],
18           'I':['F'],
19           'J':['F']
20          }
21  print(dfs(graph,'A'))
```

执行结果

```
==================== RESTART: D:\Algorithm\ch13\ch13_10.py ====================
['A', 'B', 'E', 'C', 'F', 'I', 'J', 'D', 'G', 'H']
```

上述第 7 行是递归式调用，读者可以比较与 ch13_9.py 的差异。

其实第 11 章的迷宫程序就是使用深度优先搜寻的实例。

13-5 习题

1. 重新设计 ch13_4.py，在做搜寻时必须列出搜寻名单，同时列出目前搜寻的人。

```
====================== RESTART: D:\Algorithm\ex\ex13_1.py ======================
目前搜寻列表名单 :  deque(['Ivan', 'Ira', 'Kevin'])
Ivan   不是Banana经销商
目前搜寻列表名单 :  deque(['Ira', 'Kevin', 'Peter'])
Ira    不是Banana经销商
目前搜寻列表名单 :  deque(['Kevin', 'Peter', 'Banana'])
Kevin  不是Banana经销商
目前搜寻列表名单 :  deque(['Peter', 'Banana', 'Mary'])
Peter  不是Banana经销商
目前搜寻列表名单 :  deque(['Banana', 'Mary'])
Banana 是香蕉经销商
列出已搜寻名单 :  ['Ivan', 'Ira', 'Kevin', 'Peter']
```

2. 请使用下列无向图形，起点是 F，终点是 G，使用深度优先搜寻，最后列出搜寻路径。

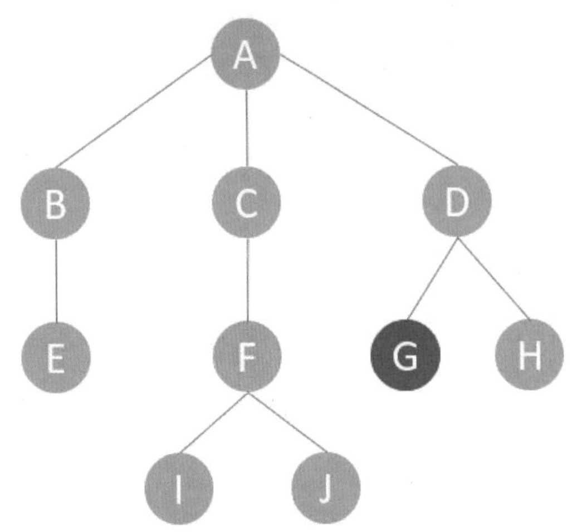


```
==================== RESTART: D:/Algorithm/ch13/ex13_2.py ====================
找到了
['F', 'J', 'I', 'C', 'A', 'D', 'H', 'G']
```

第 14 章

图形理论之最短路径算法

14-1 戴克斯特拉 (Dijkstra's) 算法

戴克斯特拉算法 (Dijkstra's Algorithm) 是由荷兰计算机科学家戴克斯特拉在 1956 年发明的算法，1959 年在期刊上发表。这个算法类似广度优先搜寻的方法，主要用途是计算权重图形之间的最短距离。

这个算法初期主要用在找权重图形间任意 2 点的最短距离，现在则是用在计算从一个节点到所有其他节点的最短距离。

14-1-1 最短路径与最快路径问题

有一个无向图形如下，假设起点是 A，终点是 G：

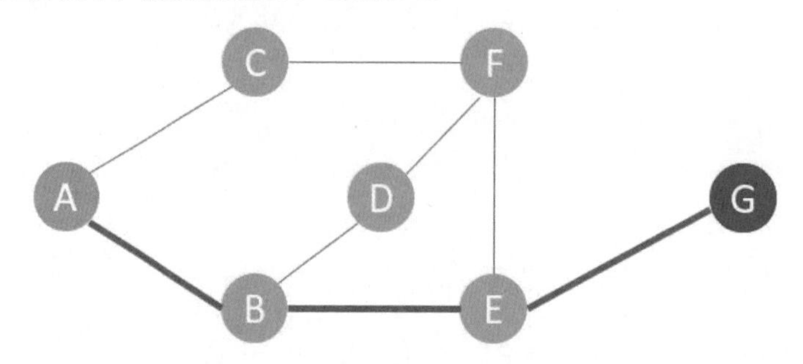

若是使用广度优先搜寻法，可以得到 A - B - E - G 3 段路径，其实上述是最短路径，但不一定是最快路径。如果上述是一个权重图形，如下所示：

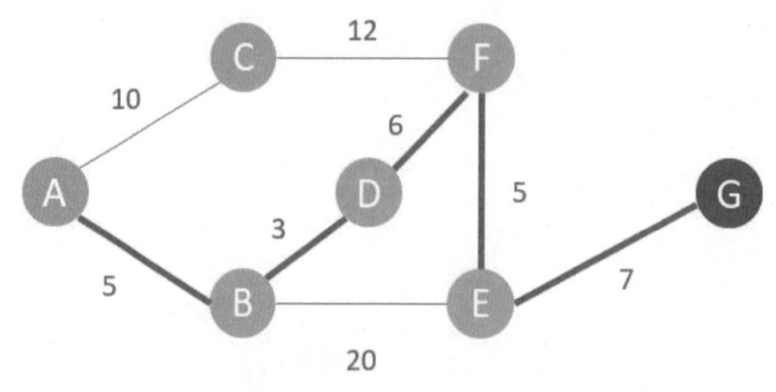

则最快路径是 A - B - D - F - E - G，假设数字是通行时间（单位为分钟），此段路径所需时间是 26 分钟。原先 A - B - E - G 所需时间则是 32 分钟。

14-1-2 戴克斯特拉算法

戴克斯特拉算法的基本步骤如下：

（1）建立一个空列表，假设是 visited，记录拜访过的节点。

（2）建立一个列表，假设是 nodes，这个列表的元素是字典，未来将存储从起点到任意节点的最短距离。

（3）将列表元素键 (key) 的值设为无限大 INF。

（4）将 nodes 的起点元素键 (key) 的值设为 0。

（5）从起点开始，找距离起点最小值的节点，然后更新 nodes 的元素键 (key) 的数值。这个步骤必须重复执行，直到所有 nodes 内的无限大值被全部更新，除非该节点无法抵达。

注　如果是有向图形，则可能部分点无法抵达。

上述第 5 个步骤不容易用文字解说，下列将以实例说明，假设有一个权重图形如下：

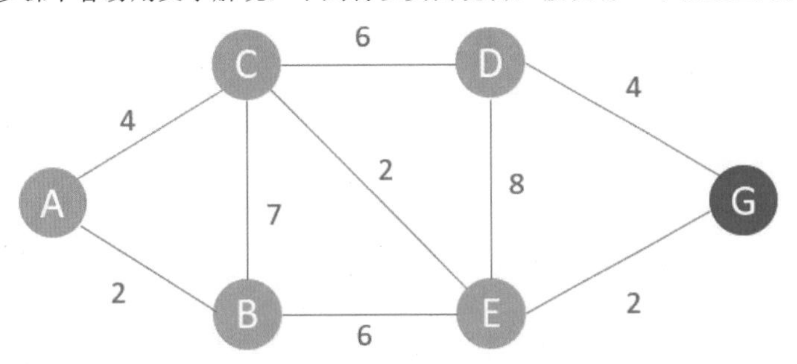

步骤 1：上述起点是 A，终点是 G，现在我们要计算每个节点距离 A 点的最短距离。首先建立 nodes 列表，同时将所有键的值设为无限大 INF。

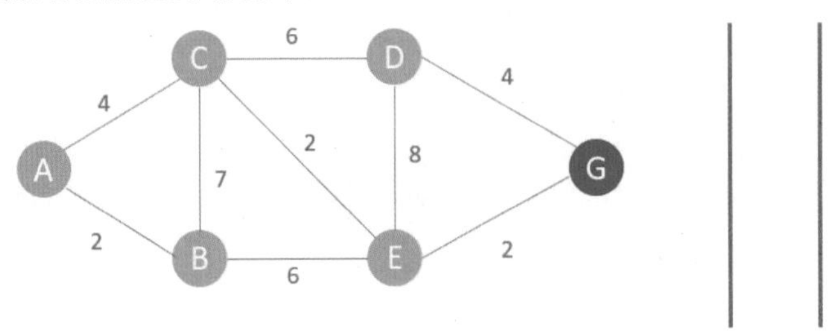

步骤 2：更新 nodes['A'] 的值为 0。

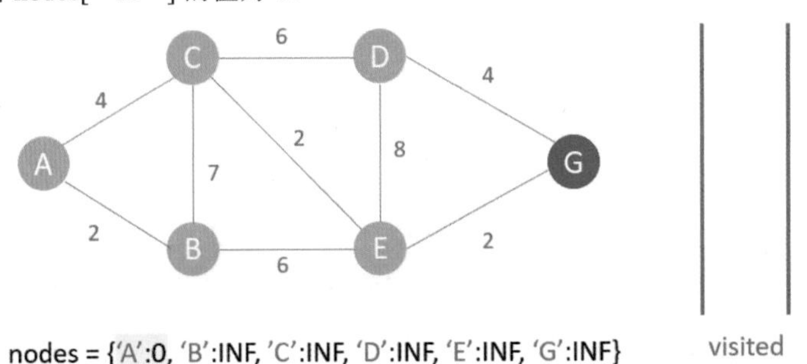

步骤 3：将起点 A 设为已拜访，计算与目前为起点的节点 A 相邻，同时尚未拜访（不在 visited 列表）的节点。此时 B 和 C 是选项，对 B 而言是 0+2，结果是 2，由于 2 小于原 nodes['B'] 的 INF 值，

所以更新 nodes[‘B’] 为 2。对 C 而言是 0+4，结果是 4，由于 4 小于 nodes[‘C’] 的 INF 值，所以更新 nodes[‘C’] 为 4。

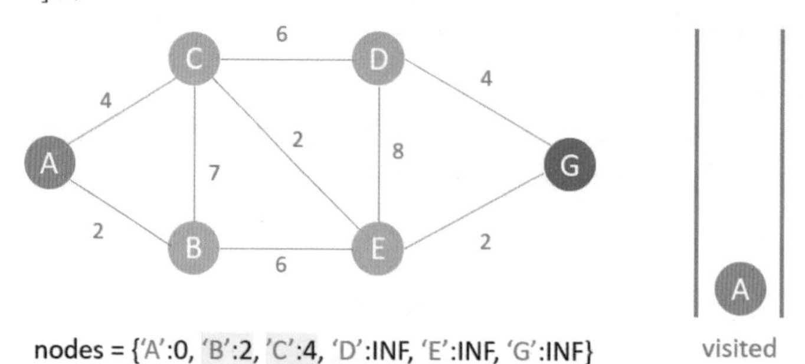

步骤 4：找出不在 visited 列表，同时是 nodes 元素中最小的键值，此例是 2，2 是 nodes[‘B’] 的值，所以下一步是拜访节点 B。

步骤 5：将起点 B 设为已拜访，计算目前与节点 B 相邻，同时尚未拜访（不在 visited 列表）的节点。此时 C 和 E 是选项，对 C 而言是 2+7，结果是 9，由于 9 大于原 nodes[‘C’] 的 4 值，所以不更新。对 E 而言是 2+6，结果是 8，由于 8 小于 nodes[‘E’] 的 INF 值，所以更新 nodes[‘E’] 为 8。

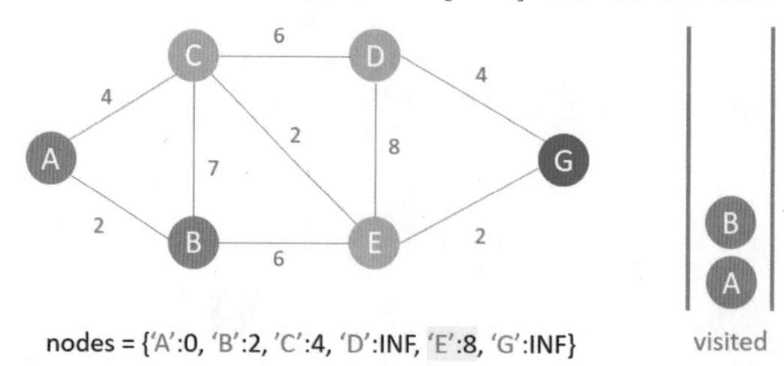

步骤 6：找出不在 visited 列表，同时是 nodes 元素中最小的键值，此例是 4，4 是 nodes[‘C’] 的值，所以下一步是拜访节点 C。

步骤 7：将起点 C 设为已拜访，计算目前与节点 C 相邻，同时尚未拜访（不在 visited 列表）的节点。此时 D 和 E 是选项，对 D 而言是 4+6，结果是 10，由于 10 小于原 nodes[‘D’] 的 INF 值，所以更新 nodes[‘D’] 为 10。对 E 而言是 4+2，结果是 6，由于 6 小于原 nodes[‘E’] 的 8 值，所以更新 nodes[‘E’] 为 6。

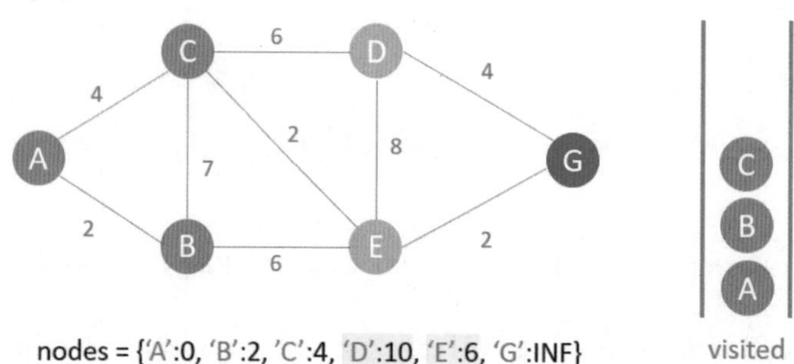

步骤 8：找出不在 visited 列表，同时是 nodes 元素中最小的键值，此例是 6，6 是 nodes[‘E’]的值，所以下一步是拜访节点 E。

步骤 9：将起点 E 设为已拜访，计算目前与节点 E 相邻，同时尚未拜访（不在 visited 列表）的节点。此时 D 和 G 是选项，对 D 而言是 6+8，结果是 14，由于 14 大于原 nodes[‘D’]的 10 值，所以不更新。对 G 而言是 6+2，结果是 8，由于 8 小于 nodes[‘G’]的 INF 值，所以更新 nodes[‘G’]为 8。

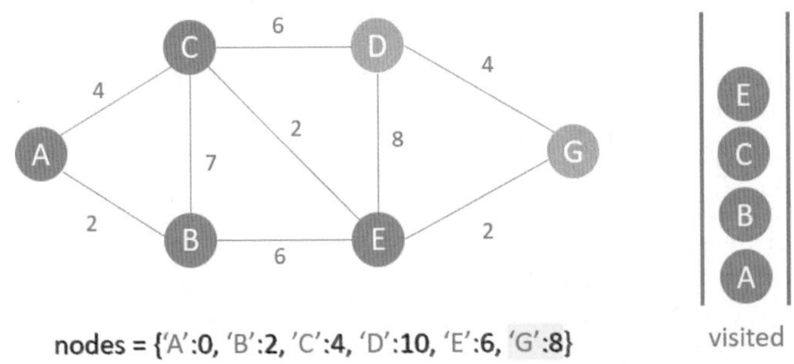

步骤 10：找出不在 visited 列表，同时是 nodes 元素中最小的键值，此例是 8，8 是 nodes[‘G’]的值，所以下一步是拜访节点 G。

步骤 11：将起点 G 设为已拜访，计算目前与节点 G 相邻，同时尚未拜访（不在 visited 列表）的节点。此时 D 是选项，对 D 而言是 8+4，结果是 12，由于 12 大于 nodes[‘G’]的 8 值，所以不更新。

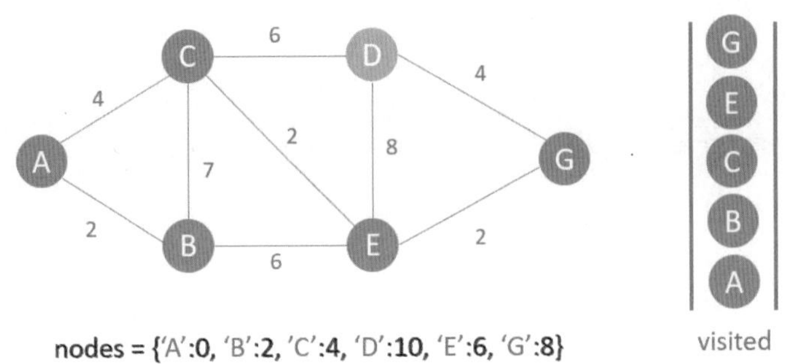

上述就是戴克斯特拉算法的执行结果。

14-1-3　Python 程序实例

程序实例 ch14_1.py：使用 Python 实践 14-1-2 节的戴克斯特拉算法。

```
1  # ch14_1.py
2  def dijkstra(graph, start):
3      visited = []
4      index = start
5      nodes = dict((i, INF) for i in graph)          # 设定节点为最大值
6      nodes[start] = 0                                # 设定起点为start
7
8      while len(visited) < len(graph):               # 有几个节点就执行几次
9          visited.append(index)
10         for i in graph[index]:
11             new_cost = nodes[index] + graph[index][i]   # 新路径距离
12             if  new_cost < nodes[i]:                # 新路径如果比较短
13                 nodes[i] = new_cost                 # 采用新路径
14
15         next = INF
16         for n in nodes:                             # 从列表中找出下一个节点
17             if n in visited:                        # 如果已拜访回到for选下一个
18                 continue
19             if nodes[n] < next:                     # 找出新的最小权重节点
20                 next = nodes[n]
21                 index = n
22     return nodes
23
24 INF = 9999
25 graph = {'A':{'A':0, 'B':2, 'C':4},
26          'B':{'B':0, 'C':7, 'E':6},
27          'C':{'C':0, 'D':6, 'E':2},
28          'D':{'D':0, 'E':8, 'G':4},
29          'E':{'E':0, 'G':2},
30          'G':{'G':0}
31         }
32 rtn = dijkstra(graph, 'A')
33 print(rtn)
```

执行结果

```
==================== RESTART: D:/Algorithm/ch14/ch14_1.py ====================
{'A': 0, 'B': 2, 'C': 4, 'D': 10, 'E': 6, 'G': 8}
```

上述第 24 行的 INF = 9999，这是初始化的值。

14-2 贝尔曼 - 福特 (Bellman-Ford) 算法

这个算法也是计算最短路径的算法，是由美国应用数学家理查德・贝尔曼 (Richard Bellman）和莱斯特・福特 (Lester Ford) 创立的，有的人也将此算法称 Moore-Bellman-Ford 算法，因为 Edward F. Moore 对此算法也有贡献。

这个算法与上一节介绍的戴克斯特拉算法类似，都是以松弛 (relaxation) 操作为基础，也就是

先估计最短的路径值，逐渐被更加精准的值取代，这两个方法的最大差异是，戴克斯特拉算法是以选取尚未被处理的具有最小权值的相邻节点做松弛操作。贝尔曼 - 福特算法是对所有的边做松弛操作，如果图形有 V 个节点，则执行 V-1 次，在处理每个节点时，须对节点的边线数量 E 做循环操作，贝尔曼 - 福特算法的优点除了简单，还可以处理权值是负值的情况，缺点是时间复杂度过高 O(|V||E|)，不过这个时间复杂度是最坏状况。

程序实例 ch14_2.py：使用与 ch14_1.py 相同的图形数据，但是使用贝尔曼 - 福特算法，可以看到获得了相同的结果。

```
 1  # ch14_2.py
 2  def get_edges(graph):
 3      ''' 建立边线信息 '''
 4      n1 = []                              # 线段的节点1
 5      n2 = []                              # 线段的节点2
 6      weight = []                          # 定义线段权重列表
 7      for i in graph:                      # 为每一个线段建立两端的节点列表
 8          for j in graph[i]:
 9              if graph[i][j] != 0:
10                  weight.append(graph[i][j])
11                  n1.append(i)
12                  n2.append(j)
13      return n1, n2, weight
14
15  def bellman_ford(graph, start):
16      n1, n2, weight = get_edges(graph)
17      nodes = dict((i, INF) for i in graph)
18      nodes[start] = 0
19      for times in range(len(graph) - 1):     # 执行循环len(graph)-1次
20          cycle = 0
21          for i in range(len(weight)):
22              new_cost = nodes[n1[i]] + weight[i]      # 新的路径花费
23              if  new_cost < nodes[n2[i]]:             # 新路径如果比较短
24                  nodes[n2[i]] = new_cost              # 采用新路径
25                  cycle = 1
26          if cycle == 0:                               # 如果没有更改结束for循环
27              break
28      flag = 0
29  # 下一个循环是检查是否存在负权重的循环
30      for i in range(len(nodes)):              # 对每条边线再执行一次松弛操作
31          if nodes[n1[i]] + weight[i] < nodes[n2[i]]:
32              flag = 1
33              break
34      if flag:                                 # 如果有变化表示有负权重的循环
35          return '图形含负权重的循环'
36      return nodes
37
38  INF = 999
39  graph = {'A':{'A':0, 'B':2, 'C':4},
40           'B':{'B':0, 'C':7, 'E':6},
```

```
41              'C':{'C':0, 'D':6, 'E':2},
42              'D':{'D':0, 'E':8, 'G':4},
43              'E':{'E':0, 'G':2},
44              'G':{'G':0}
45            }
46
47  rtn = bellman_ford(graph, 'A')
48  print(rtn)
```

执行结果

```
==================== RESTART: D:\Algorithm\ch14\ch14_2.py ====================
{'A': 0, 'B': 2, 'C': 4, 'D': 10, 'E': 6, 'G': 8}
```

有一个图形含负权重如下：

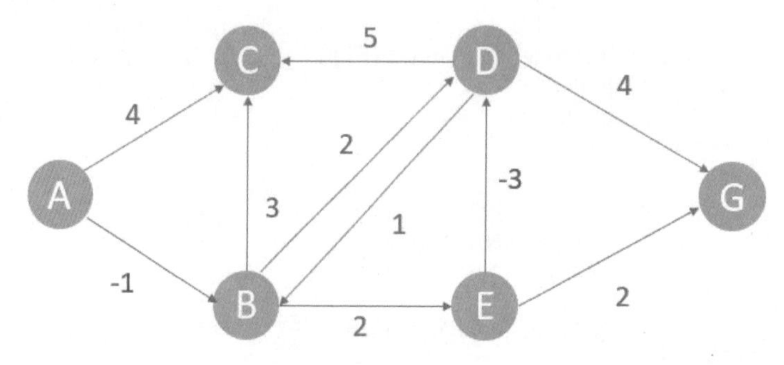

程序实例 ch14_3.py：使用上述有向图形数据，此图形含负权重，但是使用贝尔曼 - 福特算法，计算从节点 A 到各点的最短路径。下列笔者只列出图形数据，其他程序内容与 ch14_2.py 相同。

```
39  graph = {'A':{'A':0, 'B':-1, 'C':4},
40           'B':{'B':0, 'C':3, 'D':2, 'E':2},
41           'C':{'C':0},
42           'D':{'D':0, 'B':1, 'C':5, 'G':4},
43           'E':{'E':0, 'D':-3, 'E':2},
44           'G':{'G':0}
45          }
```

执行结果

```
==================== RESTART: D:\Algorithm\ch14\ch14_3.py ====================
{'A': 0, 'B': -1, 'C': 2, 'D': -2, 'E': 1, 'G': 2}
```

下列是有向图形数据节点 B 和 D 之间有负权重循环的情况。

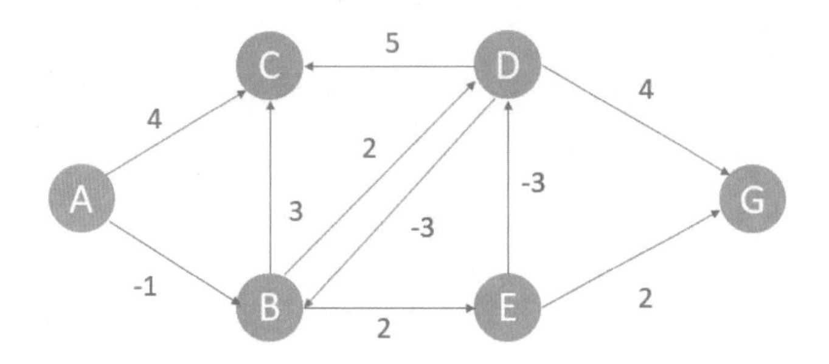

程序实例 ch14_4.py：使用上述有向图形数据，此图形含负权重循环，但是使用贝尔曼 - 福特算法，计算从节点 A 到各点的最短路径。下列笔者只列出图形数据，其他程序内容与 ch14_2.py 相同。

```
39  graph = {'A':{'A':0, 'B':-1, 'C':4},
40           'B':{'B':0, 'C':3, 'D':2, 'E':2},
41           'C':{'C':0},
42           'D':{'D':0, 'B':-4, 'C':5, 'G':4},
43           'E':{'E':0, 'D':-3, 'E':2},
44           'G':{'G':0}
45          }
```

执行结果

```
==================== RESTART: D:\Algorithm\ch14\ch14_4.py ====================
图形含负权重的循环
```

14-3 A* 算法

A* 可以念成 A star，这是由戴克斯特拉算法衍生而来的算法，戴克斯特拉算法在计算最小路径时，可以计算起点到各顶点的最短路径，即使是很远的节点也会做运算，所以即使已经找到目标节点，仍须做这些偏远节点的运算，因此造成资源的浪费。

假设有一个迷宫图形如下，S 代表起点 (start)，G 代表目标点 (goal)，黄色是通道，白色是墙壁：

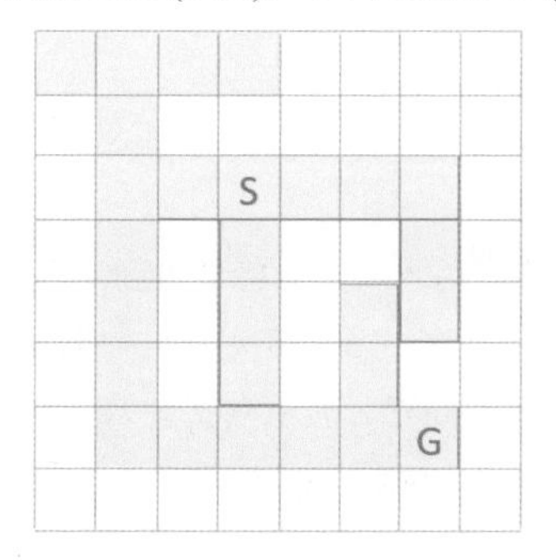

假设每一格权重是 1，下图是权重图形。

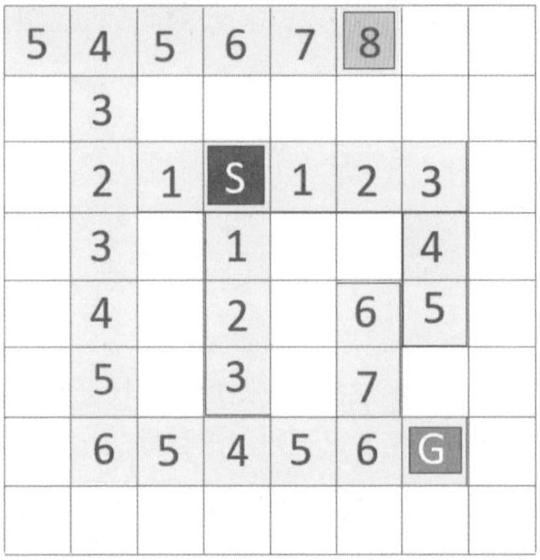

5	4	5	6	7	8		
	3						
	2	1	S	1	2	3	
	3		1			4	
	4		2		6	5	
	5		3		7		
	6	5	4	5	6	G	

当使用戴克斯特拉算法时，上述黄色通道除了灰色底的 8 外，每个点都会被计算，而实际经过位置如下：

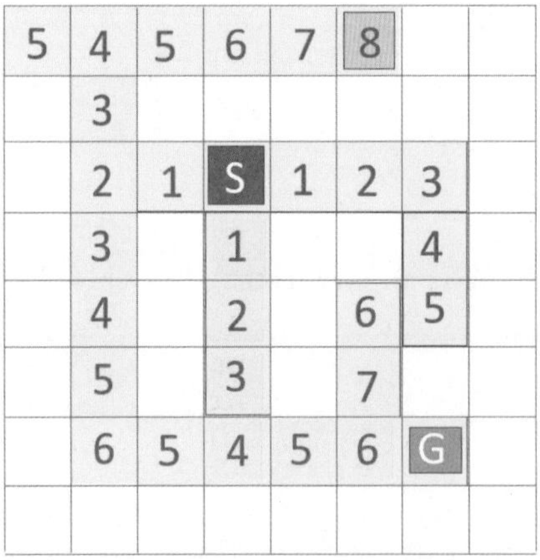

5	4	5	6	7	8		
	3						
	2	1	S	1	2	3	
	3		1			4	
	4		2		6	5	
	5		3		7		
	6	5	4	5	6	G	

A* 算法是除了计算原先的花费 (cost) g(n)，另外增加计算试探权重 (heuristic weight)，所谓的试探权重是已知目标节点，从目标节点估算每个可搜寻节点与之的距离，可以用 h(n) 代表，所以 A* 算法使用下列公式计算每个节点的花费：

```
f(n) = g(n) + h(n)
```

g(n) 是起点到各节点的距离，h(n) 是目标节点到各节点的距离，如果 h(n) 等于 0，则是戴克斯特拉算法。

至于 h(n) 我们称评估函数，如果 h(n) 不大于目标节点到顶点的距离，则一定可以计算最短路径。如果 h(n) 太小，会造成要计算的节点变多，效率会变差。如果 h(n) 大于目前节点到目标点的距离，计算比较快，但是不保证可以找到最短路径。有下列 3 种的计算评估函数 h(n) 的方式，假设目前节点位置是 (x1， y1)，目标点位置是 (x2， y2)：

❑ 欧几里得距离

$$\sqrt{(x1-x2)^2+(y1-y2)^2}$$

❑ 曼哈顿距离

```
|x1 - x2| + |y1 - y2|
```

❑ 切比雪夫距离

```
max(|x1 - x2|,  |y1 - y2|)
```

假设笔者使用欧几里得距离，这是从目标点开始计算，计算结果 h(n) 放在道路空格右下角，原先权重 g(n) 放在左下角，中央是放置计算结果 f(n)。

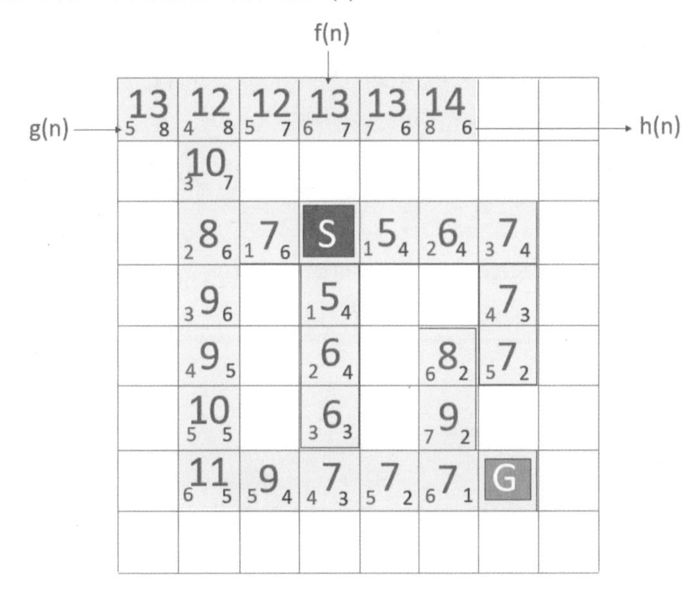

由于每次会找出最小权重的点，下图只有红色框内的节点被拜访，然后就抵达终点了。

从上述可以看到，A* 算法的效率比戴克斯特拉算法好很多，这个算法常用在游戏中追逐玩家的运算。

14-4 习题

1. ch14_1.py 中笔者使用有向图形定义 graph 图形节点，请改为用无向图形方式定义 graph 图形节点，重做此程序。

```
===================== RESTART: D:/Algorithm/ex/ex14_1.py =====================
{'A': 0, 'B': 2, 'C': 4, 'D': 10, 'E': 6, 'G': 8}
```

2. 请重新设计 ch14_1.py，输入任意节点，此程序可以计算输入节点至各点最短的距离。

```
===================== RESTART: D:\Algorithm\ex\ex14_2.py =====================
请输入起点 : C
{'A': 4, 'B': 6, 'C': 0, 'D': 6, 'E': 2, 'G': 4}
>>>
===================== RESTART: D:\Algorithm\ex\ex14_2.py =====================
请输入起点 : E
{'A': 6, 'B': 6, 'C': 2, 'D': 6, 'E': 0, 'G': 2}
>>>
===================== RESTART: D:\Algorithm\ex\ex14_2.py =====================
请输入起点 : G
{'A': 8, 'B': 8, 'C': 4, 'D': 4, 'E': 2, 'G': 0}
```

3. 有一个图形含负权重如下：

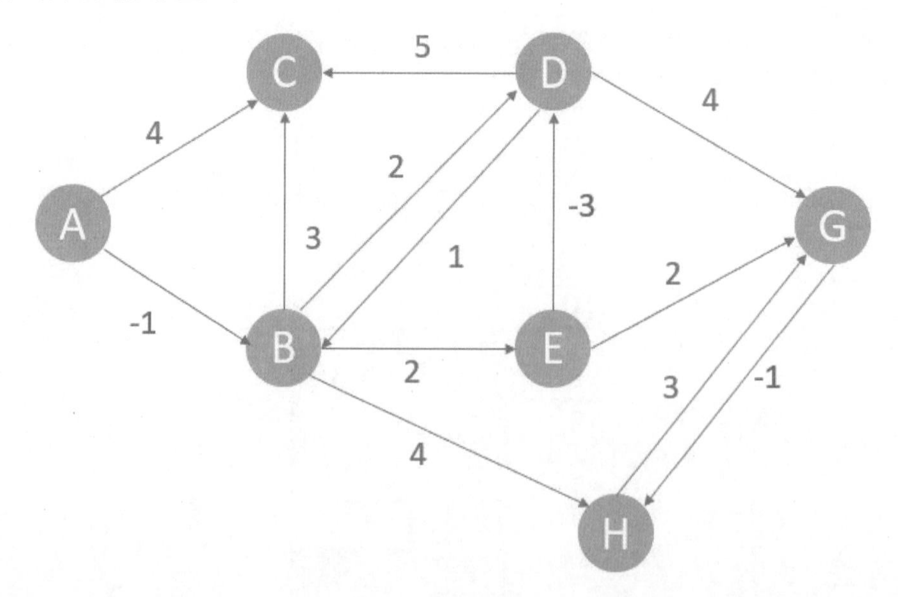

请使用贝尔曼 - 福特算法，在屏幕输入起点，然后可以计算此起点到任一节点的最短路径。

```
===================== RESTART: D:\Algorithm\ex\ex14_3.py =====================
请输入起点 : A
{'A': 0, 'B': -1, 'C': 2, 'D': -2, 'E': 1, 'G': 2, 'H': 3}
>>>
===================== RESTART: D:\Algorithm\ex\ex14_3.py =====================
请输入起点 : D
{'A': 999, 'B': 1, 'C': 4, 'D': 0, 'E': 3, 'G': 4, 'H': 5}
```

上述 'A'：999，代表没有路径可以抵达。

第 15 章

贪婪算法

贪婪算法 (greedy algorithm) 又称贪心算法，是指在每个局部现况采取最好的选择 (local optimal solution)，期待最后可以得到整体最好的结果 (global optimal solution)。不过读者必须留意，贪婪算法可以获得满意的结果，但不一定是最好的结果。

15-1 选课分析

15-1-1 问题分析

假设有一个班级希望课程可以尽可能地排满，下列是课程表（“计算概论”课程简称为“计概”）。

课程名称	开始时间	下课时间
化学	12：00	13：00
英文	9：00	11：00
数学	8：00	10：00
计概	10：00	12：00
物理	11：00	13：00

从上述表可以得知，有些课程的上课时间是冲突的，所以只能在课程间取舍，碰上这类问题建议先将课程以下课时间排序，如下所示：

课程名称	开始时间	下课时间
数学	8：00	10：00
英文	9：00	11：00
计概	10：00	12：00
物理	11：00	13：00
化学	12：00	13：00

下列是课程的时间表：

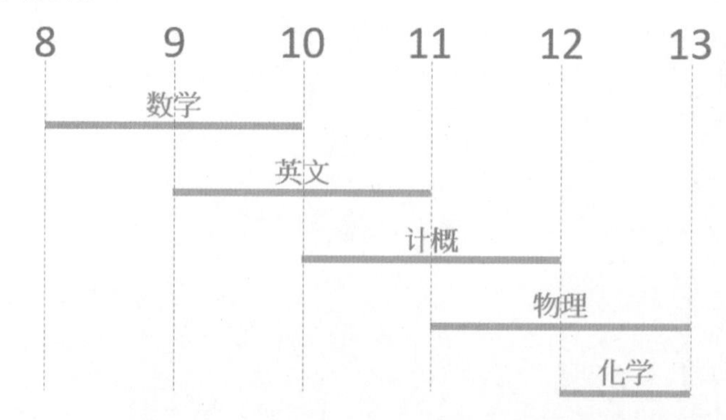

15-1-2　算法分析

算法步骤如下：

（1）将课程依下课时间排序，方便分析。

（2）挑出最早下课的课程当作第一堂必上的课程，由于步骤 1 已经依下课时间排序，所以索引 0 是第一堂课。

（3）挑出第一节下课后才开始而且是最早结束的课程，当作接着的课程。

注　下课时间一到可以立即上课，不考虑衔接时间。

（4）重复步骤（3）。

经过上述分析，可以知道最早下课是数学，所以第一堂所选的课程是数学。

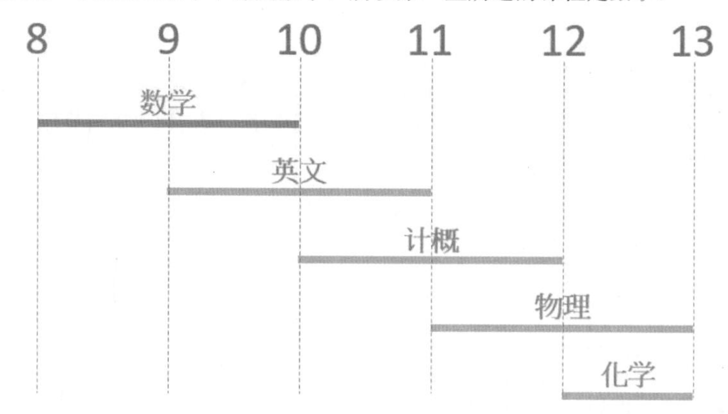

数学课的下课时间是 10 点，10 点以后开始且最先结束的课程是计概，所以第二堂课是计概。

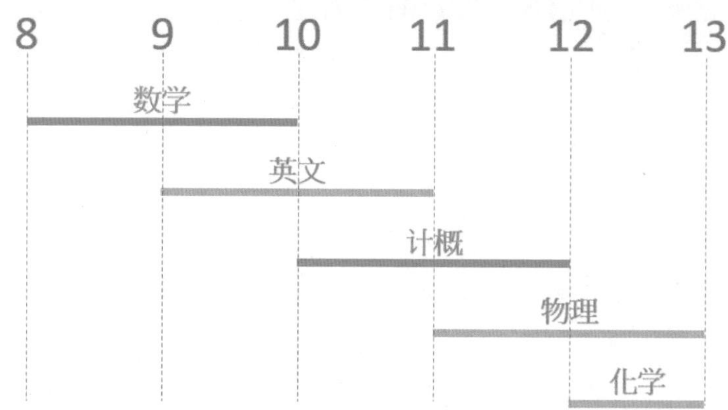

计概课的下课时间是 12 点，12 点以后开始且最先结束的课程是化学，所以第三堂课是化学。

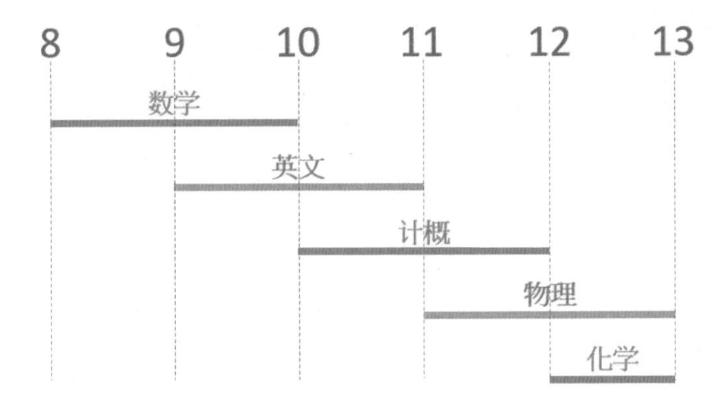

15-1-3 Python 程序实例

程序实例 ch15_1.py：这个程序首先将选课依照下课时间排序，然后列出所有排序结果的课程列表，最后会列出贪婪算法的排课结果。

```
1  # ch15_1.py
2  def greedy(course):
3      ''' 课程的贪婪算法 '''
4      length = len(course)                              # 课程数量
5      course_list = []                                  # 存储结果
6      course_list.append(course[0])                     # 第一节课
7      course_end_time = course_list[0][1][1]            # 第一节课下课时间
8      for i in range(1, length):                        # 贪婪选课
9          if course[i][1][0] >= course_end_time:        # 上课时间晚于或等于
10             course_list.append(course[i])             # 加入贪婪选课
11             course_end_time = course[i][1][1]         # 新的下课时间
12     return course_list
13
14 course = {'化学':(12, 13),                            # 定义课程时间
15           '英文':(9, 11),
16           '数学':(8, 10),
17           '计概':(10, 12),
18           '物理':(11, 13),
19          }
20
21 cs = sorted(course.items(), key=lambda item:item[1][1])     # 课程时间排序
22 print('所有课程依下课时间排序如下')
23 print('课程', '    开始时间 ', '  下课时间')
24 for i in range(len(cs)):
25     print("{0}{1:7d}:00{2:8d}:00".format(cs[i][0],cs[i][1][0],cs[i][1][1]))
26
27 s = greedy(cs)                                        # 呼叫贪婪选课
28 print('贪婪排课时间如下')
29 print('课程', '    开始时间 ', '  下课时间')
30 for i in range(len(s)):
31     print("{0}{1:7d}:00{2:8d}:00".format(s[i][0],s[i][1][0],s[i][1][1]))
```

执行结果

```
=================== RESTART: D:\Algorithm\ch15\ch15_1.py ===================
所有课程依下课时间排序如下
课程      开始时间     下课时间
数学        8:00        10:00
英文        9:00        11:00
计概       10:00        12:00
化学       12:00        13:00
物理       11:00        13:00
贪婪排课时间如下
课程      开始时间     下课时间
数学        8:00        10:00
计概       10:00        12:00
化学       12:00        13:00
```

15-2　背包问题：贪婪算法不是最完美的结果

背包问题 (Knapsack problem) 由 Merkek 和 Hellman 在 1978 年提出，这也是一个算法领域的经典问题，本节使用贪婪算法处理此问题，下一章笔者会使用动态规划法求精确的解答。

15-2-1　问题分析

有一名顾客带了一个背包，可以装下 1 千克的货物。现在想要在背包容量之内，挑选价值最大的物品，有下列对象可以选择：

（1）Acer 笔电：价值 40000 元，重 0.8 千克。

（2）Asus 笔电：价值 35000 元，重 0.7 千克。

（3）iPhone 手机：价值 38000 元，重 0.3 千克。

（4）iWatch 手表：价值 15000 元，重 0.1 千克。

（5）Go Pro 摄影机：价值 12000 元，重 0.1 千克。

15-2-2　算法分析

若是用贪婪算法处理上述问题，其步骤如下：

（1）挑最贵的同时可以放入背包的商品。

（2）挑选剩下最贵同时可以放入背包的商品。

（3）重复步骤（2），直到没商品可以放入背包。

15-2-3　Python 实例

程序实例 ch15_2.py：程序首先将所有商品依照价格排序，然后列出排序结果，最后会列出贪婪算法的选取结果。这个程序在设计时由于是从最贵的商品开始选取，排序是将最贵的商品放在列表最末端，所以第 8 ～ 11 行的循环是从后面往前执行。

```
1  # ch15_2.py
2  def greedy(things):
3      ''' 商品贪婪算法 '''
4      length = len(things)                                    # 商品数量
5      things_list = []                                        # 存储结果
6      things_list.append(things[length-1])                    # 第一个商品
7      weights = things[length-1][1][1]
8      for i in range(length-1, -1, -1):                       # 贪婪选商品
9          if things[i][1][1] + weights <= max_weight:         # 所选商品可放入背包
10             things_list.append(things[i])                   # 加入贪婪背包
11             weights += things[i][1][1]                      # 新的背包重量
12     return things_list
13
14 things = {'iWatch手表':(15000, 0.1),                        # 定义商品
15           'Asus  笔电':(35000, 0.7),
16           'iPhone手机':(38000, 0.3),
17           'Acer  笔电':(40000, 0.8),
18           'Go Pro摄影机':(12000, 0.1),
19          }
20
21 max_weight = 1
22 th = sorted(things.items(), key=lambda item:item[1][0])      # 商品依价值排序
23 print('所有商品依价值排序如下')
24 print('商品', '         商品价格 ', '  商品重量')
25 for i in range(len(th)):
26     print("{0:8s}{1:10d}{2:10.2f}".format(th[i][0],th[i][1][0],th[i][1][1]))
27
28 t = greedy(th)                                               # 呼叫贪婪选商品
29 print('贪婪选择商品如下')
30 print('商品', '         商品价格 ', '  商品重量')
31 for i in range(len(t)):
32     print("{0:8s}{1:10d}{2:10.2f}".format(t[i][0],t[i][1][0],t[i][1][1]))
```

执行结果

```
==================== RESTART: D:\Algorithm\ch15\ch15_2.py ====================
所有商品依价值排序如下
商品          商品价格    商品重量
Go Pro摄影机   12000      0.10
iWatch手表     15000      0.10
Asus  笔电     35000      0.70
iPhone手机     38000      0.30
Acer  笔电     40000      0.80
贪婪选择商品如下
商品          商品价格    商品重量
Acer  笔电     40000      0.80
iWatch手表     15000      0.10
Go Pro摄影机   12000      0.10
```

上述贪婪选择法可以得到 67000 元的商品，但这个问题其实最佳的选择是 Asus 笔电和 iPhone 手机，可以获得 73000 元的商品，所以笔者在本章开始解释过贪婪算法虽然简单好用，可以得到满意的结果，但是不一定是最好的结果。

15-3 电台选择

15-3-1 问题分析

假设想要在台湾地区发布电台广播广告，但台湾大部分的电台有地域性限制，如果全部投放广告费用太贵，这时我们要找出尽可能较少的电台数量，但是可以让更多的人收听到。下列是一份电台广播区域清单。

电台名称	广播区域
电台 1	新竹、台中、嘉义
电台 2	基隆、新竹、台北
电台 3	桃园、台中、台南
电台 4	台中、嘉义
电台 5	台南、高雄

每家电台覆盖一些城市，部分是重叠的，现在想使用最少的电台数量，覆盖基隆、台北、桃园、新竹、台中、嘉义、台南、高雄区域。

假设有 N 个电台，则电台的子集合数量是 2^N，所以若想要计算电台的可能组合，所需时间复杂度是 $O(2^N)$。假设计算机每秒可以计算出 100 种组合，下列是计算各种电台数量的所需时间。

电台数	所需时间
5	0.32 秒
10	10.24 秒
20	约 2 小时 54 分钟
30	约 124 年

只是计算小小的 30 个电台的组合，就需要用超过我们一辈子的时间，所以如何用贪婪方法快速求解这个问题，也是算法的重要工作。

15-3-2 算法分析

使用贪婪算法基本步骤如下：

（1）选择一家广播电视台，这个广播电视台可以覆盖目前最多的城市。

（2）重复步骤（1）。

设计这类程序建议可以使用集合存储城市数据，因为使用集合可以很方便地将所选电台所覆盖的城市，从城市列表中删除。假设电台使用字典存储，城市使用集合存储，即使是使用贪婪算法，这个程序也需要使用双层循环，每个外层循环从现有电台找出可以覆盖最多城市的电台，这个工作交由内层循环去比对执行。当所有城市被覆盖，就是外部循环的结束条件。

❑ 第一个外部循环

下面的集合名称是配合下一小节的程序实例，第 1 个内部循环执行之前，整个内容如下：

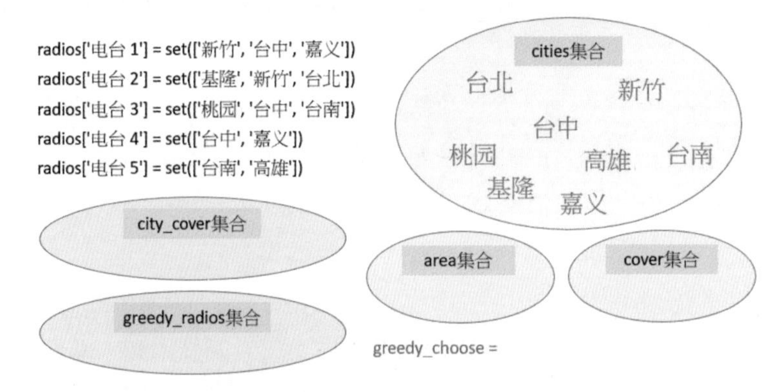

内部循环执行上半部分，整个内容如下：

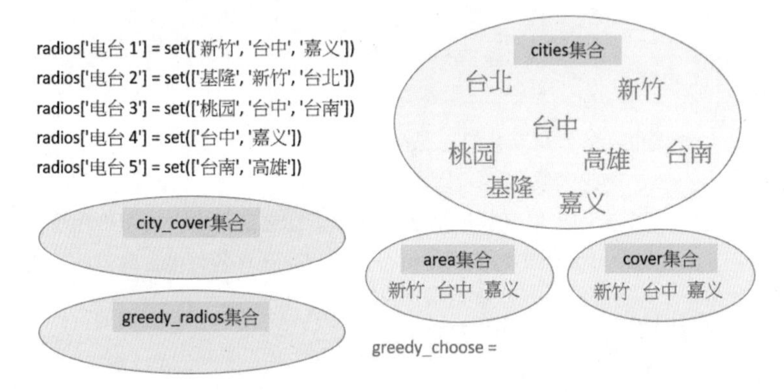

内部循环执行下半部分，city_cover 集合增加新竹、台中、嘉义，greedy_choose 变量是电台 1，整个内容如下：

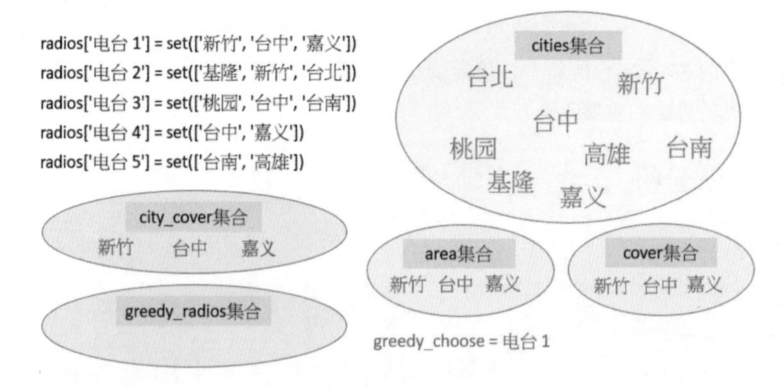

由于电台 1 可以覆盖最多城市，所以其他内部循环没有影响，离开内层循环前，greedy_radios 集合增加电台 1、cities 集合的城市将减少新竹、台中、嘉义，因为已经被覆盖了，整个内容更新如下：

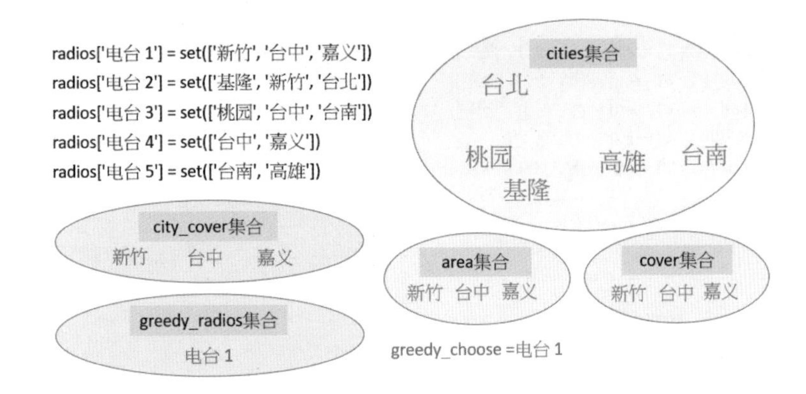

❑ 第二个外部循环

内部循环执行上半部分，虽然 area 集合有基隆、新竹、台北，但是 cities 集合已经没有新竹，所以 cover 集合只有基隆和台北，整个内容如下：

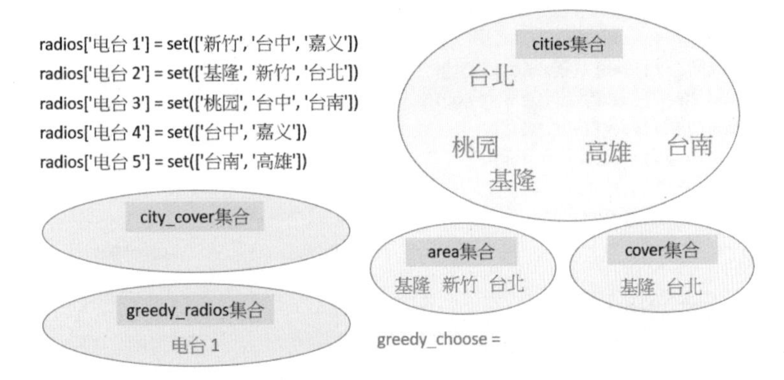

内部循环执行下半部分，city_cover 集合增加基隆、台北，greedy_choose 变量是电台 2，整个内容如下：

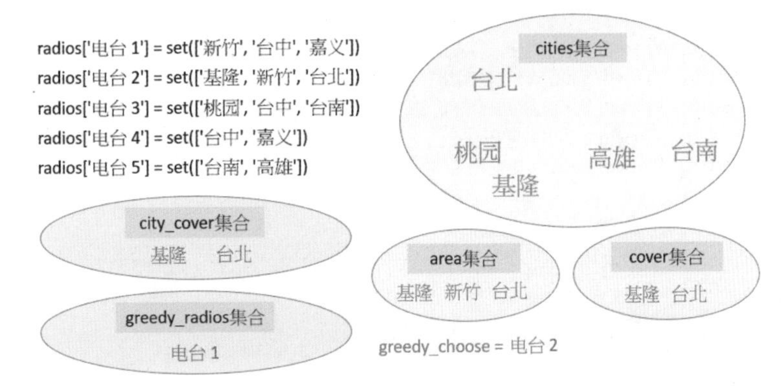

由于电台 2 可以覆盖最多城市，所以其他内部循环没有影响，离开内层循环前，greedy_radios 集合增加电台 2、cities 集合的城市将减少基隆和台北，因为已经被覆盖了，整个内容更新如下：

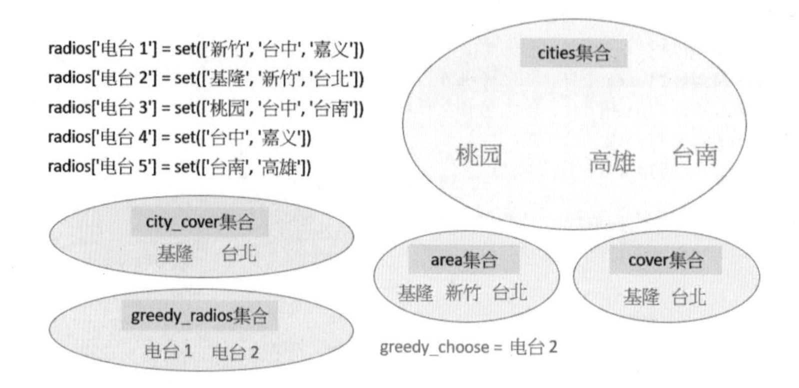

❑ 第三个外部循环

内部循环执行上半部分，虽然 area 集合有桃园、台中、台南，但是 cities 集合已经没有台中，所以 cover 集合只有桃园和台南，整个内容如下：

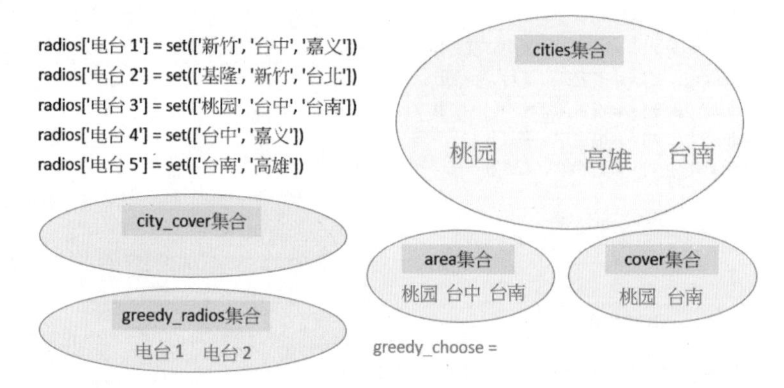

内部循环执行下半部分，city_cover 集合增加桃园、台南，greedy_choose 变量是电台 3，整个内容如下：

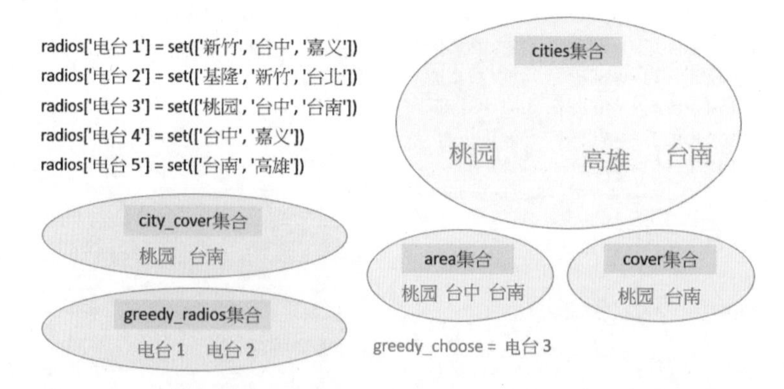

由于电台 3 可以覆盖最多城市，所以其他内部循环没有影响，离开内层循环前，greedy_radios 集合增加电台 3、cities 集合的城市将减少桃园和台南，因为已经被覆盖了，整个内容更新如下：

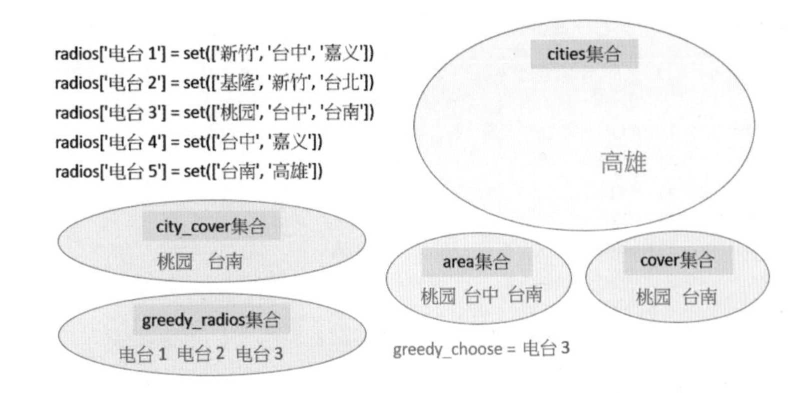

❑ 第四个外部循环

内部循环执行上半部分，虽然 area 集合有台中、嘉义，但是 cities 集合已经没有台中和嘉义，所以 cover 集合是空集合，整个内容如下：

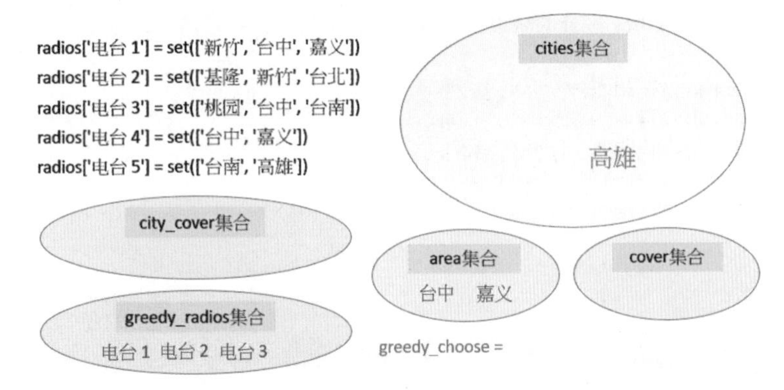

所以这次循环没有任何成果。

❑ 第五个外部循环

内部循环执行上半部分，虽然 area 集合有台南、高雄，但是 cities 集合已经没有台南，所以 cover 集合只有高雄，整个内容如下：

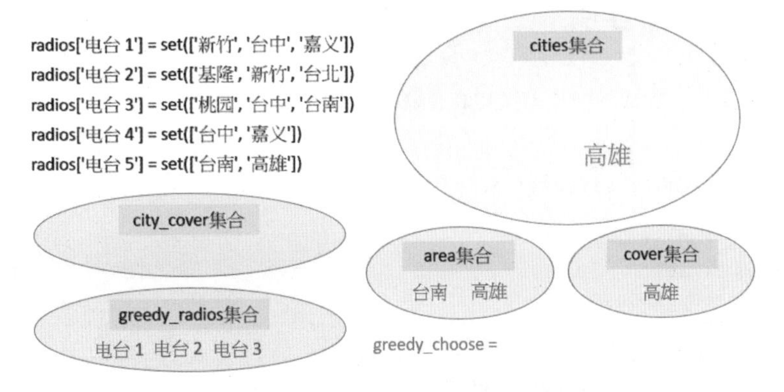

内部循环执行下半部分，city_cover 集合增加高雄，greedy_choose 变量是电台 5，整个内容如下：

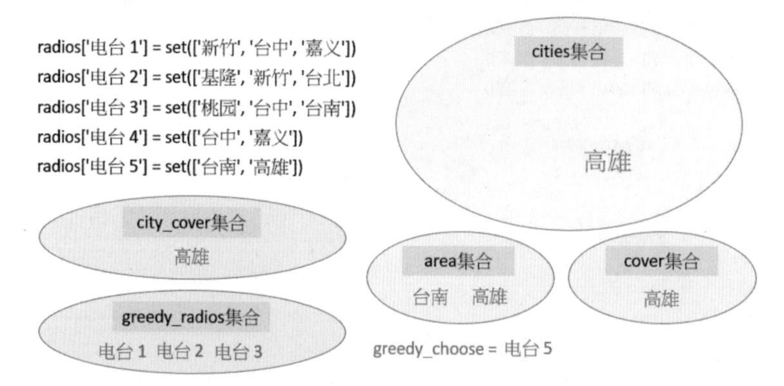

由于电台 5 可以覆盖唯一城市高雄，所以其他内部循环没有影响，离开内层循环前，greedy_radios 集合增加电台 5、cities 集合的城市将减少高雄，因为已经被覆盖了，整个内容更新如下：

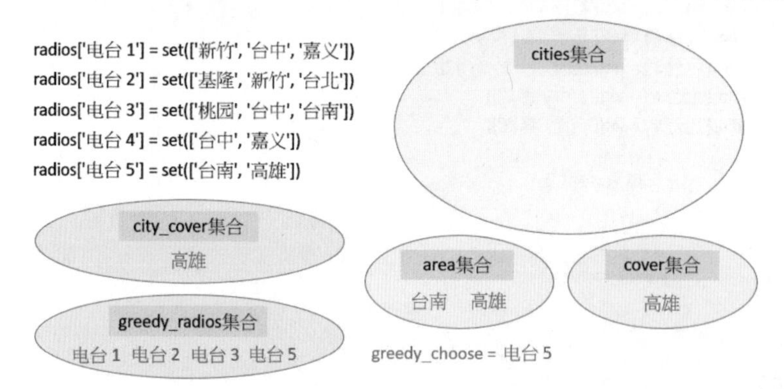

由于 cities 集合已经没有城市，程序离开外部 while 循环，这也表示所有城市已经被所选的电台覆盖了。

15-3-3 Python 实例

程序实例 ch15_3.py：完成 15-3-2 有关电台覆盖各城市的贪婪算法。

```
1  # ch15_3.py
2  def greedy(radios, cities):
3      ''' 贪婪算法 '''
4      greedy_radios = set()                    # 最终电台的选择
5      while cities:                            # 还有城市没有覆盖循环继续
6          greedy_choose = None                 # 最初化选择
7          city_cover = set()                   # 暂存
8          for radio, area in radios.items():   # 检查每一个电台
9              cover = cities & area            # 选择可以覆盖城市
10             if len(cover) > len(city_cover): # 如果可以覆盖更多则取代
```

```
11                  greedy_choose = radio                # 目前所选电台
12                  city_cover = cover
13          cities -= city_cover                         # 将被覆盖城市从集合删除
14          greedy_radios.add(greedy_choose)             # 将所选电台加入
15      return greedy_radios                             # 传回电台
16
17  cities = set(['台北', '基隆', '桃园', '新竹',           # 期待广播覆盖区域
18                '台中', '嘉义', '台南', '高雄']
19               )
20
21  radios = {}
22  radios['电台 1'] = set(['新竹', '台中', '嘉义'])
23  radios['电台 2'] = set(['基隆', '新竹', '台北'])
24  radios['电台 3'] = set(['桃园', '台中', '台南'])
25  radios['电台 4'] = set(['台中', '嘉义'])
26  radios['电台 5'] = set(['台南', '高雄'])
27
28  print(greedy(radios, cities))                        # 电台，城市
```

执行结果

```
==================== RESTART: D:\Algorithm\ch15\ch15_3.py ====================
{'电台 5', '电台 1', '电台 3', '电台 2'}
```

15-4 业务员旅行

15-4-1 问题分析

业务员旅行是算法里一个非常著名的问题，许多人在思考业务员如何从不同的城市中，找出最短的拜访路径，下列将逐步分析。

- 2 个城市

假设有新竹、竹东 2 个城市，拜访方式有 2 个选择。

- 3 个城市

假设现在多了一个城市竹北，从竹北出发有 2 条路径。从新竹或竹东出发也可以有 2 条路径，所以可以有 6 条拜访方式。

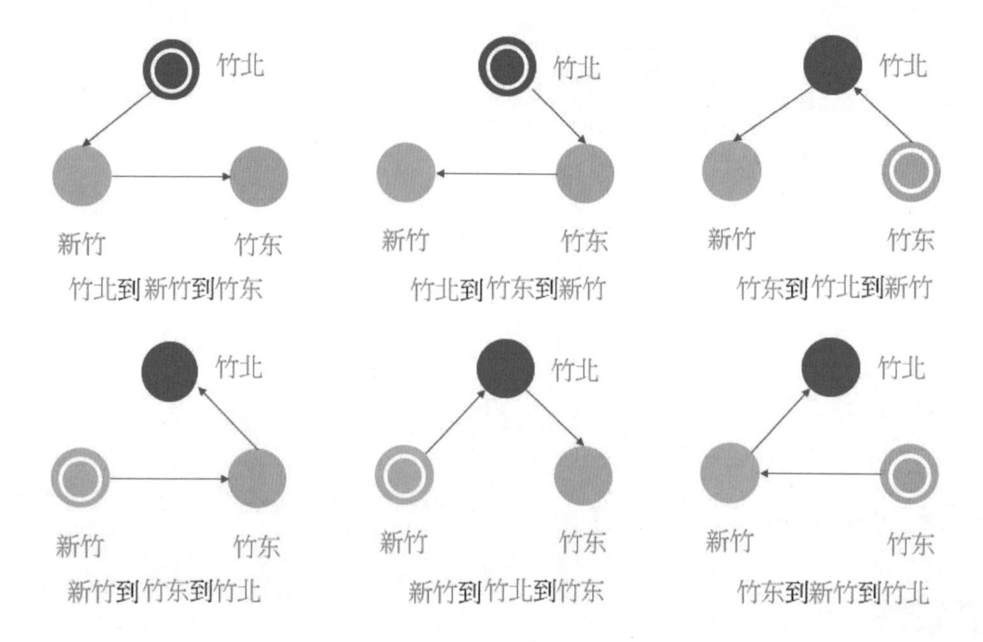

如果再细想，2 个城市的拜访路径有 2 种，3 个城市的拜访路径有 6 种，其实符合阶乘公式：

```
2! = 1 * 2 = 2
3! = 1 * 2 * 3 = 6
```

❑ 4 个城市

比 3 个城市多了一个城市，所以拜访路径总数如下：

```
4! = 1 * 2 * 3 * 4 = 24
```

总共有 24 条拜访路径，如果有 5 个或 6 个城市要拜访，拜访路径总数如下：

```
5! = 1 * 2 * 3 * 4 * 5 = 120
6! = 1 * 2 * 3 * 4 * 5 * 6 = 720
```

相当于假设拜访 N 个城市，业务员旅行的算法时间复杂度是 N!。第 1 章笔者有叙述 N! 的时间复杂度，当拜访城市达到 30 个，假设超级计算机每秒可以处理 10 兆个路径，若想计算每种可能路径需要 8411 亿年才可以得到解答，所以寻求精确答案非常困难。这时贪婪算法变得非常重要，使用贪婪算法可以寻求每个局部状况的最佳解，再由此推导更优解，也可以说是近似解。

15-4-2 算法分析

贪婪算法应用在业务员旅行步骤如下：

（1）任选拜访起点城市。

（2）在目前城市选择要拜访城市的最近城市。

（3）重复步骤（2）。

假设业务员要拜访下列 5 个城市，下列是城市与路径图。

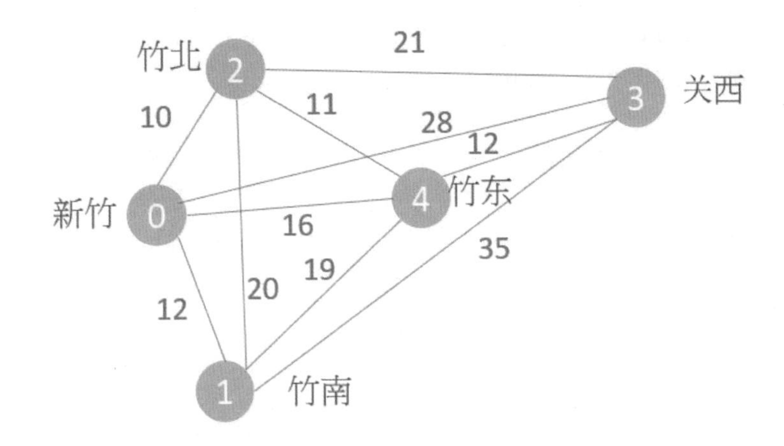

笔者使用 0， 1， …， 4 分别代表 5 个城市，这是因为未来将使用矩阵代表各城市间的距离，上述城市与路径图可以用下列矩阵代表。

		新竹	竹南	竹北	关西	竹东
		0	1	2	3	4
新竹	0	0,	12,	10,	28,	16
竹南	1	12,	0,	20,	35,	19
竹北	2	10,	20,	0,	21,	11
关西	3	28,	35,	21,	0,	12
竹东	4	16,	19,	11,	12,	0

程序设计用cities串行(数组)未来可以了解每一个索引值所代表的城市

cities = ['新竹', '竹南', '竹北', '关西', '竹东']

假设业务员旅行从新竹开始，使用贪婪算法，处理方式如下：

- 步骤 1，外部循环 1

选择距离起点城市新竹最短路径城市，因为使用列表内建 min( ) 可以获得路径最小值，在建立路径二维数组时，是将相同城市的路径设为 0，读者看对角线 (0， 0) 至 (4， 4) 可以得到上述概念。所以第一步是先将此新竹对新竹的对角线路径设为无限大 INF，如下所示：

		新竹	竹南	竹北	关西	竹东
		0	1	2	3	4
新竹	0	INF,	12,	10,	28,	16
竹南	1	12,	0,	20,	35,	19
竹北	2	10,	20,	0,	21,	11
关西	3	28,	35,	21,	0,	12
竹东	4	16,	19,	11,	12,	0

distance = 0 ← 已拜访距离

visited = ['新竹'] ← 已拜访城市

cities = ['新竹', '竹南', '竹北', '关西', '竹东']

由新竹索引 0，可以看到最近距离是 10 千米，可以由此 10 千米推导出这是索引 2 的竹北，所以选择先拜访竹北，整个图形路径画面如下：

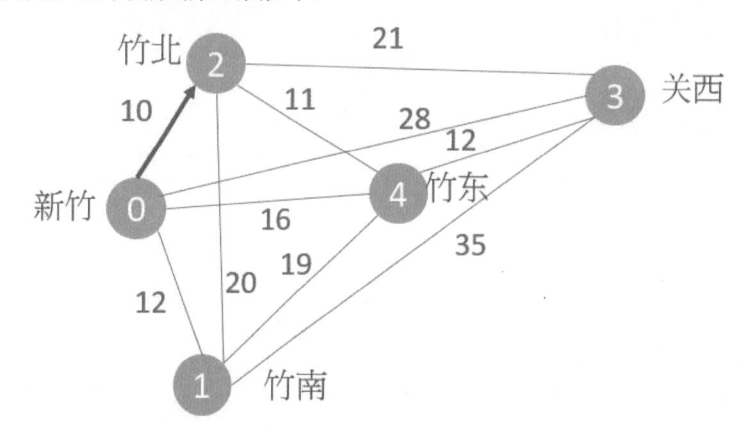

对于程序内部结构变化，其实还有一个重点是将所有新竹相关路径设为 INF，这样未来就不会有城市可以回到新竹，如下所示：

		新竹 0	竹南 1	竹北 2	关西 3	竹东 4
新竹	0	INF	INF	INF	INF	INF
竹南	1	INF	0	20	35	19
竹北	2	INF	20	0	21	11
关西	3	INF	35	21	0	12
竹东	4	INF	19	11	12	0

distance = 10

visited = ['新竹', '竹北']

cities = ['新竹', '竹南', '竹北', '关西', '竹东']

同时将起点程序改为竹北。

❑ 步骤 2，外部循环 2

选择距离竹北最短路径城市，因为使用列表内建 min( ) 可以获得路径最小值，在建立路径二维数组时，是将相同城市的路径设为 0，读者看对角线 (0， 0) 至 (4， 4) 可以得到上述概念。所以下一步是先将此竹北对竹北的对角线路径设为无限大 INF，如下所示：

		新竹 0	竹南 1	竹北 2	关西 3	竹东 4
新竹	0	INF	INF	INF	INF	INF
竹南	1	INF	0	20	35	19
竹北	2	INF	20	INF	21	11
关西	3	INF	35	21	0	12
竹东	4	INF	19	11	12	0

distance = 10

visited = ['新竹', '竹北']

cities = ['新竹', '竹南', '竹北', '关西', '竹东']

由竹北索引 2，可以看到最近距离是 11 千米，可以由此 11 千米推导出这是索引 4 的竹东，所以选择拜访竹东，整个图形路径画面如下：

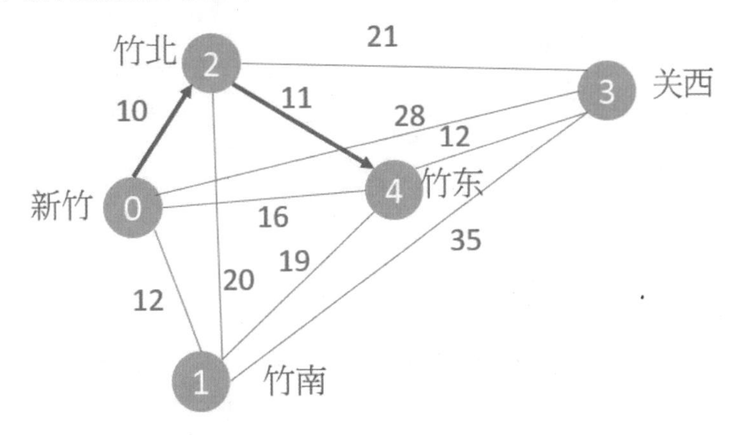

对于程序内部结构变化，其实还有一个重点是将所有竹北相关路径设为 INF，这样未来就不会有城市可以回到竹北，如下所示：

		新竹 0	竹南 1	竹北 2	关西 3	竹东 4	
新竹	0	INF,	INF,	INF,	INF,	INF	
竹南	1	INF,	0,	INF,	35,	19	
竹北	2	INF,	INF,	INF,	INF,	INF	distance = 21
关西	3	INF,	35,	INF,	0,	12	visited = ['新竹', '竹北', '竹东']
竹东	4	INF,	19,	INF,	12,	0	cities = ['新竹', '竹南', '竹北', '关西', '竹东']

❑ 步骤 3，外部循环 3

选择距离竹东最短路径城市，因为使用列表内建 min( ) 可以获得路径最小值，在建立路径二维数组时，是将相同城市的路径设为 0，读者看对角线 (0，0) 至 (4，4) 可以得到上述概念。所以下一步是先将此竹东对竹东的对角线路径设为无限大 INF，如下所示：

		新竹 0	竹南 1	竹北 2	关西 3	竹东 4	
新竹	0	INF,	INF,	INF,	INF,	INF	
竹南	1	INF,	0,	INF,	35,	19	
竹北	2	INF,	INF,	INF,	INF,	INF	distance = 21
关西	3	INF,	35,	INF,	0,	12	visited = ['新竹', '竹北', '竹东']
竹东	4	INF,	19,	INF,	12,	INF	cities = ['新竹', '竹南', '竹北', '关西', '竹东']

由竹东索引 4，可以看到最近距离是 12 千米，可以由此 12 千米推导出这是索引 3 的关西，所以选择拜访关西，整个图形路径画面如下：

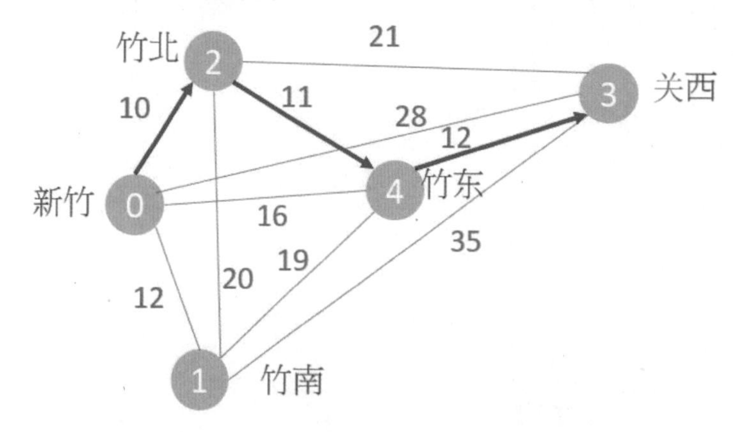

对于程序内部结构变化，其实还有一个重点是将所有竹东相关路径设为 INF，这样未来就不会有城市可以回到竹东，如下所示：

		新竹 0	竹南 1	竹北 2	关西 3	竹东 4	
新竹	0	INF	INF	INF	INF	INF	
竹南	1	INF	0	INF	35	INF	
竹北	2	INF	INF	INF	INF	INF	distance = 33
关西	3	INF	35	INF	0	INF	visited = ['新竹', '竹北', '竹东', '关西']
竹东	4	INF	INF	INF	INF	INF	cities = ['新竹', '竹南', '竹北', '关西', '竹东']

❑ 步骤 4，外部循环 4

选择距离关西最短路径城市，因为使用列表内建 min( ) 可以获得路径最小值，在建立路径二维数组时，是将相同城市的路径设为 0，读者看对角线 (0，0) 至 (4，4) 可以得到上述概念。所以下一步是先将此关西对关西的对角线路径设为无限大 INF，如下所示：

		新竹 0	竹南 1	竹北 2	关西 3	竹东 4	
新竹	0	INF	INF	INF	INF	INF	
竹南	1	INF	0	INF	35	INF	
竹北	2	INF	INF	INF	INF	INF	distance = 33
关西	3	INF	35	INF	INF	INF	visited = ['新竹', '竹北', '竹东', '关西']
竹东	4	INF	INF	INF	INF	INF	cities = ['新竹', '竹南', '竹北', '关西', '竹东']

由关西索引 3，可以看到最近距离是 35 千米，可以由此 35 千米推导出这是索引 1 的竹南，所以选择拜访竹南，整个图形路径画面如下：

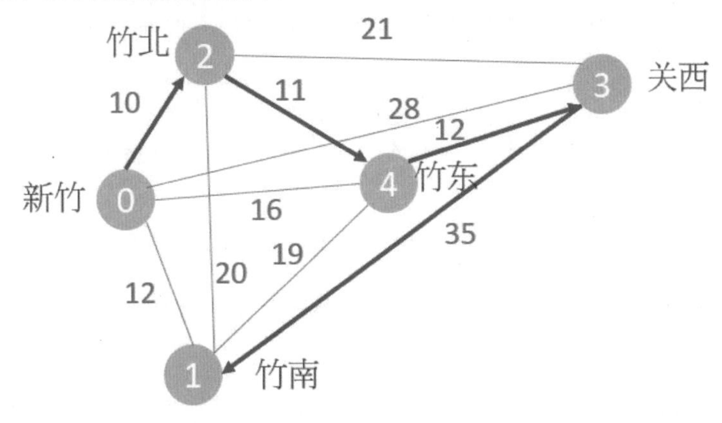

程序实例 ch15_4.py：完成前一小节的算法。

```
1  # ch15_4.py
2  def greedy(graph, cities, start):
3      ''' 贪婪算法计算业务员旅行 '''
4      visited = []                                     # 存储已拜访城市
5      visited.append(start)                            # 存储起点城市
6      start_i = cities.index(start)                    # 获得起点城市的索引
7      distance = 0                                     # 旅行距离
8      for outer in range(len(cities) - 1):             # 寻找最近城市
9          graph[start_i][start_i] = INF                # 将自己城市距离设为极大值
10         min_dist = min(graph[start_i])               # 找出最短路径
11         distance += min_dist                         # 更新总路程距离
12         end_i = graph[start_i].index(min_dist)       # 最短距离城市的索引
13         visited.append(cities[end_i])                # 将最短距离城市列入已拜访
14         for inner in range(len(graph)):              # 将已拜访城市距离改为极大值
15             graph[start_i][inner] = INF
16             graph[inner][start_i] = INF
17         start_i = end_i                              # 将下一个城市改为新的起点
18     return distance, visited
19
20 INF = 9999                                           # 距离极大值
21 cities = ['新竹', '竹南', '竹北', '关西', '竹东']
22 graph = [[0, 12, 10, 28, 16],
23          [12, 0, 20, 35, 19],
24          [10, 20, 0, 21, 11],
25          [28, 35, 21, 0, 12],
26          [16, 19, 11, 12, 0]
27         ]
28
29 dist, visited = greedy(graph, cities, '新竹')
30 print('拜访顺序 : ', visited)
31 print('拜访距离 : ', dist)
```

执行结果

```
================== RESTART: D:\Algorithm\ch15\ch15_4.py ==================
拜访顺序 :  ['新竹', '竹北', '竹东', '关西', '竹南']
拜访距离 :  68
```

这个程序如果更改起始城市将获得不一样的结果，例如，ch15_4_1.py 是将关西当作拜访起点城市，可以得到下列结果。

```
================== RESTART: D:\Algorithm\ch15\ch15_4_1.py ==================
拜访顺序 :  ['关西', '竹东', '竹北', '新竹', '竹南']
拜访距离 :  45
```

15-5 习题

1. 请扩充设计 ch15_1.py，扩充课程结果如下：

课程名称	开始时间	下课时间
化学	12：00	13：00
英文	9：00	11：00
数学	8：00	10：00
计概	10：00	12：00
物理	11：00	13：00
会计	08：00	09：00
统计	13：00	14：00
音乐	14：00	15：00
美术	12：00	13：00

```
=================== RESTART: D:\Algorithm\ex\ex15_1.py ===================
所有课程依下课时间排序如下
课程    开始时间    下课时间
会计      8:00       9:00
数学      8:00      10:00
英文      9:00      11:00
计概     10:00      12:00
化学     12:00      13:00
物理     11:00      13:00
美术     12:00      13:00
统计     13:00      14:00
音乐     14:00      15:00
贪婪排课时间如下
课程    开始时间    下课时间
会计      8:00       9:00
英文      9:00      11:00
化学     12:00      13:00
统计     13:00      14:00
音乐     14:00      15:00
```

2. 请扩充修改 ch15_2.py，扩充商品如下：

Google 眼镜：价值 20000 元，重 0.12 千克。

Garmin 手表：价值 10000 元，重 0.1 千克。

```
==================== RESTART: D:\Algorithm\ex\ex15_2.py ====================
所有商品依价值排序如下
商品          商品价格    商品重量
Garmin手表      10000       0.10
Go Pro摄影机    12000       0.10
iWatch手表      15000       0.10
Google眼镜      20000       0.12
Asus  笔电      35000       0.70
iPhone手机      38000       0.30
Acer  笔电      40000       0.80
贪婪选择商品如下
商品          商品价格    商品重量
Acer  笔电      40000       0.80
Google眼镜      20000       0.12
```

3. 请扩充修改 ch15_3.py，新增必须覆盖花莲、云林、台东、南投、苗栗，电台以及广播区域如下：

电台名称	广播区域
电台 1	新竹、台中、嘉义
电台 2	基隆、新竹、台北
电台 3	桃园、台中、台南
电台 4	台中、南投、嘉义
电台 5	台南、高雄、屏东
电台 6	宜兰、花莲、台东
电台 7	苗栗、云林、嘉义、南投

```
==================== RESTART: D:\Algorithm\ex\ex15_3.py ====================
{'电台 5', '电台 6', '电台 7', '电台 3', '电台 2'}
```

注　执行结果的顺序不一定与上述相同，这很正常，因为集合特性是没有顺序。

4. 请扩充程序实例 ch15_4.py，输入业务员拜访的起点城市，然后测试这 5 个城市，列出执行结果。

```
==================== RESTART: D:\Algorithm\ex\ex15_4.py ====================
请输入开始城市起点 : 新竹
拜访顺序 :  ['新竹', '竹北', '竹东', '关西', '竹南']
拜访距离 :  68
>>>
==================== RESTART: D:\Algorithm\ex\ex15_4.py ====================
请输入开始城市起点 : 关西
拜访顺序 :  ['关西', '竹东', '竹北', '新竹', '竹南']
拜访距离 :  45
>>>
==================== RESTART: D:\Algorithm\ex\ex15_4.py ====================
请输入开始城市起点 : 竹东
拜访顺序 :  ['竹东', '竹北', '新竹', '竹南', '关西']
拜访距离 :  68
```

5. 有一个城市地图信息如下：

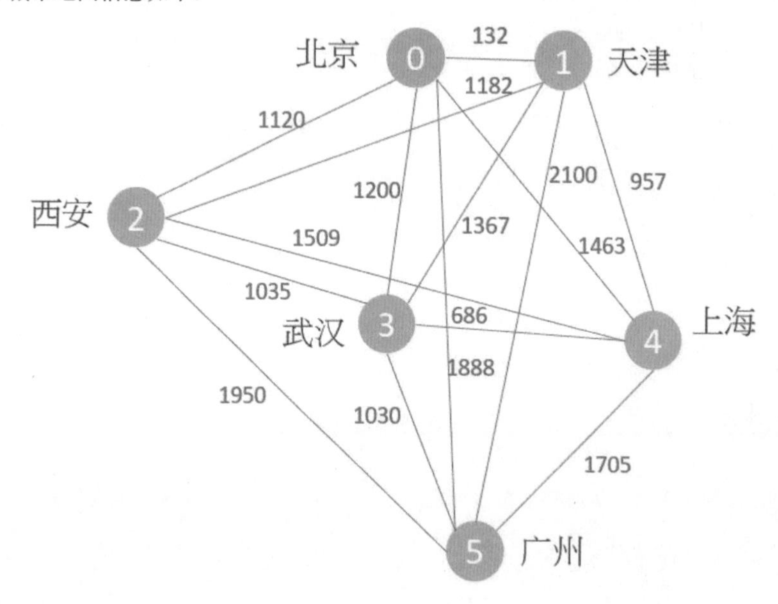

业务员必须拜访这 6 个城市，请参考 ch15_4. py 使用贪婪算法，输入任意起点城市，然后列出最适当的拜访路线与最后拜访距离。

```
==================== RESTART: D:\Algorithm\ex\ex15_5.py ====================
请输入开始城市起点 : 北京
拜访顺序 :  ['北京', '天津', '上海', '武汉', '广州', '西安']
拜访距离 :  4755
>>>
==================== RESTART: D:\Algorithm\ex\ex15_5.py ====================
请输入开始城市起点 : 上海
拜访顺序 :  ['上海', '武汉', '广州', '北京', '天津', '西安']
拜访距离 :  4918
>>>
==================== RESTART: D:\Algorithm\ex\ex15_5.py ====================
请输入开始城市起点 : 广州
拜访顺序 :  ['广州', '武汉', '上海', '天津', '北京', '西安']
拜访距离 :  3925
```

第 1 6 章

动态规划算法

16-1 再谈背包问题：动态规划算法

16-2 旅游行程的安排

16-3 习题

这一章主要目的是教导读者将问题分成子问题，再使用动态规划算法。

16-1 再谈背包问题：动态规划算法

15-2 节笔者说明了背包问题使用贪婪算法的处理过程，贪婪算法可以很快处理问题，同时获得近似解，本节笔者将逐步教导读者获得更好的解决方案。

为了方便解说，笔者简化问题将商品适度修改如下：

（1）电视：价值 40000 元，重 3 千克。

（2）音响：价值 50000 元，重 4 千克。

（3）笔电：价值 20000 元，重 1 千克。

背包只能装 4 千克的商品，现在想要求出背包可以装得下，同时是最高价值的商品。

16-1-1 简单同时正确的算法但是耗时

其实一个很简单的方法是，列出每一种组合，然后将符合背包重量的组合挑出，最后选择价值最高的组合即可。

- 商品只有 1 件

假设只有电视，有 2 种组合：

组合 1：没有商品，也就是不带走商品。

组合 2：带走电视，相当于带走价值 40000 元的电视。

- 商品有 2 件

假设有电视和笔电，有 4 种组合：

组合 1：没有商品，也就是不带走商品。

组合 2：带走电视。

组合 3：带走笔电。

组合 4：带走电视和笔电。

- 商品有 3 件

假设有电视、笔电和音响，有 8 种组合：

组合 1：没有商品，也就是不带走商品。

组合 2：带走电视。

组合 3：带走笔电。

组合 4：带走音响。

组合 5：带走电视和笔电。

组合 6：带走电视和音响。

组合 7：带走笔电和音响。

组合 8：带走电视、笔电和音响。

上述解决方法是从各种组合中挑出可以符合重量需求的组合，然后计算最高价值商品的组合，是一个很容易懂的方法。

其实从上面分析可以知道商品组合是 2^N 问题，所以当商品数量变多时，系统会有执行效率的问题。

1 个项目有 2 个组合。

2 个项目有 4 个组合。

3 个项目有 8 个组合。

4 个项目有 16 个组合。

5 个项目有 32 个组合。

10 个项目有 1024 个组合。

20 个项目有 1048576 个组合。

30 个项目有 1073741824 个组合，约 10 亿个组合。

可以将商品组合称为一个集合，上述列出的所有商品组合称为此集合的子集。下列是笔者使用 Python 程序解决上述问题，笔者会从简单程序概念说起。

程序实例 ch16_1.py：列表内有 A、B、C 3 个元素，使用程序设计这个列表的子集。

```
1  # ch16_1.py
2  def subset_generator(data):
3      ''' 子集生成函数，data须是可迭代对象 '''
4      final_subset = [[]]              # 空集合也算是子集
5      for item in data:
6          final_subset.extend([subset + [item] for subset in final_subset])
7      return final_subset
8
9
10 data = ['a', 'b', 'c']
11 subset = subset_generator(data)
12 for s in subset:
13     print(s)
```

执行结果

```
==================== RESTART: D:/Algorithm/ch16/ch16_1.py ====================
[]
['a']
['b']
['a', 'b']
['c']
['a', 'c']
['b', 'c']
['a', 'b', 'c']
```

上述的 subset_generator( ) 的参数可以放可迭代对象，即可产生商品的所有子集的组合，表示我们已经设计出所有元素的组合，现在可以参考上述概念设计背包问题。

程序实例 ch16_2.py：计算背包问题中所有组合的价值，再挑出最高价值的组合。

```
1  # ch16_2.py
2  def subset_generator(data):
3      final_subset = [[]]                     # 空集合也算是子集
4      for item in data:
5          final_subset.extend([subset + [item] for subset in final_subset])
6      return final_subset
7
8  data = ['电视', '音响', '笔电']
9  value = [40000, 50000, 20000]
10 weight = [3, 4, 1]
11 bags = subset_generator(data)
12 max_value = 0                               # 商品总值
13 for bag in bags:                            # 处理组合商品
14     if bag:                                 # 如果不是空集
15         w_sum = 0                           # 组合商品总重量
16         v_sum = 0                           # 组合商品总价值
17         for b in bag:                       # 拆解商品
18             i = data.index(b)               # 了解商品在data的索引
19             w_sum += weight[i]              # 加总商品数量
20             v_sum += value[i]               # 加总商品价值
21             if w_sum <= 4:                  # 如果商品总重量小于4千克
22                 if v_sum > max_value:       # 如果总价值大于目前最大价值
23                     max_value = v_sum       # 更新最大价值
24                     product = bag           # 记录商品
25
26 print('商品组合 = {},\n商品价值 = {}'.format(product, max_value))
```

执行结果

```
=================== RESTART: D:\Algorithm\ch16\ch16_2.py ===================
商品组合 = ['电视', '笔电'],
商品价值 = 60000
```

16-1-2 动态规划算法

上一节所述的方法可以解背包问题，但是碰上数据量多时，会有效率问题。上一章所介绍的贪婪算法可以得到近似解但不是最好的解答，这一节所介绍的动态规划算法则可以得到最好的解答。

这一节将从表格开始逐一说明步骤，我们可以为电视、笔电和音响建立下列表格。每一行(row)代表一个产品，每一个列(column)代表1到4千克的背包。在计算子背包时，我们需要使用上述字段。表格一开始是空的，当我们逐步填入表格时，最后就可以得到全部解答。

	1千克	2千克	3千克	4千克
笔电(N)				
音响(S)				
电视(T)				

❑ 笔电

第一步是将笔电填入表格，此笔电价值20000元，第1个字段是1千克重，可以填入，结果如下：

	1 千克	2 千克	3 千克	4 千克
笔电 (N)	20000 元 (N)			
音响 (S)				
电视 (T)				

至今我们得到1千克的背包可以获得最大的价值是20000元的笔电，可以依此类推将笔电填入2、3、4 千克的背包，如下所示。

	1 千克	2 千克	3 千克	4 千克
笔电 (N)	20000 元 (N)	20000 元 (N)	20000 元 (N)	20000 元 (N)
音响 (S)				
电视 (T)				

就上述第 1 行而言，即使是 4 千克的背包，最大价值也是 20000 元。

❑ 音响

现在看第 2 行音响，这时必须依背包大小放入最有价值的商品。第 1 字段是 1 千克重的背包，音响是 4 千克，装不下，所以 1 千克重的背包最大价值仍是 20000 元的笔电。

	1 千克	2 千克	3 千克	4 千克
笔电 (N)	20000 元 (N)	20000 元 (N)	20000 元 (N)	20000 元 (N)
音响 (S)	20000 元 (N)			
电视 (T)				

对于 2 千克和 3 千克的背包而言也是一样，装不下 4 千克重的音响，所以最高价值依旧是 20000 元的笔电。

	1 千克	2 千克	3 千克	4 千克
笔电 (N)	20000 元 (N)	20000 元 (N)	20000 元 (N)	20000 元 (N)
音响 (S)	20000 元 (N)	20000 元 (N)	20000 元 (N)	
电视 (T)				

对于 4 千克重的背包而言，可以装价值 50000 元的音响，所以应该装音响，这样可以获得最大价值。

	1 千克	2 千克	3 千克	4 千克
笔电 (N)	20000 元 (N)	20000 元 (N)	20000 元 (N)	20000 元 (N)
音响 (S)	20000 元 (N)	20000 元 (N)	20000 元 (N)	50000 元 (S)
电视 (T)				

❑ 电视

现在我们放置电视，由于电视是 3 千克重，无法放入 1 千克和 2 千克的背包，所以这 2 个字段的最高价值仍是 20000 元。

	1 千克	2 千克	3 千克	4 千克
笔电 (N)	20000 元 (N)	20000 元 (N)	20000 元 (N)	20000 元 (N)
音响 (S)	20000 元 (N)	20000 元 (N)	20000 元 (N)	50000 元 (S)
电视 (T)	20000 元 (N)	20000 元 (N)		

对 3 千克的背包而言，原先可以存放最大价值是 20000 元的笔电，由于电视价值是 40000 元，所以最新 3 千克重的背包可以放入价值 40000 元的笔电，如下所示：

	1 千克	2 千克	3 千克	4 千克
笔电 (N)	20000 元 (N)	20000 元 (N)	20000 元 (N)	20000 元 (N)
音响 (S)	20000 元 (N)	20000 元 (N)	20000 元 (N)	50000 元 (S)
电视 (T)	20000 元 (N)	20000 元 (N)	40000 元 (T)	

对于 4 千克重的背包而言，目前所放的最大价值是 50000 元的音响，如果放入电视，整个价值比较如下：

50000 元的音响　vs　40000 元的电视

可是电视只有 3 千克重，所以更正确的考虑应该如下：

50000 元的音响　vs　（40000 元的电视 ＋ 可放 1 千克物品的空间）

这时要考虑什么商品可以放入此 1 千克的空间，如下所示：

	1 千克	2 千克	3 千克	4 千克
笔电 (N)	20000 元 (N)	20000 元 (N)	20000 元 (N)	20000 元 (N)
音响 (S)	20000 元 (N)	20000 元 (N)	20000 元 (N)	50000 元 (S)
电视 (T)	20000 元 (N)	20000 元 (N)	40000 元 (T)	

从上表可知，可以用 20000 元的笔电填入此 1 千克的背包空间，所以实际考虑应该如下：

50000 元的音响　vs　（40000 元的电视 ＋ 20000 元的笔电）

下列是最后表格呈现的方式。

	1 千克	2 千克	3 千克	4 千克
笔电 (N)	20000 元 (N)	20000 元 (N)	20000 元 (N)	20000 元 (N)
音响 (S)	20000 元 (N)	20000 元 (N)	20000 元 (N)	50000 元 (S)
电视 (T)	20000 元 (N)	20000 元 (N)	40000 元 (T)	60000 元 (N+T)

由上述推导，我们可以得到 4 千克背包可以呈现的最大价值是 60000 元 (N+T)，也就是笔电加电视。处理上述表格时，笔者是用口述，其实在填入所有的表格时，皆是使用下列 2 个公式，然后取最大值。

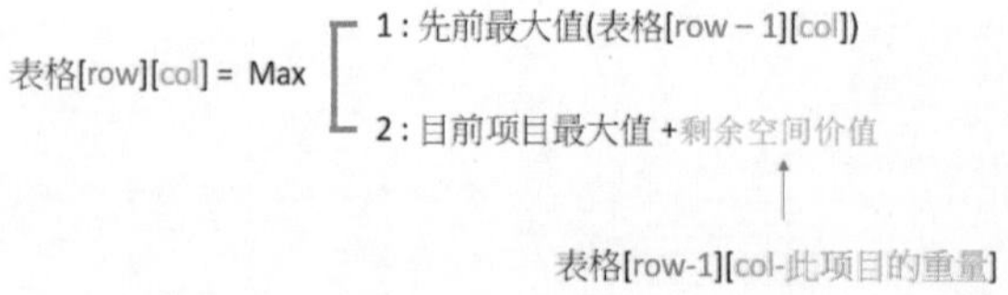

表格[row][col] = Max
- 1：先前最大值(表格[row－1][col])
- 2：目前项目最大值 ＋剩余空间价值

剩余空间价值：表格[row-1][col-此项目的重量]

16-1-3　动态算法延伸探讨

上述我们获得了解答，读者可能会想，假设有第 4 样商品，上述理论是否仍可行。现在我们假设手机价值 25000 元，此手机重 1 千克。

- 手机

此时表格如下：

	1 千克	2 千克	3 千克	4 千克
笔电 (N)	20000 元 (N)	20000 元 (N)	20000 元 (N)	20000 元 (N)
音响 (S)	20000 元 (N)	20000 元 (N)	20000 元 (N)	50000 元 (S)
电视 (T)	20000 元 (N)	20000 元 (N)	40000 元 (T)	60000 元 (N+T)
手机 (P)				

对于 1 千克重的背包而言，手机是 1 千克重符合放入规则，由于手机价值 25000 元超过原先价值 20000 元的笔电，所以可以在 1 千克重的背包改放价值 25000 元的手机。

	1 千克	2 千克	3 千克	4 千克
笔电 (N)	20000 元 (N)	20000 元 (N)	20000 元 (N)	20000 元 (N)
音响 (S)	20000 元 (N)	20000 元 (N)	20000 元 (N)	50000 元 (S)
电视 (T)	20000 元 (N)	20000 元 (N)	40000 元 (T)	60000 元 (N+T)
手机 (P)	25000 元 (P)			

对于 2 千克重的背包，可以改放笔电 + 手机，此时 2 千克重的背包获得价值提升。

	1 千克	2 千克	3 千克	4 千克
笔电 (N)	20000 元 (N)	20000 元 (N)	20000 元 (N)	20000 元 (N)
音响 (S)	20000 元 (N)	20000 元 (N)	20000 元 (N)	50000 元 (S)
电视 (T)	20000 元 (N)	20000 元 (N)	40000 元 (T)	60000 元 (N+T)
手机 (P)	25000 元 (P)	45000 元 (N+P)		

对于 3 千克重的背包，可以放价值 45000 元的笔电 + 手机。

	1 千克	2 千克	3 千克	4 千克
笔电 (N)	20000 元 (N)	20000 元 (N)	20000 元 (N)	20000 元 (N)
音响 (S)	20000 元 (N)	20000 元 (N)	20000 元 (N)	50000 元 (S)
电视 (T)	20000 元 (N)	20000 元 (N)	40000 元 (T)	60000 元 (N+T)
手机 (P)	25000 元 (P)	45000 元 (N+P)	45000 元 (N+P)	

最后 4 千克背包的考虑如下：

60000 元的（笔电 + 电视）　vs　（25000 元的手机　+　可放 3 千克物品的空间）

这时可以看到先前 3 千克的背包最高价值是 40000 元 (T)，加上 25000 元 (P)，总价值是 65000 元，高于原先最高价值 60000 元 (N+T)，所以下列是最后结果。

	1 千克	2 千克	3 千克	4 千克
笔电 (N)	20000 元 (N)	20000 元 (N)	20000 元 (N)	20000 元 (N)
音响 (S)	20000 元 (N)	20000 元 (N)	20000 元 (N)	50000 元 (S)
电视 (T)	20000 元 (N)	20000 元 (N)	40000 元 (T)	60000 元 (N+T)
手机 (P)	25000 元 (P)	45000 元 (N+P)	45000 元 (N+P)	65000 元 (T+P)

上述填入表格的概念主要是将问题切割成子问题，所以字段背包重量是以目前最小单位重量作为依据，假设商品手机是 0.5 千克，则表格必须以此为单位，增加符合重量的字段，如下所示：

	0.5	1.0	1.5	2.0	2.5	3.0	3.5	4.0
笔电								
音响								
电视								
手机								

16-1-4　存放顺序也不影响结果

下列是笔者更改存放顺序的表格。

	1 千克	2 千克	3 千克	4 千克
音响 (S)	0	0	0	50000 元 (S)
电视 (T)	0	0	40000 元 (T)	50000 元 (S)
笔电 (N)	20000 元 (N)	20000 元 (N)	40000 元 (T)	60000 元 (T+N)

16-1-5　Python 程序实例

程序实例 ch16_3.py：将下列商品放入 4 千克背包，计算最大价值。

（1）笔电：价值 20000 元，重 1 千克。

（2）音响：价值 50000 元，重 4 千克。

（3）电视：价值 40000 元，重 3 千克。

（4）手机：价值 25000 元，重 1 千克。

```
1  # ch16_3.py
2  def knapsack(W, wt, val):
3      ''' 动态规划算法 '''
4      n = len(val)
5      table = [[0 for x in range(W + 1)] for x in range(n + 1)]   # 最初化表格
6      for r in range(n + 1):                                       # 填入表格row
7          for c in range(W + 1):                                   # 填入表格column
8              if r == 0 or c == 0:
9                  table[r][c] = 0
10             elif wt[r-1] <= c:
11                 table[r][c] = max(val[r-1] + table[r-1][c-wt[r-1]], table[r-1][c])
12             else:
13                 table[r][c] = table[r-1][c]
14     return table[n][W]
15
16 value = [20000,50000,40000,25000]                                # 商品价值
17 weight = [1, 4, 3, 1]                                            # 商品重量
18 bag_weight = 4                                                   # 背包可容重量
19 print('商品价值 : ', knapsack(bag_weight, weight, value))
```

执行结果

```
==================== RESTART: D:\Algorithm\ch16\ch16_3.py ====================
商品价值 :  65000
```

当然设计上述程序另一个输出重点是列出所有最高价值的商品，读者可以在 knapsack( ) 函数内另建一个存储商品的表格，每个表格元素未来会放置许多商品，所以此表格元素可使用列表，至于设计方式将是各位的习题。

16-2 旅游行程的安排

16-2-1 旅游行程概念

笔者想去北京旅行，北京是首都也是文化古城，想去的景点非常多，笔者列了一份清单如下：

景点	时间	点评分数
颐和园	0.5 天	7
天坛	0.5 天	6
故宫	1 天	9
万里长城	2 天	9
圆明园	0.5 天	8

假设我们计划在北京旅游两天，这两天想逛点评总分最高的景点，这类问题也可以使用动态规划算法计算。

	0.5 天	1 天	1.5 天	2 天
颐和园	7(颐)	7(颐)	7(颐)	7(颐)
天坛	7(颐)	13(颐 + 天)	13(颐 + 天)	13(颐 + 天)
故宫	7(颐)	13(颐 + 天)	16(颐 + 故)	22(颐 + 天 + 故)
万里长城	7(颐)	13(颐 + 天)	16(颐 + 故)	22(颐 + 天 + 故)
圆明园	8(圆)	15(颐 + 圆)	21(颐 + 天 + 圆)	24(颐 + 故 + 圆)

16-2-2 Python 程序实例

由于在使用列表仿真索引时必须是整数，所以设计程序时，每个字段必须整数化，程序设计时可以将每个字段天数乘 2，点评分数则不变，如下所示：

	(0.5*2)=1	(1*2)=2	(1.5*2)=3	(2*2)=4
颐和园	7(颐)	7(颐)	7(颐)	7(颐)
天坛	7(颐)	13(颐+天)	13(颐+天)	13(颐+天)
故宫	7(颐)	13(颐+天)	16(颐+故)	22(颐+天+故)
万里长城	7(颐)	13(颐+天)	16(颐+故)	22(颐+天+故)
圆明园	8(圆)	15(颐+圆)	21(颐+天+圆)	24(颐+故+圆)

程序实例 ch16_4.py：实践前一节的旅游行程规划。

```
1  # ch16_4.py
2  def traveling(W, wt, val):
3      ''' 动态规划算法 '''
4      n = len(val)
5      table = [[0 for x in range(W + 1)] for x in range(n + 1)]   # 最初化表格
6      for r in range(n + 1):                                      # 填入表格row
7          for c in range(W + 1):                                  # 填入表格column
8              if r == 0 or c == 0:
9                  table[r][c] = 0
10             elif wt[r-1] <= c:
11                 table[r][c] = max(val[r-1] + table[r-1][c-wt[r-1]], table[r-1][c])
12             else:
13                 table[r][c] = table[r-1][c]
14     return table[n][W]
15
16 value = [7, 6, 9, 9, 8]                                         # 旅游点评分数
17 weight = [1, 1, 2, 4, 1]                                        # 单项景点所需天数
18 travel_weight = 4                                               # 总旅游天数
19 print('旅游点评总分 = ', traveling(travel_weight, weight, value))
```

执行结果

```
==================== RESTART: D:\Algorithm\ch16\ch16_4.py ====================
旅游点评总分 =  24
```

16-3 习题

1. 有一名顾客带了可容纳 5 千克重的背包进了水果卖场，目前水果市价如下：

   A：释迦：价值 800 元，重 5 千克。

   B：西瓜：价值 200 元，重 3 千克。

   C：玉荷包：价值 600 元，重 2 千克。

   D：苹果：价值 700 元，重 2 千克。

   E：黑金刚（莲雾）：400 元，重 3 千克。

   F：西红柿：100 元，重 1 千克。

   上述单一水果不可拆分，请参考 ch16_2.py，计算该顾客应该如何购买水果才可以获得背包容量范围内的最大价值。

```
==================== RESTART: D:\Algorithm\ex\ex16_1.py ====================
商品组合 = ['玉荷包', '苹果', '西红柿'],
商品价值 = 1400
```

2. 请参考 ch16_3.py 的动态规划概念重新设计前一个习题。

```
==================== RESTART: D:\Algorithm\ex\ex16_2.py ====================
最高价值 :  1400
商品组合 :  ['西红柿', '苹果', '玉荷包']
```

3. 扩充设计 ch16_3.py，增加输出最高价值的商品组合。

```
==================== RESTART: D:\Algorithm\ex\ex16_3.py ====================
最高价值 :  65000
商品组合 :  ['手机', '电视']
```

4. 扩充设计 ch16_4.py，增加输出最高评分的旅游地点。

```
==================== RESTART: D:\Algorithm\ex\ex16_4.py ====================
旅游点评总分 :  24
旅游景点组合 :  ['圆明园', '故宫', '颐和园']
```

第 17 章

数据加密到信息安全算法

本章将从数据安全概念开始说明，然后介绍加密方法，逐步讲解目前热门的信息安全算法。

17-1 数据安全与数据加密

17-1-1 认识数据安全的专有名词

❑ 窃听 (wiretap)

传送方 A(sender) 将信息传递给接收方 B(receiver)，在过程中被黑客 C 截取，这就是窃听。

黑客C从传送过程取得数据

传送方A

接收方B

信息信道，Internet或其他管道

这个问题可以用数据加密方式解决。

❑ 篡改 (tamper)

传送方 A(sender) 将信息传递给接收方 B(receiver)，在过程中被黑客 C 修改，这就是篡改。

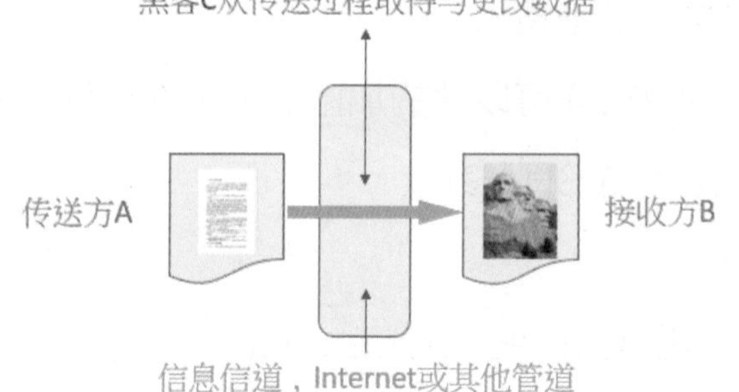

可以用数字签名 (17-9 节) 或讯息鉴别码 (17-8 节) 方式解决。

❑ 电子诈骗 (E-Fruadf)

传送方 A(sender) 将信息传递给接收方 B(receiver)，在过程中接收方 B 被黑客 C 伪装。

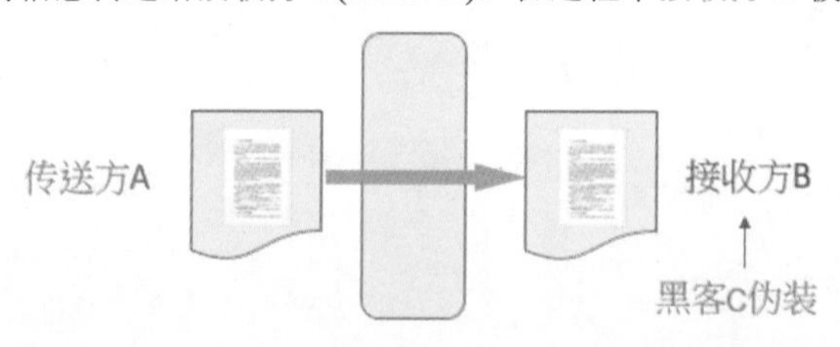

或是传送方 A(sender) 将信息传递给接收方 B(receiver)，在过程中传送方 A 被黑客 C 伪装。

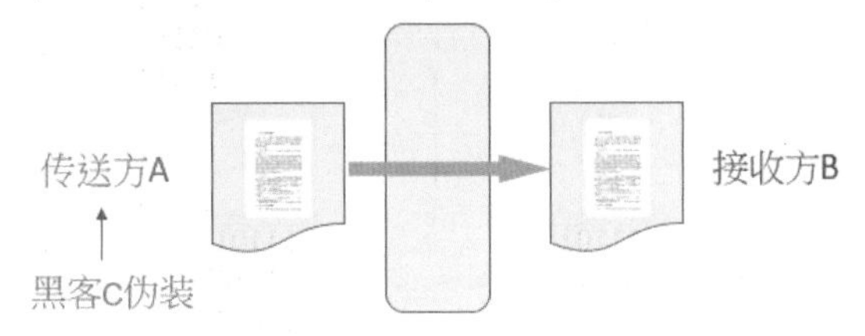

可以用数字签名或讯息鉴别码方式解决。

❑ 拒绝 (repudiation)

传送方 A(sender) 将合作信息传送给接收方 B(receiver)，事后却说没有传递该信息，造成纠纷。

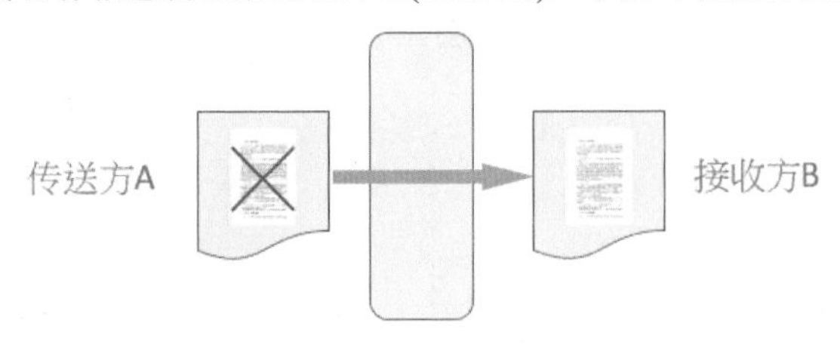

可以用数字签名方式解决。

17-1-2　加密

计算机时代我们常常使用文字、图像、多媒体数据，其实这些数据在计算机内部皆是以 0 或 1 的方式存储。

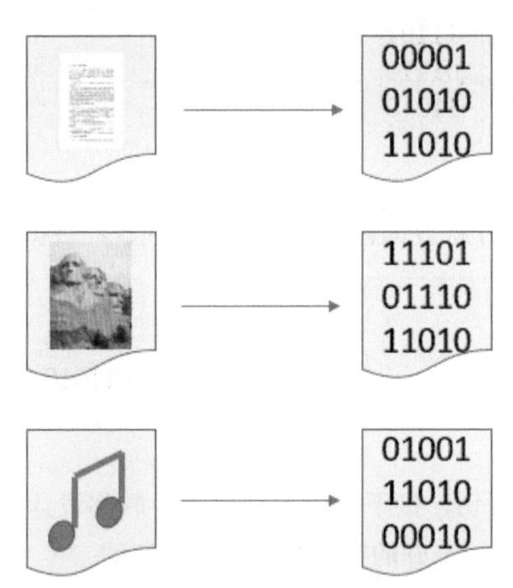

即使是以 0 或 1 的方式存储，在传送过程中仍可能被截取使用，本节将讲述这方面的基本知识。

如果数据没有加密，我们称原始文件 (plain text)，数据传送过程中可能被黑客取得，黑客可以解读数据。

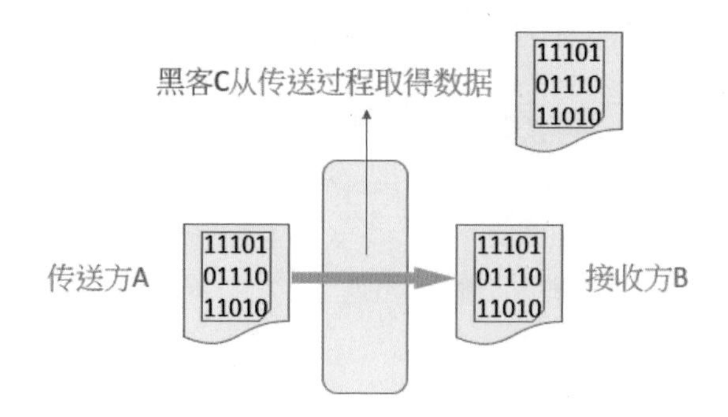

如果将原始文件加密，我们称此文件为加密文件 (cipher text)，经过加密的文件一般很难解密，所以即使黑客取得数据也没有关系。未来几节笔者会介绍一些加密 / 解密的方法。

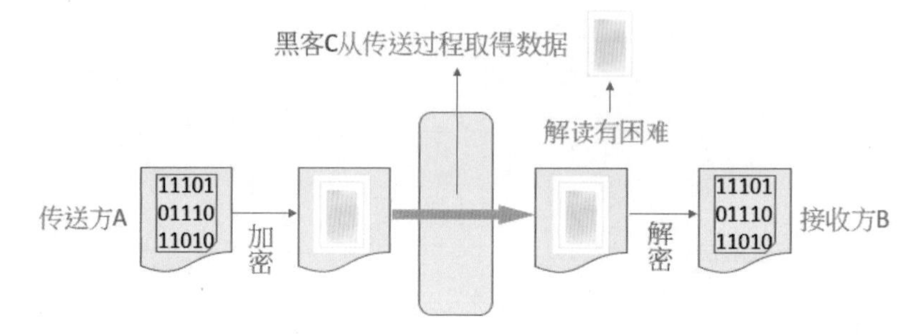

简单地说，加密就是针对数据做一种运算，将数据转成一般人无法理解的数据，至于采用的运算方法，我们称之为密钥 (key)。

反之，解密就是用密钥 (key) 将数据解成一般人可以理解的数据。

其实我们也可以自己设计密钥，接下来的小节笔者会教你设计密钥，也会介绍目前已有的可靠密钥。设计密钥也称加密技术，一个好的密钥是不容易被解的。

17-2 摩斯密码 (Morse code)

摩斯密码是美国人艾尔菲德・维尔 (Alfred Vail，1807—1859) 与布里斯・摩斯 (Breese Morse，1791—1872) 在 1836 年发明的，这是一种时通时断的讯号代码，可以使用无线电传递，通过不同的排列组合，表达不同的英文字母、数字和标点符号。

其实也可以称此为一种密码处理方式，下列是英文字母的摩斯密码表。

A：.-	B：-...	C：-.-.	D：-..	E：.
F：..-.	G：--.	H：....	I：..	J：.---
K：-.-	L：.-..	M：--	N：-.	O：---
P：.--.	Q：--.-	R：.-.	S：...	T：-
U：..-	V：...-	W：.--	X：-..-	Y：-.--
Z：--..				

下列是阿拉伯数字的摩斯密码表。

1：.----	2：..---	3：...--	4：....-	5：.....
6：-....	7：--...	8：---..	9：----.	10：-----

注　摩斯密码由一个点 (.) 和一划 (-) 组成，其中点是一个单位，划是三个单位。程序设计时，点 (.) 用 . 代替，划 (-) 用 - 代替。

处理摩斯密码可以建立字典，再做转译。也可以为摩斯密码建立一个列表或元组，直接使用英文字母 A 的 Unicode 码值是 65 的特性，将码值减去 65，就可以获得此摩斯密码。

程序实例 ch17_1.py：使用字典建立摩斯密码，然后输入一个英文字母，这个程序可以输出摩斯密码。

```
1  # ch17_1.py
2  morse_code = {'A':'.-', 'B':'-...', 'C':'-.-.','D':'-..','E':'.',
3                'F':'..-.', 'G':'--.', 'H':'....', 'I':'..', 'J':'.---',
4                'K':'-.-', 'L':'.-..','M':'--', 'N':'-.','O':'---',
5                'P':'.--.','Q':'--.-','R':'.-.','S':'...','T':'-',
6                'U':'..-','V':'...-','W':'.--','X':'-..-','Y':'-.--',
7                'Z':'--..'}
8
9  wd = input("请输入大写英文字：")
10 for c in wd:
11     print(morse_code[c])
```

执行结果

```
==================== RESTART: D:\Algorithm\ch17\ch17_1.py ====================
请输入大写英文字：ABC
.-
-...
-.-.
```

17-3　凯撒密码

公元前约 50 年凯撒发明了凯撒密码，主要是防止部队传送的信息遭到敌方读取。

凯撒密码的加密概念是将每个英文字母往后移，对应至不同字母，只要记住所对应的字母，未来就可以解密。例如，将每个英文字母往后移 3 个次序，实例是将 A 对应 D、B 对应 E、C 对应 F，原先的 X 对应 A、Y 对应 B、Z 对应 C，整个概念如下所示：

A	B	C	D	…	V	W	X	Y	Z
D	E	F	G	…	Y	Z	A	B	C

所以现在我们需要的就是设计 ABC … XYZ 字母可以对应 DEF … ABC，可以参考下列实例完成。或是你让 DEF … ABC 对应 ABC … XYZ 也可以。

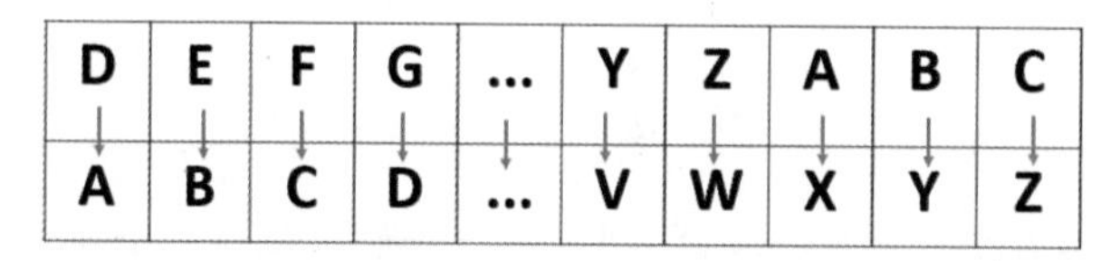

实例：建立 ABC … Z 字母的字符串，然后使用切片取得前 3 个英文字母与后 23 个英文字母，最后组合，可以得到新的字母排序。

```
>>> abc = 'ABCDEFGHIJKLMNOPQRSTUVWYZ'
>>> front3 = abc[:3]
>>> end23 = abc[3:]
>>> subText = end23 + front3
>>> print(subText)
DEFGHIJKLMNOPQRSTUVWYZABC
```

在 Python 数据结构中，要执行加密可以使用字典的功能，概念是将原始字符当作键 (key)，加密结果当作值 (value)，这样就可以达到加密的目的，若是要让字母往前移 3 个字符，相当于要建立下列字典。

```
encrypt = { 'a': 'd', 'b': 'e', 'c': 'f', 'd': 'g', …, 'x': 'a', 'y': 'b', 'z': 'c' }
```

程序实例 ch17_2.py：设计一个加密程序，使用 abc 和 python 做测试。

```
1  # ch17_2.py
2  abc = 'abcdefghijklmnopqrstuvwxyz'
3  encry_dict = {}
4  front3 = abc[:3]
5  end23 = abc[3:]
6  subText = end23 + front3
7  encry_dict = dict(zip(abc, subText))       # 建立字典
8  print("打印编码字典\n", encry_dict)         # 打印字典
9
10 msgTest = input("请输入原始字符串 : ")
11
12 cipher = []
13 for i in msgTest:                          # 执行每个字符加密
14     v = encry_dict[i]                      # 加密
15     cipher.append(v)                       # 加密结果
16 ciphertext = ''.join(cipher)               # 将列表转成字符串
17
18 print("原始字符串 ", msgTest)
19 print("加密字符串 ", ciphertext)
```

执行结果

```
=================== RESTART: D:\Algorithm\ch17\ch17_2.py ===================
打印编码字典
 {'a': 'd', 'b': 'e', 'c': 'f', 'd': 'g', 'e': 'h', 'f': 'i', 'g': 'j', 'h': 'k'
, 'i': 'l', 'j': 'm', 'k': 'n', 'l': 'o', 'm': 'p', 'n': 'q', 'o': 'r', 'p': 's'
, 'q': 't', 'r': 'u', 's': 'v', 't': 'w', 'u': 'x', 'v': 'y', 'w': 'z', 'x': 'a'
, 'y': 'b', 'z': 'c'}
请输入原始字符串 : abc
原始字符串  abc
加密字符串  def
>>>
=================== RESTART: D:\Algorithm\ch17\ch17_2.py ===================
打印编码字典
 {'a': 'd', 'b': 'e', 'c': 'f', 'd': 'g', 'e': 'h', 'f': 'i', 'g': 'j', 'h': 'k'
, 'i': 'l', 'j': 'm', 'k': 'n', 'l': 'o', 'm': 'p', 'n': 'q', 'o': 'r', 'p': 's'
, 'q': 't', 'r': 'u', 's': 'v', 't': 'w', 'u': 'x', 'v': 'y', 'w': 'z', 'x': 'a'
, 'y': 'b', 'z': 'c'}
请输入原始字符串 : python
原始字符串  python
加密字符串  sbwkrq
```

对于凯撒密码而言，也可以使用余数方式处理加密与解密。首先将字母用数字取代，A=0，B=1，…，Z=25，如果字母位移量是 n，则字母加密方式如下：

```
En(x) = (x + n) mod 26
```

解密字母如下：

```
En(x) = (x - n) mod 26
```

17-4 再谈文件加密技术

有一个模块 string，这个模块有一个属性是 printable，这个属性可以列出所有 ASCII 可以打印的字符。

```
>>> import string
>>> string.printable
'0123456789abcdefghijklmnopqrstuvwxyzABCDEFGHIJKLMNOPQRSTUVWXYZ!"#$%&\'()*+,-./:
;<=>?@[\\]^_`{|}~ \t\n\r\x0b\x0c'
```

上述字符串最大的优点是可以处理所有的文件内容，所以我们在加密编码时可以应用在所有文件。在上述字符中最后几个是溢出字符，在做编码加密时可以将这些字符排除。

```
>>> abc = string.printable[:-5]
>>> abc
'0123456789abcdefghijklmnopqrstuvwxyzABCDEFGHIJKLMNOPQRSTUVWXYZ!"#$%&\'()*+,-./:
;<=>?@[\\]^_`{|}~ '
```

程序实例 ch17_3.py：设计一个加密函数，然后为字符串执行加密，所加密的字符串在第 16 行设定，这是 Python 之禅的内容（在 Python Shell 环境输入 import this 就可以看到 Python 之禅完整的内容）。

```
1  # ch17_3.py
2  import string
3
4  def encrypt(text, encryDict):                    # 加密文件
5      cipher = []
6      for i in text:                               # 执行每个字符加密
7          v = encryDict[i]                         # 加密
8          cipher.append(v)                         # 加密结果
9      return ''.join(cipher)                       # 将列表转成字符串
10
11 abc = string.printable[:-5]                      # 取消不可打印字符
12 subText = abc[-3:] + abc[:-3]                    # 加密字符串
13 encry_dict = dict(zip(subText, abc))             # 建立字典
14 print("打印编码字典\n", encry_dict)              # 打印字典
15
16 msg = 'If the implementation is easy to explain, it may be a good idea.'
17 ciphertext = encrypt(msg, encry_dict)
18
19 print("原始字符串 ", msg)
20 print("加密字符串 ", ciphertext)
```

执行结果

```
==================== RESTART: D:\Algorithm\ch17\ch17_3.py ====================
打印编码字典
 {'}': '0', '~': '1', ' ': '2', '0': '3', '1': '4', '2': '5', '3': '6', '4': '7'
, '5': '8', '6': '9', '7': 'a', '8': 'b', '9': 'c', 'a': 'd', 'b': 'e', 'c': 'f'
, 'd': 'g', 'e': 'h', 'f': 'i', 'g': 'j', 'h': 'k', 'i': 'l', 'j': 'm', 'k': 'n'
, 'l': 'o', 'm': 'p', 'n': 'q', 'o': 'r', 'p': 's', 'q': 't', 'r': 'u', 's': 'v'
, 't': 'w', 'u': 'x', 'v': 'y', 'w': 'z', 'x': 'A', 'y': 'B', 'z': 'C', 'A': 'D'
, 'B': 'E', 'C': 'F', 'D': 'G', 'E': 'H', 'F': 'I', 'G': 'J', 'H': 'K', 'I': 'L'
, 'J': 'M', 'K': 'N', 'L': 'O', 'M': 'P', 'N': 'Q', 'O': 'R', 'P': 'S', 'Q': 'T'
, 'R': 'U', 'S': 'V', 'T': 'W', 'U': 'X', 'V': 'Y', 'W': 'Z', 'X': '!', 'Y': '"'
, 'Z': '#', '!': '$', '"': '%', '#': '&', '$': "'", '%': '(', '&': ')', "'": '*'
, '(': '+', ')': ',', '*': '-', '+': '.', ',': '/', '-': ':', '.': ';', '/': '<'
, ':': '=', ';': '>', '<': '?', '=': '@', '>': '[', '?': '\\', '@': ']', '[': '^
', '\\': '_', ']': '`', '^': '{', '_': '|', '`': '}', '{': '~', '|': ' '}
原始字符串  If the implementation is easy to explain, it may be a good idea.
加密字符串  Li2wkh2lpsohphqwdwlrq2lv2hdvB2wr2hAsodlq/2lw2pdB2eh2d2jrrg2lghd;
```

可以加密就可以解密，解密的字典基本上是将加密字典的键与值对调即可，如下所示。至于完整的程序设计将是读者的习题。

```
decry_dict = dict(zip(abc,  subText))
```

17-5 全天下只有你可以解的加密程序（你也可能无法解）

上述加密字符有一定规律，所以若是碰上高手可以解开此加密规则。如果你想设计一个只有你自己可以解的加密程序，在程序实例 ch17_3.py 第 12 行可以使用下列方式处理。

```
newAbc = abc[: ]                                 # 产生新字符串复制
abllist = list(newAbc)                           # 字符串转成列表
random.shuffle(abclist)                          # 重排列表内容
subText = '' .join(abclist)                      # 列表转成字符串
```

上述相当于打乱字符的对应顺序，如果你这样做就必须将上述 subText 存储至数据库内，也就是保存字符打乱的顺序，否则连你未来也无法解开。

程序实例 ch17_4.py：设计无法解的加密程序，这个程序每次执行皆会有不同的加密效果。

```
 1  # ch17_4.py
 2  import string
 3  import random
 4  def encrypt(text, encryDict):                # 加密文件
 5      cipher = []
 6      for i in text:                           # 执行每个字符加密
 7          v = encryDict[i]                     # 加密
 8          cipher.append(v)                     # 加密结果
 9      return ''.join(cipher)                   # 将列表转成字符串
10
11  abc = string.printable[:-5]                  # 取消不可打印字符
12  newAbc = abc[:]                              # 产生新字符串复制
13  abclist = list(newAbc)                       # 转成列表
14  random.shuffle(abclist)                      # 打乱列表顺序
15  subText = ''.join(abclist)                   # 转成字符串
16  encry_dict = dict(zip(subText, abc))         # 建立字典
17  print("打印编码字典\n", encry_dict)          # 打印字典
18
19  msg = 'If the implementation is easy to explain, it may be a good idea.'
20  ciphertext = encrypt(msg, encry_dict)
21
22  print("原始字符串 ", msg)
23  print("加密字符串 ", ciphertext)
```

执行结果

```
==================== RESTART: D:\Algorithm\ch17\ch17_4.py ====================
打印编码字典
 {'9': '0', 'V': '1', ':': '2', '(': '3', 'u': '4', 'w': '5', 't': '6', '<': '7'
, 'A': '8', '+': '9', 'y': 'a', 'F': 'b', ';': 'c', 'h': 'd', 'H': 'e', 'e': 'f'
, 'r': 'g', '@': 'h', 'L': 'i', 'q': 'j', '[': 'k', '%': 'l', '#': 'm', 'f': 'n'
, '}': 'o', 'X': 'p', '~': 'q', 'd': 'r', ',': 's', '5': 't', 'U': 'u', 'I': 'v'
, ' ': 'w', 'j': 'x', '{': 'y', 'J': 'z', 'a': 'A', ']': 'B', 'b': 'C', '"': 'D'
, 'Z': 'E', '|': 'F', '?': 'G', 'l': 'H', 'v': 'I', '0': 'J', '$': 'K', '!': 'L'
, '>': 'M', 'm': 'N', 'x': 'O', 'p': 'P', 'Y': 'Q', '1': 'R', '.': 'S', '_': 'T'
, '\\': 'U', '-': 'V', 'K': 'W', 'D': 'X', 'O': 'Y', '7': 'Z', '6': '!', '/': '"
', 'c': '#', 'S': '$', '3': '%', '&': '&', '4': "'", 'M': '(', '=': ')', 'N': '*
', "'": '+', '^': ',', '`': '-', 'R': '.', '2': '/', 'o': ':', 'P': ';', 'i': '<
', 's': '=', 'B': '>', 'G': '?', 'z': '@', 'g': '[', ')': '\\', '*': ']', 'W': '
^', '8': '_', 'E': '`', 'n': '{', 'T': '|', 'Q': '}', 'k': '~', 'C': ' '}
原始字符串  If the implementation is easy to explain, it may be a good idea.
加密字符串  vnw6dfw<NPHfNf{6A6<:{w<=wfA=aw6:wfOPHA<{sw<6wNAawCfwAw[::rw<rfAS
```

17-6 哈希函数与 SHA 家族

17-6-1 再谈哈希函数

在 8-8 节笔者已有哈希函数的实例解说，其实哈希函数更重要的功能是将输入数据转成固定长度的 16 进制数值，这个数值也称哈希码或哈希值或杂凑值，一般长度是 128 位，有的哈希函数可以产生 256 位或更长的位，当用 16 进制显示时此哈希值的长度是 32。可以用下图想象哈希函数。

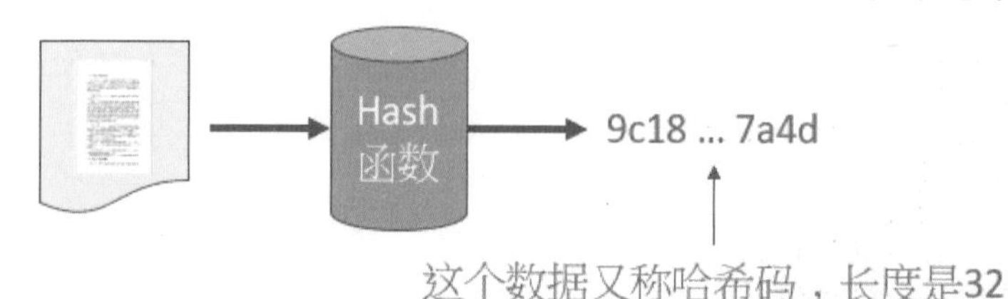

哈希函数有几个特色：

（1）不论输入文字长短，所产生的哈希码长度一定相同。

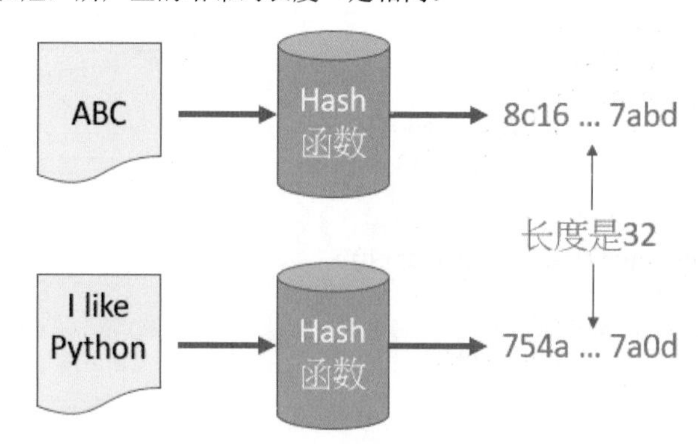

（2）输入相同的文字可以产生相同的哈希码。

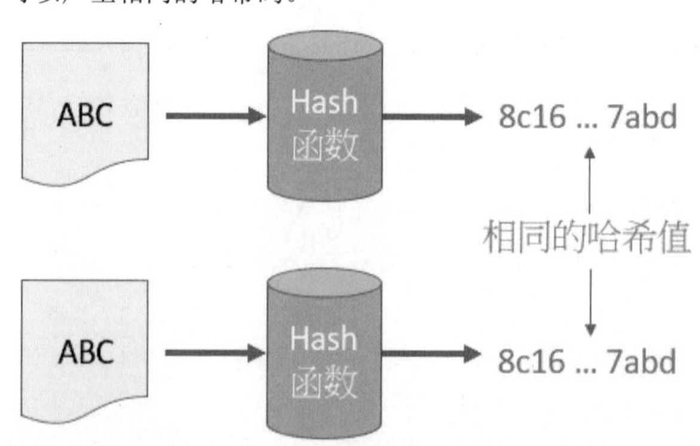

（3）即使输入类似的文字，仍会产生完全无关甚至差距很大的哈希码。

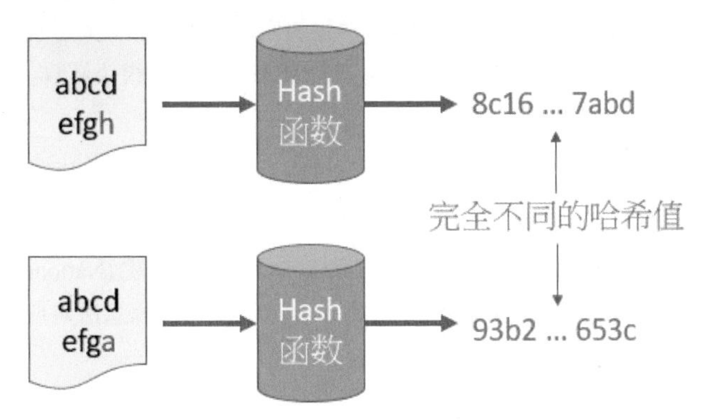

（4）无法由哈希码逆推原始文字。

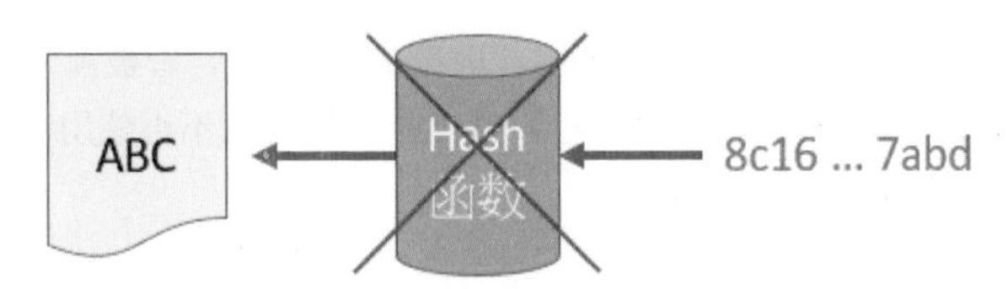

（5）相同文字使用不同的哈希函数将产生不同的哈希码。

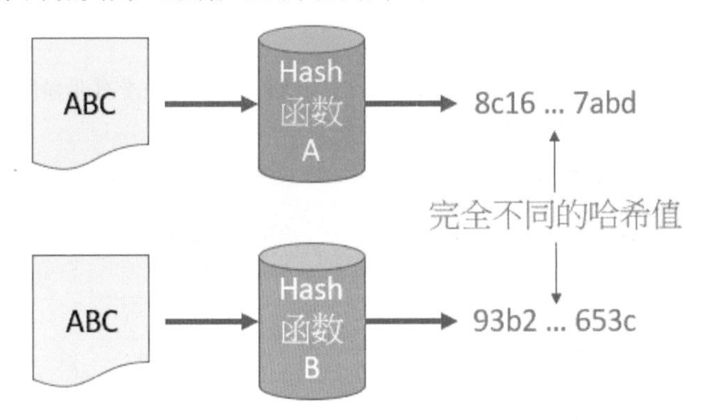

目前一般市面上的商用数据库系统，当要求用户建立账号与密码时，其实是将用户所建立的密码使用哈希函数产生哈希值，然后存储在系统内。这样即使黑客盗了系统的用户哈希值密码，因为无法逆推原始文字，所以也是没有用的。

当用户输入账号与密码要进入系统时，系统其实是将密码转成哈希码，然后与系统的哈希码做比对。所以如果我们忘记密码，许多情况是需要重设密码，因为系统并不保留原始密码文字。

17-6-2　MD5(Message-Digest Algorithm)

Message-Digest Algorithm 可以称为消息摘要算法，在 1992 年由美国密码学家罗纳德 • 利瓦伊斯特 (Ronald Linn Rivest) 设计。原理概念如下：

将一段文字运算变为一个固定 128 位长度的值。

这是曾经被广泛使用的密码哈希函数，在 1996 年被证实有弱点可以破解，2004 年则被证实 MD5 无法防止碰撞 (collision)，2009 年被中国科学院的谢涛和冯登国破解了碰撞抵抗，不建议使用在安全认证中。8-8-1 节所介绍的 md5( ) 方法就是使用此概念设计的模块函数。

17-6-3 SHA 家族

SHA 的全名是 Secure Hash Algorithm，全名是安全哈希算法，这是由美国国家安全局 (National Security Agency，简称 NSA) 所设计，并由美国国家标准与技术研究院 (National Institute of Standards and Technology，简称 NIST) 发布。SHA 家族主要功能是计算一段信息所对应的固定长度字符串的算法。目前发布的几个标准版本如下：

❑ SHA-0

1993 年发表，当时称安全哈希标准（Secure Hash Standard），但是发表后很快被撤回。

❑ SHA-1

1995 年发表，在许多安全协议中被广泛使用，例如 TLS、SSL，曾被视为是 MD5 的后继者。但是在 2000 年后，SHA-1 的安全性已经受到考验，许多加密场合也不再使用，2017 年则被荷兰密码研究小组 CWI 和 Google 破解了碰撞抵抗。

❑ SHA-2

2001 年发表，包含了 SHA-224、SHA-256、SHA-384、SHA-512、SHA-512/224、SHA-512/256。这是目前广泛使用的安全哈希算法，至今尚未被破解。

❑ SHA-3

2015 年发表，这个算法并不是要取代 SHA-2，因为目前 SHA-2 并没有明显的弱点，也未被攻破。只是 NIST 感觉需要有与先前不同的算法技术而发表。

下列是不同哈希算法的函数对比表：

算法		输出哈希值长度	最大输入信息长度
MD5		128	无限
SHA-0		160	264-1
SHA-1		160	264-1
SHA-2	SHA-224	224	264-1
	SHA-256	256	264-1
	SHA-384	384	2128-1
	SHA-512	512	2128-1
	SHA-512/224	224	2128-1
	SHA-512/256	256	2128-1
SHA-3	SHA3-224	224	无限
	SHA3-256	256	无限
	SHA3-384	384	无限
	SHA-512	512	无限
	SHAKE128	d(arbitary)	无限
	SHAKE256	d(arbitary)	无限

在 ch8_8.py 笔者列出了 import hashlib 模块时，Python 环境可以使用的哈希函数，其中有 SHA-2 的 sha256( )，这个函数可以输出 256 字节的哈希码，下列是实例。

程序实例 ch17_5.py：观察 SHA-2 的 sha256( ) 输出的哈希码。

```
1  # ch17_5.py
2  import hashlib
3
4  data = hashlib.sha256()                              # 建立data对象
5  data.update(b'Ming-Chi Institute of Technology')     # 更新data对象内容
6
7  print('Hash Value = ', data.hexdigest())
8  print(type(data))                                    # 列出data数据形态
9  print(type(data.hexdigest()))                        # 列出哈希码数据形态
```

执行结果

```
==================== RESTART: D:/Algorithm/ch17/ch17_5.py ====================
Hash Value =  76556e296f91785e1c4ffd8f8b9aa88198af9f7e2ab99ee6cd15c0b54cc78985
<class '_hashlib.HASH'>
<class 'str'>
```

其中有 SHA-3 的 sha3_384( )，这个函数可以输出 384 字节的哈希码，下列是实例。

程序实例 ch17_6.py：观察 SHA-3 的 sha3_384( ) 输出的哈希码。

```
1  # ch17_6.py
2  import hashlib
3
4  data = hashlib.sha3_384()                            # 建立data对象
5  data.update(b'Ming-Chi Institute of Technology')     # 更新data对象内容
6
7  print('Hash Value = ', data.hexdigest())
8  print(type(data))                                    # 列出data数据形态
9  print(type(data.hexdigest()))                        # 列出哈希码数据形态
```

执行结果

```
==================== RESTART: D:/Algorithm/ch17/ch17_6.py ====================
Hash Value =  875593ef12e8c4402b1d83920a5b168b8bad3709eb4b57217d97a44dba54a32aa1
c685aac8875fb339cf2589d2c9a98b
<class '_sha3.sha3_384'>
<class 'str'>
```

即使是非常类似的字符串，也可以产生相当不同的哈希码，下列是实例。

程序实例 ch17_7.py：使用 sha256( ) 函数测试 2 个类似字符串产生完全不同的哈希码结果，2 个字符串只是第 1 个字母使用大小写不同。

```
1  # ch17_7.py
2  import hashlib
3
4  data1 = hashlib.sha256()                               # 建立data对象
5  data1.update(b'Ming-Chi Institute of Technology')      # 更新data对象内容
6  print('Hash Value = ', data1.hexdigest())
7
8  data2 = hashlib.sha256()                               # 建立data对象
9  data2.update(b'ming-Chi Institute of Technology')      # 更新data对象内容
10 print('Hash Value = ', data2.hexdigest())
```

执行结果

```
==================== RESTART: D:/Algorithm/ch17/ch17_7.py ====================
Hash Value =  76556e296f91785e1c4ffd8f8b9aa88198af9f7e2ab99ee6cd15c0b54cc78985
Hash Value =  dd9ddd4ea2065646c1791f39fb2cdf85f8dddbc6a0aee4f1eb16715b168300af
```

这一小节笔者完全解释了 SHA 哈希函数家族，未来读者若要将数据加密可以多加利用，最后提醒 MD5 和 SHA-1 会有安全隐患，请尽量使用 SHA-2 的哈希函数。

程序实例 ch17_8.py：建立一个账号和密码，然后将字符串密码使用哈希函数 sha256( ) 转成哈希码，最后测试账号。

```
1  # ch17_8.py
2  import hashlib
3
4  def create_password(pwd):
5      data = hashlib.sha256()                        # 建立data对象
6      data.update(pwd.encode('utf-8'))               # 更新data对象内容
7      return data.hexdigest()
8
9  acc = input('请建立账号 : ')
10 pwd = input('请输入密码 : ')
11 account = {}
12 account[acc] = create_password(pwd)
13
14 print('欢迎进入系统')
15 userid = input('请输入账号 : ')
16 password = input('请输入密码 : ')
17 if userid in account:
18     if account[userid] == create_password(password):
19         print('欢迎进入系统')
20     else:
21         print('密码错误')
22 else:
23     print('账号错误')
```

执行结果

```
=================== RESTART: D:\Algorithm\ch17\ch17_8.py ===================
请建立账号 : cshung
请输入密码 : 007
欢迎进入系统
请输入账号 : k
请输入密码 : 007
账号错误
>>>
=================== RESTART: D:\Algorithm\ch17\ch17_8.py ===================
请建立账号 : cshung
请输入密码 : 007
欢迎进入系统
请输入账号 : cshung
请输入密码 : 008
密码错误
>>>
=================== RESTART: D:\Algorithm\ch17\ch17_8.py ===================
请建立账号 : cshung
请输入密码 : 007
欢迎进入系统
请输入账号 : cshung
请输入密码 : 007
欢迎进入系统
```

17-7 密钥密码

前一节笔者介绍了数据加密的方法，在实际应用上可以将加密与解密分成下列 2 种：

（1）对称密钥密码 (Symmetric-key algorithm)；

（2）公钥密码 (Public-key cryptography)。

17-7-1 对称密钥密码

对称密钥密码算法又称对称加密、私钥加密或共享加密，基本原则是加密和解密使用相同的密钥，或是两者可以简单相互推算。

假设传送方 A 要传送文件至接收方 B，如下所示：

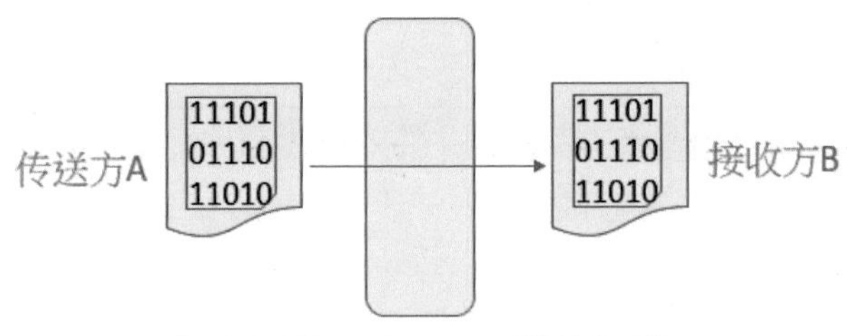

这个文件可能在传送过程被黑客截取，如下所示：

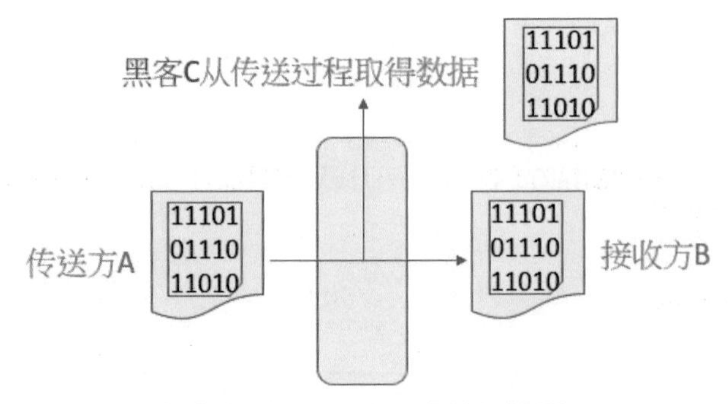

❑ 对称密钥密码系统的优点

当使用对称密钥密码系统时，传送方可以将文件用密钥加密，接收方可以使用相同的密钥解密，所以可以顺利读取文件。由于文件已经由密钥加密，所以不用担心黑客从 Internet 中取得数据，整个说明可以参考下图。

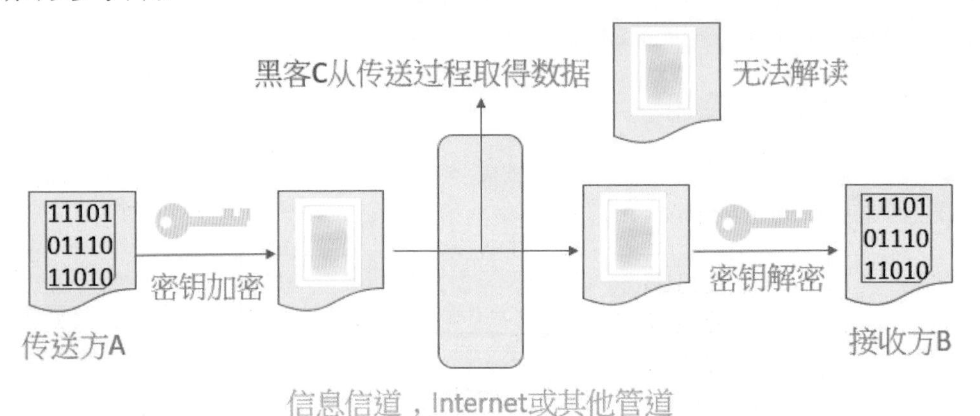

❑ 对称密钥密码系统的问题

假设传送方 A 过去和接收方 B 没有直接往来，这时传送方 A 先传送密钥加密过的文件给接收方 B。

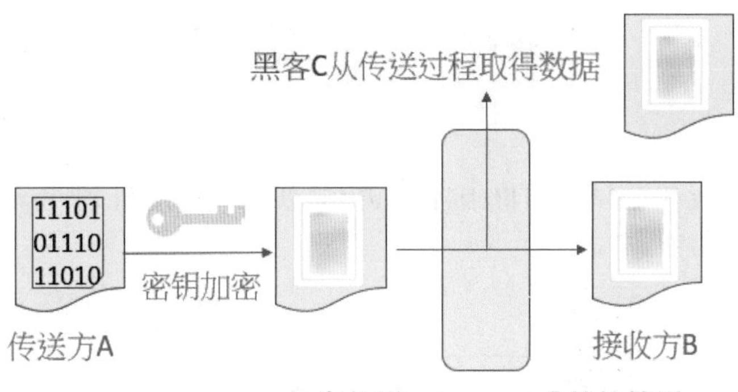

这时接收方 B 和可能从中截取文件的黑客皆取得密钥加密过的文件，黑客 C 和接收方 B 皆无法读取。接下来传送方 A 要传送密钥给接收方 B，如下所示：

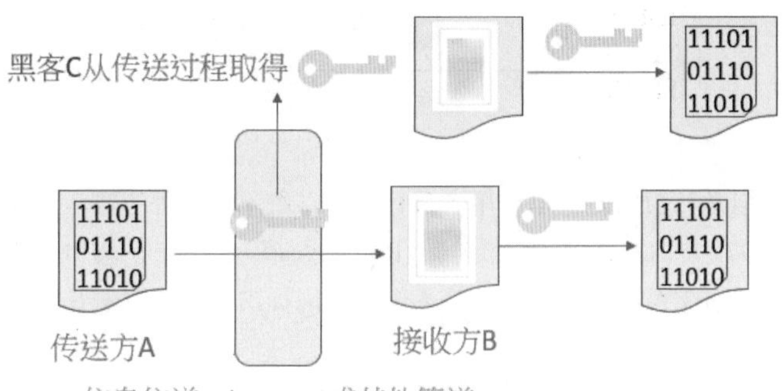

虽然接收方 B 可以取得密钥解读加密过的文件，但黑客 C 也可能从传递过程取得密钥，解读先前用密钥加密的文件。这类问题，我们称密钥传送困难。

❑ 恩尼格玛密码机 (Enigma)

Enigma 密码机又称奇迷机或谜式密码机，这是使用对称密钥密码系统的密码机，它的商用版本在 1932 年由波兰科学家根据恩尼格玛机的原理破解，但是德国军方使用的是军用版本，这个军用版本最后被英国天才数学家艾伦・图灵 (Alan Turing，1912—1945) 领导的小组 Hut 7 破解。

❑ 图灵奖 (Turing Award)

这是由美国计算机学会在 1966 年为了纪念艾伦・图灵 (Alan Turing) 而设立的奖项，颁发给计算机领域有最大贡献的人，这个奖项的地位相当于计算机领域的诺贝尔奖。

17-7-2　公钥密码

公钥密码又称非对称式密码 (asymmetric cryptography)，这是密码学的一个算法，主要有 2 个密钥：

公钥：用于加密。

私钥：用于解密。

使用公钥加密的文件，必须使用相对应的私钥才可以解密得到原始文件内容，由于需要使用不同的密钥，所以称非对称加密。

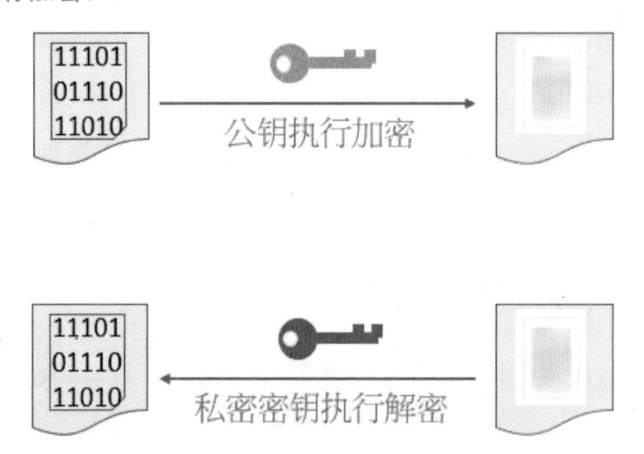

公钥可以公开，但是私钥则是要由使用者自行保管，绝不能向外透露。目前最常用的公钥算法是 RSA 算法，这是 1977 年由罗纳德・李维斯特 (Ron Rivest)、阿迪・萨莫尔 (Adi Shmir)、伦纳德・阿德曼 (Leonard Adleman)3 人在麻省理工学院工作时共同提出，这个算法是用他们的姓氏首字母命名，他们 3 人在 2002 年获得图灵奖。

假设传送方 A 要将文件传送给 B，概念如下：

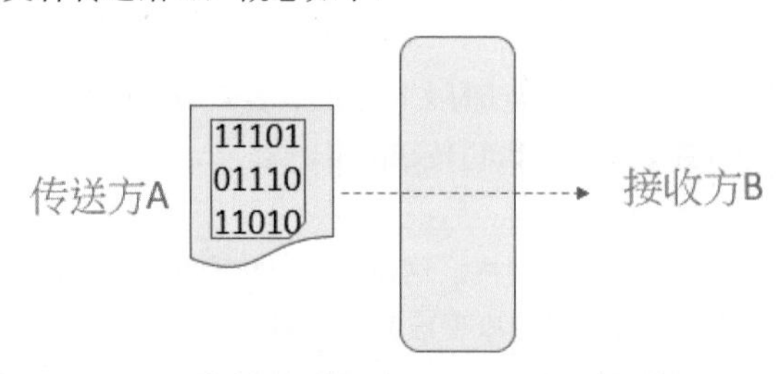

首先接收方 B 要有公钥 (用绿色表示) 和私钥 (用红色表示)。

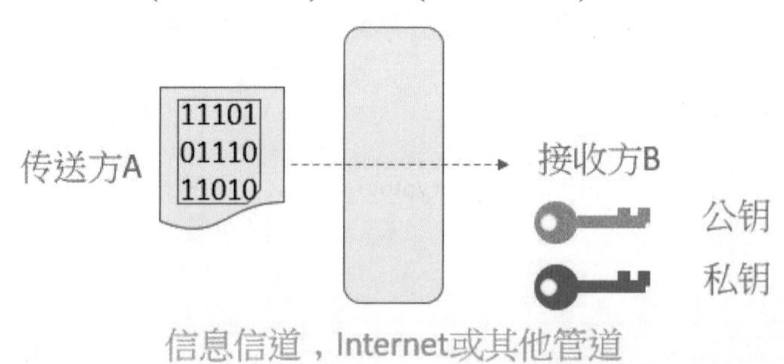

接收方 B 先将公钥给传送方 A，如下所示：

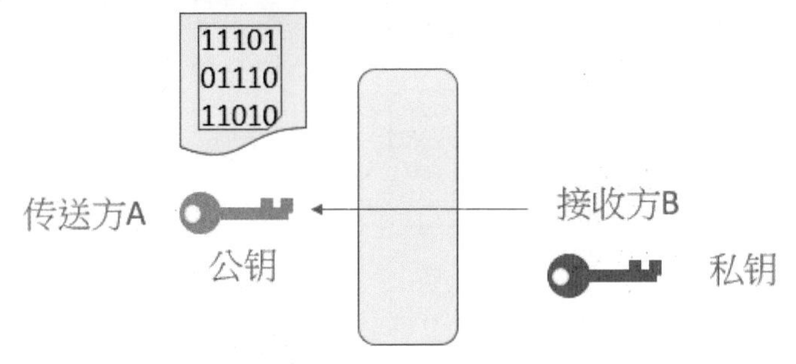

传送方 A 使用公钥对文件加密，然后将加密后的文件传送给接收方 B。

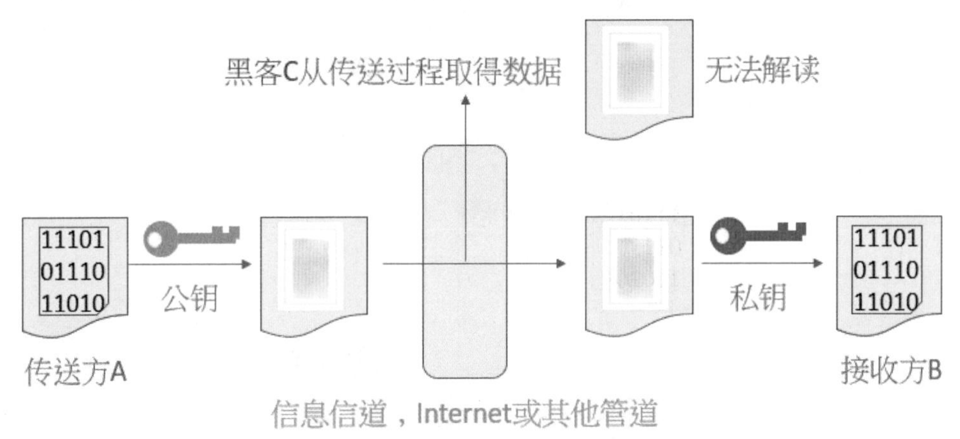

当接收方 B 收到加密文件后可以使用私钥获知文件内容，在传送过程中黑客 C 即使截取使用公钥加密的文件，因为没有私钥所以无法解读文件。

❑ 公钥的可能问题

传送方 A 要将文件传送给接收方 B。

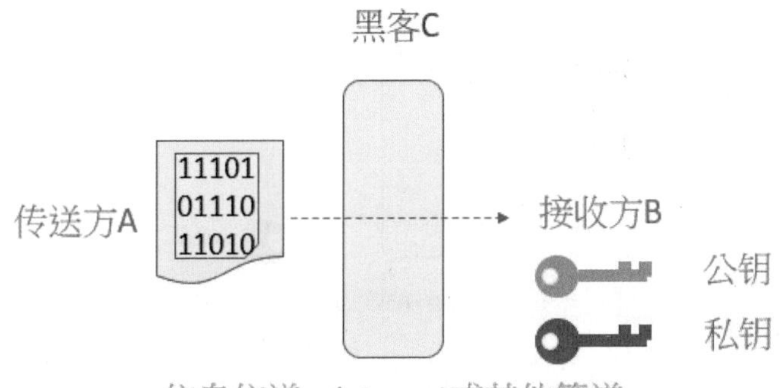

黑客 C 也制作了公钥和私钥。

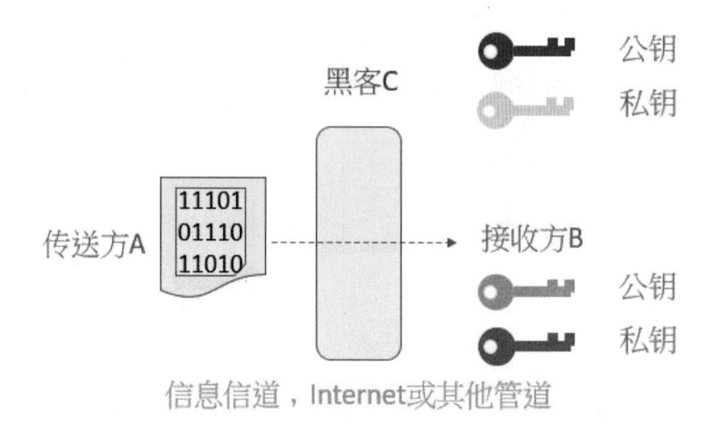

当接收方 B 传送公钥给传送方 A 时，如下所示：

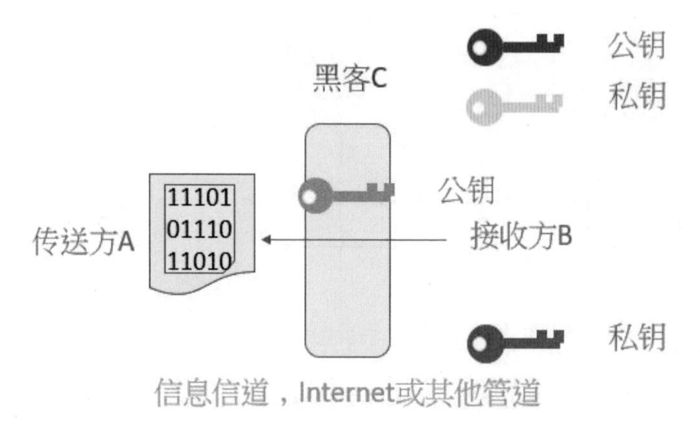

这个公钥被黑客 C 调包。

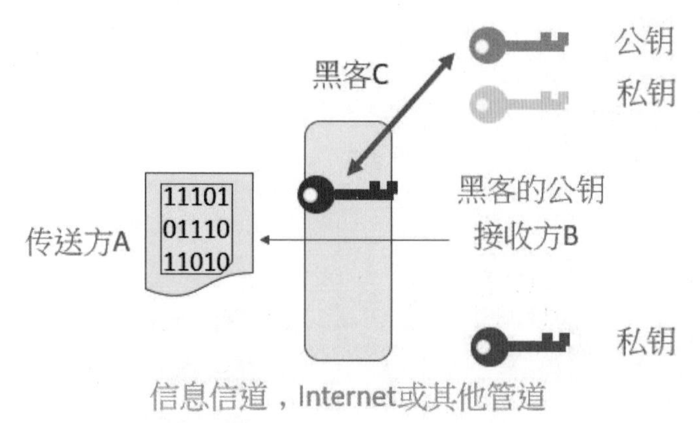

A 收到公钥，因为公钥没有注明这是谁的，所以 A 不知道已经被调包了。

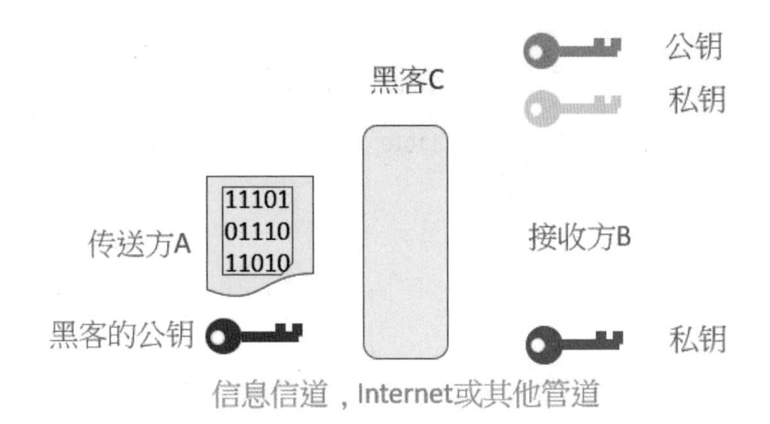

A 使用黑客的公钥为文件加密，然后将加密结果的文件传给 B，可是中间被黑客 C 截取。

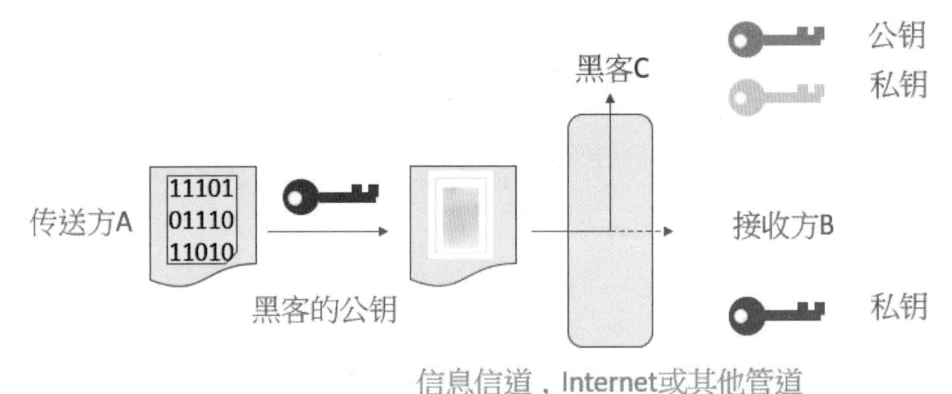

黑客 C 可以用自己的私钥解密，所以黑客 C 获得了文件内容。

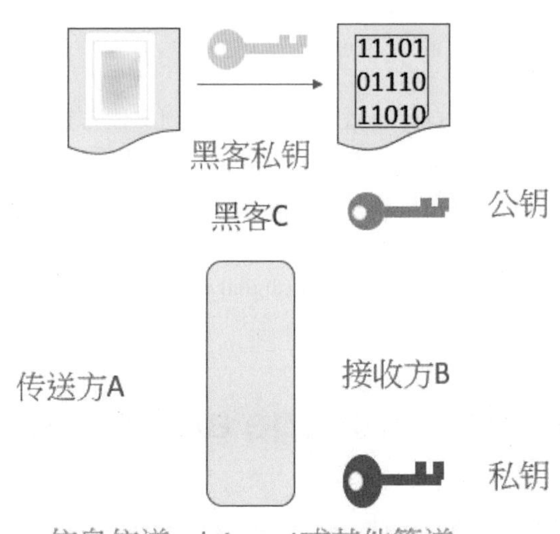

接着黑客 C 使用 B 的公钥为所获得的文件加密。

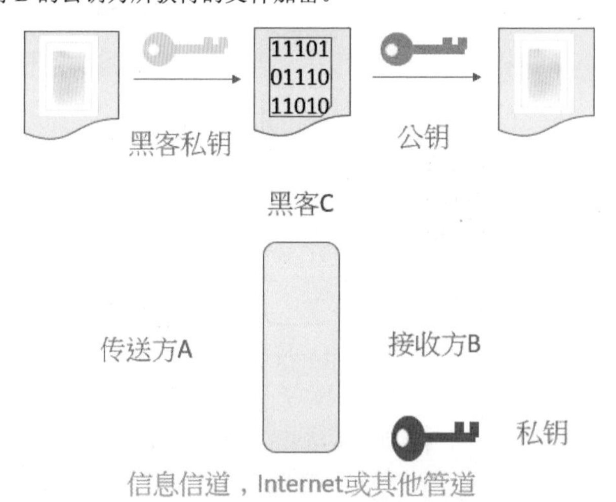

然后黑客 C 将加密文件传给接收方 B。

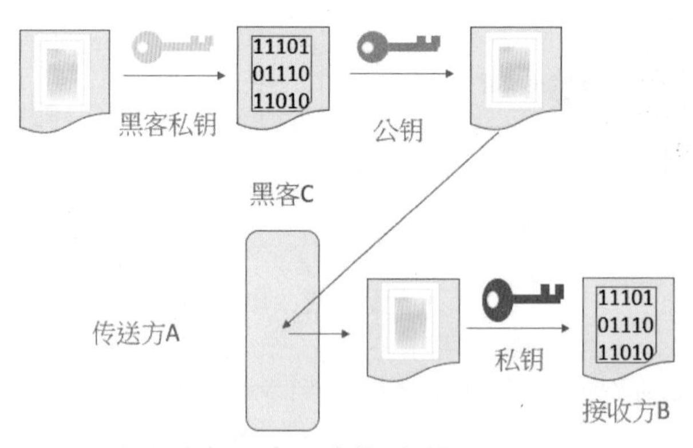

接收方 B 收到加密文件，使用自己的私钥可以解密看到文件完整的内容，但是接收方 B 不知道文件已经被偷窥了。像这种行为在密码学和计算机安全领域称中间人攻击 (man-in-the-middle attack，简称 MITM)，这种攻击主要是通信双方缺乏相互认证，目前大多数的加密协议都有特殊认证方法，以防止被中间人攻击。例如，SSL 协议可以验证参与通信的双方使用的凭证是否由权威认证机构颁发，同时可以双向认证，这牵涉数字证书 (digital certificate)，将在 17-10 节解说。

17-8 讯息鉴别码 (message authentication code)

讯息鉴别码 (message authentication code，简称 MAC)，也可以称为讯息认证码。所谓的讯息鉴别码是指经过特定算法后产生的一小段信息，这一小段信息可以检查讯息的完整性，也可以作为身份认证。

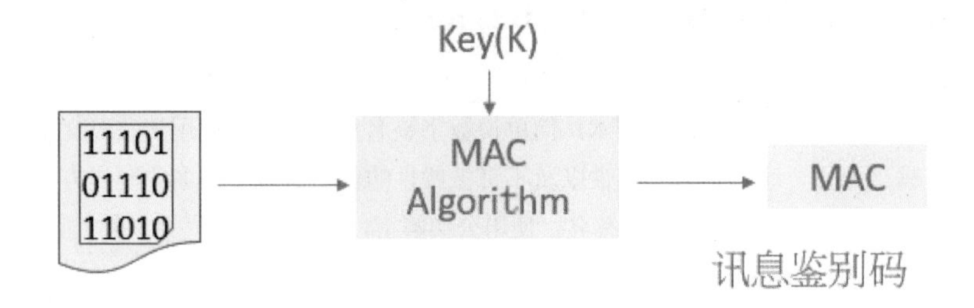

上述计算 MAC 码的算法其实也是一个哈希函数，其实 MAC 码就是一个哈希码，未来传送文件时可以将讯息鉴别码 (MAC) 附在文件内传送。

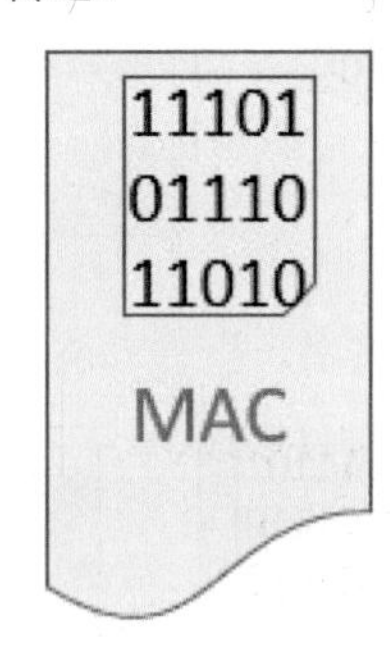

接收方收到文件后，可以使用算法计算这段文件的讯息鉴别码。

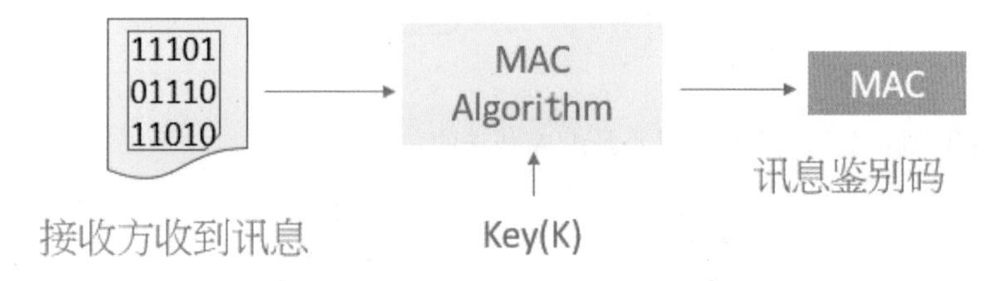

接收方之后比较传送方的 MAC 与自己计算的 MAC。

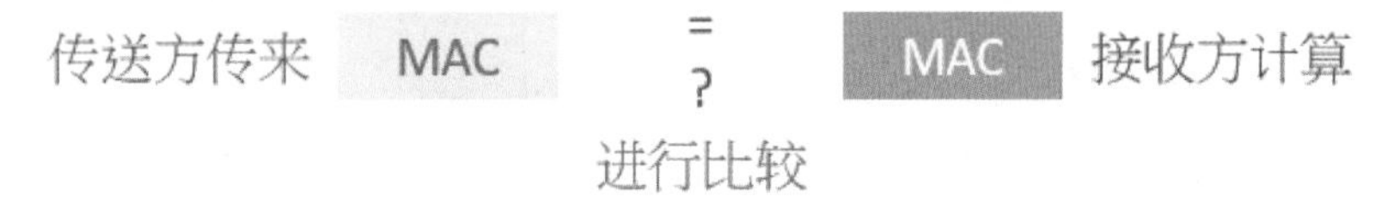

如果得到相同的讯息鉴别码 MAC，表示此接收文件没有问题，否则表示讯息有被篡改，讯息鉴别码无法对文件进行保密，所以在使用时也都是先将文件用密钥加密，然后再计算 MAC 码。

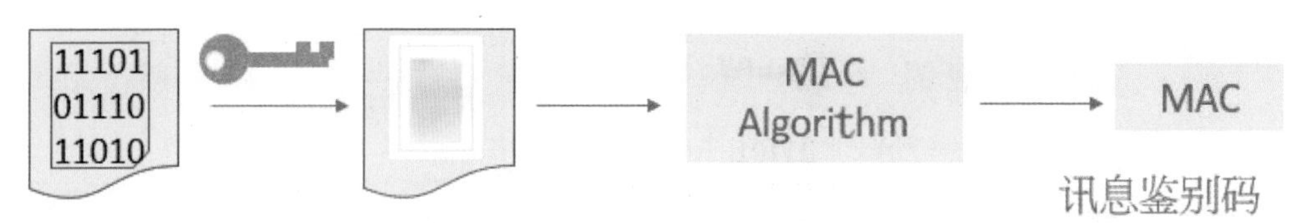

17-9 数字签名（digital signature）

数字签名是一种类似在文件上签名的技术，简单说数字签名是传送方才能用算法对文件加密所形成的电子签章，具有确认身份、验证讯息完整性以及不可抵赖性的作用。数字签名的制作方式比较特别的是使用私钥加密，相当于产生签名或称数字签名，使用公钥解密，相当于验证签名或称验证数字签名。

假设 A 要传送文件给 B。

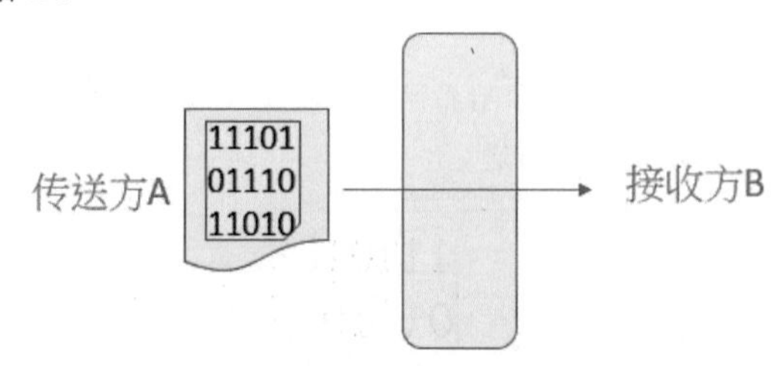

A 在讯息内加上自己才能制作的数字签名。

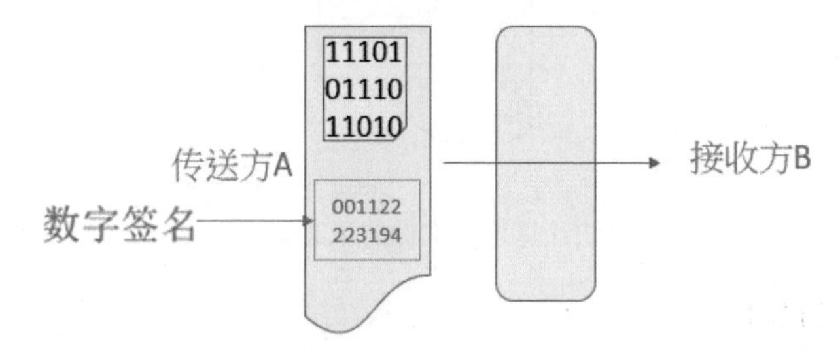

B 收到文件后可以由数字签名确定是不是由 A 传送的。

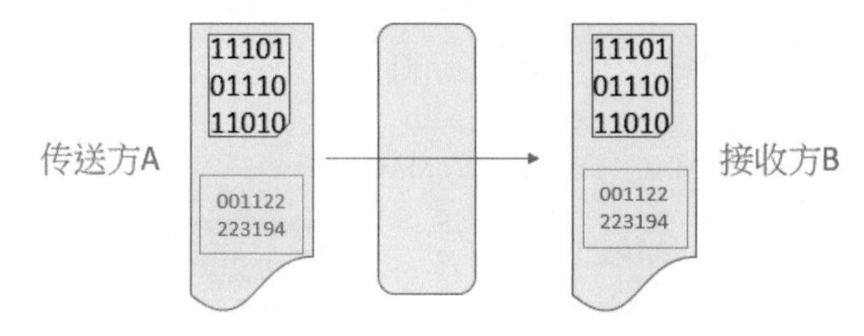

B 可以验证数字签名的真实性，但是无法制作此文件的数字签名。

接下来看 A 制作数字签名与传递的方式，传送方 A 必须有公钥与私钥。

A 将公钥传送给 B。

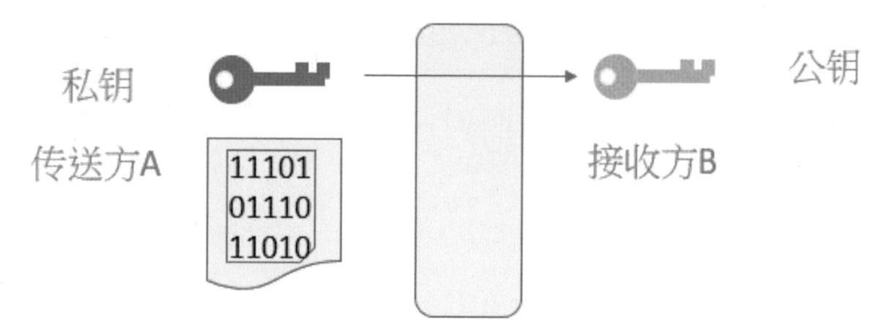

A 用私钥加密，同时文件产生数字签名。

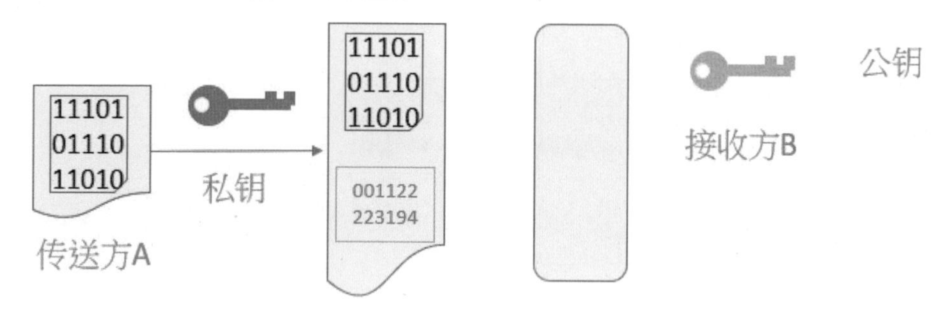

A 将含数字签名的文件给 B。

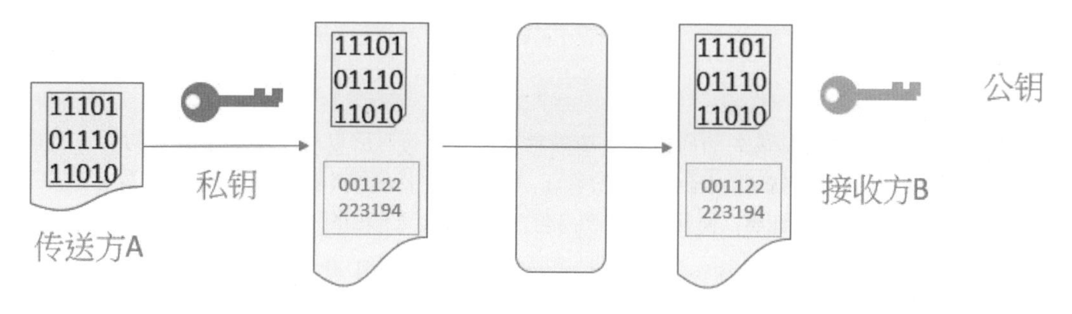

B 使用公钥解密此文件和验证数字签名。

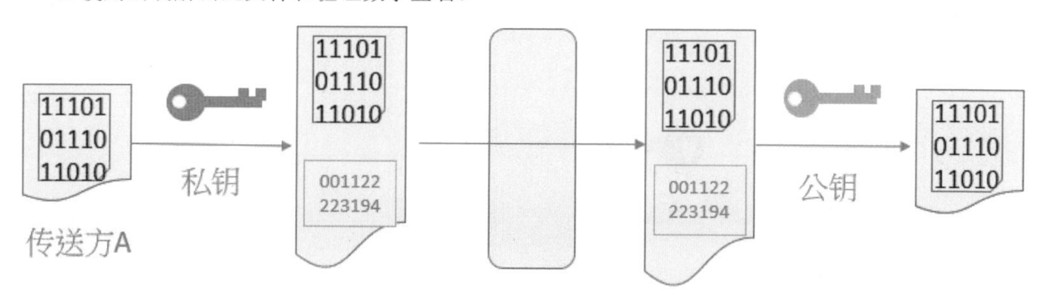

17-10 数字证书（digital certificate）

数字证书又称公钥认证 (public key certificate) 或身份凭证 (identity certificate)，主要用来证明使用者身份，可参考下图。

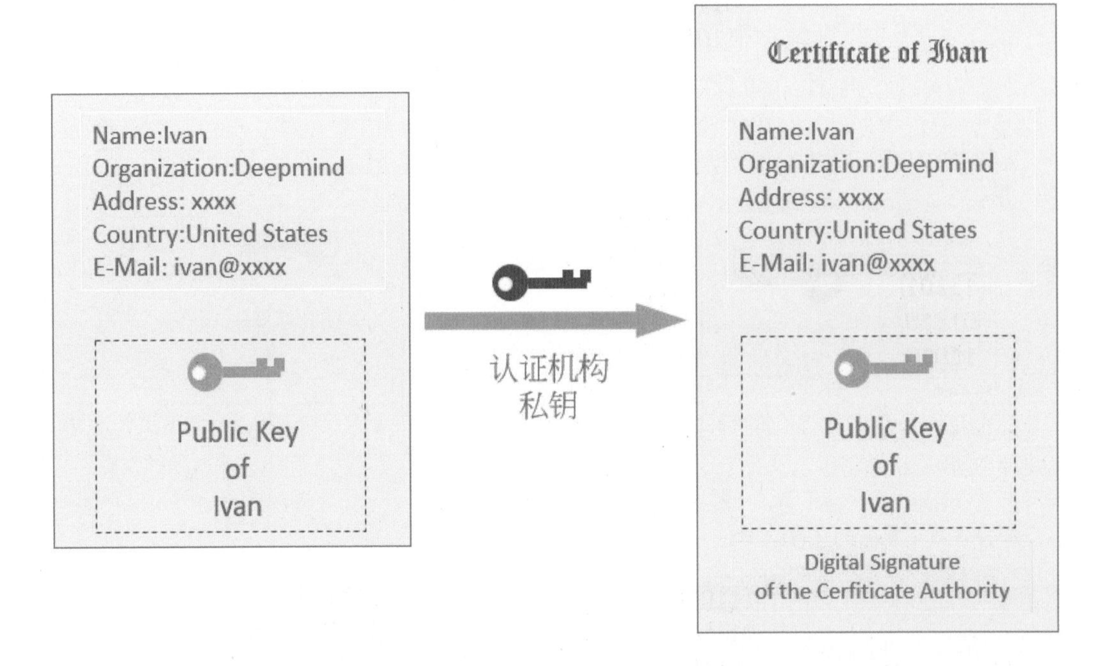

数字签名和公钥机制最大的问题是无法确定通信方身份，所以有一个数字证书的认证机构 (certificate authority，简称 CA) 对通信方身份认证，就成了数字安全很重要的部分。拥有数字证书的人，可以凭认证机构给的证明，向其他人表明身份，方便取得一些服务。

❑ 数字证书取得方式

假设 Ivan 要将公钥给 Peter。

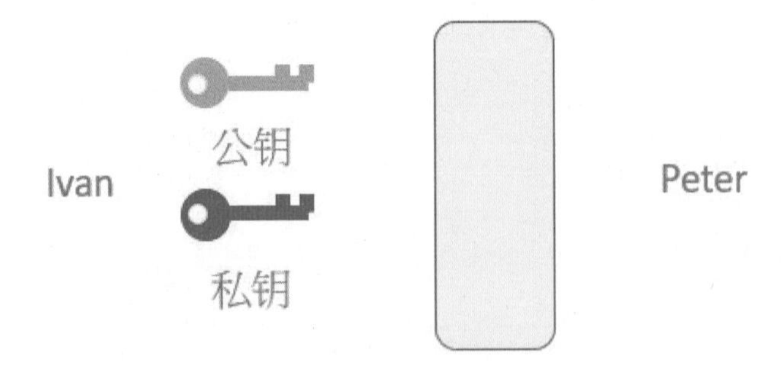

为了向 Peter 证明公钥是自己的，首先 Ivan 要向认证机构取得数字证书，由认证机构证明公钥 (public key) 是自己的。

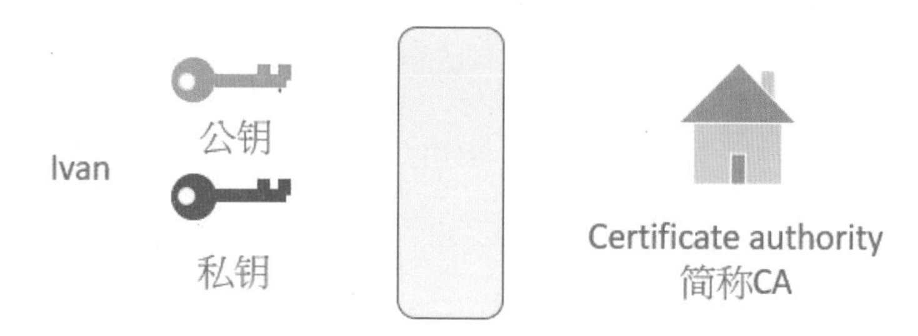

Ivan 必须将个人信息（例如姓名、电子邮件、组织、地址、国籍）与公钥传给认证机构。

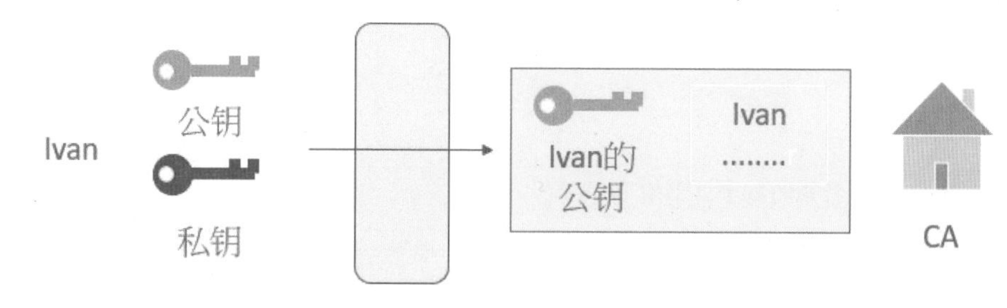

认证机构 CA 确认 Ivan 的身份后，使用认证机构的私钥将 Ivan 所传来的信息加密做成含认证机构数字签名的数字证书。

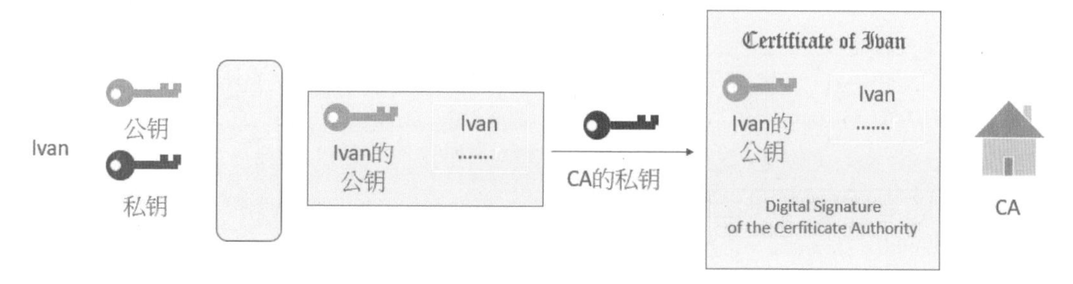

最后认证机构将此数字证书传给 Ivan。

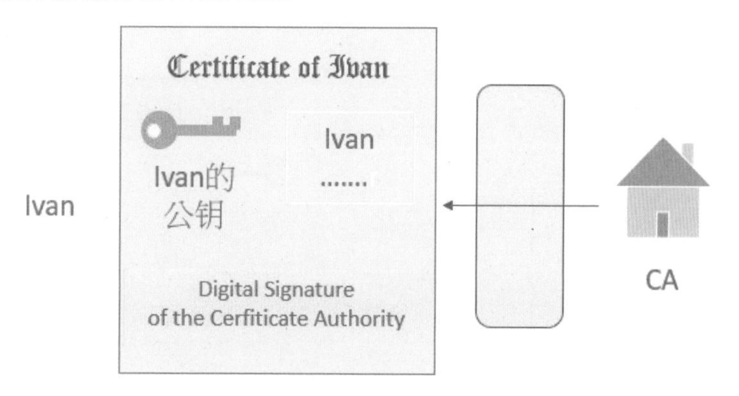

❑ Ivan 将取得的数字证书给 Peter

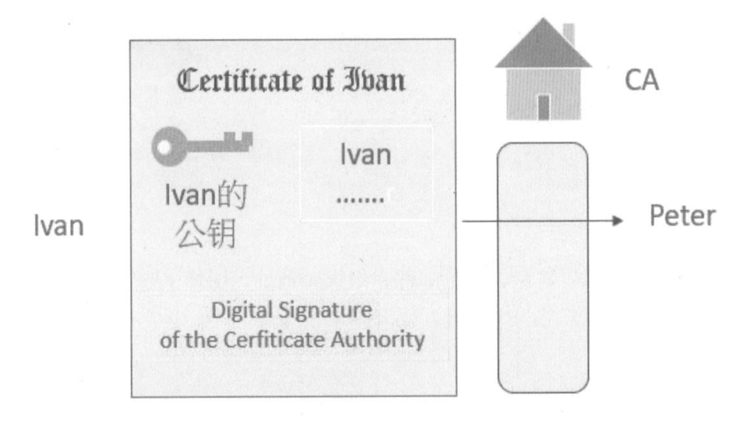

下列是 Ivan 将含公钥的数字证书给 Peter。

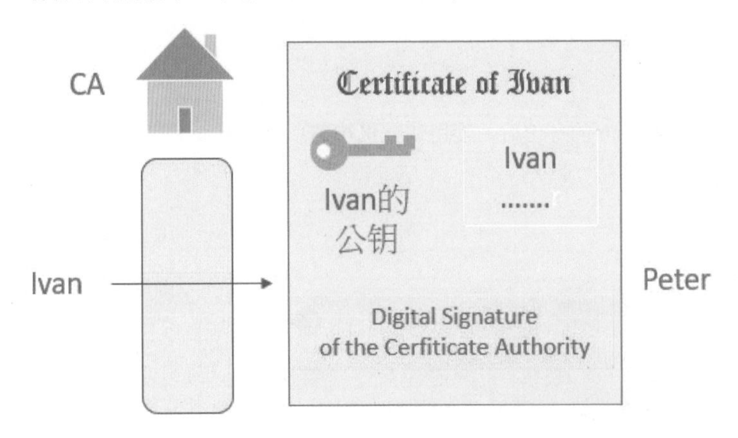

❑ Peter 向认证机构查证

Peter 收到 Ivan 的数字证书，必须向认证机构查询数字证书是否是真的，方法是必须取得认证机构的公钥验证。

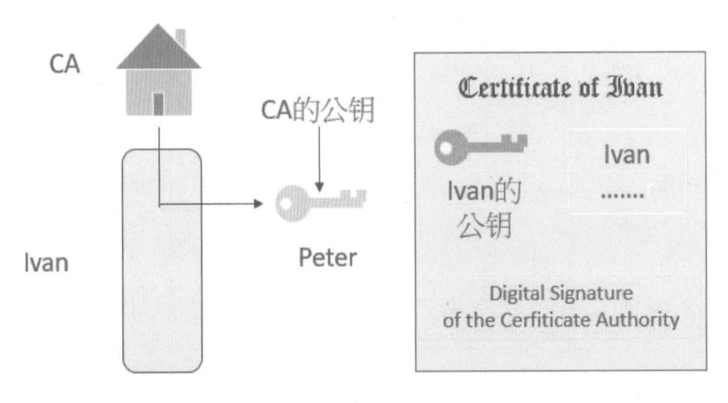

用认证机构的公钥验证此数字证书，如果没有错误，Peter 就可以取出 Ivan 的公钥。

17-11 习题

1. 请建立大写英文字母摩斯字典，然后输入英文字母，可以输出摩斯密码。

```
==================== RESTART: D:\Algorithm\ex\ex17_1.py ====================
请输入大写英文字母: ABC
.-
-...
-.-.
>>>
==================== RESTART: D:\Algorithm\ex\ex17_1.py ====================
请输入大写英文字母: XYZ
-..-
-.--
--..
```

2. 请扩充 ch17_2.py，处理成可以加密英文大小写，基本精神是让字符串从 abc … xyz ABC … XYZ 加密成 def … abc。另外让 z 和 A 之间空一格，这是让空格也执行加密。这时 a 将加密为 d、b 将加密为 e、c 将加密为 f、A 将加密为 D、B 将加密为 E、C 将加密为 F，但是 X 将加密为 a、Y 将加密为 b、Z 将加密为 c。

```
==================== RESTART: D:\Algorithm\ex\ex17_2.py ====================
打印编码字典
 {'a': 'd', 'b': 'e', 'c': 'f', 'd': 'g', 'e': 'h', 'f': 'i', 'g': 'j', 'h': 'k'
, 'i': 'l', 'j': 'm', 'k': 'n', 'l': 'o', 'm': 'p', 'n': 'q', 'o': 'r', 'p': 's'
, 'q': 't', 'r': 'u', 's': 'v', 't': 'w', 'u': 'x', 'v': 'y', 'w': 'z', 'x': ' '
, 'y': 'A', 'z': 'B', ' ': 'C', 'A': 'D', 'B': 'E', 'C': 'F', 'D': 'G', 'E': 'H'
, 'F': 'I', 'G': 'J', 'H': 'K', 'I': 'L', 'J': 'M', 'K': 'N', 'L': 'O', 'M': 'P'
, 'N': 'Q', 'O': 'R', 'P': 'S', 'Q': 'T', 'R': 'U', 'S': 'V', 'T': 'W', 'U': 'X'
, 'V': 'Y', 'W': 'Z', 'X': 'a', 'Y': 'b', 'Z': 'c'}
请输入原始字符串 : ABCXYZ
原始字符串  ABCXYZ
加密字符串  DEFabc
>>>
==================== RESTART: D:\Algorithm\ex\ex17_2.py ====================
打印编码字典
 {'a': 'd', 'b': 'e', 'c': 'f', 'd': 'g', 'e': 'h', 'f': 'i', 'g': 'j', 'h': 'k'
, 'i': 'l', 'j': 'm', 'k': 'n', 'l': 'o', 'm': 'p', 'n': 'q', 'o': 'r', 'p': 's'
, 'q': 't', 'r': 'u', 's': 'v', 't': 'w', 'u': 'x', 'v': 'y', 'w': 'z', 'x': ' '
, 'y': 'A', 'z': 'B', ' ': 'C', 'A': 'D', 'B': 'E', 'C': 'F', 'D': 'G', 'E': 'H'
, 'F': 'I', 'G': 'J', 'H': 'K', 'I': 'L', 'J': 'M', 'K': 'N', 'L': 'O', 'M': 'P'
, 'N': 'Q', 'O': 'R', 'P': 'S', 'Q': 'T', 'R': 'U', 'S': 'V', 'T': 'W', 'U': 'X'
, 'V': 'Y', 'W': 'Z', 'X': 'a', 'Y': 'b', 'Z': 'c'}
请输入原始字符串 : I like Python
原始字符串  I like Python
加密字符串  LColnhCSAwkrq
```

3. 扩充程序实例 ch17_3.py，多设计一个解密函数，将加密字符串解密。

```
===================== RESTART: D:\Algorithm\ex\ex17_3.py =====================
打印译码字典
{'0': '}', '1': '~', '2': ' ', '3': '0', '4': '1', '5': '2', '6': '3', '7': '4'
, '8': '5', '9': '6', 'a': '7', 'b': '8', 'c': '9', 'd': 'a', 'e': 'b', 'f': 'c'
, 'g': 'd', 'h': 'e', 'i': 'f', 'j': 'g', 'k': 'h', 'l': 'i', 'm': 'j', 'n': 'k'
, 'o': 'l', 'p': 'm', 'q': 'n', 'r': 'o', 's': 'p', 't': 'q', 'u': 'r', 'v': 's'
, 'w': 't', 'x': 'u', 'y': 'v', 'z': 'w', 'A': 'x', 'B': 'y', 'C': 'z', 'D': 'A'
, 'E': 'B', 'F': 'C', 'G': 'D', 'H': 'E', 'I': 'F', 'J': 'G', 'K': 'H', 'L': 'I'
, 'M': 'J', 'N': 'K', 'O': 'L', 'P': 'M', 'Q': 'N', 'R': 'O', 'S': 'P', 'T': 'Q'
, 'U': 'R', 'V': 'S', 'W': 'T', 'X': 'U', 'Y': 'V', 'Z': 'W', '!': 'X', '"': 'Y'
, '#': 'Z', '$': '!', '%': '"', '&': '#', "'": '$', '(': '%', ')': '&', '*': "'"
, '+': '(', ',': ')', '-': '*', '.': '+', '/': ',', ':': '-', ';': '.', '<': '/'
, '=': ':', '>': ';', '?': '<', '@': '=', '[': '>', '\\': '?', ']': '@', '^': '['
, '_': '\\', '`': ']', '{': '^', '|': '_', '}': '`', '~': '{', ' ': '|'}
原始字符串  If the implementation is easy to explain, it may be a good idea.
加密字符串  Li2wkh2lpsohphqwdwlrq2lv2hdvB2wr2hAsodlq/2lw2pdB2eh2d2jrrg2lghd;
解密字符串  If the implementation is easy to explain, it may be a good idea.
```

4. 扩充程序实例 ch17_4.py，多设计一个解密函数，将加密字符串解密。

```
===================== RESTART: D:\Algorithm\ex\ex17_4.py =====================
打印译码字典
{'0': 'O', '1': 'g', '2': '~', '3': 'H', '4': 'j', '5': 'a', '6': 'R', '7': ' '
, '8': 'D', '9': "'", 'a': 'W', 'b': '"', 'c': '4', 'd': '&', 'e': ')', 'f': 'S'
, 'g': '9', 'h': 'i', 'i': 'o', 'j': 'M', 'k': '(', 'l': 'c', 'm': 'z', 'n': '?'
, 'o': '5', 'p': 'x', 'q': 't', 'r': '%', 's': '^', 't': 'J', 'u': 'm', 'v': '6'
, 'w': '#', 'x': 'E', 'y': 'X', 'z': 'Z', 'A': 'P', 'B': 'Y', 'C': 'U', 'D': 'T'
, 'E': '@', 'F': '8', 'G': '-', 'H': 'C', 'I': '3', 'J': 'q', 'K': 'K', 'L': 's'
, 'M': 'w', 'N': '2', 'O': 'e', 'P': ',', 'Q': 'N', 'R': '1', 'S': 'v', 'T': 'k'
, 'U': '0', 'V': 'F', 'W': '}', 'X': '_', 'Y': '/', 'Z': '+', '!': ':', '"': '`'
, '#': 'A', '$': '|', '%': 'r', '&': 'u', "'": 'G', '(': '=', ')': ']', '*': '$'
, '+': '>', ',': 'V', '-': '{', '.': 'I', '/': 'h', ':': '!', ';': 'l', '<': 'd'
, '=': 'L', '>': 'y', '?': 'Q', '@': 'p', '[': 'b', '\\': '.', ']': 'n', '^': '<'
, '_': '\\', '`': '*', '{': ';', '|': 'B', '}': '[', '~': '7', ' ': 'f'}
原始字符串  If the implementation is easy to explain, it may be a good idea.
加密字符串  . 7q/07hu@;0u0]q5qhi]7hL705L>7qi70p@;5h]P7hq7u5>7[0757lii<7h<05\
解密字符串  If the implementation is easy to explain, it may be a good idea.
```

5. 使用下列相同的字符串：

```
Ming-Chi Institute of Technology
```

分别用不同的哈希函数 md5( )、sha256( )、sha512( ) 执行加密处理，最后列出哈希值。

```
===================== RESTART: D:/Algorithm/ex/ex17_5.py =====================
md5    =  a99b82d55f9039e73c32be18fb8956e8
sha256 =  76556e296f91785e1c4ffd8f8b9aa88198af9f7e2ab99ee6cd15c0b54cc78985
sha512 =  cf287a5ef6e5ecc02c0c88c0973e62dc993b4ac073e252ead8e48c61fe7d3f1f98f535
b6176b2e65c7da0e7d7018c008ff522996d42bc962d93d9d0a824125d1
```

第 18 章

人工智能破冰之旅：KNN 和 K-means 算法

18-1 KNN 算法：电影分类

18-2 KNN 算法：选举造势与销售烤香肠

18-3 K-means 算法

18-4 习题

KNN 的全名是 K-Nearest Neighbor，中文可以翻译为 K- 近邻算法或最近邻居法，这是一种用于分类和回归的统计方法。虽是听起来吓人的统计，不过读者不用担心，本章笔者会将知识转化成浅显的概念，用最直白的方式讲解此算法在人工智能的应用，本章 18-1 和 18-2 节将讲解这方面的概念与应用。

K-means 是分群的概念，将在 18-3 节说明。

18-1 KNN 算法：电影分类

每年皆有许多电影上映，也有一些视频公司不断在自己的频道上推出新片。有些视频公司会追踪用户所看影片，同时可以推荐类似电影给用户。这一节笔者就是要解说使用 Python 加上 KNN 算法，判断相类似的影片。

18-1-1 规划特征值

首先我们可以将影片归纳出下列特征 (feature)，每个特征给予 0 ～ 10 的分数，如果影片某特征很强烈则给 10 分，如果几乎无此特征则给 0 分，下列是笔者自定义的特征表。未来读者熟悉后，可以自定义特征表。

影片名称	爱情、亲情	跨国拍摄	出现刀、枪	飞车追逐	动画
xxx	0 ～ 10	0 ～ 10	0 ～ 10	0 ～ 10	0 ～ 10

下列是笔者针对影片《玩命关头》打分表。

影片名称	爱情、亲情	跨国拍摄	出现刀、枪	飞车追逐	动画
玩命关头	5	7	8	10	2

上述针对影片特征打分数，又称特征提取 (feature extraction)，此外，特征定义越精确，未来分类也越精准。下列是笔者针对最近影片总结的特征表。

影片名称	爱情、亲情	跨国拍摄	出现刀、枪	飞车追逐	动画
复仇者联盟	2	8	8	5	6
决战中途岛	5	6	9	2	5
冰雪奇缘	8	2	0	0	10
双子杀手	5	8	8	8	3

18-1-2 将 KNN 算法应用在电影分类

有了影片特征表后，如果我们想要计算某部影片与《玩命关头》的相似度，可以使用毕达哥拉斯定理 (Pythagoras theorem) 概念。在计算公式中，如果我们使用 2 部影片与《玩命关头》做比较，则称 2 近邻算法，上述我们使用 4 部影片与《玩命关头》做比较，则称 4 近邻算法。例如，下列是计算《复仇者联盟》与《玩命关头》的相似度公式：

$$\text{dist} = \sqrt{(5-2)^2 + (7-8)^2 + (8-8)^2 + (10-5)^2 + (2-6)^2}$$

上述 dist 是两部影片的相似度，接着我们可以为 4 部影片用同样方法计算其与《玩命关头》之相似度，dist 值越低代表两部影片相似度越高，所以我们可以经由计算获得其他 4 部影片与《玩命关头》的相似度。

18-1-3　项目程序实例

程序实例 ch18_1.py：列出 4 部影片与《玩命关头》的相似度，同时列出哪一部影片与《玩命关头》的相似度最高。

```
1  # ch18_1.py
2  import math
3
4  film = [5, 7, 8, 10, 2]                # 玩命关头特征值
5  film_titles = [                        # 比较影片片名
6      '复仇者联盟',
7      '决战中途岛',
8      '冰雪奇缘',
9      '双子杀手',
10 ]
11 film_features = [                      # 比较影片特征值
12     [2, 8, 8, 5, 6],
13     [5, 6, 9, 2, 5],
14     [8, 2, 0, 0, 10],
15     [5, 8, 8, 8, 3],
16 ]
17
18 dist = []                              # 储存影片相似度值
19 for f in film_features:
20     distances = 0
21     for i in range(len(f)):
22         distances += (film[i] - f[i]) ** 2
23     dist.append(math.sqrt(distances))
24
25 min = min(dist)                        # 求最小值
26 min_index = dist.index(min)            # 最小值的索引
27
28 print("与玩命关头最相似的电影 : ", film_titles[min_index])
29 print("相似度值 : ", dist[min_index])
30 for i in range(len(dist)):
31     print("影片 : %s, 相似度 : %6.2f" % (film_titles[i], dist[i]))
```

执行结果

```
==================== RESTART: D:\Algorithm\ch18\ch18_1.py ====================
与玩命关头最相似的电影 :  双子杀手
相似度值 :  2.449489742783178
影片 : 复仇者联盟, 相似度 :   7.14
影片 : 决战中途岛, 相似度 :   8.66
影片 : 冰雪奇缘, 相似度 :  16.19
影片 : 双子杀手, 相似度 :   2.45
```

从上述可以得到《双子杀手》与《玩命关头》最相似，《冰雪奇缘》与《玩命关头》差距最远。

18-1-4 电影分类结论

了解以上结果后，还是要注意电影特征值的项目与评分最为关键，只要有良好的筛选机制，我们就可以获得很好的结果。如果您从事影片推荐工作，可以由本程序筛选出类似影片推荐给读者。

18-2 KNN 算法：选举造势与销售烤香肠

台湾选举造势的场合也是流动商贩最喜欢的聚集地，商贩最希望的是准备充足的食物，活动结束可以售完，赚一笔钱。热门的食物是烤香肠，到底需准备多少香肠常是老板要思考的问题。

18-2-1 规划特征值表

其实我们可以将这一个问题也使用 KNN 算法处理，下列是笔者针对此设计的特征值表，其中几个特征值概念如下：假日指数指的是平日或周末，周一至周五评分为 0，周六为 2(第 2 天仍是休假日，所以参加的人更多)，周日或放假的节日为 1；造势力度是指媒体报道此活动或活动营销力度，可以分为 0 ～ 5 分，数值越大造势力度越强；气候指数是指天气状况，如果下雨或天气太热可能参加的人会少，适温则参加的人会多，笔者一样分成 0 ～ 5 分，数值越大表示气候越佳，参加活动的人会更多；最后我们也列出过往销售记录，由过去销售记录再计算可能的销售，然后依此准备香肠。

假日指数	造势力度	气候指数	过往记录
0 ～ 2	0 ～ 5	0 ～ 5	实际销量

如果过往记录是周日，造势力度是 3，气候指数是 3，可以销售 200 条香肠，此时可以用下列函数表示：

```
f(1,  3,  3) = 200
```

下列是一些过往的记录：

```
f(0,  3,  3) = 100      f(2,  4,  3) = 250        f(2,  5,  5) = 350
f(1,  4,  2) = 180      f(2,  3,  1) = 170        f(1,  5,  4) = 300
f(0,  1,  1) = 50       f(2,  4,  3) = 275        f(2,  2,  4) = 230
f(1,  3,  5) = 165      f(1,  5,  5) = 320        f(2,  5,  1) = 210
```

在程序设计中，我们使用列表记录数字，如果函数是 f(1， 3， 3) = 200，列表内容是 [1， 3， 3， 200]。

18-2-2 回归方法

假设 12 月 29 日是星期天，天气预报气温指数是 2，造势力度评分是 5，这时函数是 f(1， 5， 2)，现在摊贩碰上的问题是需要准备多少香肠。这类问题我们可以取 K 组近邻值，然后求 K 组数值的平均值即可，这个就是回归 (regression)。

18-2-3 项目程序实例

程序实例 ch18_2.py：列出需准备多少烤香肠，此例笔者取 5 组近邻值。

```
1  # ch18_2.py
2  import math
3
4  def knn(record, target, k):
5      ''' 计算k组近邻值，以list回传数量和距离 '''
6      distances = []                            # 储存记录与目标的距离
7      record_number = []                        # 储存记录的烤香肠数量
8
9      for r in record:                          # 计算过往记录与目标的距离
10         tmp = 0
11         for i in range(len(target)-1):
12             tmp += (target[i] - r[i]) ** 2
13         dist = math.sqrt(tmp)
14         distances.append(dist)                # 储存距离
15         record_number.append(r[len(target)-1]) # 储存烤香肠数量
16
17     knn_number = []                           # 储存k组烤香肠数量
18     knn_distances = []                        # 储存k组距离值
19     for i in range(k):                        # k代表取k组近邻值
20         min_value = min(distances)            # 计算最小值
21         min_index = distances.index(min_value) # 计算最小值索引
22         # 将香肠数量分别储存至knn_number列表
23         knn_number.append(record_number.pop(min_index))
24         # 将距离分别储存至knn_distances
25         knn_distances.append(distances.pop(min_index))
26     return knn_number,knn_distances
27
28 def regression(knn_num):
29     ''' 计算回归值 '''
30     return int(sum(knn_num)/len(knn_num))
31
32 target = [1, 5, 2, 'value']          # value是需计算的值
33 # 过往记录
34 record = [
35     [0, 3, 3, 100],
36     [2, 4, 3, 250],
37     [2, 5, 6, 350],
38     [1, 4, 2, 180],
39     [2, 3, 1, 170],
40     [1, 5, 4, 300],
41     [0, 1, 1, 50],
42     [2, 4, 3, 275],
43     [2, 2, 4, 230],
44     [1, 3, 5, 165],
45     [1, 5, 5, 320],
46     [2, 5, 1, 210],
47 ]
48
49 k = 5                                # 设定k组最相邻的值
50 k_nn = knn(record, target, k)
51 print("需准备 %d 条烤香肠" % regression(k_nn[0]))
52 for i in range(k):
53     print("k组近邻的距离 %6.4f, 销售数量 %d" % (k_nn[1][i], k_nn[0][i]))
```

执行结果

```
==================== RESTART: D:\Algorithm\ch18\ch18_2.py ====================
需准备 243 条烤香肠
k组近邻的距离 1.0000, 销售数量 180
k组近邻的距离 1.4142, 销售数量 210
k组近邻的距离 1.7321, 销售数量 250
k组近邻的距离 1.7321, 销售数量 275
k组近邻的距离 2.0000, 销售数量 300
```

经过上述运算，我们得到结论，需要准备 243 条香肠。

18-3 K-means 算法

当数据很多时，可以将类似的数据分成不同的群集 (cluster)，这样可以方便未来的操作。例如，一个班级有 50 个学生，可能有些人数学强、有些人英文好、有些人语文好，为了方便因材施教，可以根据成绩将学生分群集上课。

18-3-1 算法基础

在算法的概念中，K-means 可以将数据分群集，依据的是数据间的距离，这个距离可以使用勾股定理计算，这个概念可以参考 18-1-2 节的 KNN 算法。整个 K-means 算法使用步骤如下：

（1）收集所有数据，假设有 100 个数据。

（2）决定分群集的数量，假设分成 3 个群集。

（3）可以使用随机数方式产生 3 个群集中心的位置。

（4）将所有 100 个数据依照与群集中心的距离分到最近的群集中心，所以 100 个数据就分成 3 组了。

（5）重新计算各群组的群集中心位置，可以使用平均值。

（6）重复步骤 4 和 5，直到群集中心位置不再改变，其实重复步骤 4 和 5 的过程又称收敛过程，下列左图和右图分别是群集收敛过程的结果。

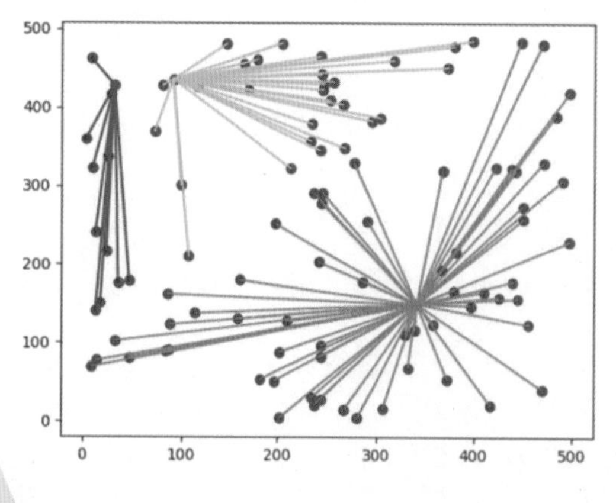

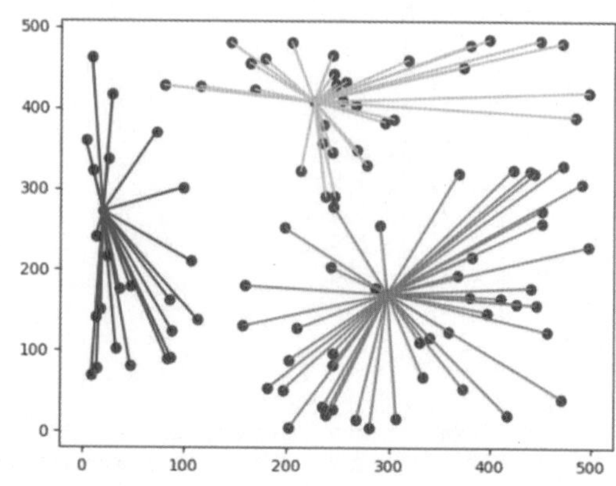

这个算法的时间复杂度是 O(NKR)，N 是数据数量、K 是群集数量、R 是重复次数。

18-3-2　程序实例

如果笔者直接设计一个 K-means 算法的程序可能比较复杂，笔者将分段设计程序方便读者理解。

程序实例 ch18_3.py：使用随机数方法设计一个程序可以产生 50 个元素点和 3 个群集中心点，群集中心点用红色显示，由于是使用随机数，所以本程序每次执行结果皆不一样。

```
1  # ch18_3.py
2  import numpy as np
3  import matplotlib.pyplot as plt
4
5  def kmeans(x, y, cx, cy):
6      ''' 目前功能只是绘制群集元素点 '''
7      plt.scatter(x, y, color='b')                        # 绘制元素点
8      plt.scatter(cx, cy, color='r')                      # 用红色绘制群集中心
9      plt.show()
10
11 # 群集中心，元素的数量，数据最大范围
12 cluster_number = 3                                      # 群集中心数量
13 seeds = 50                                              # 元素数量
14 limits = 100                                            # 值在(100, 100)内
15 # 使用随机数建立seeds数量的种子元素
16 x = np.random.randint(0, limits, seeds)
17 y = np.random.randint(0, limits, seeds)
18 # 使用随机数建立cluster_number数量的群集中心
19 cluster_x = np.random.randint(0, limits, cluster_number)
20 cluster_y = np.random.randint(0, limits, cluster_number)
21
22 kmeans(x, y, cluster_x, cluster_y)
```

执行结果

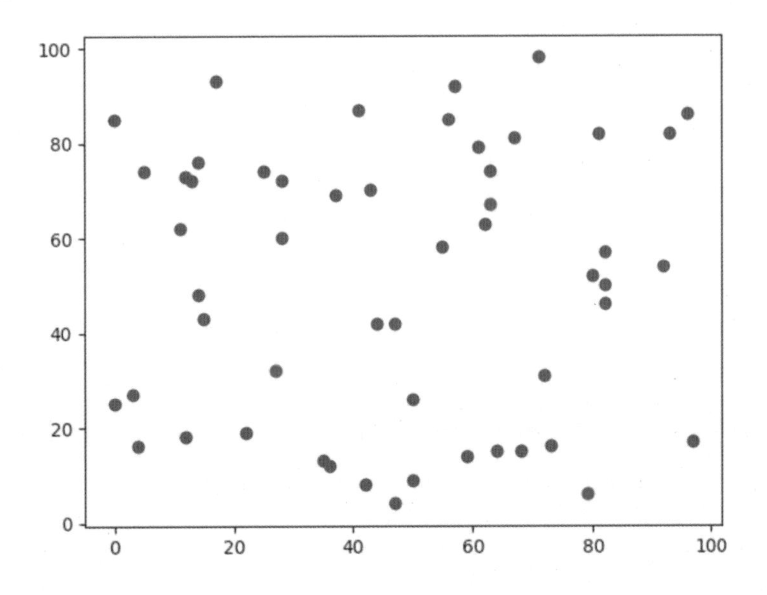

程序实例 ch18_4.py：扩充 ch18_3.py，使用随机数方法设计一个程序可以产生 50 个元素点和 3 个群集中心点，群集中心点用红色显示，由于是使用随机数，所以本程序每次执行结果皆不一样。使用随机数产生的群集中心，将各群集的元素点与群集中心联机，这样读者可以更了解分群结果。

```
1  # ch18_4.py
2  import numpy as np
3  import matplotlib.pyplot as plt
4
5  def length(x1, y1, x2, y2):
6      ''' 计算2点之间的距离 '''
7      return int(((x1-x2)**2 + (y1-y2)**2)**0.5)
8
9  def clustering(x, y, cx, cy):
10     ''' 对元素执行分群 '''
11     clusters = []
12     for i in range(cluster_number):                 # 建立群集
13         clusters.append([])
14     for i in range(seeds):                          # 为每个点找群集
15         distance = INF                              # 设定最初距离
16         for j in range(cluster_number):             # 计算每个点与群集中心的距离
17             dist = length(x[i], y[i], cx[j], cy[j])
18             if dist < distance:
19                 distance = dist
20                 cluster_index = j                   # 分群的索引
21         clusters[cluster_index].append([x[i], y[i]])   # 此点加入此索引的群集
22     return clusters
23
24 def kmeans(x, y, cx, cy):
25     ''' 建立群集和绘制各群集点和线条'''
26     clusters = clustering(x, y, cx, cy)
27     plt.scatter(x, y, color='b')                         # 绘制元素点
28     plt.scatter(cx, cy, color='r')                       # 用红色绘制群集中心
29
30     c = ['r', 'g', 'y']                                  # 群集的线条颜色
31     for index, node in enumerate(clusters):              # 为每个群集中心建立线条
32         linex = []                                       # 线条的 x 坐标
33         liney = []                                       # 线条的 y 坐标
34         for n in node:
35             linex.append([n[0], cx[index]])              # 建立线条x坐标列表
36             liney.append([n[1], cy[index]])              # 建立线条y坐标列表
37         color_c = c[index]                               # 选择颜色
38         for i in range(len(linex)):
39             plt.plot(linex[i], liney[i], color=color_c) # 为第i群集绘线条
40     plt.show()
41
42 # 群集中心，元素的数量，数据最大范围
43 INF = 999                                                # 假设最大距离
44 cluster_number = 3                                       # 群集中心数量
45 seeds = 50                                               # 元素数量
46 limits = 100                                             # 值在(100, 100)内
47 # 使用随机数建立seeds数量的种子元素
48 x = np.random.randint(0, limits, seeds)
49 y = np.random.randint(0, limits, seeds)
50 # 使用随机数建立cluster_number数量的群集中心
51 cluster_x = np.random.randint(0, limits, cluster_number)
52 cluster_y = np.random.randint(0, limits, cluster_number)
53
54 kmeans(x, y, cluster_x, cluster_y)
```

执行结果

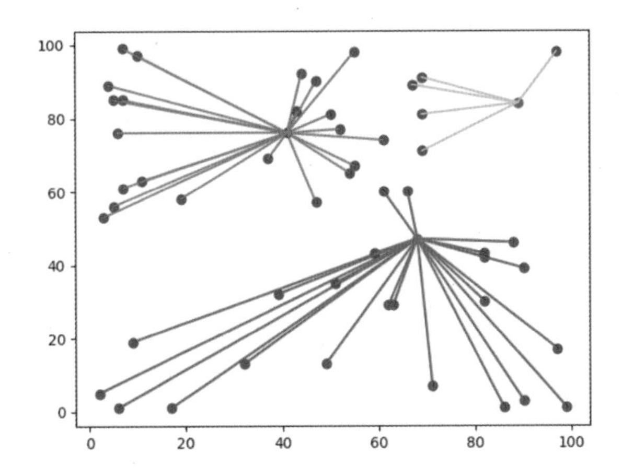

上述是第一次依照随机数分群，下一步是计算 3 个群集的 (x， y) 坐标轴的平均值，当作群集中心，如果群集中心位置不再改变，就算是分类完成。

程序实例 ch18_5.py：扩充 ch18_4.py 计算完整的群集，同时列出结果。

```
1  # ch18_5.py
2  import numpy as np
3  import matplotlib.pyplot as plt
4
5  def length(x1, y1, x2, y2):
6      ''' 计算2点之间的距离 '''
7      return int(((x1-x2)**2 + (y1-y2)**2)**0.5)
8
9  def clustering(x, y, cx, cy):
10     ''' 对元素执行分群 '''
11     clusters = []
12     for i in range(cluster_number):                    # 建立群集
13         clusters.append([])
14     for i in range(seeds):                             # 为每个点找群集
15         distance = INF                                 # 设定最初距离
16         for j in range(cluster_number):                # 计算每个点与群集中心的距离
17             dist = length(x[i], y[i], cx[j], cy[j])
18             if dist < distance:
19                 distance = dist
20                 cluster_index = j                      # 分群的索引
21         clusters[cluster_index].append([x[i], y[i]])     # 此点加入此索引的群集
22     return clusters
23
24 def kmeans(x, y, cx, cy):
25     ''' 建立群集和绘制各群集点和线条'''
26     clusters = clustering(x, y, cx, cy)
27     plt.scatter(x, y, color='b')                          # 绘制元素点
28     plt.scatter(cx, cy, color='r')                        # 用红色绘制群集中心
29
30     c = ['r', 'g', 'y']                                   # 群集的线条颜色
31     for index, node in enumerate(clusters):               # 为每个群集中心建立线条
32         linex = []                                        # 线条的 x 坐标
33         liney = []                                        # 线条的 y 坐标
34         for n in node:
35             linex.append([n[0], cx[index]])               # 建立线条x坐标列表
36             liney.append([n[1], cy[index]])               # 建立线条y坐标列表
37         color_c = c[index]                                # 选择颜色
38         for i in range(len(linex)):
39             plt.plot(linex[i], liney[i], color=color_c) # 为第i群集绘线条
40     plt.show()
```

```
41         return clusters
42 
43     def get_new_cluster(clusters):
44         ''' 计算各群集中心的点 '''
45         new_x = []                                          # 新群集中心 x 坐标
46         new_y = []                                          # 新群集中心 y 坐标
47         for index, node in enumerate(clusters):             # 逐步计算各群集
48             nx, ny = 0, 0
49             for n in node:
50                 nx += n[0]
51                 ny += n[1]
52             new_x.append([])
53             new_x[index] = int(nx / len(node))              # 计算群集中心 x 坐标
54             new_y.append([])
55             new_y[index] = int(ny / len(node))              # 计算群集中心 y 坐标
56         return new_x, new_y
57 
58     # 群集中心，元素的数量，数据最大范围
59     INF = 999                                               # 假设最大距离
60     cluster_number = 3                                      # 群集中心数量
61     seeds = 50                                              # 元素数量
62     limits = 100                                            # 值在(100, 100)内
63     # 使用随机数建立seeds数量的种子元素
64     x = np.random.randint(0, limits, seeds)
65     y = np.random.randint(0, limits, seeds)
66     # 使用随机数建立cluster_number数量的群集中心
67     cluster_x = np.random.randint(0, limits, cluster_number)
68     cluster_y = np.random.randint(0, limits, cluster_number)
69 
70     clusters = kmeans(x, y, cluster_x, cluster_y)
71 
72     while True:                                             # 收敛循环
73         new_x, new_y = get_new_cluster(clusters)
74         x_list = list(cluster_x)                            # 将np.array转成列表
75         y_list = list(cluster_y)                            # 将np.array转成列表
76         if new_x == x_list and new_y == y_list:             # 如果相同代表收敛完成
77             break
78         else:
79             cluster_x = new_x                               # 否则重新收敛
80             cluster_y = new_y
81             clusters = kmeans(x, y, cluster_x, cluster_y)
```

执行结果

下列左图是第 1 次分群结果，按右上方的关闭按钮可以产生右图的第 2 次分群结果。

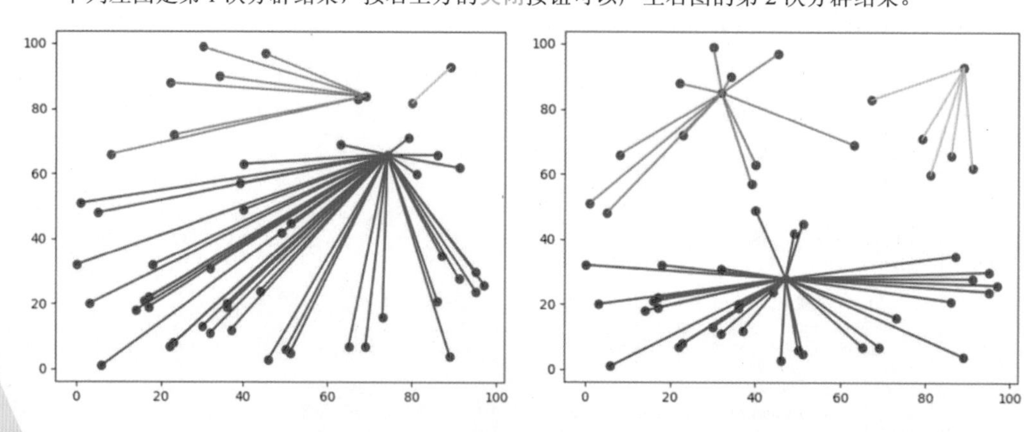

下列是第 3 和第 4 次分群结果。

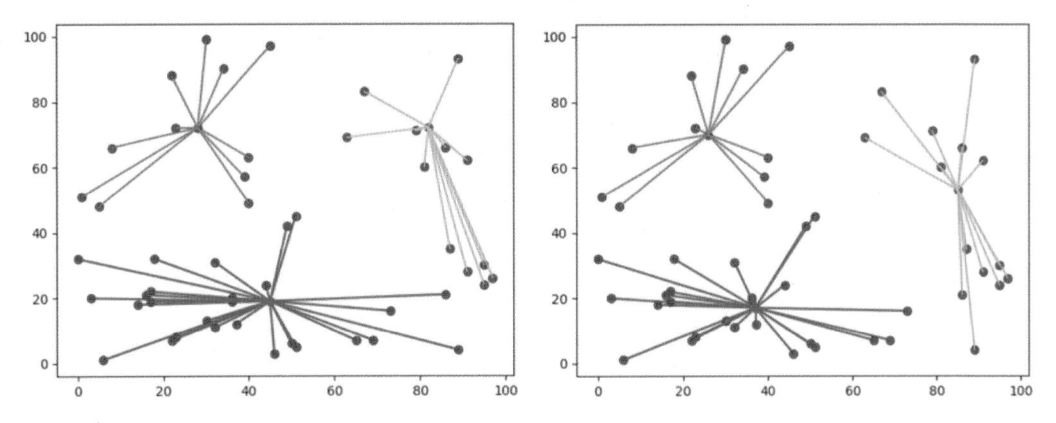

下列是第 5 和第 6 次分群结果。

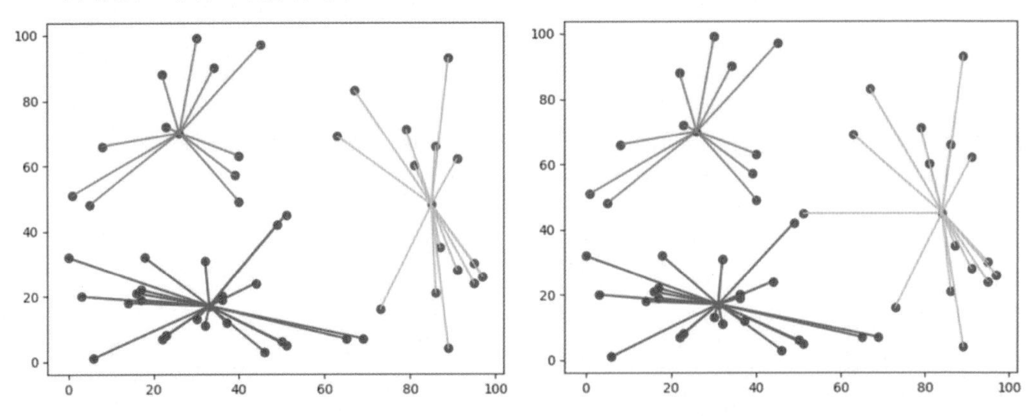

下列是第 7 次分群结果。

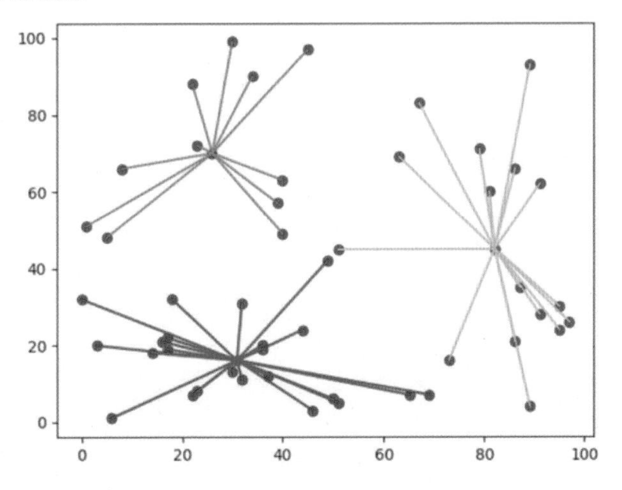

由于第 6 次和第 7 次结果的中心点相同，所以程序结束，相当于分群完成。

18-4 习题

1. 参考 18-1 节，增加特征值字段“背景年代”，此特征值各个影片得分如下：

   玩命关头：8

   复仇者联盟：10

   决战中途岛：6

   冰雪奇缘：2

   双子杀手：8

   请计算哪一部电影和《玩命关头》最相似，同时列出所有影片与《玩命关头》的相似度。

```
==================== RESTART: D:\Algorithm\ex\ex18_1.py ====================
与玩命关头最相似的电影 :  双子杀手
相似度值 :  2.449489742783178
影片 : 复仇者联盟, 相似度 :   7.42
影片 : 决战中途岛, 相似度 :   8.89
影片 : 冰雪奇缘, 相似度 :  17.26
影片 : 双子杀手, 相似度 :   2.45
```

2. 请将程序实例 ch18_5.py 改为 100 个点，数据范围是 500，请列出 K-means 的分群过程，下列是第 1 和第 2 次分群结果。

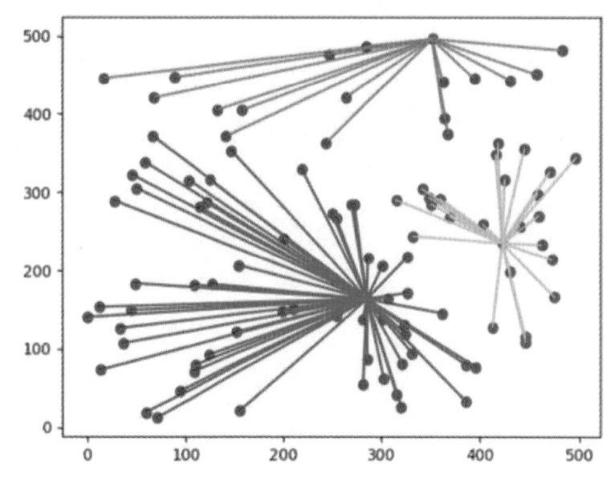

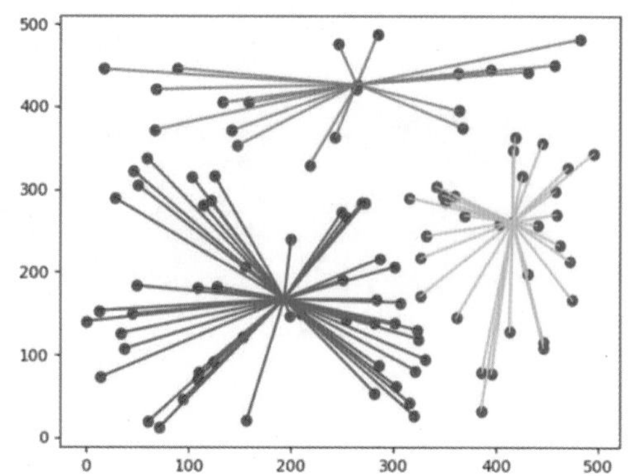

下列是第 3 和第 4 次分群结果。

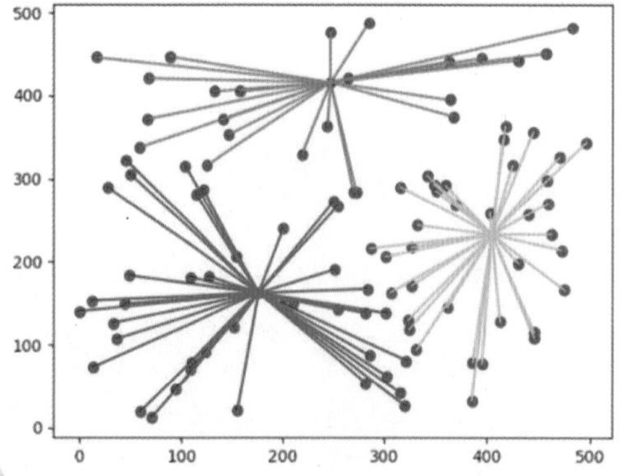

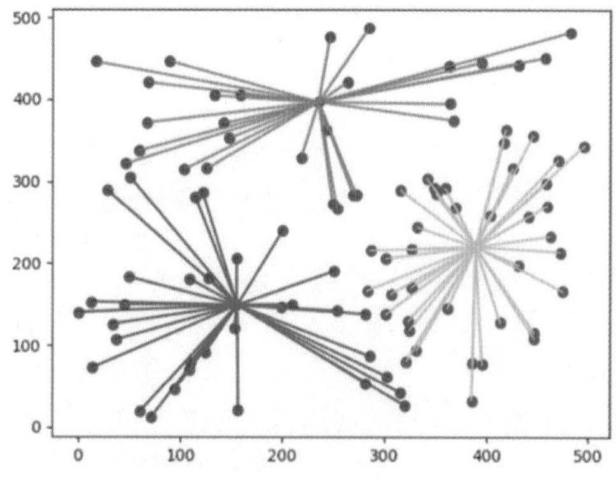

下列是第 5 和第 6 次分群结果。

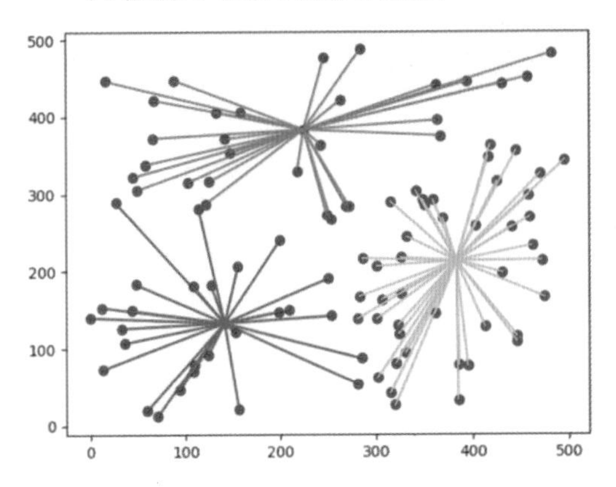

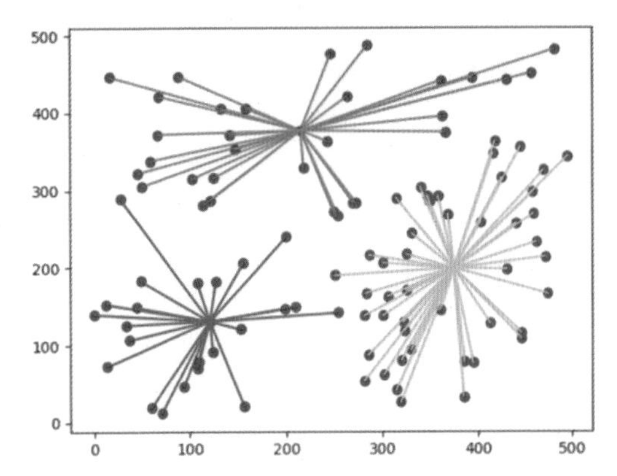

下列是第 7 和第 8 次分群结果。

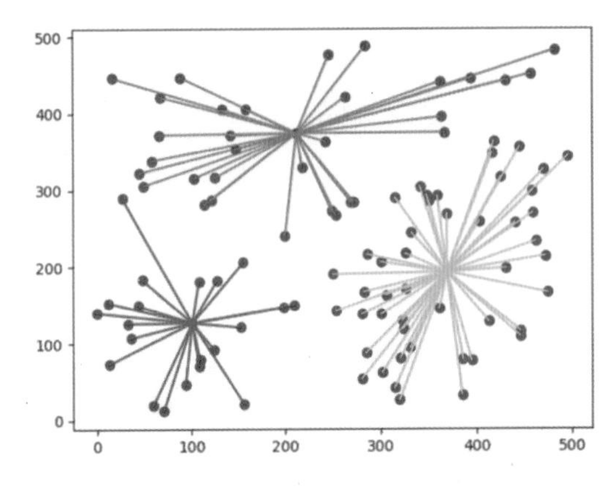

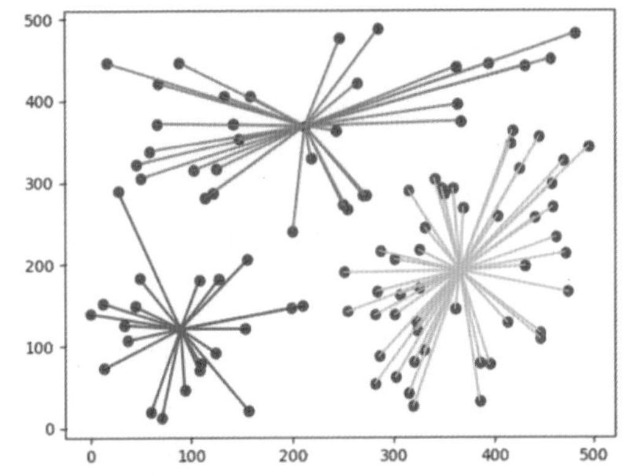

第 19 章

常见职场面试算法

常听朋友说在应聘 Python 程序设计师时，会碰上一些问题，题目初看不困难，可是一时就是无法回答，本章将列出常见考题，同时使用 Python 实践。

19-1 质数测试

传统数学中质数 n 的条件是：

2 是质数。

n 不可被 2 至 n-1 的数字整除。

碰上这类问题可以使用 for … else 循环处理，语法如下：

```
for var in 可迭代物件:
   if 条件表达式:                    # 如果条件表达式是 True 则离开 for 循环
          程序代码区块 1
break
   else:
          程序代码区块 2             # 最后一次循环条件表达式是 False 则执行
```

程序实例 ch19_1.py：设计 isPrime( ) 函数，这个函数可以响应所输入的数字是否为质数，如果是传回 True，否则传回 False。

```
1  # ch19_1.py
2  def isPrime(num):
3      """ 测试num是否质数 """
4      for n in range(2, num):
5          if num % n == 0:
6              return False
7      return True
8
9  num = int(input("请输入大于1的整数做质数测试 = "))
10 if isPrime(num):
11     print("%d是质数" % num)
12 else:
13     print("%d不是质数" % num)
```

执行结果

```
================== RESTART: D:\Algorithm\ch19\ch19_1.py ==================
请输入大于1的整数做质数测试 = 12
12不是质数
>>>
================== RESTART: D:\Algorithm\ch19\ch19_1.py ==================
请输入大于1的整数做质数测试 = 13
13是质数
```

第 17 章笔者有提到密钥算法中的 RSA 算法，就使用了非常大的质数概念。

19-2 回文算法

在程序设计中有一个常用的名词“回文 (palindrome)”，是指从左右两边往中间移动，如果字母相同就一直比对到中央，如果全部相同就是回文，否则不是回文。下列是回文：

```
x                         # 从左读是 x，从右读是 x
abccba                    # 从左读至中央是 abc，从右读到中央也是 abc
radar                     # 从左读至中央是 rad，从右读到中央也是 rad
```

下列不是回文：

```
python                    # 从左读至中央是 pyt，从右读到中央是 noh
```

程序实例 ch19_2.py：测试一系列字符串是否为回文。

```
1  # ch19_2.py
2  from collections import deque
3
4  def palindrome(word):
5      wd = deque(word)
6      while len(wd) > 1:
7          if wd.pop() != wd.popleft():
8              return False
9      return True
10
11 print('x      是回文 : ', palindrome("x"))
12 print('abccba 是回文 : ', palindrome("abccba"))
13 print('radar  是回文 : ', palindrome("radar"))
14 print('python 是回文 : ', palindrome("python"))
```

执行结果

```
==================== RESTART: D:/Algorithm/ch19/ch19_2.py ====================
x      是回文 :  True
abccba 是回文 :  True
radar  是回文 :  True
python 是回文 :  False
```

其实如果仔细看回文定义，可以知道如果一个字符串反转后与原内容相同，这就是回文。

```
radar                     # 反转也是 radar
abccba                    # 反转也是 abccba
```

如果反转字符串结果与原内容不相同，就不是回文。

```
python                    # 反转是 nohtyp
```

使用反转字符串设计回文函数，将是读者的习题。

19-3 欧几里得算法

欧几里得是古希腊的数学家，在数学中欧几里得算法主要是用来求最大公因子，这个算法最早是出现在欧几里得的《几何原本》。这一节笔者除了解释此算法，也将使用 Python 完成此算法。

19-3-1 土地区块划分

假设有一块土地长是 40 米宽是 16 米，如果我们想要将此土地划分成许多正方形，同时不要浪费土地，则最大的正方形土地边长是多少？

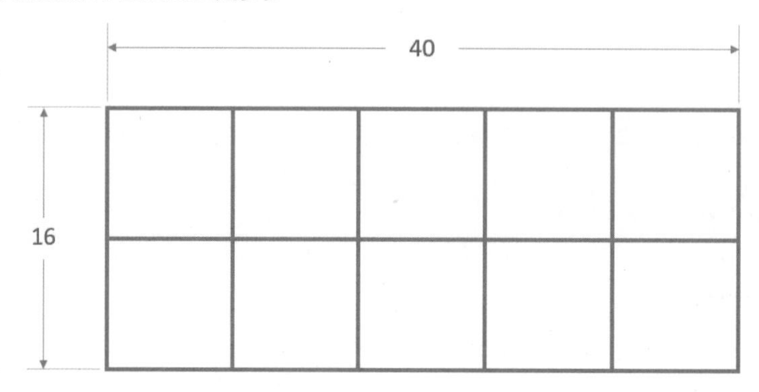

其实这类问题在数学中就是最大公约数的问题，最大正方形土地的边长 8 就是 16 和 40 的最大公约数。

19-3-2 最大公约数 (greatest common divisor)

有 2 个数字分别是 n1 和 n2，所谓的公约数是可以被 n1 和 n2 整除的数字，1 是它们的公约数，但不是最大公约数。假设最大公约数是 gcd，找寻最大公约数可以从 n=2， 3， … 开始，每次找到比较大的公约数时，将此 n 赋给 gcd，直到 n 大于 n1 或 n2，最后的 gcd 值就是最大公约数。

程序实例 ch19_3.py：设计最大公约数 gcd 函数，然后输入 2 个数字做测试。

```
1  # ch19_3.py
2  def gcd(n1, n2):
3      g = 1                                   # 最初化最大公约数
4      n = 2                                   # 从2开始检测
5      while n <= n1 and n <= n2:
6          if n1 % n == 0 and n2 % n == 0:
7              g = n                           # 新最大公约数
8          n += 1
9      return g
10
11 n1, n2 = eval(input("请输入2个整数值 : "))
12 print("最大公约数是 : ", gcd(n1,n2))
```

执行结果

```
==================== RESTART: D:\Algorithm\ch19\ch19_3.py ====================
请输入2个整数值 : 16, 40
最大公约数是 :  8
>>>
==================== RESTART: D:\Algorithm\ch19\ch19_3.py ====================
请输入2个整数值 : 99, 33
最大公约数是 :  33
```

上述是先设定最大公约数 gcd 是 1，用 n 等于 2 当除数开始测试，每次循环加 1，测试是否是最大公约数。

19-3-3　辗转相除法

有 2 个数使用辗转相除法求最大公约数，步骤如下：

（1）计算较大的数。

（2）让较大的数当作被除数，较小的数当作除数。

（3）两数相除。

（4）两数相除的余数当作下一次的除数，原除数变被除数，如此循环直到余数为 0，当余数为 0 时，这时的除数就是最大公约数。

程序实例 ch19_4 .py：使用辗转相除法，计算输入 2 个数字的最大公约数。

```
1  # ch19_4.py
2  def gcd(a, b):
3      '辗转相除法求最大公约数'
4      if a < b:
5          a, b = b, a
6      while b != 0:
7          tmp = a % b
8          a = b
9          b = tmp
10     return a
11
12 a, b = eval(input("请输入2个整数值 : "))
13 print("最大公约数是 : ", gcd(a, b))
```

执行结果

```
==================== RESTART: D:\Algorithm\ch19\ch19_4.py ====================
请输入2个整数值 : 16, 40
最大公约数是 :  8
>>>
==================== RESTART: D:\Algorithm\ch19\ch19_4.py ====================
请输入2个整数值 : 99, 33
最大公约数是 :  33
```

19-3-4 递归式函数设计处理欧几里得算法

其实如果读者更熟练 Python，可以使用递归式函数设计，函数只要一行，这将是读者的习题。

19-4 最小公倍数 (least common multiple)

其实最小公倍数 (英文简称 lcm) 就是两数相乘除以 gcd，公式如下：

```
a * b / gcd
```

程序实例 ch19_5.py：扩充 ch19_4.py 功能，同时计算最小公倍数。

```
1  # ch19_5.py
2  def gcd(a, b):
3      '辗转相除法求最大公约数'
4      if a < b:
5          a, b = b, a
6      while b != 0:
7          tmp = a % b
8          a = b
9          b = tmp
10     return a
11
12 def lcm(a, b):
13     return a*b // gcd(a, b)
14
15 a, b = eval(input("请输入2个整数值 : "))
16 print("最大公约数是 : ", gcd(a, b))
17 print("最小公倍数是 : ", lcm(a, b))
```

执行结果

```
==================== RESTART: D:\Algorithm\ch19\ch19_5.py ====================
请输入2个整数值 : 8, 12
最大公约数是 :  4
最小公倍数是 :  24
```

19-5 鸡兔同笼问题

古代《孙子算经》有一句话：“今有鸡兔同笼，上有三十五头，下有百足，问鸡兔各几何？”这是古代的数学问题，表示笼子里面有 35 个头，100 只脚，然后计算有几只鸡与几只兔子。鸡有 1 个头、2 只脚，兔子有 1 个头、4 只脚。我们可以使用基础数学解此题目，也可以使用循环解此题目。

使用循环计算时，我们可以先假设鸡 (chicken) 有 0 只，兔子 (rabbit) 有 35 只，然后计算脚的数量，如果所获得脚的数量不符合，可以每次增加 1 只鸡。

程序实例 ch19_6.py：使用循环解鸡兔同笼的问题。

```
1  # ch19_6.py
2  chicken = 0
3  while True:
4      rabbit = 35 - chicken                          # 头的总数
5      if 2 * chicken + 4 * rabbit == 100:            # 脚的总数
6          print('鸡有 {} 只, 兔有 {} 只'.format(chicken, rabbit))
7          break
8      chicken += 1
```

执行结果

```
==================== RESTART: D:\Algorithm\ch19\ch19_6.py ================
鸡有 20 只, 兔有 15 只
```

如果使用基础数学可以用下列公式推导：

```
chicken + rabbit = 35
2 * chicken + 4 * rabbit = 100
```

经过计算，可以得到：

```
chicken = 20
rabbit = 15
```

如果头用 h 当变量，脚用 f 当变量，则公式如下：

```
chicken = f / 2 - h
rabbit = 2 * h - f / 2
```

程序实例 ch19_7.py：请输入脚的数量和头的数量，本程序会列出鸡有几只、兔有几只。

```
1  # ch19_7.py
2
3  h = eval(input('请输入头的数量 : '))
4  f = eval(input('请输入脚的数量 : '))
5  chicken = f / 2 - h
6  rabbit = 2 * h - f / 2
7  print('鸡有 {} 只, 兔有 {} 只'.format(int(chicken), int(rabbit)))
```

执行结果

```
==================== RESTART: D:\Algorithm\ch19\ch19_7.py ===================
请输入头的数量 : 35
请输入脚的数量 : 100
鸡有 15 只, 兔有 20 只
>>>
==================== RESTART: D:\Algorithm\ch19\ch19_7.py ===================
请输入头的数量 : 35
请输入脚的数量 : 94
鸡有 12 只, 兔有 23 只
```

注 并不是每个输入皆可以获得解答，必须是合理的数字。

19-6 挖金矿问题

有 10 个人要去挖金矿，其中有 5 座矿山，假设各个金矿一天产值如下：

矿山 A：每天产值 10 千克，需要 3 个人。

矿山 B：每天产值 16 千克，需要 4 个人。

矿山 C：每天产值 20 千克，需要 3 个人。

矿山 D：每天产值 22 千克，需要 5 个人。

矿山 E：每天产值 25 千克，需要 5 个人。

接着思考要如何调配人力，以达到每天最大金矿产值。其实这是动态规划的问题，可以使用下表表达题目。

	1 人	2 人	3 人	4 人	5 人	6 人	7 人	8 人	9 人	10 人
矿山 A										
矿山 B										
矿山 C										
矿山 D										
矿山 E										

有关上述表格的填写方式可以参考第 16 章。

程序实例 ch19_8.py：计算金矿最大产值。

```
1  # ch19_8.py
2  def gold(W, wt, val):
3      ''' 动态规划算法 '''
4      n = len(val)
5      table = [[0 for x in range(W + 1)] for x in range(n + 1)]   # 最初化表格
6      for r in range(n + 1):                                      # 填入表格row
7          for c in range(W + 1):                                  # 填入表格column
8              if r == 0 or c == 0:
9                  table[r][c] = 0
10             elif wt[r-1] <= c:
11                 table[r][c] = max(val[r-1] + table[r-1][c-wt[r-1]], table[r-1][c])
12             else:
13                 table[r][c] = table[r-1][c]
14     return table[n][W]
15
16 value = [10, 16, 20, 22, 25]                                    # 金矿产值
17 weight = [3, 4, 3, 5, 5]                                        # 单项金矿所需人力
18 gold_weight = 10                                                # 总人力
19 print('最大产值 = {} 千克'.format(gold(gold_weight, weight, value)))
```

执行结果

```
==================== RESTART: D:\Algorithm\ch19\ch19_8.py ====================
最大产值 = 47千克
```

19-7 习题

1. 请输入一个数字 N，这个程序会输出所有 2 ～ N 的质数。

```
==================== RESTART: D:\Algorithm\ex\ex19_1.py ====================
请输入大于1的整数做质数测试 = 10
从 2 至 10 的质数如下 :
[2, 3, 5, 7]
>>>
==================== RESTART: D:\Algorithm\ex\ex19_1.py ====================
请输入大于1的整数做质数测试 = 100
从 2 至 100 的质数如下 :
[2, 3, 5, 7, 11, 13, 17, 19, 23, 29, 31, 37, 41, 43, 47, 53, 59, 61, 67, 71, 73,
 79, 83, 89, 97]
```

2. 请输入一个字符串，这个程序可以判断这个字符串是不是回文，不过回文函数必须使用字符串反转做测试。

```
==================== RESTART: D:\Algorithm\ex\ex19_2.py ====================
请输入字符串 : radar
radar 是回文 : True
>>>
==================== RESTART: D:\Algorithm\ex\ex19_2.py ====================
请输入字符串 : abccba
abccba 是回文 : True
>>>
==================== RESTART: D:\Algorithm\ex\ex19_2.py ====================
请输入字符串 : python
python 是回文 : False
```

3. 使用递归式函数设计欧几里得算法。

```
==================== RESTART: D:\Algorithm\ex\ex19_3.py ====================
请输入2个整数值 : 16, 40
最大公约数是 :  8
>>>
==================== RESTART: D:\Algorithm\ex\ex19_3.py ====================
请输入2个整数值 : 99, 33
最大公约数是 :  33
```

4. 程序实例 ch19_6.py 使用循环计算鸡与兔的数量，如果头与脚的数量不对称，第 3 行的 while True 循环将进入无限循环。请修订上述程序，改为输入头和脚的数量，如果头和脚的数量不对称，程序可以响应 input error!。

```
===================== RESTART: D:\Algorithm\ex\ex19_4.py =====================
请输入头的数量 : 35
请输入脚的数量 : 100
鸡有 20 只, 兔有 15 只
>>>
===================== RESTART: D:\Algorithm\ex\ex19_4.py =====================
请输入头的数量 : 35
请输入脚的数量 : 101
input error!
```

5. 请扩充设计 ch19_8.py，列出应该开挖哪几个金矿可以有最大产值。

```
===================== RESTART: D:\Algorithm\ex\ex19_5.py =====================
最大产值 = 47 千克
矿山组合 :  ['矿山 E', '矿山 D']
```